Finsler 调和映射与 Laplace 算子

贺　群　尹松庭　赵　玮　著

科　学　出　版　社

北　京

内 容 简 介

本书较为系统地总结了 Finsler 流形之间的调和映射、Finsler 极小子流形及 Finsler-Laplace 算子第一特征值等有关方面的基本理论和最新成果. 为了自成体系, 同时也为了方便读者查阅, 本书在第 1 章先概要介绍 Finsler 几何的基础知识、常用的公式和方法. 此外, 本书还弥补和修正了相关论文中的一些错漏之处, 改进和完善了部分结果.

全书共分 8 章. 第 1 章主要介绍 Finsler 流形的基础知识. 第 2 章和第 3 章主要介绍 Finsler 调和映射(包括 $\mathcal{F}$-调和映射和复 Finsler 调和映射)的相关概念、公式、性质和应用. 第 4 章和第 5 章主要介绍 Finsler 流形上的各种 Laplace 算子及其特征值估计. 第 6~8 章主要介绍 Finsler 流形的 HT-极小子流形和 BH-极小子流形的性质及其分类.

本书可作为高等院校数学专业研究生教材或高年级本科选修课教材, 也可作为数学、物理、工程等相关领域研究人员的参考书.

图书在版编目 (CIP) 数据

Finsler 调和映射与 Laplace 算子/贺群, 尹松庭, 赵玮著. —北京: 科学出版社, 2014.1

ISBN 978–7–03–039405–7

I. ①F··· Ⅱ. ①贺··· ②尹··· ③赵··· Ⅲ. ①调和映射 ②算子 Ⅳ. ①O189 ②O177

中国版本图书馆 CIP 数据核字 (2013) 第 309829 号

责任编辑: 李 欣 / 责任校对: 张怡君
责任印制: 徐晓晨 / 封面设计: 陈 敬

科 学 出 版 社 出版

北京东黄城根北街 16 号
邮政编码: 100717
http://www.sciencep.com

北京厚诚则铭印刷科技有限公司 印刷
科学出版社发行 各地新华书店经销

*

2014 年 1 月第 一 版 开本: 720 × 1000 1/16
2018 年 4 月第二次印刷 印张: 15 1/4
字数: 291 000

定价: **68.00 元**
(如有印装质量问题, 我社负责调换)

前　　言

　　Finsler 几何是其度量上没有二次型限制的黎曼几何. 黎曼早在 1854 年就在黎曼度量的基础上提出了 Finsler 度量, 但由于形式复杂, 计算量大, Finsler 几何并没有像黎曼几何一样得到快速全面的发展. 最近几十年来, 由于新方法的提出以及在相对论、控制论、生物数学和信息科学等众多自然科学领域中日益广泛的应用, Finsler 几何重新得到重视并迅速发展, 成为现代数学的一个重要分支.

　　几何大师陈省身先生生前曾极力倡导和发展这门学科, 并投入了大量的心血. 由陈先生主持的 2004 年南开大学 Finsler 几何国际会议极大地促进了国内外学者的交流, 使 Finsler 几何的研究进入了一个空前活跃、健康发展的新时期. 陈省身、David Bao、沈忠民等许多几何学家共同建立了像整体黎曼几何那样的整体 Finsler 几何, 为 Finsler 几何的发展作出了重要贡献. 一系列重要而深刻的研究成果为 Finsler 几何的研究奠定了基础并展现了令人鼓舞的前景. 到目前为止, 一年一度的 Finsler 几何国际会议已坚持举办了十届, 研究队伍在不断壮大, 与几何其他分支和其他学科的交流也越来越广泛和深入. 越来越多的年轻学者加入到这支研究队伍中, 使得 Finsler 几何 —— 这个并不年轻的学科显示出强大的生命力和无限潜力.

　　调和映射、极小子流形和 Laplace 算子都是整体微分几何和几何分析中的热门研究领域. 经过国内外几何学者的长期努力, 黎曼几何在这些领域的研究已非常深入, 其理论体系已相当丰富和完善, 国内外出版了不少专门教材和论著[82,116,117]. Finsler 几何有关调和映射的研究虽起步较晚, 但近年来也已取得了重要的进展, 为相关理论的进一步发展奠定了基础. Finsler 子流形几何是 Finsler 几何中重要的研究领域, 然而由于计算的复杂性和第二基本形式定义的多样性, 研究工作困难很大, 进展相对缓慢. 尽管如此, Finsler 几何学者一直在不懈努力, 不断在方法上寻求突破. 近年来, 在 Finsler 子流形, 特别是极小子流形方面也已取得了一系列有意义的研究成果. 各种类型的 Laplace 算子在现代微分几何和物理学研究中扮演着非常重要的角色, 尤其在调和函数、调和积分理论和 Bochner 技巧运用中不可或缺. Laplace 算子谱理论, 特别是第一特征值问题, 一直以来都是几何分析的重要研究课题, 与整体微分几何的联系也极为密切. 在黎曼几何中, 关于 Laplace 算子的第一特征值的上界及下界估计, 有许多著名的定理, 如 Cheeger 型不等式和 Faber-Krahn 型、Cheng 型特征值比较定理等. 作为 Lapalce 算子的推广, p-Laplace 算子的特征值问题目前仍然是几何分析研究的热点问题之一. 在 Finsler 几何中, Laplace 算子更为丰富多样. Finsler-Laplace 比较定理和第一特征值问题同样是几何学者关注的热点. 有关这方面的研究, 特别是对于非线性 Laplace 算子的研究已取得了令人瞩目的成果.

本书主要介绍近十年来 Finsler 几何中有关调和映射、极小子流形以及 Finsler-Laplace 算子的第一特征值等方面的研究成果. 近年来, 已有不少 Finsler 几何方面的教材和论著出版[4,5,24,68,96]. 但目前国内外还没有关于 Finsler 调和映射、极小子流形和 Laplace 算子谱理论等方面的专门论著, 本书在一定程度上填补了这一空白. 尽管这些领域的研究成果还远远不够完善, 但及时总结和介绍最新成果, 对于相关领域的进一步研究还是很有必要的, 对于 Finsler 几何的发展也应该是一项有意义的工作. 希望本书可以帮助读者系统地了解本学科的相关知识、研究方法和科研成果, 为进一步从事研究工作打好基础.

本书第 1 章的部分内容和第 2~7 章的大部分内容都是作者及其合作者的研究成果. 需要特别声明的是, 第 1 章中的许多概念、公式和结论都是 Finsler 几何中众所周知的基础知识, 因此不再一一注明出处. 后面各章中收录他人的部分相关研究成果, 我们尽可能注明出处. 此外, 本书还弥补和修正了相关文献中的一些疏漏和编辑错误, 改进和完善了部分结果.

本书主要内容包括四部分:

第一部分由第 1 章组成, 主要介绍 Finsler 流形的基础知识;

第二部分由第 2 章和第 3 章组成, 主要介绍 Finsler 调和映射 (包括 $\mathcal{F}$-调和映射和复 Finsler 调和映射) 的相关概念、公式、性质和应用;

第三部分由第 4 章和第 5 章组成, 主要介绍 Finsler 流形上的各种 Laplace 算子及其特征值估计;

第四部分由第 6 章、第 7 章和第 8 章组成, 主要介绍 Finsler 流形的 HT-极小子流形和 BH-极小子流形的性质及其分类.

本书的部分研究工作获得国家自然科学基金 (项目编号: 10971239, 11171253)、上海市自然科学基金 (项目编号: 09ZR1433000) 的资助, 出版得到了 "同济大学教材、学术著作出版基金委员会" 资助, 在此一并表示感谢.

与黎曼几何相比, Finsler 调和映射及相关课题的研究还比较零散和初步, 加之作者本身能力与学识水平所限, 本书内容在系统性、完整性和深入性方面可能还比较欠缺. 书中难免有疏漏和不当之处, 敬请读者批评指正.

贺　群　尹松庭　赵　玮

2013 年 3 月于同济大学数学系

目 录

第1章 Finsler 流形基础

1.1 Finsler 度量和体积元

1.1.1 Finsler 度量

设 M 是 n 维光滑实流形, T_xM 是点 $x \in M$ 处的切空间, $TM := \cup T_xM = \{(x,y)|x \in M, y \in T_xM\}$ 是 M 的切丛. 流形 $TM\backslash 0$ 称为裂纹切丛, 其中 "0" 表示零截面.

定义 1.1.1 如果函数 $F : TM \to [0, +\infty)$ 满足

(1) 正则性: F 在 $TM\backslash 0$ 上光滑;

(2) 正齐性: $F(x, \lambda y) = \lambda F(x, y), \quad \forall \lambda > 0$;

(3) 强凸性: 在 $TM\backslash 0$ 的任意局部坐标系 (x^i, y^i) 中, $n \times n$ 矩阵 (g_{ij}) 是正定的, 其中 $g_{ij} := \left[\dfrac{1}{2}F^2\right]_{y^iy^j}$,

则称 F 是流形 M 上的 **Finsler 度量**. 具有 Finsler 度量的流形称为 **Finsler 流形**, 记作 (M, F). 张量 $g := g_{ij}(x, y)\mathrm{d}x^i \otimes \mathrm{d}x^j$ 是切丛 TM 上的二阶正定对称共变张量, 称为 F 的**基本张量**或**度量张量**.

为方便起见, 我们用 F_{y^i}, $F_{y^iy^j}$ 分别表示 $\dfrac{\partial F}{\partial y^i}$, $\dfrac{\partial^2 F}{\partial y^i \partial y^j}$, 以此类推. 如无特别声明, 本书将使用如下指标取值范围:

$$1 \leqslant i, j, \cdots \leqslant n; \quad 1 \leqslant a, b, \cdots \leqslant n - 1;$$
$$\bar{a} = n + a; \quad \bar{i} = n + i;$$
$$1 \leqslant A, B, \cdots \leqslant 2n - 1.$$

Finsler 流形上很多几何量都是齐次函数. 我们首先给出欧氏空间上齐次函数的性质及其应用.

引理 1.1.1(Euler 引理) 设 $f : \mathbb{R}^n \to \mathbb{R}$ 是 r 阶正齐次函数, 即对任意的 $\lambda > 0$, 有 $f(\lambda y) = \lambda^r f(y)$, 则

$$f_{y^i}y^i = rf(y).$$

Finsler 度量 F 和基本张量 g 分别是一阶和零阶正齐次函数, 因此

$$F_{y^i} y^i = F, \quad F_{y^i y^j} y^j = 0,$$

$$F_{y^i y^j y^k} y^k = -F_{y^i y^j}, \quad F^2 = g_{ij} y^i y^j,$$

$$g_{ij} y^i = F F_{y^j}, \quad \frac{\partial g_{ij}}{\partial y^k} y^i = \frac{\partial g_{jk}}{\partial y^i} y^i = 0. \tag{1.1.1}$$

命题 1.1.1[5]   Finsler 度量 F 具有下述性质:

(1) (正定性) $F(y) > 0, \quad \forall y \neq 0$;

(2) (三角不等式) $F(u+v) \leqslant F(u) + F(v)$, 等号成立当且仅当 $u = \lambda v$ 或 $v = \lambda u$;

(3) (基本不等式) $F_{y^i} w^i \leqslant F(w), y \neq 0$ 或者 $g_y(y, w) \leqslant F(y) F(w)$. 等号成立当且仅当 $w = \lambda y, \lambda \geqslant 0$.

记

$$C = C_{ijk} \mathrm{d}x^i \otimes \mathrm{d}x^j \otimes \mathrm{d}x^k, \quad C_{ijk} := \frac{1}{2} \frac{\partial g_{ij}}{\partial y^k} = \frac{1}{4} [F^2]_{y^i y^j y^k},$$

$$A = A_{ijk} \mathrm{d}x^i \otimes \mathrm{d}x^j \otimes \mathrm{d}x^k, \quad A_{ijk} := F C_{ijk},$$

$$\eta = \eta_i \mathrm{d}x^i, \quad \eta_i := g^{jk} A_{ijk}, \quad (g^{ij}) = (g_{ij})^{-1}. \tag{1.1.2}$$

A (或者 C) 称为**Cartan 张量**, η 称为**Cartan 形式**. 显然, A_{ijk} 关于下指标 i, j, k 全对称.

1.1.2   射影球丛

设 M 是 n 维光滑流形. 记 $[y] := \{\lambda y | \lambda > 0\}, \forall y \in T_x M$, 我们称

$$SM := \{(x, [y]) | (x, y) \in TM \backslash 0\}$$

为 M 的**射影球丛**. 自然投影 $\pi : TM \to M$ 确定了射影球丛 SM 的自然投影, 不妨仍记为 π. SM 在点 $x \in M$ 的纤维 $S_x M := \pi^{-1}(x)$ 称为 M 在 x 处的**射影球面**, 它是一个紧致空间. 投影 $\pi : TM \to M$ 给出了从 M 上的切向量 (场) 和余切向量 (场) 到 $TM \backslash 0$ 或者 SM 上的提升.

在 $TM \backslash 0$ 的任意局部坐标系 (x^i, y^i) 中, 记 $\partial_i = \left(x, y, \dfrac{\partial}{\partial x^i} \right)$, $\mathrm{d}^i = (x, y, \mathrm{d}x^i)$, 则拉回丛 $\pi^* TM$ 及 $\pi^* T^* M$ 在 $(x, y) \in TM \backslash 0$ 处的纤维为

$$\pi^* TM|_{(x,y)} := \left\{ v^i \partial_i | v \in T_x M \right\} \cong T_x M,$$

$$\pi^* T^* M|_{(x,y)} := \left\{ \theta_i \mathrm{d}^i | \theta \in T_x^* M \right\} \cong T_x^* M.$$

类似地, 投影 $\pi : SM \to M$ 给出了 M 上任意张量丛 $T_s^r M$ 到 SM 的拉回丛 $\pi^* T_s^r M$ 的提升. 为简便起见, 对于 M 上任意张量场 Φ, 它在 SM (或者 TM) 上的提升仍记为 Φ.

在 π^*T^*M 中, 记

$$\omega = \ell_i \mathrm{d}x^i, \quad \ell_i := F_{y^i}, \tag{1.1.3}$$

称为**Hilbert 形式**. 其对偶向量场

$$\ell = \ell^i \frac{\partial}{\partial x^i}, \quad \ell^i := \frac{y^i}{F}, \tag{1.1.4}$$

称为**特异场**. ω 和 ℓ 分别是射影球丛 SM 上整体定义的一次微分形式和向量场.

引理 1.1.2[68]　　对于 SM 中任意一点 $(x, [y])$, 存在开子集 $U \subseteq SM$ 和局部标架场 $\{e_1, \cdots, e_n\} \in \Gamma_U(\pi^*TM)$, 使得 $(x, [y]) \in U \subset SM$, 且

$$g(e_i, e_j) = \delta_{ij}, \quad e_n = \ell|_U.$$

称 $\{e_1, \cdots, e_n\}$ 为 π^*TM (在 U 上) 的**局部适用标架场**.

设 $\{e_1, \cdots, e_n\}$ 为 π^*TM 中的局部适用标架场, $\{\omega^1, \cdots, \omega^n\}$ 为其对偶标架场. 其中 $\omega^n = \omega$ 是 Hilbert 形式. 记

$$e_j = u_j^i \frac{\partial}{\partial x^i}, \quad \frac{\partial}{\partial x^i} = v_i^j e_j, \tag{1.1.5}$$

则

$$\omega^j = v_i^j \mathrm{d}x^i, \quad \mathrm{d}x^i = u_j^i \omega^j. \tag{1.1.6}$$

函数 u_j^i 和 v_i^j 满足关系式[5]

$$\begin{aligned}
& v_k^j u_i^k = \delta_i^j, \quad v_i^k u_k^j = \delta_i^j, \\
& v_i^n = \ell_i, \quad u_n^i = \ell^i, \quad v_a^i \ell^i = 0, \quad u_a^i \ell_i = 0, \\
& g_{ij} = v_i^k \delta_{kl} v_j^l, \quad g^{ij} = u_k^i \delta^{kl} u_l^j, \\
& u_j^i = \delta_{jk} v_l^k g^{li}, \quad v_i^j = \delta^{jk} u_k^l g_{li}, \\
& v_i^a v_j^b \delta_{ab} = FF_{y^i y^j}, \quad u_a^i u_b^j FF_{y^i y^j} = \delta_{ab}.
\end{aligned} \tag{1.1.7}$$

定义

$$\frac{\delta}{\delta x^i} := \frac{\partial}{\partial x^i} - N_i^j \frac{\partial}{\partial y^j}, \quad \delta y^i := \frac{1}{F}(\mathrm{d}y^i + N_j^i \mathrm{d}x^j), \tag{1.1.8}$$

其中,

$$\begin{aligned}
N_i^k &= \gamma_{ij}^k y^j - C_{ij}^k \gamma_{rs}^j y^r y^s, \\
\gamma_{ij}^k &= \frac{1}{2} g^{kl} \left(\frac{\partial g_{lj}}{\partial x^i} + \frac{\partial g_{li}}{\partial x^j} - \frac{\partial g_{ij}}{\partial x^l} \right).
\end{aligned} \tag{1.1.9}$$

流形 $TM \backslash 0$ 上具有自然的黎曼度量

$$g_{ij} \mathrm{d}x^i \otimes \mathrm{d}x^j + g_{ij} \delta y^i \otimes \delta y^j,$$

称为**Sasaki 度量**. 关于这个度量, $T(TM\backslash 0)$ 存在正交分解

$$T(TM\backslash 0) = \mathcal{H} \oplus \mathcal{V},$$

其中

$$\mathcal{H} = \mathrm{span}\left\{\frac{\delta}{\delta x^i}\right\}, \quad \mathcal{V} = \mathrm{span}\left\{F\frac{\partial}{\partial y^i}\right\}$$

分别称为 $T(TM\backslash 0)$ 的**水平子丛**与**垂直子丛**. 注意到 $\left\{\frac{\delta}{\delta x^i}, F\frac{\partial}{\partial y^i}\right\}$ 的对偶基为 $\{\mathrm{d}x^i, \delta y^i\}$, 我们有

$$T^*(TM\backslash 0) = \mathcal{H}^* \oplus \mathcal{V}^* = \mathrm{span}\left\{\mathrm{d}x^i\right\} \oplus \mathrm{span}\left\{\delta y^i\right\}.$$

于是, 对于任意的 $\tilde{X} \in \Gamma(T(TM\backslash 0))$, $\Psi \in \Gamma(T^*(TM\backslash 0))$, 有直和分解

$$\tilde{X} = \tilde{X}^H + \tilde{X}^V = \tilde{X}^i\frac{\delta}{\delta x^i} + \tilde{X}^{\bar{i}}F\frac{\partial}{\partial y^i},$$

$$\Psi = \Psi^H + \Psi^V = \Psi_i\mathrm{d}x^i + \Psi_{\bar{i}}\delta y^i. \tag{1.1.10}$$

对于拉回切丛 π^*TM, 尽管它并非 $T(TM\backslash 0)$ 的子丛, 但显然

$$\varsigma_{\mathcal{H}} : \frac{\partial}{\partial x^j} \mapsto \frac{\delta}{\delta x^j}, \quad \varsigma_{\mathcal{V}} : \frac{\partial}{\partial x^j} \mapsto F\frac{\partial}{\partial y^j}$$

分别给出了 π^*TM 与 $\mathcal{H}$ 和 $\mathcal{V}$ 之间的同构. 为方便起见, 对于任意的 $X = X^i\frac{\partial}{\partial x^i} \in \Gamma(\pi^*TM)$, 同样记

$$X^H = \varsigma_{\mathcal{H}}X = X^i\frac{\delta}{\delta x^i}, \quad X^V = \varsigma_{\mathcal{V}}X = FX^i\frac{\partial}{\partial y^i}. \tag{1.1.11}$$

令

$$\hat{e}_i = u_i^j\frac{\delta}{\delta x^j}, \quad \hat{e}_{n+i} = u_i^jF\frac{\partial}{\partial y^j},$$

$$\omega^i = v_j^i\mathrm{d}x^j, \quad \omega^{n+i} = v_j^i\delta y^j, \tag{1.1.12}$$

则 $\{\hat{e}_i, \hat{e}_{n+i}\}$ 为 $T(TM\backslash 0)$ 关于 Sasaki 度量的幺正基, $\{\omega^i, \omega^{n+i}\}$ 为 $T^*(TM\backslash 0)$ 关于 Sasaki 度量的幺正基, 且满足[5]

$$\begin{cases} \omega^{2n} = \mathrm{d}(\ln F) = \ell_i\delta y^i, \\ \dfrac{\delta F}{\delta x^i} = 0. \end{cases} \tag{1.1.13}$$

注意到 ω^{2n} 是径向量 $y^i\frac{\partial}{\partial y^i}$ 的对偶, 因此在 SM 上有 $\omega^{2n} = 0$. 我们分别称

$\{\hat{e}_A\}$ 和 $\{\omega^A\}$ 为 SM 上的**局部适用标架场**和**局部适用余标架场**. 于是 $TM\backslash 0$ 的 Sasaki 度量在 SM 上诱导了一个黎曼度量, 可以表示为

$$\hat{g} = g_{ij}\mathrm{d}x^i \otimes \mathrm{d}x^j + \delta_{ab}\omega^{\bar{a}} \otimes \omega^{\bar{b}} = \delta_{AB}\omega^A \otimes \omega^B. \tag{1.1.14}$$

由此可见, $(SM, \hat{g})$ 是一个黎曼流形, 并且黎曼度量 $\hat{g}$ 完全由 Finsler 度量 F 确定. 这就为研究 Finsler 几何提供了一个途径, 使得我们可以运用黎曼几何的一些结果和技巧来研究 Finsler 几何中的某些问题.

1.1.3 体积元

射影球丛 SM 关于其黎曼度量 $\hat{g}$ 的体积元为

$$\mathrm{d}V_{SM} = \omega^1 \wedge \cdots \wedge \omega^{2n-1} = \sqrt{\det(g_{ij})}\mathrm{d}x \wedge \omega^{n+1} \wedge \cdots \wedge \omega^{2n-1},$$

其中 $\mathrm{d}x = \mathrm{d}x^1 \wedge \cdots \wedge \mathrm{d}x^n$. 通过简单的代数运算可得

$$\omega^{n+1} \wedge \cdots \wedge \omega^{2n-1} = \frac{\sqrt{\det(g_{ij})}}{F} \sum_{i=1}^{n} (-1)^{i-1} y^i \delta y^1 \wedge \cdots \wedge \widehat{\delta y^i} \wedge \cdots \wedge \delta y^n,$$

其中 "^" 表示对应项被删除. 因此

$$\mathrm{d}V_{SM} = \Omega \mathrm{d}x \wedge \mathrm{d}\tau, \tag{1.1.15}$$

其中,

$$\Omega = \det\left(\frac{g_{ij}}{F}\right), \quad \mathrm{d}\tau = \sum_{i=1}^{n} (-1)^{i-1} y^i \mathrm{d}y^1 \wedge \cdots \wedge \widehat{\mathrm{d}y^i} \wedge \cdots \wedge \mathrm{d}y^n. \tag{1.1.16}$$

射影球丛的体积形式诱导了 Finsler 流形 (M, F) 上的一个体积形式

$$\mathrm{d}V_M := \sigma(x)\mathrm{d}x, \quad \sigma(x) := \frac{1}{c_{n-1}} \int_{S_x M} \Omega \mathrm{d}\tau, \tag{1.1.17}$$

其中 c_{n-1} 表示 $n-1$ 维单位欧氏球面 $\mathbb{S}^{n-1}$ 的体积, 即

$$c_{n-1} = \mathrm{vol}(\mathbb{S}^{n-1}) = \begin{cases} \dfrac{2\pi^{n/2}}{\left(\dfrac{n}{2}-1\right)!}, & n \text{ 为偶数}, \\[4mm] \dfrac{2^{(n+2)/2}\pi^{(n-1)/2}}{(n-2)!!}, & n \text{ 为奇数}. \end{cases} \tag{1.1.18}$$

该体积形式通常称为 **Holmes-Thompson 体积形式**[103], 简称 **HT-体积形式**, 记为 $\mathrm{d}V_{\mathrm{HT}}$. 如果没有特别声明, 本书中的体积均采用 HT-体积.

除了 HT-体积形式, 还有一种常用的体积形式, 即 **Busemann-Hausdorff 体积形式**, 简称 **BH-体积形式**, 定义为

$$dV_{\mathrm{BH}} = \sigma_{\mathrm{BH}}(x)dx, \quad \sigma_{\mathrm{BH}}(x) := \frac{\mathrm{vol}(\mathbb{B}^n)}{\mathrm{vol}\{(y^i) \in \mathbb{R}^n | F(x, y) < 1\}}, \tag{1.1.19}$$

其中, $\mathbb{B}^n$ 是 $\mathbb{R}^n$ 中的单位球, vol 表示取欧氏体积.

与黎曼几何类似, 可以定义 n 维可定向 Finsler 流形 (M, F) 上更一般的体积形式 $d\mu$. 给定一族保持定向的坐标邻域 $\{(\varphi_i, U_i)\}$ 上一族非退化 n-形式 $\{d\mu_i = \sigma_i(x)dx\}$, 它们满足

(1) $M = \cup U_i$;

(2) 若 $U_i \cap U_j \neq \varnothing$, 则在 $U_i \cap U_j$ 上, $d\mu_i = d\mu_j$. 即: 若 $d\mu_i = \sigma_i(x)dx$ 且 $d\mu_j = \sigma_j(\tilde{x})d\tilde{x}$, 则

$$\sigma_i(x) = \det\left(\frac{\partial \tilde{x}^i}{\partial x^j}\right)\sigma_j(\tilde{x}), \quad \det\left(\frac{\partial \tilde{x}^i}{\partial x^j}\right) > 0.$$

由定义, 有

$$\int_{U_i \cap U_j} f d\mu_i = \int_{U_i \cap U_j} f d\mu_j, \quad f \in C_0^\infty(U_i \cup U_j),$$

其中 $C_0^\infty(U)$ 表示 U 上具有紧致支集的光滑函数全体. 设 $\{\psi_i\}$ 是从属于覆盖 $\{U_i\}$ 的单位分解, 则对于任意的 $f \in C_0^\infty(M)$, 有

$$\int_M f d\mu = \sum_i \int_{U_i} \psi_i f d\mu_i.$$

1.2   Finsler 流形上的联络

1.2.1   陈联络

1943 年, 陈省身先生利用 Cartan 外微分方法研究 Finsler 空间的等价问题, 发现了一个简单的联络, 通常称为 **陈联络**. 本节主要介绍陈联络的构造、性质及共变导数的计算.

定理 1.2.1   设 (M, F) 为 n 维 Finsler 流形, 则在 π^*TM 上存在唯一的陈联络 ∇, 使得

$$\nabla \frac{\partial}{\partial x^j} = \omega_j^i \frac{\partial}{\partial x^i}, \quad \omega_j^i = \Gamma_{jk}^i dx^k, \tag{1.2.1}$$

满足

无挠性 $d(dx^i) - dx^j \wedge \omega_j^i = 0,$

与度量几乎相容性 $dg_{ij} - g_{ik}\omega_j^k - g_{kj}\omega_i^k = 2A_{ijk}\delta y^k. \tag{1.2.2}$

陈联络的联络系数可表示为

$$\Gamma_{ij}^k = \frac{1}{2} g^{kl} \left(\frac{\delta g_{lj}}{\delta x^i} + \frac{\delta g_{li}}{\delta x^j} - \frac{\delta g_{ij}}{\delta x^l} \right). \tag{1.2.3}$$

1.2.2 共变导数

利用陈联络形式 $\{\omega_j^i\}$, 可以定义 $TM\backslash 0$ 上 (p,q) 型张量场的共变导数. 为方便起见, 我们以 $TM\backslash 0$ 上的 $(1,1)$ 型张量场为例进行说明. 设 $T = T_i^j \frac{\partial}{\partial x^j} \otimes \mathrm{d}x^i \in \Gamma(\pi^*TM \otimes \pi^*T^*M)$, 其共变微分定义为

$$\nabla T = (\nabla T)_i^j \frac{\partial}{\partial x^j} \otimes \mathrm{d}x^i, \quad (\nabla T)_i^j := \mathrm{d}T_i^j + T_i^k \omega_k^j - T_k^j \omega_i^k.$$

$(\nabla T)_i^j$ 是 $TM\backslash 0$ 上的 1-形式, 在自然基 $\{\mathrm{d}x^s, \delta y^s\}$ 下表示为

$$(\nabla T)_i^j = T_{i|s}^j \mathrm{d}x^s + T_{i;s}^j \delta y^s.$$

比较可得

$$T_{i|s}^j = \frac{\delta T_i^j}{\delta x^s} + T_i^k \Gamma_{ks}^j - T_k^j \Gamma_{is}^k, \tag{1.2.4}$$

$$T_{i;s}^j = \left(\nabla_{F \frac{\partial}{\partial y^s}} T \right)_i^j = F \frac{\partial T_i^j}{\partial y^s}. \tag{1.2.5}$$

$T_{i|s}^j$ 和 $T_{i;s}^j$ 分别称为 T_i^j 的**水平共变导数**和**垂直共变导数**. 特别地, T 沿 **Hilbert 方向**的共变导数记为 $\dot{T}$, 即

$$\dot{T}_i^j := T_{i|s}^j \ell^s. \tag{1.2.6}$$

对于基本张量 g, 有

$$g_{ij|s} = 0, \quad g_{|s}^{ij} = 0,$$
$$g_{ij;s} = 2A_{ijs}, \quad g_{;s}^{ij} = -2g^{ik} A_{ks}^j. \tag{1.2.7}$$

对于特异场 $\ell = \ell^i \frac{\partial}{\partial x^i}$, 有

$$\ell_{|s}^i = 0, \quad \ell_{;s}^i = \delta_s^i - \ell^i \ell_s,$$
$$\ell_{i|s} = 0, \quad \ell_{i;s} = g_{is} - \ell_i \ell_s. \tag{1.2.8}$$

对于 Cartan 张量系数 A_{ijk}, 有

$$A_{ijk|s}\ell^i = 0, \quad A_{ijk;s}\ell^k = -A_{ijs}, \quad \dot{A}_{ijk}\ell^k = 0, \tag{1.2.9}$$

其中 $\dot{A}_{ijk} := A_{ijk|s}\ell^s$.

此外, 由陈联络的无挠性可知

$$(\nabla_{X^H} Y - \nabla_{Y^H} X)^H = [X^H, Y^H]^H, \quad \forall X, Y \in \Gamma(\pi^* TM). \tag{1.2.10}$$

利用陈联络, 可以定义底流形 M 上向量场 Y 在点 x 关于非零向量 $V \in T_x M$ 的共变导数

$$D_X^V Y := \nabla_X Y|_{(x,V)}, \quad \forall X \in T_x M. \tag{1.2.11}$$

1.2.3 其他 Finsler 联络

1. Cartan 联络

Cartan 联络 $^c\nabla$ 是 $\pi^* TM$ 上一个著名的与度量相容的联络. 它与陈联络的关系为

$$^c\omega_j^i = \omega_j^i + A_{jk}^i \delta y^k. \tag{1.2.12}$$

其结构方程为

$$\begin{cases} \mathrm{d}(\mathrm{d}x^i) - \mathrm{d}x^j \wedge {}^c\omega_j^i = \mathrm{d}x^j \wedge A_{jk}^i \delta y^k, \\ \mathrm{d}g_{ij} - g_{ik}{}^c\omega_j^k - g_{kj}{}^c\omega_i^k = 0. \end{cases} \tag{1.2.13}$$

可见, Cartan 联络不是无挠的.

2. Berwald 联络

Berwald 联络 $^b\nabla$ 是 $\pi^* TM$ 上另一个常用的无挠联络. 它与陈联络的关系为

$$^b\nabla = \nabla + \dot{A}, \quad {}^b\omega_j^i = \omega_j^i + \dot{A}_{jk}^i \mathrm{d}x^k.$$

其结构方程为

$$\begin{cases} \mathrm{d}(\mathrm{d}x^i) - \mathrm{d}x^j \wedge {}^b\omega_j^i = 0, \\ \mathrm{d}g_{ij} - g_{ik}{}^b\omega_j^k - g_{kj}{}^b\omega_i^k = 2A_{ijk}\delta y^k + 2\dot{A}_{ijk}\mathrm{d}x^k. \end{cases} \tag{1.2.14}$$

Berwald 联络系数满足

$$^b\Gamma_{jk}^i = \Gamma_{jk}^i + \dot{A}_{jk}^i. \tag{1.2.15}$$

式 (1.2.3) 和式 (1.2.15) 分别与 y^i 作缩并, 由式 (1.1.9) 可得

$$N_i^k = \Gamma_{ij}^k y^j = {}^b\Gamma_{ij}^k y^j, \tag{1.2.16}$$

称为**非线性联络系数**. 显然有 $^b\nabla_{\ell^H} = \nabla_{\ell^H}$.

为区别起见, 除特别声明外, 我们用 ","和 "|" 分别表示关于 Berwald 联络和陈联络的水平共变导数, 用 ";" 表示垂直共变导数.

1.2.4 射影球丛上的联络

设 D 是射影球丛 $(SM, \hat{g})$ 上的黎曼联络, $\{\hat{e}_A\}$ 和 $\{\omega^A\}$ 分别是 SM 上的局部适用标架场和局部适用余标架场, $\{\omega_i^j\}$ 是陈联络关于 $\{e_i\}$ 的联络形式. 记

$$\theta^i = \omega^i, \quad \theta^{\bar{a}} = \omega^{\bar{a}} = \omega_n^a,$$

并用 $\{\theta_B^A\}$ 表示 D 关于 $\{\theta^A\}$ 的联络 1-形式, 即 $D\hat{e}_A = \theta_A^B \hat{e}_B$. 于是

$$\mathrm{d}\theta^A = \theta^B \wedge \theta_B^A, \quad \theta_B^A + \theta_A^B = 0.$$

利用 $(SM, \hat{g})$ 上黎曼联络的结构方程与 $\pi^* TM$ 上陈联络的结构方程, 可以得到[66]

$$(\theta_B^A) = \begin{pmatrix} \omega_{ba} + \left(A_{abc} + \frac{1}{2}R_{cba}\right)\omega_n^c & \theta_{an} & \theta_{a\bar{b}} \\ \left(\frac{1}{2}R_{bc} - \delta_{bc}\right)\omega_n^c & 0 & \frac{1}{2}R_{bc}\omega^c \\ -\left(A_{abc} + \frac{1}{2}R_{acb}\right)\omega^c + \frac{1}{2}R_{ab}\omega^n + P_{abc}\omega_n^c & \theta_{\bar{a}n} & \omega_{ba} + A_{abc}\omega^c \end{pmatrix}, \tag{1.2.17}$$

其中 R_{abc}, R_{ab} 和 P_{abc} 的定义见 1.4 节式 (1.4.4).

1.3 测地系数与测地线

在 Finsler 几何中, 有一个重要的几何量

$$G^i := \gamma_{jk}^i y^j y^k$$

称为**测地系数**, 其中 γ_{jk}^i 由式 (1.1.9) 定义. 显然 G^i 关于 y 是二阶正齐次的. 直接验证有

$$G^i = \Gamma_{jk}^i y^j y^k = {}^{\flat}\Gamma_{jk}^i y^j y^k, \tag{1.3.1}$$

$$\frac{1}{2}\frac{\partial G^i}{\partial y^j} = N_j^i, \quad \frac{1}{2}\frac{\partial G^j}{\partial y^j \partial y^k} = {}^{\flat}\Gamma_{jk}^i. \tag{1.3.2}$$

利用

$$[F^2]_{x^l} = \frac{\partial g_{ij}}{\partial x^l} y^i y^j, \quad [F^2]_{x^k y^l} y^k = 2\frac{\partial g_{il}}{\partial x^k} y^i y^k,$$

我们有

$$G^i = \frac{1}{2}g^{il}\left\{[F^2]_{x^k y^l} y^k - [F^2]_{x^l}\right\} = Py^i + Q^i, \tag{1.3.3}$$

其中

$$P = \frac{F_{x^k} y^k}{F}, \quad Q^i = F g^{il} \left\{ F_{x^k y^l} y^k - F_{x^l} \right\}.$$

注意   本书中测地系数 G^i 与文献 [5] 一致, 是文献 [1] 中测地系数的 2 倍. $TM\backslash 0$(或 SM) 上的水平向量场

$$G := y^i \frac{\delta}{\delta x^i} = y^i \frac{\partial}{\partial x^i} - G^i \frac{\partial}{\partial y^i} = y^H \tag{1.3.4}$$

称为**喷射**.

设 (M, F) 是 n 维 Finsler 流形, $c : [a, b] \to M$ 是一条光滑正则曲线, $X(t) = X^i(t) \left. \frac{\partial}{\partial x^i} \right|_{c(t)}$ 是沿曲线 c 定义的向量场. 若 $D_{\dot c}^{\dot c} X(t) = 0$, 则称向量场 $X(t)$ 是沿曲线 c 的**平行向量场**, 其中 $D^{\dot c}$ 是由式 (1.2.11) 定义的共变导数. 特别地, 若曲线 c 的切向量 $T = \dot c$ 沿 c 是平行的, 则称 c 是 (M, F) 的**测地线**. 在局部坐标系下, $c(t)$ 是测地线当且仅当

$$\ddot c^i(t) + G^i(c(t), \dot c(t)) = 0, \tag{1.3.5}$$

其中 $\dot c, \ddot c$ 分别表示 c 关于 t 的一阶导数和二阶导数. 显然, 平行向量场和测地线方程与联络的选取无关. 由常微分方程组理论易知下述命题.

命题 1.3.1   设 (M, F) 是一个 n 维 Finsler 流形. 对于任意给定的 $x \in M$ 及 $y \in T_x M$, 局部范围内存在唯一的测地线 $c : [-\varepsilon, \varepsilon] \to M$, 使得 $c(0) = x, \dot c(0) = y$.

关于沿测地线的平行向量场, 我们有下述命题.

命题 1.3.2   设 $c = c(t)$ 是 Finsler 流形 (M, F) 的测地线, $U = U(t)$ 和 $V = V(t)$ 是沿 c 的平行向量场. 则

$$g_{\dot c(t)}(U(t), V(t)) = 常数.$$

一般地, 如果 Finsler 流形 (M, F) 上任一点都存在该点的局部坐标系, 使得在该邻域内测地线作为点集是直线, 则称 (M, F) 是**局部射影平坦**的. 如果 Finsler 流形 (M, F) 和 $(M, \tilde F)$ 的测地线作为定向点集是相同的, 则称它们是**射影相关**的. 在局部坐标系下, 我们有下述命题.

命题 1.3.3   (i) (M, F) 局部射影平坦, 当且仅当 M 上任一点都存在该点的局部坐标系, 使得

$$G^i = P y^i, \ 或 \ F_{x^k y^l} y^k - F_{x^l} = 0. \tag{1.3.6}$$

(ii) (M, F) 与 $(M, \tilde F)$ 射影相关, 当且仅当 M 上任一点都存在该点的局部坐标系, 使得

$$\tilde G^i = G^i + \varphi y^i, \tag{1.3.7}$$

其中 $\varphi \in C^{\infty}(TM)$.

1.4 曲 率

1.4.1 曲率张量

陈联络曲率形式

$$\Omega_j^i := \mathrm{d}\omega_j^i - \omega_j^k \wedge \omega_k^i$$

是 $TM\backslash 0$ 上的 2-形式, 可以表示为

$$\Omega_j^i = \frac{1}{2}R_{j\ kl}^i \mathrm{d}x^k \wedge \mathrm{d}x^l + P_{j\ kl}^i \mathrm{d}x^k \wedge \delta y^l + Q_{j\ kl}^i \delta y^k \wedge \delta y^l, \tag{1.4.1}$$

其中,

$$R_{j\ kl}^i = \frac{\delta \Gamma_{jl}^i}{\delta x^k} - \frac{\delta \Gamma_{jk}^i}{\delta x^l} + \Gamma_{ks}^i \Gamma_{jl}^s - \Gamma_{ls}^i \Gamma_{jk}^s,$$

$$P_{j\ kl}^i = -F\frac{\partial \Gamma_{jk}^i}{\partial y^l},$$

$$Q_{j\ kl}^i = 0. \tag{1.4.2}$$

$R_{j\ kl}^i$ 和 $P_{j\ kl}^i$ 分别称为**第一 (hh-) 陈曲率张量**和**第二 (hv-) 陈曲率张量**. 显然, 它们满足[5]

$$R_{j\ kl}^i = -R_{j\ lk}^i,$$

$$R_{j\ kl}^i + R_{l\ jk}^i + R_{k\ lj}^i = 0,$$

$$P_{j\ kl}^i = P_{k\ jl}^i, \quad P_{j\ kl}^i \ell^l = 0. \tag{1.4.3}$$

令

$$R_{kl}^i := \ell^j R_{j\ kl}^i, \quad R_{jikl} := g_{im}R_{j\ kl}^m,$$

$$R_k^i := \ell^j R_{j\ kl}^i \ell^l, \quad R_{ik} := g_{im}R_k^m,$$

$$P_{kl}^i := \ell^j P_{j\ kl}^i, \quad P_{jikl} := g_{im}P_{j\ kl}^m, \quad P_{j\ kl} := g_{jm}P_{kl}^m. \tag{1.4.4}$$

$\mathfrak{R} = R_j^i \mathrm{d}x^j \otimes \dfrac{\partial}{\partial x^i}$ 称为**旗曲率张量(黎曼曲率张量)**, $P = P_{jk}^i \mathrm{d}x^j \otimes \mathrm{d}x^k \otimes \dfrac{\partial}{\partial x^i}$ 称为**Landsberg 曲率张量**. 上述曲率满足

$$R_k^i = \ell^j \left(\frac{\delta}{\delta x^k}\frac{N_j^i}{F} - \frac{\delta}{\delta x^j}\frac{N_k^i}{F} \right),$$

$$R_{ik}\ell^i = 0,$$

$$P_{ikl} = -\dot{A}_{ikl}. \tag{1.4.5}$$

此外, 它们还满足下列指标交换规则

$$R_{ijkl} + R_{jikl} = -2A_{ijm}R^m_{\ kl},$$
$$R_{ik} = R_{ki},$$
$$R^i_{\ k;l} - R^i_{\ l;k} = 3R^i_{\ kl} - 2(R^i_{\ k}\ell_l - R^i_{\ l}\ell_k), \tag{1.4.6}$$
$$P_{ijkl} + P_{jikl} = -2A_{ijm}P^m_{\ kl} - 2A_{ijl|k},$$
$$P^i_{j\ kl} - P^i_{l\ kj} = \dot{A}^i_{kj;l} - \dot{A}^i_{kl;j}. \tag{1.4.7}$$

设 $T = T^p_q \dfrac{\partial}{\partial x^p} \otimes \mathrm{d}x^q \in \Gamma(\pi^*TM \otimes \pi^*T^*M)$, 其 Ricci 恒等式为

$$T^p_{q|j|i} - T^p_{q|i|j} = T^s_q R^p_{s\ ij} - T^q_s R^s_{q\ ij} - T^p_{q;s}R^s_{ij},$$
$$T^p_{q;j|i} - T^p_{q|i;j} = T^s_q P^p_{s\ ij} - T^p_s P^s_{q\ ij} + T^p_{q;s}\dot{A}^s_{ij},$$
$$T^p_{q;j;i} - T^p_{q;i;j} = T^p_{q;j}\ell_i - T^p_{q;i}\ell_j. \tag{1.4.8}$$

对于 Berwald 联络, 其曲率张量满足

$$^b R^i_{j\ kl} = R^i_{j\ kl} + \left[\dot{A}^i_{jl|k} + \dot{A}^i_{sk}\dot{A}^s_{jl} - \dot{A}^i_{jk|l} + \dot{A}^i_{sl}\dot{A}^s_{jk}\right],$$
$$^b P^i_{j\ kl} = -F\frac{\partial^b \Gamma^i_{jk}}{\partial y^l} = P^i_{j\ kl} - \dot{A}^i_{jk;l} = -\frac{F}{2}(G^i)_{y^j y^k y^l},$$
$$^b Q^i_{j\ kl} = 0. \tag{1.4.9}$$

并且

$$\dot{A}_{jkl} = -\frac{F}{4}F_{y^i}(G^i)_{y^j y^k y^l} = \frac{1}{2}F_{y^i}{}^b P^i_{j\ kl} = F_{y^i}P^i_{j\ kl},$$
$$R^i_{kl} = {}^b R^i_{j\ kl}\ell^j, \quad R^i_k = {}^b R^i_{j\ kl}\ell^j \ell^l,$$
$$^b P^i_{j\ kl}\ell^j = 0. \tag{1.4.10}$$

1.4.2　旗曲率与 Ricci 曲率

设 $P \subset T_xM$ 是切空间 T_xM 中两个线性无关的向量 y 和 V 张成的平面. 定义

$$K(P; x, y) = K(y, V) := \frac{V^i(y^j R_{jikl}(x, y)y^l)V^k}{g_y(y, y)g_y(V, V) - [g_y(y, V)]^2}$$
$$= \frac{V^i R_{ik}V^k}{g_y(V, V) - [\omega(V)]^2}. \tag{1.4.11}$$

称 $K(P; x, y)$ 为**旗曲率**, 其中 y 为**旗杆**. 显然 $K(P; x, y)$ 关于 y, V 是零阶正齐性的. 若 $V = W + a\ell$, 其中 W 与 ℓ 关于 g_y 正交, 则 $K(y, V) = K(\ell, W)$. 一般地,

若 $K(P; x, y) = K(x, y)$, 则称 F 具有**标量旗曲率**.

若 $K(P; x, y) = K(P; x)$, 则称 F 具有**截旗曲率**.

若 $K(P; x, y) = K(x)$, 则称 F 具有**迷向旗曲率**.

若 $K(P; x, y) = K = $ **常数**, 则称 F 具有**常旗曲率**.

命题 1.4.1 设 (M, F) 是 Finsler 流形, 则 F 具有标量旗曲率当且仅当

$$R^i_k = K(\delta^i_k - \ell_k \ell^i). \tag{1.4.12}$$

定理 1.4.1[68] 设 (M, F) 是局部射影平坦的 Finsler 流形, 则 F 具有标量旗曲率, 且

$$K = \frac{P^2 - P_{x^k} y^k}{F^2},$$

其中 $P = \dfrac{F_{x^k} y^k}{F}$ 是射影因子.

命题 1.4.2(Schur 引理) 设 (M, F) 是 $n(\geqslant 3)$ 维 Finsler 流形. 若 F 具有迷向旗曲率, 则 F 具有常旗曲率.

设 $\{e_i\}$ 为 $\pi^* TM$ 的局部幺正标架场. 令

$$\mathrm{Ric}(y) := \sum_{i=1}^n K(y; e_i) = \sum_i R_{ii}. \tag{1.4.13}$$

Ric 称为 F 的 **Ricci 曲率**或 **Ricci 数**. 它是 TM 上的标量函数, 在自然坐标系中可以表示为

$$\mathrm{Ric}(y) = g^{ij} R_{ij} = R^i_i. \tag{1.4.14}$$

1.4.3 非黎曼曲率

在 Finsler 流形中, 有两类非黎曼几何量. 第一类是 Cartan 张量 A 及畸变 τ, 第二类非黎曼几何量是第一类非黎曼几何量沿测地线的变化率, 即 Landsberg 曲率与 S 曲率. 本节讨论它们的几何意义与性质.

设 $\mathrm{d}\mu = \sigma(x)\mathrm{d}x$ 是 Finsler 流形 (M, F) 上的任意体积形式. 定义[86]

$$\tau(x, y) := \ln \frac{\sqrt{\det(g_{ij})}}{\sigma(x)},$$

称为 (M, F) 关于体积形式 $\mathrm{d}\mu$ 的**畸变**. 它是 SM 上的函数, 满足

$$\tau_{;k} = \eta_k. \tag{1.4.15}$$

定义

$$L := L_{ijk} \mathrm{d}x^i \otimes \mathrm{d}x^j \otimes \mathrm{d}x^k, \quad L_{ijk} = \dot{A}_{ijk}, \tag{1.4.16}$$

称为 **Landsberg 曲率**. 令 $J := J_i \mathrm{d}x^i$, 其中 $J_i = g^{jk}L_{ijk}$, 称为**平均 Landsberg 曲率**. 它们满足

$$L_{ijk} = -P_{ijk}, \quad J_i = \dot{\eta}_i. \tag{1.4.17}$$

定义

$$S := F\dot{\tau}, \tag{1.4.18}$$

称为 (M, F) 的 **S 曲率**. 它关于 y 是一阶正齐性的. 在局部坐标系下,

$$S = \frac{1}{2}\frac{\partial G^i}{\partial y^i} - y^i \frac{\partial}{\partial x^i}(\ln \sigma(x)) = N_i^i - y^i \frac{\partial}{\partial x^i}(\ln \sigma(x)). \tag{1.4.19}$$

若存在 M 上的函数 $c(x)$, 使得

$$S = (n+1)c(x)F,$$

则称 F 具有**迷向 S 曲率**. 特别地, 当 c 是常数时, 我们称 F 具有**常 S 曲率**.

1.5　特殊的 Finsler 度量

1.5.1　具有特殊曲率性质的 Finsler 度量

1. 黎曼度量

当 Finsler 度量的基本张量与切方向无关, 或者 $F^2(x, y)$ 是关于方向 y 的二次型 (即 $F = \sqrt{g_{ij}(x)y^iy^j}$) 时, F 是一个黎曼度量. 也就是说, 黎曼度量是有二次型限制的特殊的 Finsler 度量.

命题 1.5.1　设 (M, F) 是 Finsler 流形. 则下述条件等价:

(1) F 是黎曼度量;

(2) $A_{ijk} = 0$;

(3) $\eta_i = 0$.

由上述命题易得

命题 1.5.2　设 (M, F) 是 Finsler 流形. 则 F 是黎曼度量当且仅当 $\tau = \tau(x)$.

2. Minkowski 度量

设 (M, F) 是 Finsler 流形. 若基本张量 $g_{ij}(x, y)$ 与点 x 无关, 则称 F 为 **Minkowski 度量**. 若对于每一点 x, 存在 x 的邻域使得 F 为 Minkowski 度量, 则称 M 为**局部 Minkowski 空间**. 若 M 为向量空间, 且 F 为 Minkowski 度量, 则称 (M, F) 为 **Minkowski 空间**.

命题 1.5.3 [68] 设 (M, F) 是 Finsler 流形. 则 F 是局部 Minkowski 流形当且仅当 $R^i_{j\ kl} = 0$, $P^i_{j\ kl} = 0$.

3. Berwald 度量与弱 Berwald 度量

设 (M, F) 为 Finsler 流形. 若在 $TM \backslash 0$ 的任意局部坐标系 (x, y) 下, $\Gamma^i_{jk} = \Gamma^i_{jk}(x)$ 是 M 上的局部函数, 则称 F 为 **Berwald 度量**. 具有 Berwald 度量的流形称为 **Berwald 流形**. 令

$$E := E_{ij}(x, y)\mathrm{d}x^i \otimes \mathrm{d}x^j, \quad E_{ij} = \frac{1}{2}\frac{\partial^2 S}{\partial y^i \partial y^j},$$

称 E 为**平均 Berwald 曲率**[68]. 由式 (1.4.9) 和式 (1.4.19) 可知

$$E_{ij} = \frac{1}{4}\frac{\partial^3 G^m}{\partial y^i \partial y^j \partial y^m} = -\frac{1}{2F}\,{}^{\flat}P^m_{i\ jm}. \tag{1.5.1}$$

若 $E = 0$, 则称 F 为**弱 Berwald 度量**.

4. Landsberg 度量与弱 Landsberg 度量

若 Landsberg 曲率 $L_{ijk} = 0$, 则称 F 为 **Landsberg 度量**, (M, F) 为 **Landsberg 流形**. 若平均 Landsberg 曲率 $J_i = 0$, 则称 F 为**弱 Landsberg 度量**, (M, F) 为**弱 Landsberg 流形**.

显然, 黎曼度量或局部 Minkowski 度量一定是 Berwald 度量, Berwald 度量一定是 Landsberg 度量和弱 Landsberg 度量.

另一方面, 有下列刚性定理.

定理 1.5.1[101] Berwald 曲面必是黎曼曲面或局部 Minkowski 曲面.

定理 1.5.2[75] 维数大于 2 的具有非零标量旗曲率的 Landsberg 流形必是黎曼流形.

定理 1.5.3[89] 维数大于 2 的具有非零常旗曲率的弱 Landsberg 流形必是黎曼流形.

5. Einstein 度量与弱 Einstein 度量

若流形 (M, F) 的 Ricci 曲率满足 $\mathrm{Ric} = (n - 1)c$, 其中 c 为常数, 则称 F 为**Einstein 度量**. 更一般地, 若 (M, F) 的 Ricci 曲率满足 $\mathrm{Ric} = (n-1)\left(\frac{3\theta}{F} + c(x)\right)$, 则称 F 为**弱 Einstein 度量**, 其中 $\theta = \theta_i y^i$ 为 1-形式.

6. Douglas 度量

定义 $TM \backslash 0$ 上的张量

$$D := D^i_{j\ kl}\frac{\partial}{\partial x^i} \otimes \mathrm{d}x^j \otimes \mathrm{d}x^k \otimes \mathrm{d}x^l,$$

其中

$$D^i_{j\ kl} = \frac{\partial^3}{\partial y^j \partial y^k \partial y^l}\left(G^i - \frac{1}{n+1}\frac{\partial G^m}{\partial y^m}y^i \right).\tag{1.5.2}$$

称 D 为 **Douglas 曲率张量**. 若 $D = 0$, 则称 F 为 **Douglas 度量**.

命题 1.5.4   以下条件是等价的:

(1) F 为 Douglas 度量;

(2) $G^i y^j - G^j y^i$ 是关于 y 的三阶正齐多项式;

(3) $G^i = T^i_{jk}(x)y^j y^k + 2P(x,y)y^i$;

(4) $G^i - \dfrac{1}{n+1}\dfrac{\partial G^m}{\partial y^m}y^i = T^i_{jk}(x)y^j y^k$.

由于 Berwald 度量满足 $G^i = \Gamma^i_{jk}(x)y^j y^k$, 所以 Berwald 度量一定是 Douglas 度量.

7. Weyl 度量

记

$$A^i_k := R^i_k - \frac{1}{n-1}\delta^i_k R^m_m.$$

定义 $TM\backslash 0$ 上的张量

$$W := W^i_k \frac{\delta}{\delta x^i} \otimes \mathrm{d}x^k,\tag{1.5.3}$$

其中

$$W^i_k = A^i_k - \frac{1}{n+1}\frac{\partial A^m_k}{\partial y^m}y^i.$$

我们称 W 为 **Weyl 曲率张量**. 若 $W = 0$, 则称 F 为 **Weyl 度量**.

定理 1.5.4(J. Douglas)   维数大于 2 的 Finsler 流形是局部射影平坦的, 当且仅当 $D = W = 0$.

定理 1.5.5[68]   Finsler 度量 F 具有零 Weyl 曲率, 当且仅当 F 具有标量旗曲率.

由定义易知, Douglas 曲率与 Weyl 曲率都是射影不变量.

1.5.2   Randers 度量

相对于一般 Finsler 度量计算的复杂性, Randers 度量因其结构明确、便于计算, 且有着深刻应用背景的特点, 引起了很多研究者的兴趣, 从而得到深入的研究. 许多具有重要几何性质的 Finsler 度量的例子都来源于 Randers 度量.

设 $\alpha = \sqrt{a_{ij}(x)y^i y^j}$ 是流形 M 上的黎曼度量, $\beta = b_i(x)y^i$ 是 M 上的 1-形式. 设 $b = \|\beta\|_\alpha = \sqrt{a^{ij}b_i b_j} < 1$, 其中 $(a^{ij}) = (a_{ij})^{-1}$. 我们称 $F = \alpha + \beta$ 为 M 上

Randers 度量. 引入下述记号:

$$r_{ij} := \frac{1}{2}(b_{i|j} + b_{j|i}), \quad s_{ij} := \frac{1}{2}(b_{i|j} - b_{j|i}),$$

$$r_{00} = r_{ij}y^i y^j, \quad s_0^i = a^{ij}s_{jk}y^k, \quad b^i = a^{ij}b_j, \quad r_i = b^j r_{ji}, \quad s_i = b^j s_{ji},$$

$$r_0 = r_i y^i, \quad s_0 = s_i y^i, \quad r^i = a^{ij}r_j, \quad s^i = a^{ij}s_j, \quad r = b^i r_i, \tag{1.5.4}$$

其中 "|" 表示关于度量 α 的共变导数. 直接计算可得[5]

$$g_{ij} = \frac{F}{\alpha}(a_{ij} - \alpha_{y^i}\alpha_{y^j}) + \ell_i \ell_j,$$

$$g^{ij} = \frac{\alpha}{F}a^{ij} + \frac{1}{F}(\beta + \alpha b^2)\ell^i \ell^j - \frac{\alpha}{F}(\ell^i b^j + \ell^j b^i),$$

$$\det(g_{ij}) = \left(\frac{F}{\alpha}\right)^{n+1}\det(a_{ij}),$$

$$G^i = G_\alpha^i + Py^i + Q^i, \tag{1.5.5}$$

其中, G_α^i 为 α 的测地系数, $Q^i = 2\alpha s_0^i$, $P = \frac{1}{F}(r_{00} - 2\alpha s_0)$. 由式 (1.5.5) 可知

$$dV_M = \sigma(x)dx = \frac{dx}{c_{n-1}}\int_{S_x M} \Omega d\tau = \frac{\sqrt{a}dx}{c_{n-1}}\int_{S_x}(1 + b_i y^i)dV_{S_x}, \tag{1.5.6}$$

其中,

$$S_x = \left\{y \in \mathbb{R}^n \,\middle|\, a_{ij}y^i y^j = 1\right\}, \quad a = \det(a_{ij}), \quad dV_{S_x} = \sqrt{a}d\tau. \tag{1.5.7}$$

由 S_x 的对称性可得

$$dV_M = \sqrt{a}dx = dV_M^\alpha. \tag{1.5.8}$$

因此有下述命题.

命题 1.5.5[37] Randers 空间 $(M, \alpha + \beta)$ 的 HT-体积元正是黎曼流形 (M, α) 的体积元.

令

$$\mathcal{M} := M_{ijk}dx^i \otimes dx^j \otimes dx^k,$$

$$M_{ijk} = A_{ijk} - \frac{1}{n+1}(A_i h_{jk} + A_j h_{ik} + A_k h_{ij}), \tag{1.5.9}$$

其中 $h_{ij} = g_{ij} - \ell_i \ell_j$ 是**角度量**. 称 $\mathcal{M}$ 为 **Matsumto 张量**.

定理 1.5.6[62] 设 (M, F) 为 $n(\geqslant 3)$ 维 Finsler 流形, 则 F 为 Randers 度量当且仅当 $\mathcal{M} = 0$.

定理 1.5.7[69]　　设 (M, F) 为 $n(\geqslant 3)$ 维紧致 Finsler 流形, F 为 M 上具有负标量旗曲率的度量, 则 F 为 Randers 度量.

定理 1.5.8[21]　　设 $F = \alpha + \beta$ 为 n 维流形 M 上的 Randers 度量, 其中 $\alpha = \sqrt{a_{ij} y^i y^j}$, $\beta = b_i y^i$. 则 F 具有迷向 S 曲率当且仅当

$$r_{ij} = 2c(x)(a_{ij} - b_i b_j) - b_i s_j - b_j s_i. \tag{1.5.10}$$

定理 1.5.9[68]　　设 (M, F) 为 Randers 流形. 则

(1) F 具有常平均 Berwald 曲率当且仅当 F 具有常 S 曲率;

(2) F 的平均 Landsberg 曲率满足 $J = c(x)\eta$, 当且仅当 F 具有迷向 S 曲率且 β 是闭形式.

命题 1.5.6[47]　　设 $F = \alpha + \beta$ 为 Randers 度量. 则

$$\|A\| < \frac{3}{\sqrt{2}}, \tag{1.5.11}$$

其中

$$\|A\|_x := \sup_{y \in T_x M \backslash 0} \sup_{X \in T_x M \backslash 0} \frac{|A_{(x,y)}(X, X, X)|}{|g_{(x,y)}(X, X)|^{\frac{3}{2}}}.$$

下面, 我们考虑 Randers 度量的航海表示问题. 设 (M, h) 是一个黎曼流形, 一物体在内力作用下以速度 U_x 在 M 上行驶, 其中 $h(x, U_x) = 1$. 在没有外力作用的情况下, 任意最短时间的道路即为 h 的最短路径. 现假定有一外力以速度 W_x 推动该物体, 则最短时间问题决定了在 M 中从一点到另一点的曲线, 沿该曲线行驶时所用的时间最短. 这个问题称为 **Zermelo 导航问题**. 我们假定 $h(x, -W_x) < 1$, 以保证物体在合力 $T_x := U_x + W_x$ 作用下可以朝任意方向行驶. 由于 $h(x, U_x) = 1$, 即有

$$\|T_x - W_x\|_h = \|U_x\|_h = 1.$$

另一方面, 对于任意向量 $y \in T_x M \backslash 0$, 存在唯一的解 $F = F(x, y) > 0$ 满足方程

$$\left\| \frac{y}{F(x, y)} - W_x \right\|_h = 1.$$

注意到对于任意的 $\lambda > 0$,

$$1 = \left\| \frac{\lambda y}{\lambda F(x, y)} - W_x \right\|_h = \left\| \frac{\lambda y}{F(x, \lambda y)} - W_x \right\|_h.$$

由唯一性可知, $F(x, \lambda y) = \lambda F(x, y)$, 即 $F(x, y)$ 关于 y 是一阶正齐性的. 后面将进一步验证 F 是 M 上 Randers 度量. 由 $T_x = \dfrac{y}{F(x, y)}$ 可知 $F(x, T_x) = 1$. 因此, 对

于 M 上的任意分段光滑曲线 C, 它在度量 F 下的长度等于物体沿此曲线行驶的时间. 也就是说, 在外力 W 的影响下, M 上任意两点的最短线路不再是黎曼度量 h 的测地线, 而是 Finsler 度量 F 的测地线. 令

$$h = \sqrt{h_{ij}(x)y^i y^j}, \quad W = W^i(x)\frac{\partial}{\partial x^i},$$

其中 $h(x, -W_x) = \sqrt{h_{ij}(x)W^i(x)W^j(x)} < 1.$ 从而

$$\left\| \frac{y}{F(x,y)} - W_x \right\|_h = \sqrt{h_{ij}(x)\left(\frac{y^i}{F} - W^i\right)\left(\frac{y^i}{F} - W^j\right)} = 1.$$

解得

$$F = \frac{\sqrt{\lambda h^2 + W_0^2}}{\lambda} - \frac{W_0}{\lambda}, \quad W_0 := W_i y^i, \tag{1.5.12}$$

其中,

$$W_i := h_{ij}W^j, \quad \lambda := 1 - W_i W^i = 1 - \|W\|_h^2.$$

令 $F = \alpha + \beta$, 其中, $\alpha = \sqrt{a_{ij}(x)y^i y^j}$, $\beta = b_i y^i$. 则

$$a_{ij} = \frac{h_{ij}}{\lambda} + \frac{W_i}{\lambda}\frac{W_j}{\lambda}, \quad b_i = -\frac{W_i}{\lambda},$$
$$a^{ij} = \lambda(h^{ij} - W^i W^j), \quad b^i = -\lambda W^i. \tag{1.5.13}$$

由此可得

$$b^2 = \|\beta\|_\alpha^2 = a^{ij}b_i b_j = \frac{1}{\lambda}(\|W\|_h^2 - \|W\|_h^4) = \|W\|_h^2. \tag{1.5.14}$$

从而 F 是 Randers 度量, 且有

$$\lambda = 1 - b^2 = 1 - \|\beta\|_\alpha^2 = 1 - \|W\|_h^2. \tag{1.5.15}$$

反过来, M 上任何 Randers 度量 $F = \alpha + \beta$ 都可以由一个黎曼度量 h 和一个向量场 W 构造.

$$h_{ij} = \lambda(a_{ij} - b_i b_j), \quad W_i = -\lambda b_i,$$
$$h^{ij} = \frac{a^{ij}}{\lambda} + \frac{b^i}{\lambda}\frac{b^j}{\lambda}, \quad W^i = -\frac{b^i}{\lambda}. \tag{1.5.16}$$

命题 1.5.7[89]   Randers 度量 $\alpha + \beta$ 的 BH-体积元正是黎曼度量 h 的体积元.

1.5.3 (α, β) 度量

(α, β)-度量是一类比 Randers 度量更为一般, 更为丰富的 Finsler 度量, 它在广义相对论等物理分支及生物 (态) 学、地震学、控制论等领域中有着广泛而重要的应用. 因其同样具有可计算的特点, 已越来越受到研究者的广泛关注和重视, 成为 Finsler 几何中一类非常重要的研究对象.

设 $\phi = \phi(s)$ 是 $s = 0$ 某邻域 $(-b_0, b_0)$ 中的光滑正函数, 并记

$$F = \alpha\phi(s), \quad s = \frac{\beta}{\alpha}, \tag{1.5.17}$$

其中 $\alpha = \sqrt{a_{ij}(x)y^i y^j}$, $\beta = b_i(x)y^i$ 如前所设, 则 F 为 Finsler 度量当且仅当[24]

$$\phi(s) - s\phi'(s) + (b^2 - s^2)\phi''(s) > 0, \quad \forall |s| \leqslant b < b_0. \tag{1.5.18}$$

满足式 (1.5.18) 的度量 F 称为 (α, β) **度量**. 如果 α 是 (局部) 欧氏度量, β 关于 α 平行, 则 F 为 (局部) Minkowski 度量, 称为**(局部) (α, β)-Minkowski 度量**.

直接计算可知, 度量 F 和 α 的基本张量和测地系数间有如下关系[20]:

$$g_{ij} = \rho a_{ij} + \rho_0 b_i b_j + \rho_1 (b_i \alpha_{y^j} + b_j \alpha_{y^i}) - s\rho_1 \alpha_{y^i} \alpha_{y^j}, \tag{1.5.19}$$

$$\det(g_{ij}) = \phi^n H(b, s) \det(a_{ij}), \tag{1.5.20}$$

$$g^{ij} = \rho^{-1} \left\{ a^{ij} + \eta b^i b^j + \eta_0 \alpha^{-1}(b^i y^j + b^j y^i) + \eta_1 \alpha^{-2} y^i y^j \right\}, \tag{1.5.21}$$

$$G^i = G_\alpha^i + 2\alpha\mu s_0^i + (2\alpha\mu s_0 - r_{00})\{\eta_0 \frac{y^i}{\alpha} + \eta b^i\}, \tag{1.5.22}$$

其中,

$$H(b, s) = \phi(\phi - s\phi')^{n-2}(\phi - s\phi' + (b^2 - s^2)\phi''),$$

$$\rho = \phi(\phi - s\phi'), \quad \rho_0 = \phi\phi'' + \phi'\phi', \quad \rho_1 = (\phi - s\phi')\phi' - s\phi\phi'',$$

$$\eta = -\frac{\phi''}{\phi - s\phi' + (b^2 - s^2)\phi''},$$

$$\eta_0 = -\frac{(\phi - s\phi')\phi' - s\phi\phi''}{\phi(\phi - s\phi' + (b^2 - s^2)\phi'')},$$

$$\eta_1 = \frac{(s\phi + (b^2 - s^2)\phi')((\phi - s\phi')\phi' - s\phi\phi'')}{\phi^2(\phi - s\phi' + (b^2 - s^2)\phi'')},$$

$$\mu = \frac{\phi'}{\phi - s\phi'}. \tag{1.5.23}$$

记 $A = \det(a_{ij})$, $g = \det(g_{ij})$. 则 $g = \phi^n(s)H(b, s)A$, $\Omega = \dfrac{g}{F^n}$. 根据 HT-体积形式

的定义 (1.1.17), 可得[25]

$$
\sigma(x) = \frac{1}{c_{n-1}} \int_{S_x M} \frac{g}{F^n} \mathrm{d}\tau = \frac{1}{c_{n-1}} \int_{S_x M} \frac{H(b,s)A}{\alpha^n} \mathrm{d}\tau
$$
$$
= \frac{\sqrt{A}}{c_{n-1}} \int_{\{y \in \mathbb{R}^n | \alpha_x(y) = 1\}} H(b,s) \sqrt{A} \mathrm{d}\tau,
$$

其中 $c_{n-1} = \mathrm{vol}(\mathbb{S}^{n-1})$. 在任意给定点 $x \in M$ 处, 选取 $T_x M$ 中一个关于 α 的正交标架 (y^i), 使得 $s = \beta_x / \alpha_x = by^1$. 于是, HT-体积元可表示为

$$
\sigma(x) = \frac{\sqrt{A}}{c_{n-1}} \int_{\mathbb{S}^{n-1}} H(b, by^1) \mathrm{d}V_{\mathbb{S}^{n-1}}
$$
$$
= \frac{c_{n-2}}{c_{n-1}} \int_{-1}^{1} H(b, by^1)(1 - (y^1)^2)^{\frac{n-3}{2}} \mathrm{d}y^1 \sqrt{A}.
$$

注意到

$$
\frac{c_{n-2}}{c_{n-1}} = \frac{\Gamma\left(\dfrac{n}{2}\right)}{\sqrt{\pi}\,\Gamma\left(\dfrac{n-1}{2}\right)},
$$

设

$$
\sigma_{\mathrm{HT}}(t) := \frac{\Gamma\left(\dfrac{n}{2}\right)}{\sqrt{\pi}\,\Gamma\left(\dfrac{n-1}{2}\right)} \int_0^\pi H(b, \sqrt{t}\cos\theta)\sin^{n-2}\theta \mathrm{d}\theta,
$$

$$
\sigma_{\mathrm{BH}}(t) := \frac{\sqrt{\pi}\,\Gamma\left(\dfrac{n-1}{2}\right)}{\Gamma\left(\dfrac{n}{2}\right)} \left[\int_0^\pi \frac{\sin^{n-2}\theta}{\phi^n(\sqrt{t}\cos\theta)} \mathrm{d}\theta \right]^{-1},
$$

其中 $\Gamma(t) = \displaystyle\int_0^{+\infty} x^{t-1} \mathrm{e}^{-x} \mathrm{d}x$. 再令 $y^1 = \cos\theta$, 则 $\sigma_F^{\mathrm{HT}} = \sigma_{\mathrm{HT}}(b^2)\sqrt{A}$. 从而, 关于 F 的 HT-体积形式为 $\mathrm{d}V_{\mathrm{HT}} = \sigma_{\mathrm{HT}}(b^2)\mathrm{d}V_\alpha$, 这里 $\mathrm{d}V_\alpha = \sqrt{A}\mathrm{d}x$ 表示度量 α 的体积形式. 类似地, 可以计算 F 的 BH-体积形式与 α 的体积形式的关系. 对于 HT-体积和 BH-体积这两种不同的体积测度, 其体积元 $\mathrm{d}V_M$ 可统一表示为

$$
\mathrm{d}V_M = f(b)\mathrm{d}V_\alpha, \tag{1.5.24}
$$

其中

$$
f(b) = \begin{cases} \dfrac{\displaystyle\int_0^\pi \sin^{n-2}t\,dt}{\displaystyle\int_0^\pi \dfrac{\sin^{n-2}t}{\phi^n(b\cos t)}\mathrm{d}t}, & \mathrm{d}V_m = \mathrm{d}V_{\mathrm{BH}}, \\[6mm] \dfrac{\displaystyle\int_0^\pi (\sin^{n-2}t)H(b\cos t)\mathrm{d}t}{\displaystyle\int_0^\pi \sin^{n-2}t\,\mathrm{d}t}, & \mathrm{d}V_m = \mathrm{d}V_{\mathrm{HT}}. \end{cases}
\tag{1.5.25}
$$

命题 1.5.8[20,25]　设 $\tilde F = \tilde\alpha\phi\left(\dfrac{\tilde\beta}{\tilde\alpha}\right)$ 是 (α,β) 度量空间. 如果 $H(b,s)-1$ 是 s 的奇函数, 则 F 的 HT-体积形式正是 α 的体积形式.

特别地, 当 $F = \alpha + \epsilon\beta + k\dfrac{\beta^2}{\alpha}$ (ϵ,k 为常数), $n = 2$ 时, 直接计算可得

$$
\mathrm{d}V_{\mathrm{HT}} = \left(1 + kb^2\left(1 - \frac{1}{8}kb^2\right)\right)\mathrm{d}V_\alpha,
$$

其中 $-\dfrac{1}{2} < kb^2 < 1$. 因此有下述推论.

推论 1.5.1[40]　设 $F = \alpha + \epsilon\beta + k\dfrac{\beta^2}{\alpha}$ (ϵ,k 为常数), $n = 2$. 则 HT-体积元和 α 度量的体积元相等当且仅当 F 是 Randers 度量或黎曼度量.

1.5.4　广义 (α,β) 度量

设 $\phi = \phi(x,s)$ 是定义在 $M \times (-b_0, b_0)$ 上的光滑正函数, 记

$$
F = \alpha\phi(x,s), \quad s = \frac{\beta}{\alpha}.
\tag{1.5.26}
$$

则 F 是 Finsler 度量当且仅当[121]

$$
\phi - s\phi_2 > 0, \quad \phi - s\phi_2 + (b^2 - s^2)\phi_{22} > 0 \ (n \geqslant 3).
\tag{1.5.27}
$$

当 $n = 2$ 时, 上式第一个条件可以去掉. 由式 (1.5.26) 定义的 Finsler 度量称为**广义 (α,β) 度量**. 这是一类比 (α,β)-度量更为广泛的可计算的 Finsler 度量. 因其包含更多的信息, 具有更大的自由度, 特别是它包括了 R. Bryant 所构造的一类重要的 Finsler 度量, 近年来也受到越来越多的关注.

与 (α,β) 度量情形类似, 有[121]

$$
g_{ij} = \rho a_{ij} + \rho_0 b_i b_j + \rho_1(b_i\alpha_{y^j} + b_j\alpha_{y^i}) - s\rho_1\alpha_{y^i}\alpha_{y^j},
\tag{1.5.28}
$$

$$
\det(g_{ij}) = \phi^n H(x,s)\det(a_{ij}),
\tag{1.5.29}
$$

$$
g^{ij} = \rho^{-1}\{a^{ij} + \eta b^i b^j + \eta_0\alpha^{-1}(b^i y^j + b^j y^i) + \eta_1\alpha^{-2}y^i y^j\},
\tag{1.5.30}
$$

其中,

$$H(x,s) = \phi(\phi - s\phi_2)^{n-2}(\phi - s\phi_2 + (b^2 - s^2)\phi_{22}),$$

$$\rho = \phi(\phi - s\phi_2), \quad \rho_0 = \phi\phi_{22} + \phi_2\phi_2, \quad \rho_1 = (\phi - s\phi_2)\phi_2 - s\phi\phi_{22},$$

$$\eta = -\frac{\phi_{22}}{\phi - s\phi_2 + (b^2 - s^2)\phi_{22}},$$

$$\eta_0 = -\frac{(\phi - s\phi_2)\phi_2 - s\phi\phi_{22}}{\phi(\phi - s\phi_2 + (b^2 - s^2)\phi_{22})},$$

$$\eta_1 = \frac{(s\phi + (b^2 - s^2)\phi_2)((\phi - s\phi_2)\phi_2 - s\phi\phi_{22})}{\phi^2(\phi - s\phi_2 + (b^2 - s^2)\phi_{22})}. \tag{1.5.31}$$

特别当 $F = \alpha\phi(b^2, s)$ 时, 直接计算可得度量 F 和 α 的测地系数的关系为[121]

$$G^i = G_\alpha^i + P^i, \tag{1.5.32}$$

其中,

$$P^i = 2\alpha\mu s_0^i + \left\{\eta(2\alpha\mu s_0 - r_{00} - \alpha^2\mu_1 r) + \alpha\mu_2(r_0 + s_0)\right\} b^i$$

$$+ \left\{\eta_0(2\alpha\mu s_0 - r_{00} - \alpha^2\mu_1 r) + \alpha\mu_3(r_0 + s_0)\right\}\frac{y^i}{\alpha}$$

$$-\alpha^2\mu_1(r^i + s^i), \tag{1.5.33}$$

$$\mu = \frac{\phi_2}{\phi - s\phi_2}, \quad \mu_1 = \frac{2\phi_1}{\phi - s\phi_2},$$

$$\mu_2 = \frac{2((\phi - s\phi_2)\phi_{12} - s\phi_1\phi_{22})}{(\phi - s\phi_2)(\phi - s\phi_2 + (b^2 - s^2)\phi_{22})},$$

$$\mu_3 = \frac{4\phi_1 - (s\phi + (b^2 - s^2)\phi_2)\mu_2}{\phi}. \tag{1.5.34}$$

1.5.5 m 次根度量

如果一个 Finsler 度量具有如下形式:

$$F = \sqrt[m]{A}, \tag{1.5.35}$$

其中 $A = a_{i_1 i_2 \cdots i_m} y^{i_1} y^{i_2} \cdots y^{i_m}$ 为 m 次齐次多项式并且 $a_{i_1 i_2 \cdots i_m}$ 关于下标全对称, 则称 F 为 m **次根度量**[64]. 记

$$A_i := [A]_{y^i}, \quad A_{ij} := [A]_{y^i y^j}, \quad A_0 := A_{x^i} y^i, \quad A_{0i} := A_{x^k y^i} y^k. \tag{1.5.36}$$

则

$$g_{ij} = \frac{A^{\frac{2}{m}-2}}{m^2}[mAA_{ij} + (2 - m)A_i A_j],$$

$$\ell_i = \frac{A^{\frac{1}{m}-1}}{m} A_i,$$
$$A_{ij} = mF^{m-1}[g_{ij} + (m-2)\ell_i\ell_j]. \tag{1.5.37}$$

(g_{ij}) 正定当且仅当 (A_{ij}) 正定. 记 $(A^{ij}) = (A_{ij})^{-1}$, 则

$$g^{ij} = A^{-\frac{2}{m}}\left[mAA^{ij} + \frac{m-2}{m-1}y^iy^j\right], \tag{1.5.38}$$

$$A^{ij} = \frac{F^{2-m}}{m}\left[g^{ij} - \frac{m-2}{m-1}\ell^i\ell^j\right]. \tag{1.5.39}$$

m 次根度量的测地系数可表示为

$$G_i = G^j g_{ij} = \frac{1}{m^2} A^{\frac{2}{m}-2}[(2-m)A_0 A_i + mA(A_{0i} - A_{x^i})]. \tag{1.5.40}$$

1.6　微分算子与积分公式

1.6.1　射影球丛上的散度和 Laplace 算子

设 (M, F) 是 Finsler 流形, SM 是 M 的射影球丛, $\hat{g}$ 是 Sasaki 度量在 SM 上的诱导黎曼度量. 用 D 表示黎曼流形 $(SM, \hat{g})$ 的 Levi-Civita 联络. SM 上 1-形式 Ψ 的散度定义为

$$\mathrm{div}_{\hat{g}}\,\Psi = \sum_{A=1}^{2n-1}(D_{e_A}\Psi)(e_A), \tag{1.6.1}$$

其中 $\{e_A\}$ 是 $(SM, \hat{g})$ 的局部适用标架场.

引理 1.6.1[35]　设 $\Psi = \Psi_A\omega^A \in \Gamma(T^*SM)$, $f \in C^\infty(SM)$. 则 Ψ 的散度和 f 的 Laplacian 分别为

$$\mathrm{div}_{\hat{g}}\,\Psi = \sum_i \Psi_{i,i} + \sum_{\bar{a}} \Psi_{\bar{a};\bar{a}} = \sum_i \Psi_{i|i} + \sum_{a,b} \Psi_a P_{bab} + \sum_{\bar{a}} \Psi_{\bar{a};\bar{a}}, \tag{1.6.2}$$

$$\Delta_{\hat{g}}f = \mathrm{div}_{\hat{g}}(\mathrm{d}f) = \sum_i f_{i,i} + \sum_{\bar{a}} f_{\bar{a};\bar{a}} = \sum_i f_{i|i} + \sum_{a,b} f_a P_{bab} + \sum_{\bar{a}} f_{\bar{a};\bar{a}}, \tag{1.6.3}$$

其中 $\mathrm{d}f = f_i\omega^i + f_{\bar{a}}\omega^{\bar{a}}$.

证明　根据式 (1.2.17), 直接计算可得

$$\mathrm{div}_{\hat{g}}\,\Psi = \sum_a \left(\mathrm{d}\Psi_a - \Psi_b\theta_a^b - \Psi_n\theta_a^n - \Psi_{\bar{b}}\theta_a^{\bar{b}}\right)(e_a)$$

$$+ \left(\mathrm{d}\Psi_n - \Psi_b\theta_n^b - \Psi_{\bar{b}}\theta_n^{\bar{b}}\right)(e_n)$$

$$+ \sum_{\bar{a}} \left(\mathrm{d}\Psi_{\bar{a}} - \Psi_b\theta_{\bar{a}}^b - \Psi_n\theta_{\bar{a}}^n - \Psi_{\bar{b}}\theta_{\bar{a}}^{\bar{b}}\right)(e_{\bar{a}})$$

$$= \sum_i \left(\mathrm{d}\Psi_i - \Psi_j\omega_i^j\right)(e_i) + \sum_{a,b} \Psi_b P_{aba} + \sum_a \left(\mathrm{d}\Psi_{\bar{a}} - \Psi_{\bar{b}}\omega_a^b\right)(e_{\bar{a}}). \quad (1.6.4)$$

由式 (1.2.14), 可知

$$^{\mathrm{b}}\nabla\Psi_i = \mathrm{d}\Psi_i - \Psi_j^b\omega_i^j = \mathrm{d}\Psi_i - \Psi_j(\omega_i^j + \dot{A}_{ik}^j\omega^k)$$

$$= \mathrm{d}\Psi_i - \Psi_j\omega_i^j + \sum_b \Psi_b P_{ibc}\omega^c$$

$$= \Psi_{i,j}\omega^j + \Psi_{i;\bar{a}}\omega^{\bar{a}}. \quad (1.6.5)$$

将式 (1.6.5) 代入式 (1.6.4) 即得式 (1.6.2). □

引理 1.6.2 在自然标架 $\{\mathrm{d}x^i, \delta y^i\}$ 下, 1-形式 $\Psi = \Psi_i\mathrm{d}x^i + \Psi_{\bar{i}}\delta y^i \in \Gamma(T^*SM)$ 当且仅当 $\Psi_{\bar{i}}y^i = 0$.

引理 1.6.3 设 (M, F) 为 Finsler 流形. 在自然标架 $\{\mathrm{d}x^i, \delta y^i\}$ 下, 射影球丛 $(SM, \hat{g})$ 上的 1-形式 $\Psi = \Psi_i\mathrm{d}x^i + \Psi_{\bar{i}}\delta y^i$ 的散度和光滑函数 f 的 Laplacian 分别为

$$\mathrm{div}_{\hat{g}}\,\Psi = g^{ij}\left(\Psi_{i,j} + \Psi_{\bar{i},j}\right) = g^{ij}\left(\frac{\delta\Psi_i}{\delta x^j} - \Psi_k\,{}^b\Gamma_{ij}^k + F[\Psi_{\bar{i}}]_{y^j}\right), \quad (1.6.6)$$

$$\Delta_{\hat{g}}f = \mathrm{div}_{\hat{g}}\mathrm{d}f = g^{ij}\left(\frac{\delta^2 f}{\delta x^i\delta x^j} - \frac{\delta f}{\delta x^k}\,{}^b\Gamma_{ij}^k + F[Ff_{y^i}]_{y^j}\right). \quad (1.6.7)$$

特别地, 对于 $(SM, \hat{g})$ 上的水平 1-形式 $\psi = \psi_i\mathrm{d}x^i$ 和 M 上的函数 f, 有[66]

$$\mathrm{div}_{\hat{g}}\,\psi = g^{ij}\psi_{i,j} = g^{ij}\left(\psi_{i|j} - \psi_i\dot{\eta}_j\right) = g^{ij}\left(\frac{\delta\psi_i}{\delta x^j} - \psi_k\Gamma_{ij}^k - \psi_i\dot{\eta}_j\right), \quad (1.6.8)$$

$$\Delta_{\hat{g}}f = g^{ij}\left(f_{ij} - f_k\,{}^b\Gamma_{ij}^k\right) = g^{ij}\left(f_{ij} - f_k\Gamma_{ij}^k - f_i\dot{\eta}_j\right). \quad (1.6.9)$$

其中, $f_i = \dfrac{\partial f}{\partial x^i}, f_{ij} = \dfrac{\partial^2 f}{\partial x^i\partial x^j}$.

命题 1.6.1[35] 设 (M, F) 是紧致无边 Finsler 流形. 则对于射影球丛 $(SM, \hat{g})$ 上任意光滑函数 f, 有

$$\int_{SM} (\ell^H f)\mathrm{d}V_{SM} = 0. \quad (1.6.10)$$

证明 记 $\psi = f\omega$. 则

$$\text{div}_{\hat{g}}\psi = g^{ij}\left\{\frac{\delta(fF_{y^i})}{\delta x^j} - {}^b\Gamma^k_{ij}fF_{y^k}\right\} = \ell^H f + g^{ij}f\left\{\frac{\delta F_{y^i}}{\delta x^j} - {}^b\Gamma^k_{ij}F_{y^k}\right\} = \ell^H f.$$

由于 (M,F) 紧致无边, 从而 SM 也是紧致无边的, 式 (1.6.10) 成立. □

在式 (1.6.7) 中, 记

$$\Delta^H f = \text{div}_{\hat{g}}(\text{d}f)^H = g^{ij}f_{i,j} = g^{ij}\left(\frac{\delta^2 f}{\delta x^i\delta x^j} - \frac{\delta f}{\delta x^k}{}^b\Gamma^k_{ij}\right), \qquad (1.6.11)$$

$$\Delta^V f = \text{div}_{\hat{g}}(\text{d}f)^V = g^{ij}F[Ff_{y^i}]_{y^j} = F^2 g^{ij}f_{y^iy^j}. \qquad (1.6.12)$$

它们分别称为射影球丛 SM 上函数 f 的**水平 Laplace 算子**和**垂直 Laplace 算子**. 显然 $\Delta_{\hat{g}} = \Delta^H + \Delta^V$, 并且

$$\int_{SM}\Delta^H f\text{d}V_{SM} = \int_{SM}\Delta^V f\text{d}V_{SM} = 0, \qquad (1.6.13)$$

其中 $f \in C_0^{\infty}(SM)$ 是 SM 上具有紧致支集的任意光滑函数.

对于张量场 $T = \sum T_{ij}\text{d}x^i \otimes \text{d}x^j \in \Gamma(\odot^2\pi^*T^*M)$, 类似可得 T 的**水平散度**为[66]

$$\text{div}_{\hat{g}}T = g^{ij}\left[T_{ki|j} - T_{kl}\dot{A}^l_{ij}\right]\text{d}x^k = g^{ij}\left[T_{ki,j} + T_{il}\dot{A}^l_{jk}\right]\text{d}x^k. \qquad (1.6.14)$$

1.6.2 射影球面上的积分公式

对于流形 M 上的固定点 x, 切空间 S_xM 具有自然的黎曼度量

$$\hat{r}_x = \sum_a \theta^{\bar{a}} \otimes \theta^{\bar{a}}, \quad \theta^{\bar{a}} = \omega^{\bar{a}}|_{S_xM} = v^a_i\frac{\text{d}y^i}{F},$$

其中 $\{y^i\}$ 为 S_xM 上的齐次坐标. 则黎曼流形 $(S_xM, \hat{r}_x)$ 的体积元为

$$\begin{aligned}
\text{d}V_{S_xM} &= \theta^{n+1} \wedge \cdots \wedge \theta^{2n-1}\\
&= \sum(-1)^{i-1}\frac{\sqrt{\det(g_{ij})}}{F^n}y^i\text{d}y^1 \wedge \cdots \wedge \widehat{\text{d}y^i} \wedge \cdots \wedge \text{d}y^n\\
&= \frac{v}{F^n}\text{d}\tau.
\end{aligned}$$

其中 $\nu = \det(v^i_j) = \sqrt{\det(g_{ij})}$, $\text{d}\tau$ 由式 (1.1.16) 定义.

命题 1.6.2 设 (M,F) 是 Finsler 流形. 对于射影球丛 $(SM,\hat{g})$ 上任意函数 f, 以及 M 上任一点 x, 积分 $\int_{S_xM}f\text{d}V_{S_xM}$ 与积分曲面无关, 因而有

$$\int_{S_xM}f\text{d}V_{S_xM} = \int_{\mathbb{S}^{n-1}}f\frac{\nu}{F^n}\text{d}\tau. \qquad (1.6.15)$$

证明 设

$$\theta = f \mathrm{d}V_{S_x M} = f \frac{\nu}{F^n} \sum_{i=1}^n (-1)^{i-1} y^i \mathrm{d}y^1 \wedge \cdots \wedge \widehat{\mathrm{d}y^i} \wedge \cdots \wedge \mathrm{d}y^n.$$

由于 f 和 ν 是零阶齐次的, 直接计算可得

$$\mathrm{d}\theta = \frac{1}{F^n} \left([f\nu]_{y^i} y^i - n f \nu F_{y^i} \ell^i + n f \nu \right) \mathrm{d}y^1 \wedge \cdots \wedge \mathrm{d}y^n = 0.$$

则在 $T_x M \setminus \{0\}$ 中的任意有界区域 $\mathcal{D}$ 上有

$$\int_{\partial \mathcal{D}} f \mathrm{d}V_{S_x M} = \int_{\partial \mathcal{D}} \theta = \int_{\mathcal{D}} \mathrm{d}\theta = 0.$$

因此, 积分 $\displaystyle\int_{S_x M} f \mathrm{d}V_{S_x M}$ 与积分曲面无关. □

引理 1.6.4[38] 设 $\psi = \psi_i \mathrm{d}y^i$ 是射影球面 $(S_x M, \hat{r}_x)$ 上的 1-形式. 则 $\psi_i y^i = 0$, 并且

$$\mathrm{div}_{\hat{r}_x} \psi = F^2 g^{ij} [\psi_i]_{y^j} - F g^{ij} \psi_i \eta_j = \nu F^2 g^{ij} \left[\frac{\psi_i}{\nu} \right]_{y^j}. \tag{1.6.16}$$

证明 设 $\{\varepsilon_{\bar{a}}\}$ 是 $\{\theta^{\bar{a}}\}$ 的对偶标架场, X 是 ψ 的对偶向量场, 并记 $\psi = \psi_{\bar{a}} \theta^{\bar{a}}$. 注意到 $\psi_i y^i = 0$, 由式 (1.1.7) 可知

$$\varepsilon_{\bar{a}} = F u_a^i \frac{\partial}{\partial y^i}, \quad \psi_{\bar{a}} = F u_a^i \psi_i,$$

$$X = \sum \psi_{\bar{a}} \varepsilon_{\bar{a}} = \left(F^2 g^{ij} - y^i y^j \right) \psi_i \frac{\partial}{\partial y^j}.$$

记 $X^i := (F^2 g^{ij} - y^i y^j)\psi_j$, $r^{ij} := F^2 g^{ij} - y^i y^j$ (注意这里的 (r^{ij}) 并非 $(S_x M, \hat{r}_x)$ 的度量矩阵). 显然 $[F]_{y^i} X^i = 0$.

记 $(S_x M, \hat{r}_x)$ 的黎曼联络为 $\hat{r}_x \nabla$, 则有

$$\begin{aligned}
\mathrm{div}_{\hat{r}_x} \psi &= \sum_{\bar{a}} \hat{r}_x(^{\hat{r}_x}\nabla_{\varepsilon_{\bar{a}}} X, \varepsilon_{\bar{a}}) = \sum_{\bar{a}} \hat{r}_x([\varepsilon_{\bar{a}}, X], \varepsilon_{\bar{a}}) \\
&= \frac{1}{F^2} r^{ik} g_{kj} [X^j]_{y^i} - \frac{n-1}{F} X^i [F]_{y^i} - \sum_a X^i [u_a^j]_{y^i} u_a^k g_{jk} \\
&= \frac{1}{F^2} r^{ik} g_{kj} [X^j]_{y^i} + \sum_a X^i u_a^j u_a^k C_{jki} \\
&= \frac{1}{F^2} [r^{jl}\psi_l]_{y^i} r^{ik} g_{kj} + r^{ij} \psi_i \frac{\eta_j}{F} \\
&= F^2 g^{ij} [\psi_i]_{y^j} - F g^{ij} \psi_i \eta_j.
\end{aligned}$$

由 $[\nu]_{y^i} = \dfrac{1}{F} \nu \eta_i$ 可知式 (1.6.16) 成立. □

引理 1.6.5   设 ρ 是射影球面 $(S_xM, \hat{r}_x)$ 上的光滑函数. 则

$$\Delta_{\hat{r}_x}\rho = F^2 g^{ij}(\rho)_{y^i y^j} - F g^{ij}(\rho)_{y^i}\eta_j. \tag{1.6.17}$$

由于 $(S_xM, \hat{r}_x)$ 是紧致无边的, 我们有下述命题.

命题 1.6.3   设 $\psi = \psi_i dy^i$ 是射影球面 $(S_xM, \hat{r}_x)$ 上的 1-形式, ρ 是射影球面 $(S_xM, \hat{r}_x)$ 上的光滑函数. 则

$$\int_{S_xM} \mathrm{div}_{\hat{r}_x}\psi \frac{\nu}{F^n}\mathrm{d}\tau = \int_{S_xM} \Delta_{\hat{r}_x}\rho \frac{\nu}{F^n}\mathrm{d}\tau = 0. \tag{1.6.18}$$

命题 1.6.4[35]   设 (M, F) 是紧致 Finsler 流形. 则对于射影球丛 $(SM, \hat{g})$ 上任意光滑函数 f, 有

$$\int_{S_xM} g^{ij}[F^2 f]_{y^i y^j}\Omega\mathrm{d}\tau = 2n\int_{S_xM} f\Omega\mathrm{d}\tau. \tag{1.6.19}$$

证明   记 $\rho = \nu f$. 由式 (1.6.17) 可得

$$\begin{aligned}
\Delta_{\hat{r}_x}\rho &= \nu F^2 g^{ij}\left[[f]_{y^i y^j} + \left[f\frac{\eta_i}{F}\right]_{y^j}\right] \\
&= \nu g^{ij}\left[[F^2 f]_{y^i y^j} + F^2\left[f\frac{\eta_i}{F}\right]_{y^j}\right] - 2n\nu f.
\end{aligned}$$

令 $\psi = \dfrac{1}{F}\nu f\eta_i dy^i$, 由式 (1.6.16) 可得

$$\mathrm{div}_{\hat{r}_x}\psi = F^2\nu g^{ij}\left[f\frac{\eta_i}{F}\right]_{y^j}.$$

由式 (1.6.18) 可知式 (1.6.19) 成立.   □

直接计算可得

$$g^{ij}[F^2 f]_{y^i y^j} = 2nf + F^2 g^{ij}[f]_{y^i y^j} = 2nf + \Delta^V f. \tag{1.6.20}$$

因此, 由命题 1.6.4, 对于垂直 Laplace 算子 Δ^V, 式 (1.6.13) 中关于 f 具有紧致支集这一限制条件可以去掉, 即有下述引理.

引理 1.6.6   设 (M, F) 是 Finsler 流形, $f \in C^\infty(SM)$, 则

$$\int_{SM} \Delta^V f\mathrm{d}V_{SM} = 0. \tag{1.6.21}$$

事实上, 对于 SM 上的任意微分形式 Ψ, 有

$$\nu\mathrm{div}_{\hat{g}}(\Psi)^{\perp}|_{S_xM} = \nu g^{ij}F[\Psi_i]_{y^j} = \mathrm{div}_{\hat{r}_x}(\nu\Psi|_{S_xM}). \tag{1.6.22}$$

命题 1.6.5[18] 设 (M, F) 为紧致 Finsler 流形. 则对于射影球丛 $(SM, \hat{g})$ 上的任意函数 f 和 h, 有

$$\int_{S_xM} g^{ij}[F^2f]_{y^iy^j}h\Omega\mathrm{d}\tau = \int_{S_xM} fg^{ij}[F^2h]_{y^iy^j}\Omega\mathrm{d}\tau. \tag{1.6.23}$$

证明 由式 (1.6.20) 和式 (1.6.22) 可得

$$\begin{aligned}
g^{ij}([F^2f]_{y^iy^j}h - f[F^2h]_{y^iy^j}) &= h\Delta^V f - f\Delta^V h \\
&= \mathrm{div}_{\hat{g}}(h(\mathrm{d}f)^V) - \mathrm{div}_{\hat{g}}(f(\mathrm{d}h)^V) \\
&= \frac{1}{\nu}\left(\mathrm{div}_{\hat{r}_x}(\nu h(\mathrm{d}f)^V) - \mathrm{div}_{\hat{r}_x}(\nu f(\mathrm{d}h)^V)\right).
\end{aligned}$$

再由命题 1.6.3, 可知式 (1.6.23) 成立. □

1.6.3 垂直平均值算子

定义 1.6.1 定义映射 $\mu^V: C^\infty(SM) \to C^\infty(SM)$ 为

$$\mu^V f = \frac{1}{2n}g^{ij}[F^2f]_{y^iy^j},$$

其中 $f \in C^\infty(SM)$. μ^V 称为**垂直平均值算子**.

由式 (1.6.20), 可得下述引理.

引理 1.6.7

$$\mu^V = \frac{1}{2n}\Delta^V + \mathrm{Id}_{C^\infty(SM)}. \tag{1.6.24}$$

记

$$\mathcal{M} = \mu^V[C^\infty(SM)], \quad \mathcal{M}_0 = \left\{f \in C^\infty(SM)|\mu^V f = f\right\} = \ker\Delta^V. \tag{1.6.25}$$

由引理 1.6.6 可知, $\Delta^V f = 0$ 当且仅当 f 是垂直常数, 即

$$\mathcal{M}_0 = \{\pi^*f|f \in C^\infty(M)\} \subset \mathcal{M}. \tag{1.6.26}$$

如果 M 是紧致的 (或者函数 f, h 具有紧致支集), 则由式 (1.6.23) 可得

$$(\mu^V f, h) = \int_{SM} \mu^V(f)h\mathrm{d}V_{SM} = \int_{SM} f\mu^V(h)\mathrm{d}V_{SM} = (f, \mu^V h). \tag{1.6.27}$$

引理 1.6.8 算子 μ^V 在 $C^\infty(SM)$ 上是自共轭的.

从前面的引理可知, 对于任意的 $f \in \ker\mu^V$, $h \in C^\infty(SM)$, 等式 $(f, \mu^V h) = (\mu^V f, h) = 0$ 恒成立. 因此, 由式 (1.6.24) 可得下述引理.

引理 1.6.9 $\ker\mu^V$ 是 $-\Delta^V$ 的对应特征值 $2n$ 的特征空间, 并且关于整体内积正交于 $\mathcal{M}$.

显然, 当 $\ker \mu^V \neq \{0\}$ 时, $\mathcal{M} \neq C^\infty(SM)$.

注释 1.6.1   一般情况下, $\ker \mu^V \neq \{0\}$. 例如, 只要存在函数 $a_{ij}(x)$, 满足 $g^{ij} a_{ij} = 0$. 取 $f = a_{ij} \ell^i \ell^j$, 则 $f \in C^\infty(SM)$, $\mu^V f = 0$.

1.6.4   流形上的散度公式

设 (M, F) 是 Finsler 流形, $\mathrm{d}\mu^\sigma$ 是 M 上的任意体积测度. 在局部坐标系 $\{x^i\}$ 中, M 上的向量场 $X = X^i \dfrac{\partial}{\partial x^i}$ 关于体积形式 $\mathrm{d}\mu^\sigma = \sigma(x)\mathrm{d}x$ 的散度可自然地定义为

$$\mathrm{div}_\sigma(X) = \frac{1}{\sigma} \frac{\partial}{\partial x^i}(\sigma X^i). \tag{1.6.28}$$

设 Ω 是具有光滑边界 $\partial\Omega$ 的区域, 则恰好存在两个单位向量场 $\nu_\pm$, 满足

$$g_{\nu_\pm}(\nu_\pm, X) = 0, \quad \forall X \in \Gamma(T\partial\Omega).$$

$\nu_\pm$ 称为 $\partial\Omega$ 的**单位法向量**. 利用 Stokes 定理, 容易证明下述引理.

引理 1.6.10(散度引理)   设 (M, F, σ) 是具有定向体积元 $\mathrm{d}\mu^\sigma = \sigma(x)\mathrm{d}x$ 的 Finsler 流形, Ω 是具有光滑边界 $\partial\Omega$ 的紧致区域, ν 是 $\partial\Omega$ 给定的单位法向量场. 则对 M 上的任意光滑向量场 X,

$$\int_\Omega \mathrm{div}_\sigma(X)\mathrm{d}\mu^\sigma = \int_{\partial\Omega} g_\nu(\nu, X)\mathrm{d}A^\sigma, \tag{1.6.29}$$

其中 $\mathrm{d}A^\sigma$ 表示 $\mathrm{d}\mu^\sigma$ 关于 g_ν 在 $\partial\Omega$ 上诱导的面积元.

流形 M 上作用于光滑函数 f 的 Laplace 算子可以自然地定义为 f 的梯度的散度. 由于 Finsler 流形上函数的梯度有多种定义方式, 其 Laplace 算子也有多种定义方式 (详见 4.1 节). 这里介绍一种比较常见的定义 (详见 5.1 节).

在任意一点 $x \in M$ 处, 映射 $\mathcal{L} : T_x M \longrightarrow T_x^* M$,

$$\mathcal{L}(y) := \begin{cases} g_y(y, \cdot) \in T_x^* M, & \forall y \in T_x M, \\ 0, & y = 0 \end{cases}$$

称为 **Legendre 变换**. 对于 M 上任意光滑函数 f, 它的梯度定义为 $\nabla f := \mathcal{L}^{-1}(\mathrm{d}f)$. 在局部坐标系下,

$$\nabla f = \begin{cases} g^{ij}(\nabla f) \dfrac{\partial f}{\partial x^j} \dfrac{\partial}{\partial x^i}, & \mathrm{d}f \neq 0, \\ 0, & \mathrm{d}f = 0. \end{cases}$$

令 $M_f := \{x \in M \,|\, \nabla f|_x \neq 0\}$, 则 ∇f 在 M_f 上是光滑的, 在 $M \backslash M_f$ 是连续的. 定义

$$\Delta f := \mathrm{div}_\sigma(\nabla f). \tag{1.6.30}$$

在局部坐标系下,

$$\Delta f := \frac{1}{\sigma} \frac{\partial}{\partial x^i} \left(\sigma(x) g^{ij} (\nabla f) \frac{\partial f}{\partial x^j} \right). \tag{1.6.31}$$

这个 Laplace 算子是函数空间 $C^\infty(M)$ 上的一个非线性算子, 称为**非线性 Laplace 算子**.

定理 1.6.1 设 (M, F, σ) 是具有定向体积元 $\mathrm{d}\mu^\sigma = \sigma(x)\mathrm{d}x$ 的 Finsler 流形, Ω 是具有光滑边界 $\partial\Omega$ 的紧致区域, ν 是 $\partial\Omega$ 上给定的单位法向量场. 则对 M 上的任意光滑函数 f, 有

$$\int_\Omega \Delta f \mathrm{d}\mu^\sigma = \int_{\partial\Omega} g_\nu(\nu, \nabla f) \mathrm{d}A^\sigma,$$

其中 $\mathrm{d}A^\sigma$ 表示 $\mathrm{d}\mu^\sigma$ 关于 g_ν 在 $\partial\Omega$ 上诱导的面积元. 特别地, 若 M 是闭的, 则

$$\int_M \Delta f \mathrm{d}\mu^\sigma = 0.$$

1.7 Finsler 流形间的映射

1.7.1 拉回联络

设 (M^n, F) 和 $(\tilde{M}^m, \tilde{F})$ 分别是 n 维和 m 维 Finsler 流形, $\phi : (M, F) \to (\tilde{M}, \tilde{F})$ 是一个光滑映射. 若切映射 $\mathrm{d}\phi$ 非退化, 即 $\ker(\mathrm{d}\phi) = 0$, 则称映射 ϕ 非退化. 为方便起见, 我们用同样的字母上加 "$\sim$" 表示 $(\tilde{M}, \tilde{F})$ 上与 (M, F) 相对应的量. 如无特别说明, 我们约定下述指标取值范围:

$$1 \leqslant i, j, \cdots \leqslant n, \quad 1 \leqslant \alpha, \beta, \cdots \leqslant m. \tag{1.7.1}$$

定义 ϕ 的诱导映射 $\tilde{\phi} : SM \to S\tilde{M}$ 为

$$\tilde{\phi}(x, y) = (\phi(x), \mathrm{d}\phi(y)),$$

则 $\tilde{F}$ 和 $\tilde{g}$ 在 SM 上的拉回度量分别为

$$\tilde{\phi}^* \tilde{F}(x, y) = \tilde{F}(\phi(x), \mathrm{d}\phi(y)) = \|\mathrm{d}\phi(y)\|_{\tilde{g}},$$

$$\tilde{\phi}^* \tilde{g}_{(x,y)}(X, Y) = \tilde{g}_{(\phi(x), \mathrm{d}\phi(y))}(\mathrm{d}\phi X, \mathrm{d}\phi Y).$$

不妨仍记为 $\tilde{F}$ 和 $\tilde{g}$. 当 $\tilde{g}$ 不是黎曼度量时, 为保证拉回度量有定义, 一般需要假定 ϕ 非退化. 设 $\tilde{\nabla}$ 和 $^b\tilde{\nabla}$ 分别是 $\pi^*(\phi^{-1}T\tilde{M})$ 上的拉回陈联络和拉回 Berwald 联络, 记

$$\widetilde{\nabla}\mathrm{d}\phi(X,Y) := (\widetilde{\nabla}_X\mathrm{d}\phi)Y = \widetilde{\nabla}_{X^H}(\mathrm{d}\phi Y) - \mathrm{d}\phi(\nabla_{X^H}Y), \tag{1.7.2}$$

$${}^{\mathrm{b}}\widetilde{\nabla}\mathrm{d}\phi(X,Y) := ({}^{\mathrm{b}}\widetilde{\nabla}_X\mathrm{d}\phi)Y = {}^{\mathrm{b}}\widetilde{\nabla}_{X^H}(\mathrm{d}\phi Y) - \mathrm{d}\phi({}^{\mathrm{b}}\nabla_{X^H}Y), \tag{1.7.3}$$

$$\tilde{h}(\phi) := {}^{\mathrm{b}}\widetilde{\nabla}\mathrm{d}\phi, \tag{1.7.4}$$

$\forall X, Y \in \Gamma(\pi^*TM)$. $\widetilde{\nabla}\mathrm{d}\phi$ 和 $\tilde{h}(\phi) = {}^{\mathrm{b}}\widetilde{\nabla}\mathrm{d}\phi$ 分别称为**陈第二基本形式**和 **Berwald 第二基本形式**, 则有

$$\tilde{h}(X,Y) = (\widetilde{\nabla}_X\mathrm{d}\phi)Y + \tilde{L}(\mathrm{d}\phi X, \mathrm{d}\phi Y) - \mathrm{d}\phi L(X,Y), \tag{1.7.5}$$

$$({}^{\mathrm{b}}\widetilde{\nabla}_\ell\mathrm{d}\phi)Y = (\widetilde{\nabla}_\ell\mathrm{d}\phi)Y = \tilde{h}(\ell, Y). \tag{1.7.6}$$

设 (x^i, y^i) 和 $(\tilde{x}^\alpha, \tilde{y}^\alpha)$ 为 SM 和 $S\tilde{M}$ 上对应局部坐标系, 则有

$$\tilde{x}^\alpha = \phi^\alpha(x), \quad \tilde{y}^\alpha = \phi_i^\alpha y^i. \tag{1.7.7}$$

设 $\left\{ \dfrac{\partial}{\partial\tilde{x}^\alpha}, \dfrac{\partial}{\partial\tilde{y}^\alpha} \right\}$ 和 $\{\mathrm{d}\tilde{x}^\alpha, \mathrm{d}\tilde{y}^\alpha\}$, $\left\{ \dfrac{\delta}{\delta\tilde{x}^\alpha}, \dfrac{\partial}{\partial\tilde{y}^\alpha} \right\}$ 和 $\{\mathrm{d}\tilde{x}^\alpha, \delta\tilde{y}^\alpha\}$ 分别为 $S\tilde{M}$ 上局部对偶标架场. 为方便起见, 记

$$\partial_i := \frac{\partial}{\partial x^i}, \quad \delta^i := \frac{\delta}{\delta x^i}, \quad \dot{\partial}_i := \frac{\partial}{\partial y^i},$$
$$\tilde{\partial}_\alpha := \frac{\partial}{\partial\tilde{x}^\alpha}, \quad \tilde{\delta}_\alpha := \frac{\delta}{\delta\tilde{x}^\alpha}, \quad \dot{\tilde{\partial}}_\alpha := \frac{\partial}{\partial\tilde{y}^\alpha}, \tag{1.7.8}$$

则

$$\tilde{\phi}_*\partial_i = \phi_i^\alpha\tilde{\partial}_\alpha + \phi_{ij}^\alpha y^j\dot{\tilde{\partial}}_\alpha, \quad \tilde{\phi}_*\dot{\partial}_i = \phi_i^\alpha\dot{\tilde{\partial}}_\alpha,$$
$$\tilde{\phi}^*\mathrm{d}\tilde{x}^\alpha = \phi_i^\alpha\mathrm{d}x^i, \quad \tilde{\phi}^*\mathrm{d}\tilde{y}^\alpha = \phi_{ij}^\alpha y^j\mathrm{d}x^i + \phi_i^\alpha\mathrm{d}y^i, \tag{1.7.9}$$

其中 $\phi_{ij}^\alpha = \dfrac{\partial^2\phi^\alpha}{\partial x^i\partial x^j}$.

注释 1.7.1　注意作为拉回切丛 $\pi^*(\phi^{-1}T\tilde{M})$ 的局部对偶标架场, $\{\tilde{\partial}_\alpha\}$ 和 $\{d\tilde{x}^\alpha\}$ 满足

$$\phi_*\partial_i = \phi_i^\alpha\tilde{\partial}_\alpha, \quad \phi^*\mathrm{d}\tilde{x}^\alpha = \phi_i^\alpha\mathrm{d}x^i.$$

因此在计算时需要特别注意计算对象是哪一个向量丛的截面.

由式 (1.7.9) 可得

$$\tilde{\phi}^*\delta\tilde{y}^\alpha = \frac{F}{\tilde{F}}(\tilde{h}_{ik}^\alpha\ell^k\mathrm{d}x^i + \phi_i^\alpha\delta y^i),$$
$$\tilde{\phi}_*\delta_i = \phi_i^\alpha\tilde{\delta}_\alpha + F\tilde{h}_{ik}^\alpha\ell^k\dot{\tilde{\partial}}_\alpha. \tag{1.7.10}$$

定义

$$h(\phi) := \frac{1}{F^2}h^\alpha\tilde{\partial}_\alpha,$$
$$h^\alpha = \phi_{ij}^\alpha y^i y^j - \phi_k^\alpha G^k + \tilde{G}^\alpha, \tag{1.7.11}$$

$$h^*(\phi) := \frac{1}{F^2} h_\alpha \mathrm{d}\tilde{x}^\alpha, \quad h_\alpha = \tilde{g}_{\alpha\beta} h^\beta, \tag{1.7.12}$$

其中 G^k 和 $\tilde{G}^\alpha$ 分别表示 (M, F) 和 $(\tilde{M}, \tilde{F})$ 的测地系数. 则有

$$h(\phi) = (\widetilde{\nabla}_\ell \mathrm{d}\phi)(\ell) = \tilde{h}(\ell, \ell),$$
$$\tilde{h}_{ij}^\alpha = \phi_{i,j}^\alpha = \phi_{ij}^\alpha - {}^{\mathrm{b}}\Gamma_{ij}^k \phi_k^\alpha + {}^{\mathrm{b}}\tilde{\Gamma}_{\beta\gamma}^\alpha \phi_i^\beta \phi_j^\gamma. \tag{1.7.13}$$

记 $\tilde{h}_i^\alpha := \tilde{h}_{ij}^\alpha y^j$. 容易验证

$$\tilde{h}_{ij}^\alpha = \frac{1}{2}[h^\alpha]_{y^i y^j}, \quad \tilde{h}_i^\alpha = \frac{1}{2}[h^\alpha]_{y^i}. \tag{1.7.14}$$

由此可见, 几何量 $h(\phi) \in \Gamma(\pi^*(\phi^{-1}T\tilde{M}))$ 与 Berwald 联络的第二基本形式 $\tilde{h}(\phi)$ 可以相互确定, 同时又与联络的选取无关. $h(\phi)$ 在 Finsler 调和映射理论的研究中扮演着非常重要的角色. 注意到在一般情况下 $h(\phi)$ 关于方向 y 是非线性的, 不妨称 $h(\phi)$(或 $h^*(\phi)$) 为 ϕ 的**非线性第二基本形式**. 显然, 当 (M, F) 和 $(\tilde{M}, \tilde{F})$ 均为 Berwald 流形时, h^α 是关于 y 的二次型. 在黎曼情形下, h 就是通常的第二基本形式. 不难证明, $h(\phi) = 0$ 当且仅当 M 上任意一条测地线的像一定是 $\tilde{M}$ 上的测地线. 此时, 称 ϕ 为**全测地映射**. 式 (1.7.13) 和式 (1.7.14) 表明下面的结论.

引理 1.7.1 ϕ 是全测地映射 $\Leftrightarrow \tilde{h} = {}^{\mathrm{b}}\widetilde{\nabla}\mathrm{d}\phi = 0 \Leftrightarrow h(\phi) = 0$.

命题 1.7.1 $\tilde{\phi} : (SM, \hat{g}) \to (S\tilde{M}, \hat{\tilde{g}})$ 是等距浸入, 当且仅当 $\phi : M \to \tilde{M}$ 是全测地的.

证明 由式 (1.7.10) 和式 (1.7.14), 可得

$$\tilde{\phi}^* \hat{\tilde{g}} = \tilde{g}_{\alpha\beta}(\phi_i^\beta \mathrm{d}x^i) \otimes (\phi_j^\beta \mathrm{d}x^j) + (\tilde{g}_{\alpha\beta} - \tilde{F}_\alpha \tilde{F}_\beta)(h_{ik}^\alpha \ell^k \mathrm{d}x^i + \phi_i^\alpha \delta y^i) \otimes (h_{js}^\beta \ell^s \mathrm{d}x^j + \phi_j^\beta \delta y^j)$$
$$= g_{ij} \mathrm{d}x^i \otimes \mathrm{d}x^j + (\tilde{g}_{\alpha\beta} - \tilde{F}_\alpha \tilde{F}_\beta)[h_{ik}^\alpha \ell^k h_{js}^\beta \ell^s \mathrm{d}x^i \otimes \mathrm{d}x^j$$
$$+ h_{ik}^\alpha \ell^k \phi_j^\beta \mathrm{d}x^i \otimes \delta y^j + h_{jk}^\beta \ell^k \phi_i^\alpha \delta y^i \otimes \mathrm{d}x^j + \phi_i^\alpha \phi_j^\beta \delta y^i \otimes \delta y^j].$$

容易验证 $\hat{g} = \tilde{\phi}^* \hat{\tilde{g}}$ 当且仅当 $h_{ik}^\alpha \ell^k = 0$. 因此 $h = h_{ik}^\alpha \ell^i \ell^k = 0$, 即 ϕ 是全测地的. □

由式 (1.7.10) 可知, 对于任意 $X \in \Gamma(\pi^* TM)$,

$$\tilde{\phi}_* X^H = \phi_i^\alpha X^i \tilde{\delta}_\alpha + F \tilde{h}_{ik}^\alpha X^i \ell^k \dot{\tilde{\partial}}_\alpha = (\mathrm{d}\phi X)^H + \frac{F}{\tilde{F}} \tilde{h}(X, \ell)^V. \tag{1.7.15}$$

由于 $\widetilde{\nabla}_{(\mathrm{d}\phi X)^H} \tilde{g} = 0$, 显然有下述引理.

引理 1.7.2 设 $\phi : (M^n, F) \to (\tilde{M}^m, \tilde{F})$ 是一个非退化光滑映射, 则拉回陈联络满足

$$\left(\widetilde{\nabla}_{X^H} \tilde{g}\right)(U, W) = 2\tilde{C}\left(U, W, (\widetilde{\nabla}_y \mathrm{d}\phi)(X)\right) = 2\frac{F}{\tilde{F}} \tilde{A}\left(U, W, (\widetilde{\nabla}_\ell \mathrm{d}\phi)(X)\right), \tag{1.7.16}$$

$\forall X \in \Gamma(\pi^* TM), U, W \in \Gamma(\pi^*(\phi^{-1}T\tilde{M}))$.

引理 1.7.3　设 $\phi : (M^n, F) \to (\tilde{M}^m, \tilde{F})$ 是一个非退化光滑映射. 则拉回 Berwald 联络满足

$$({}^b\tilde{\nabla}_{X^H}\tilde{g})(U, W) = 2\frac{F}{\tilde{F}}\tilde{A}(U, W, (\tilde{\nabla}_\ell \mathrm{d}\phi)(X)) - 2\tilde{L}(U, W, \mathrm{d}\phi X), \qquad (1.7.17)$$

$\forall X \in \Gamma(\pi^*TM), U, W \in \Gamma(\pi^*(\phi^{-1}T\tilde{M}))$.

从上面的引理可知, 在局部坐标系下, 拉回度量的陈共变导数和 Berwald 共变导数分别为

$$\tilde{g}_{\alpha\beta|k} = 2\tilde{C}_{\alpha\beta\gamma}\tilde{h}^\alpha_{ik}y^i, \quad \tilde{g}_{\alpha\beta,k} = 2\tilde{C}_{\alpha\beta\gamma}\tilde{h}^\gamma_{ik}y^i - 2\tilde{L}_{\alpha\beta\gamma}\phi^\gamma_k. \qquad (1.7.18)$$

1.7.2　等距浸入

设 (M, F) 和 $(\tilde{M}, \tilde{F})$ 是 Finsler 流形, $f : M \to \tilde{M}$ 是一个浸入. 若对于任意的 $(x, y) \in TM \setminus \{0\}$, 都有 $F(x, y) = \tilde{F}(f(x), \mathrm{d}f(y))$, 则称 f 为**等距浸入**. 显然, 对于等距浸入 f, 有

$$g_{ij}(x, y) = \tilde{g}_{\alpha\beta}(\tilde{x}, \tilde{y})f^\alpha_i f^\beta_j, \qquad (1.7.19)$$

$$C_{ijk}(x, y) = \tilde{C}_{\alpha\beta\gamma}(\tilde{x}, \tilde{y})f^\alpha_i f^\beta_j f^\gamma_k, \qquad (1.7.20)$$

其中,

$$\tilde{x}^\alpha = f^\alpha(x), \quad \tilde{y}^\alpha = f^\alpha_i y^i, \quad f^\alpha_i = \frac{\partial f^\alpha}{\partial x^i}. \qquad (1.7.21)$$

由于 $\tilde{g}$ 给定了 $\pi^*(f^{-1}T\tilde{M})$ 上的黎曼度量, 可设 $(\pi^*TM)^\perp$ 为 π^*TM 在 $\pi^*(f^{-1}T\tilde{M})$ 中关于 $\tilde{g}$ 的余正交丛. 又设

$$\mathcal{V}_f := \left\{\xi \in \Gamma(f^{-1}T^*\tilde{M}) | \xi(\mathrm{d}fX) = 0, \forall X \in \Gamma(TM)\right\}. \qquad (1.7.22)$$

显然 $\pi^*\mathcal{V}_f$ 是 $(\pi^*TM)^\perp$ 的对偶丛. $(\pi^*TM)^\perp$ 和 $\mathcal{V}_f$ 均称为 f (或者 (M, F)) 的**法丛**.

直接计算可得

$$G^k = \varphi^k_\beta\left(f^\beta_{ij}y^i y^j + \tilde{G}^\beta\right), \qquad (1.7.23)$$

其中

$$\varphi^k_\beta = f^\alpha_l g^{lk}\tilde{g}_{\alpha\beta}. \qquad (1.7.24)$$

则 $\varphi : \pi^*(f^{-1}T\tilde{M}) \to \pi^*TM$ 是关于度量 $\tilde{g}$ 的一个正交投影. 设 $p = \mathrm{d}f \circ \phi$, $p^\perp : \pi^*(f^{-1}T\tilde{M}) \to (\pi^*TM)^\perp$ 是它的余正交投影. 则由式 (1.7.11) 和式 (1.7.23) 可得

$$h^\beta = p^{\perp\beta}_\alpha(f^\alpha_{ij}y^i y^j + \tilde{G}^\alpha), \qquad (1.7.25)$$

其中,

$$p_\alpha^{\perp\beta} := \delta_\alpha^\beta - p_\alpha^\beta, \quad p_\alpha^\beta = f_i^\beta \varphi_\alpha^i = f_i^\beta f_j^\sigma g^{ij} \tilde{g}_{\sigma\alpha}. \tag{1.7.26}$$

引理 1.7.4 $h(f) \in \Gamma(\pi^* TM)^\perp$, $h^*(f) \in \Gamma(\pi^* \mathcal{V}_f)$. $h(f)$ 和 $h^*(f)$ 分别称为 f 的**法曲率向量**和**法曲率形式**. 它们在 Finsler 子流形的研究中扮演着非常重要的角色.

此外, 由式 (1.7.18) 和式 (1.7.26) 可知

$$p_{\beta|k}^\alpha = \varphi_\beta^i f_{i|k}^\alpha + f_i^\alpha f_{j|k}^\sigma g^{ij} \tilde{g}_{\sigma\beta} + 2 p_\sigma^\alpha \tilde{C}_{\beta\gamma}^\sigma \tilde{h}_k^\gamma. \tag{1.7.27}$$

对于任意的 $V \in \Gamma(\pi^*(f^{-1} T\tilde{M}))$, 记

$$V^\perp = p^\perp V, \quad V^T = \varphi V.$$

直接计算可得下述引理.

引理 1.7.5 设 $f : (M, F) \to (\tilde{M}, \tilde{F})$ 为等距浸入. 则有

$$\tilde{g}((\tilde{\nabla}_{X^H} p)V, W) = 2\tilde{A}(V, \mathrm{d}fW^T, \tilde{h}(\ell, X)) + \tilde{g}((\tilde{\nabla}_X \mathrm{d}f)V^T, W)$$
$$+ \tilde{g}((\tilde{\nabla}_X \mathrm{d}f)W^T, V), \tag{1.7.28}$$

$\forall X, V, W \in \Gamma(\pi^* TM)$.

1.8 复 Finsler 流形

1.8.1 复 Finsler 度量

设 M 是一个复流形, (z^i, v^i) 是 $T^{1,0}M$ 上局部复坐标, 其中 $v = v^i \dfrac{\partial}{\partial z^i}$. 记 $\tilde{T}M = T^{1,0}M \setminus \{0\}$.

定义 1.8.1 设 $F : T^{1,0}M \to [0, +\infty)$ 是 M 上连续函数, 满足

(1) $G = F^2(z, v) \in C^\infty(\tilde{T}M)$;

(2) $G(z, \lambda v) = |\lambda|^2 G(z, v), \quad \forall \lambda \in \mathbb{C}^* = \mathbb{C} \setminus \{0\}$;

(3) $F(z, v) \geqslant 0$, 等号成立当且仅当 $v = 0$. 则 F 或者 G 称为 M 上**复 Finsler 度量**, (M, F) 或者 (M, G) 称为**复 Finsler 流形**.

记

$$G_{i\bar{j}} = [G]_{v^i \bar{v}^j} = \dot{\partial}_i \dot{\partial}_{\bar{j}} G,$$

$$\partial_i := \frac{\partial}{\partial z^i}, \quad \partial_{\bar{j}} := \frac{\partial}{\partial \bar{z}^j}, \quad \dot{\partial}_i := \frac{\partial}{\partial v^i}, \quad \dot{\partial}_{\bar{j}} := \frac{\partial}{\partial \bar{v}^j}.$$

如果 Levi 矩阵 $(G_{i\bar{j}}(z,v))$ 是正定的, 则称复 Finsler 度量是**拟强凸**的. 显然, 复 Finsler 度量是复流形上比 Hermitian 度量更广泛的一类度量. S. Kobayashi[49] 证明了任一双曲复流形上都存在一个自然的复 Finsler 度量. 在 Teichmüller 空间和模空间中, 存在着许多著名的经典度量, 其中有三个就是复 Finsler 度量. 例如:

Kobayashi 度量　$F_K : T^{1,0}M \to \mathbb{R}^+$ 定义为

$$F_K(z,v) = \inf \left\{ |\xi| \ \middle| \ \exists f \in \mathrm{Hol}(D,M) : f(0) = z, \ \mathrm{d}f_0(\xi) = v \right\},$$

其中 $D \in \mathbb{C}$ 是单位圆盘, $\mathrm{Hol}(D,M)$ 是从 D 到 M 全纯映射全体;

Caratheodory 度量　$F_C : T^{1,0}M \to \mathbb{R}^+$ 定义为

$$F_C(z,v) = \sup \left\{ |\mathrm{d}f_z(v)| \ \middle| \ f \in \mathrm{Hol}(M,D), \ f(z) = 0 \right\}.$$

记复 Finsler 流形 M 上的**射影切丛**为 $PM := \tilde{T}M/\mathbb{C}^*$, 其纤维是 $\mathbb{CP}^{m-1}$. 设 $\mathcal{H} = \mathrm{span}\{\delta_i\}$, $\mathcal{V} = \mathrm{span}\{\dot{\partial}_i\}$ 分别为 PM 上的水平丛和垂直丛. PM 的**不变体积形式**是

$$\mathrm{d}\mu_{PM} = \frac{\omega_{\mathcal{V}}^{m-1}}{(m-1)!} \wedge \frac{\omega_{\mathcal{H}}^{m}}{m!}, \tag{1.8.1}$$

其中,

$$\omega_{\mathcal{V}} = \sqrt{-1}(\ln G)_{i\bar{j}}\delta v^i \wedge \delta\bar{v}^j, \quad \omega_{\mathcal{H}} = \sqrt{-1}G_{i\bar{j}}\mathrm{d}z^i \wedge \mathrm{d}\bar{z}^j.$$

$$\delta v^i = \mathrm{d}v^i + N^i_j \mathrm{d}z^j, \quad N^i_j = G^{i\bar{l}}\dot{\partial}_{\bar{l}}\partial_j G. \tag{1.8.2}$$

1.8.2　Chern-Finsler 联络

在复 Finsler 流形 (M,F) 上, 存在唯一一个**Chern-Finsler 联络** ∇, 其联络形式为

$$\omega^i_j = G^{\bar{k}i}\partial G_{j\bar{k}} = \Gamma^i_{j,k}\mathrm{d}z^k + C^i_{jk}\delta v^k, \tag{1.8.3}$$

其中,

$$\Gamma^i_{j,k} = G^{\bar{l}i}\delta_k G_{j\bar{l}}, \quad C^i_{jk} = G^{i\bar{l}}G_{j\bar{l}k}. \tag{1.8.4}$$

函数的微分算子 d 可分解为

$$\mathrm{d} = \mathrm{d}_{\mathcal{H}} + \mathrm{d}_{\mathcal{V}}, \quad \mathrm{d}_{\mathcal{H}} = \partial_{\mathcal{H}} + \bar{\partial}_{\mathcal{H}}, \quad \mathrm{d}_{\mathcal{V}} = \partial_{\mathcal{V}} + \bar{\partial}_{\mathcal{V}}, \tag{1.8.5}$$

其中,

$$\partial_{\mathcal{H}}f = (\delta_i f)\mathrm{d}z^i, \quad \delta_i = \partial_i - N^j_i\dot{\partial}_j, \quad \partial_{\mathcal{V}}f = (\dot{\partial}_i f)\delta v^i.$$

定义 1.8.2　设 $G = F^2$ 是一个复 Finsler 度量, 称 F 是

(1) **强 Kähler Finsler 度量**, 如果 $\Gamma^i_{j,k} = \Gamma^i_{k,j}$;

(2) **Kähler Finsler 度量**, 如果 $\Gamma^i_{j,k}v^k = \Gamma^i_{k,j}v^k$;

(3) **弱 Kähler Finsler 度量**, 如果 $G_i\Gamma^i_{j,k}v^k = G_i\Gamma^i_{k,j}v^k$ ($G_i = \dot{\partial}_i G$).

定理 1.8.1[17] 任何 Kähler Finsler 度量一定是强 Kähler Finsler 度量. Chern-Finsler 联络的**曲率形式**为

$$\Omega_j^i := R_{j;k\bar{l}}^i \mathrm{d}z^k \wedge \mathrm{d}\bar{z}^l + S_{jk;\bar{l}}^i \delta v^k \wedge \mathrm{d}\bar{z}^l + P_{j\bar{l};k}^i \mathrm{d}z^k \wedge \delta \bar{v}^l + Q_{jk\bar{l}}^i \delta v^k \wedge \delta \bar{v}^l, \quad (1.8.6)$$

其中,

$$
\begin{aligned}
R_{j;k\bar{l}}^i &= -\delta_{\bar{l}}(\Gamma_{j;k}^i) - C_{js}^i \delta_{\bar{l}}(N_k^s), \\
S_{jk;\bar{l}}^i &= -\delta_{\bar{l}}(C_{jk}^i), \\
P_{j\bar{l};k}^i &= -\dot{\partial}_{\bar{l}}(\Gamma_{j;k}^i) - C_{js}^i \dot{\partial}_{\bar{l}}(N_k^s), \\
Q_{jk\bar{l}}^i &= -\dot{\partial}_{\bar{l}}(C_{jk}^i).
\end{aligned}
\quad (1.8.7)
$$

根据式 (1.8.7) 的第一式, F 的**全纯曲率**为

$$K_F(v) := \frac{1}{G^2} G_i R_{j;k\bar{l}}^i v^j v^k \bar{v}^l = \frac{1}{G^2} \left(-G_{;i\bar{j}} v^i \bar{v}^j + G_{i\bar{j}} G^i G^{\bar{j}} \right). \quad (1.8.8)$$

1.8.3 特殊的复 Finsler 度量

如果复 Finsler 度量 F 是具有线性 Finsler 联络的 (强) Kähler Finsler 度量, 则 F 称为**复 Berwald 度量**.

如果复 Finsler 度量 F 可表示为 $F = \alpha + |\beta|$, 其中 α 是一个 Hermitian 度量, β 是一个 $(1,0)$-形式, 则 F 称为**复 Randers 度量**.

复 Randers 度量 $F = \alpha + |\beta|$ 的全纯曲率 K_F 可表示为

$$
\begin{aligned}
K_F(z,v) = \frac{1}{G^2} & \left[F\alpha^3 K_\alpha(z,v) - \frac{\alpha F}{\gamma} b_{o|o} b_{\bar{o}|\bar{o}} - \frac{\alpha F(1-b^2)}{\gamma} b_{o|\bar{o}} b_{\bar{o}|o} \right. \\
& + \frac{\alpha^2 F}{|\beta|\gamma} \left(\beta b_{\bar{o}|\bar{o}} E_o + \bar{\beta} b_{o|o} E_{\bar{o}} \right) - \frac{\alpha F^2}{|\beta|\gamma} \left(\beta b_{\bar{o}|o} E_{\bar{o}} + \bar{\beta} b_{o|\bar{o}} E_o \right) \\
& + \frac{F^2}{|\beta|^2 \gamma} \left(\beta^2 b_{o|o} b_{\bar{o}|\bar{o}} + \bar{\beta}^2 b_{o|\bar{o}} b_{o|o} \right) - \frac{F}{|\beta|} \left(\bar{\beta} b_{o|\bar{o}|o} + \beta b_{\bar{o}|o|\bar{o}} \right) \\
& \left. - \frac{\alpha^3 F}{\gamma} E_o E_{\bar{o}} + \alpha F b_{i|\bar{o}} b_{|o}^i \right],
\end{aligned}
\quad (1.8.9)
$$

其中 K_α 是 α 的全纯曲率, 且 $E_o = b^{\bar{m}} b_{\bar{m}|o} = \overline{E_{\bar{o}}}$.

设 $F = \alpha + |\beta|$ 是一个复 Randers 度量, 其中 β 全纯, 则 F 的**全纯曲率**为

$$K_F(v) = \frac{\alpha^3}{F^3} K_\alpha(v) - \frac{\alpha F}{\gamma} \frac{b_{o|o} b_{\bar{o}|\bar{o}}}{F^4}.$$

定理 1.8.2[17] 复 Randers 度量 $F = \alpha + |\beta|$ 是 Berwald 度量, 当且仅当 α 是 Kähler 度量且 $\beta \otimes \bar{\beta}$ 关于 α 平行.

称复 Finsler 度量 F 的**全纯曲率** $K_F(z, v)$ 是**迷向的**, 如果它与方向 v 无关, 而仅为点 z 的函数.

定理 1.8.3[17]   具有迷向全纯曲率的 Berwald-Randers 度量一定是 Kähler 度量或局部 Mincowski 度量.

称复 Randers 度量是**强 Randers 度量**, 如果 α 是 Kähler 度量且 β 全纯.

定理 1.8.4[17]   设 M^n 是具有强 Randers 度量 $F = \alpha + |\beta|$ 的紧致复流形. 若 F 具有正全纯曲率, 则 F 一定是 Kähler 度量.

第 2 章　Finsler 流形间的调和映射

2.1　能量泛函的第一和第二变分

2.1.1　能量泛函

设 (M^n, F) 和 $(\tilde{M}^m, \tilde{F})$ 分别是 n 维和 m 维 Finsler 流形, $\phi : (M, F) \to (\tilde{M}, \tilde{F})$ 是一个非退化光滑映射. 不妨设 (M^n, F) 是紧致的. 否则, 我们考虑 (M^n, F) 上的紧致区域. 映射 ϕ 的**能量密度** $e(\phi) : SM \to \mathbb{R}$ 定义为

$$e(\phi)(x, y) = \frac{1}{2} g^{ij}(x, y) \phi_i^\alpha \phi_j^\beta \tilde{g}_{\alpha\beta}(\tilde{x}, \tilde{y}), \tag{2.1.1}$$

其中, $\phi_i^\alpha = \dfrac{\partial \phi^\alpha}{\partial x_i}$, $\tilde{x} = \phi(x) = \{\phi^\alpha\}$, $\tilde{y} = \mathrm{d}\phi(y) = \{y^j \phi_j^\alpha\}$, $\tilde{g}_{\alpha\beta}$ 表示 $(\tilde{M}^m, \tilde{F})$ 的基本张量. 映射 ϕ 的**能量泛函**定义为

$$E(\phi) = \frac{1}{c_{n-1}} \int_{SM} e(\phi) \mathrm{d} V_{SM}. \tag{2.1.2}$$

记 $G := \displaystyle\int_{S_x M} \Omega \mathrm{d}\tau = c_{n-1} \sigma(x)$. 映射 ϕ 的**平均能量密度** $\bar{e}(\phi) : M \to \mathbb{R}$ 定义为

$$\bar{e}(\phi) = \frac{1}{G} \int_{S_x M} e(\phi) \Omega \mathrm{d}\tau. \tag{2.1.3}$$

由式 (1.6.19), 可以得到平均能量密度的下述等价形式:

$$\begin{aligned}
\bar{e}(\phi) &= \frac{1}{G} \int_{S_x M} e(\phi) \Omega \mathrm{d}\tau = \frac{1}{2G} \int_{S_x M} g^{ij} \phi_i^\alpha \phi_j^\beta \tilde{g}_{\alpha\beta} \Omega \mathrm{d}\tau \\
&= \frac{1}{4G} \int_{S_x M} g^{ij} (\tilde{F}^2)_{y^i y^j} \Omega \mathrm{d}\tau \\
&= \frac{n}{2G} \int_{S_x M} \frac{\tilde{F}^2}{F^2} \Omega \mathrm{d}\tau.
\end{aligned} \tag{2.1.4}$$

从而映射 ϕ 的能量泛函可以表示为

$$\begin{aligned}
E(\phi) &= \int_M \bar{e}(\phi) \mathrm{d} V_M = \frac{n}{2c_{n-1}} \int_{SM} \frac{\tilde{F}^2}{F^2} \mathrm{d} V_{SM} \\
&= \frac{n}{2c_{n-1}} \int_{SM} \| \mathrm{d}\phi \ell \|_{\tilde{g}}^2 \mathrm{d} V_{SM}.
\end{aligned} \tag{2.1.5}$$

2.1.2   第一变分

设 $\phi_t : (M^n, F) \to (\tilde{M}^m, \tilde{F})$ 是非退化光滑映射 ϕ 的一个光滑变分, 满足条件 $\phi_0 = \phi$, $\phi_t|_{\partial M} = \phi|_{\partial M}$. 它诱导了一个沿 ϕ 的**变分向量场**

$$V := \left. \frac{\partial \phi_t}{\partial t} \right|_{t=0} = V^\alpha \frac{\partial}{\partial \tilde{x}^\alpha}, \quad V|_{\partial M} = 0. \tag{2.1.6}$$

显然 $V \in \Gamma(\phi^{-1}(T\tilde{M}))$. 由式 (2.1.5) 可知 ϕ_t 的能量泛函为

$$E(\phi_t) = \frac{1}{c_{n-1}} \int_{SM} e(\phi_t) \mathrm{d}V_{SM} = \frac{n}{2c_{n-1}} \int_{SM} \frac{\tilde{F}_t^2}{F^2} \mathrm{d}V_{SM}, \tag{2.1.7}$$

其中 $\tilde{F}_t := \phi_t^* \tilde{F}$. 能量泛函的第一变分为

$$\left. \frac{\mathrm{d}}{\mathrm{d}t} E(\phi_t) \right|_{t=0} = \frac{n}{2c_{n-1}} \int_{SM} \left. \frac{\partial}{\partial t} \left(\frac{\tilde{F}_t^2}{F^2} \right) \right|_{t=0} \mathrm{d}V_{SM},$$

其中

$$\left. \frac{\partial}{\partial t} \left(\frac{\tilde{F}_t^2}{F^2} \right) \right|_{t=0} = \frac{2\tilde{F}}{F^2} \left\{ [\tilde{F}]_{\tilde{x}^\alpha} V^\alpha + [\tilde{F}]_{\tilde{y}^\alpha} [V^\alpha]_{x^k} y^k \right\}.$$

记 $\theta := \theta_i \mathrm{d}x^i = \dfrac{\tilde{F}}{F} [\tilde{F}]_{\tilde{y}^\alpha} V^\alpha [F]_{y^i} \mathrm{d}x^i$. 注意到 $\dfrac{\delta \tilde{F}}{\delta \tilde{x}^\alpha} = 0$, $\dfrac{\delta F}{\delta x^i} = 0$, 则由式 (1.6.8) 直接计算可得

$$\mathrm{div}_{\hat{g}} \theta = \frac{\tilde{F}}{F} g^{ij} [\tilde{F}]_{\tilde{y}^\alpha} [F]_{y^j} [V^\alpha]_{x^i} + \frac{1}{F^2} \tilde{g}_{\alpha\beta} V^\alpha h^\beta + \frac{\tilde{F}}{F^2} [\tilde{F}]_{\tilde{y}^\sigma} \tilde{\Gamma}^\sigma_{\beta\alpha} V^\alpha y^\beta,$$

其中 h 为 ϕ 由式 (1.7.11) 定义的非线性第二基本形式. 令

$$\tau(\phi) := \tau^\alpha \tilde{\partial}_\alpha, \quad \tau^\alpha = \tilde{g}^{\alpha\beta} \tau_\beta, \quad \tau_\beta = \frac{1}{2} g^{ij} (h_\beta)_{y^i y^j} = n\mu^\perp \left(\frac{h_\beta}{F^2} \right), \tag{2.1.8}$$

其中 $\tilde{\partial}_\alpha := \dfrac{\partial}{\partial \tilde{x}^\alpha}$, 则有

$$\begin{aligned}
\left. \frac{\mathrm{d}}{\mathrm{d}t} E(\phi_t) \right|_{t=0} &= \frac{n}{2c_{n-1}} \int_{SM} \left. \frac{\partial}{\partial t} \left(\frac{\tilde{F}_t^2}{F^2} \right) \right|_{t=0} \mathrm{d}V_{SM} \\
&= \frac{n}{c_{n-1}} \int_{SM} \left(\mathrm{div}_{\hat{g}} \theta - \frac{1}{F^2} \tilde{g}_{\alpha\beta} V^\alpha h^\beta \right) \mathrm{d}V_{SM} \\
&= -\frac{n}{c_{n-1}} \int_{SM} \langle h, V \rangle_{\tilde{g}} \mathrm{d}V_{SM}.
\end{aligned}$$

由式 (1.6.19) 可知

$$\frac{n}{c_{n-1}} \int_{SM} \langle h, V \rangle_{\tilde{g}} \mathrm{d}V_{SM} = \frac{1}{2c_{n-1}} \int_{SM} g^{ij}(h_\alpha)_{y_i y_j} V^\alpha \mathrm{d}V_{SM}$$
$$= \frac{1}{c_{n-1}} \int_{SM} \langle \tau(\phi), V \rangle_{\tilde{g}} \mathrm{d}V_{SM}.$$

定理 2.1.1 设 $\phi : (M^n, F) \to (\tilde{M}^m, \tilde{F})$ 是一个非退化光滑映射, ϕ_t 是 $\phi = \phi_0$ 的一个光滑变分, 其变分向量场为 $V = \left.\dfrac{\partial \phi_t}{\partial t}\right|_{t=0} \in \Gamma(\phi^{-1}(T\tilde{M}))$. 则 ϕ 的能量泛函 的第一变分为

$$\left.\frac{\mathrm{d}}{\mathrm{d}t} E(\phi_t)\right|_{t=0} = -\int_M \mu_\phi(V) \mathrm{d}V_M, \tag{2.1.9}$$

其中

$$\mu_\phi(V) = \frac{1}{G} \int_{S_x M} \langle \tau(\phi), V \rangle_{\tilde{g}} \Omega \mathrm{d}\tau = \frac{n}{G} \int_{S_x M} \langle h(\phi), V \rangle_{\tilde{g}} \Omega \mathrm{d}\tau. \tag{2.1.10}$$

定义 2.1.1 如果映射 ϕ 的能量泛函关于任意变分向量场 $V \in \Gamma(\phi^{-1}(T\tilde{M}))$ 的第一变分 $\frac{\mathrm{d}}{\mathrm{d}t} E(\phi_t)|_{t=0} = 0$, 则称 ϕ 是**调和映射**.

由式 (2.1.9) 易见下述定理.

定理 2.1.2 ϕ 是调和映射当且仅当 $\mu_\phi = 0$.

因此, 调和映射的方程为

$$\int_{S_x M} \tilde{g}_{\alpha\beta} \left(\phi_{ij}^\beta y^i y^j - \phi_k^\beta G^k + \tilde{G}^\beta \right) \frac{\Omega}{F^2} \mathrm{d}\tau = 0, \quad \forall \alpha. \tag{2.1.11}$$

2.1.3 张力形式和张力场

由式 (2.1.8) 和式 (1.7.14) 直接计算可得

$$\tau^\alpha(\phi) = g^{ij} \left\{ \phi_{ij}^\alpha - \phi_k^\alpha B_{ij}^k + \tilde{B}_{\beta\gamma}^\alpha \phi_i^\beta \phi_j^\gamma \right\} + 4y^k g^{ij} \tilde{C}_{\beta\gamma}^\alpha \phi_i^\gamma \left\{ \phi_{jk}^\beta - \phi_l^\beta \Gamma_{jk}^l + \tilde{\Gamma}_{\sigma\tau}^\beta \phi_j^\sigma \phi_k^\tau \right\}$$
$$+ y^k y^l g^{ij} \tilde{C}_{\beta\gamma\sigma}^\alpha \phi_i^\gamma \phi_j^\sigma \left\{ \phi_{kl}^\beta - \phi_h^\beta \Gamma_{kl}^h + \tilde{\Gamma}_{uv}^\beta \phi_k^u \phi_l^v \right\}$$
$$= g^{ij} \tilde{h}_{ij}^\alpha + 4g^{ij} \tilde{C}_{\beta\gamma}^\alpha \phi_i^\gamma \tilde{h}_j^\beta + g^{ij} \tilde{C}_{\beta\gamma\sigma}^\alpha \phi_i^\gamma \phi_j^\sigma h^\beta, \tag{2.1.12}$$

其中 $\tilde{h}$ 是由式 (1.7.4) 定义的 Berwald 第二基本形式, $\tilde{C}_{\beta\gamma\sigma}^\alpha = \tilde{g}^{\alpha\tau} \tilde{C}_{\tau\beta\gamma\sigma}, \tilde{C}_{\alpha\beta\gamma\sigma} = \frac{\partial^2 \tilde{g}_{\alpha\beta}}{\partial \tilde{y}^\gamma \partial \tilde{y}^\sigma}$. 因此[97]

$$\tau(\phi) = \mathrm{tr}_g(^b \tilde{\nabla} \mathrm{d}\phi) + 4\mathrm{tr}_g \tilde{A}(\mathrm{d}\phi, \tilde{\nabla}_\ell \mathrm{d}\phi) + \mathrm{tr}_g \tilde{C}^\sharp (\mathrm{d}\phi, \mathrm{d}\phi, h(\phi)), \tag{2.1.13}$$

这里

$$\tilde{C}^{\sharp}(\tilde{X}, \tilde{Y}, \tilde{Z}) := F^2 \tilde{C}^{\alpha}_{\beta\gamma\sigma} \tilde{X}^{\beta} \tilde{Y}^{\gamma} \tilde{Z}^{\sigma} \frac{\partial}{\partial \tilde{x}^{\alpha}}. \tag{2.1.14}$$

定义

$$B_{\phi} := B^{\alpha}_{ij} \mathrm{d}x^i \otimes \mathrm{d}x^j \otimes \frac{\partial}{\partial \tilde{x}^{\alpha}}, \quad B^{\alpha}_{ij} := \frac{1}{2} \tilde{g}^{\alpha\beta} [h_{\beta}]_{y^i y^j}, \tag{2.1.15}$$

其中 h_{β} 是由式 (1.7.12) 定义的非线性第二基本形式. 显然有

$$\tau(\phi) = \mathrm{tr}_g B, \quad h^{\alpha} = B^{\alpha}_{ij} y^i y^j. \tag{2.1.16}$$

定义 2.1.2　　$\tau(\phi)$ 和 μ_{ϕ} 分别称为 ϕ 的**张力场**和**张力形式**. 若 $\tau(\phi) = 0$, 则称 ϕ 是**强调和映射**. 若 $B_{\phi} = 0$(或等价地, $h^{\alpha} \equiv 0$), 则称映射 ϕ 是**全测地映射**.

注释 2.1.1　　当目标流形是黎曼流形时, 关于 ϕ 非退化的限制条件可以去掉. 因此, 任何常值映射一定是全测地映射, 从而也是调和映射.

注释 2.1.2　　显然, 全测地映射一定是调和映射和强调和映射. 需要注意的是, 张力场消失蕴涵张力形式消失, 但反之不然, 即强调和映射一定是调和的, 调和映射不一定是强调和的. 反例见例 6.4.1.

注释 2.1.3　　注意当 $n = 1$ 时, 调和映射的方程蜕化为

$$\ddot{x}^{\alpha}(t) + \frac{1}{2} \left(\tilde{G}^{\alpha}(x(t), \dot{x}(t)) + \tilde{G}^{\alpha}(x(t), -\dot{x}(t)) \right) = 0, \quad \forall \alpha.$$

因此, 与黎曼情形不同, 一般情况下, 曲线 $\gamma : (a, b) \to (M, F)$ 是测地线与映射 γ 是调和映射并不等价, 甚至互不蕴涵. 但显然 γ 是强调和映射, 当且仅当曲线 $\gamma(t)$ 和 $\gamma(-t)$ 均为测地线. 当 (M, F) 可反时, 这三个概念是一致的.

例 2.1.1　　任何 Finsler 流形 (M, F) 到自身的恒等映射都是全测地映射, 从而是强调和映射.

例 2.1.2[66,97]　　设 (M, h) 为局部平坦黎曼流形, F 为 M 上的局部 Minkowski 度量, 则 (M, h) 与 (M, F) 之间的恒等映射均为强调和映射.

2.1.4　第二变分

定理 2.1.3　　设 $\phi : (M^n, F) \to (\tilde{M}^m, \tilde{F})$ 是非退化光滑映射, ϕ_t 是 $\phi = \phi_0$ 的一个光滑变分, 其变分向量场为 $V = \left. \frac{\partial \phi_t}{\partial t} \right|_{t=0}$. 则 ϕ 的能量泛函的第二变分为

$$I_{\phi}(V, V) = \left. \frac{\mathrm{d}^2}{\mathrm{d}t^2} E(\phi_t) \right|_{t=0}$$

$$= \frac{-n}{c_{n-1}} \int_{SM} \left\{ \langle h, U \rangle_{\tilde{g}} - \|\tilde{\nabla}_{\ell} V\|_{\tilde{g}}^2 + \left\langle \frac{\tilde{F}^2}{F^2} \tilde{\mathfrak{R}}(V) - \tilde{L}(V, h), V \right\rangle_{\tilde{g}} \right\} \mathrm{d}V_{SM}$$

$$= \frac{-n}{c_{n-1}} \int_{SM} \left\{ \langle h, U \rangle_{\tilde{g}} + \left\langle \widetilde{\nabla}_{\ell^H} \widetilde{\nabla}_\ell V + \frac{\tilde{F}^2}{F^2} \tilde{\mathfrak{R}}(V), V \right\rangle_{\tilde{g}} \right.$$

$$\left. + \langle 2F\tilde{C}(h, \widetilde{\nabla}_\ell V) - \tilde{L}(V, h), V \rangle_{\tilde{g}} \right\} dV_{SM}, \tag{2.1.17}$$

其中, $U := \left[\widetilde{\nabla}_{\frac{\partial}{\partial t}} \frac{\partial \phi_t}{\partial t} \right]_{t=0}$, $\tilde{\mathfrak{R}} = \tilde{R}^\alpha_\beta d\tilde{x}^\beta \otimes \frac{\partial}{\partial \tilde{x}^\alpha}$ 和 $\tilde{L} = \tilde{L}^\alpha_{\beta\gamma} d\tilde{x}^\beta \otimes d\tilde{x}^\gamma \otimes \frac{\partial}{\partial \tilde{x}^\alpha}$ 分别是 $(\tilde{M}, \tilde{F})$ 的旗曲率张量和 Landsberg 曲率张量.

证明 注意到 $\tilde{G}^\alpha = \tilde{N}^\alpha_\sigma \tilde{y}^\sigma$, $[\tilde{G}^\alpha]_{\tilde{y}^\sigma} = 2\tilde{N}^\alpha_\sigma$, 利用式 (1.7.11), 有

$$\frac{\partial}{\partial t} [\langle h_t, V_t \rangle_{\tilde{g}}]_{t=0} = \frac{\partial}{\partial t} \left[\frac{1}{F^2} \tilde{g}_{t\alpha\beta} V^\alpha_t h^\beta_t \right]_{t=0}$$

$$= \frac{1}{F^2} \left\{ \left(\tilde{g}_{\alpha\lambda} \Gamma^\lambda_{\beta\gamma} V^\gamma + \tilde{g}_{\beta\lambda} \Gamma^\lambda_{\alpha\gamma} V^\gamma + 2F\tilde{C}_{\alpha\beta\gamma} W^\gamma \right) V^\alpha h^\beta + \tilde{g}_{\alpha\beta} h^\beta \left. \frac{\partial V^\alpha_t}{\partial t} \right|_{t=0} \right\}$$

$$+ \frac{1}{F^2} \tilde{g}_{\alpha\beta} V^\alpha \left\{ V^\beta_{kj} y^k y^j - V^\beta_k G^k + V^\sigma [\tilde{N}^\beta_\gamma]_{\tilde{x}^\sigma} \tilde{y}^\gamma + 2F\tilde{N}^\beta_\sigma W^\sigma - 2\tilde{N}^\beta_\lambda \tilde{N}^\lambda_\sigma V^\sigma \right\}, \tag{2.1.18}$$

其中 $W := \widetilde{\nabla}_\ell V = \left(V^\alpha_i \ell^i + \frac{1}{F} V^\sigma \tilde{N}^\alpha_\sigma \right) \frac{\partial}{\partial \tilde{x}^\alpha}$.

另一方面, 利用 $[\tilde{N}^\alpha_\beta]_{\tilde{y}^\sigma} = {}^b\tilde{\Gamma}^\alpha_{\beta\sigma}$, 可知

$$\widetilde{\nabla}_{y^H} \widetilde{\nabla}_y V = \widetilde{\nabla}_{y^H} (FW)$$

$$= \left\{ \frac{\delta}{\delta x^k} \left[V^\beta_j y^j + V^\sigma \tilde{N}^\beta_\sigma \right] y^k + F\tilde{N}^\beta_\sigma W^\sigma \right\} \frac{\partial}{\partial \tilde{x}^\beta}$$

$$= \left\{ V^\beta_{kj} y^k y^j - V^\beta_k G^k + V^\sigma [\tilde{N}^\beta_\sigma]_{\tilde{x}^\gamma} \tilde{y}^\gamma + 2F\tilde{N}^\beta_\sigma W^\sigma \right.$$

$$\left. - \tilde{N}^\beta_\lambda \tilde{N}^\lambda_\sigma V^\sigma + {}^b\tilde{\Gamma}^\beta_{\alpha\gamma} V^\alpha (h^\gamma - \tilde{G}^\gamma) \right\} \frac{\partial}{\partial \tilde{x}^\beta}. \tag{2.1.19}$$

注意旗曲率张量和 Landsberg 曲率张量可以分别表示为

$$\tilde{F}^2 \tilde{R}^\alpha_\beta = [\tilde{N}^\alpha_\gamma]_{\tilde{x}^\beta} \tilde{y}^\gamma - [\tilde{N}^\alpha_\beta]_{\tilde{x}^\gamma} \tilde{y}^\gamma - \tilde{N}^\alpha_\lambda \tilde{N}^\lambda_\beta + {}^b\tilde{\Gamma}^\alpha_{\beta\gamma} \tilde{G}^\gamma, \quad \tilde{P}^\alpha_{\beta\gamma} = -\dot{\tilde{A}}^\alpha_{\beta\gamma}, \tag{2.1.20}$$

结合式 (2.1.18)~ 式 (2.1.20), 可得

$$\frac{\partial}{\partial t} [\langle h_t, V_t \rangle_{\tilde{g}}]_{t=0} = \langle h, U \rangle_{\tilde{g}} + \langle \widetilde{\nabla}_{\ell^H} \widetilde{\nabla}_\ell V, V \rangle_{\tilde{g}}$$

$$+ \left\langle \frac{\tilde{F}^2}{F^2} \tilde{\mathfrak{R}}(V) - \tilde{L}(V, h), V \right\rangle_{\tilde{g}} + 2F\tilde{C}(V, W, h). \tag{2.1.21}$$

利用 Hilbert 形式 ω 构造 1-形式 $\theta = \langle V, W \rangle_{\tilde{g}} \omega$, 则有

$$\langle \widetilde{\nabla}_{\ell^H} \widetilde{\nabla}_\ell V, V \rangle_{\tilde{g}} = \mathrm{div}\theta - \|W\|_{\tilde{g}}^2 - 2F\tilde{C}(V, W, h). \tag{2.1.22}$$

由式 (2.1.21) 和式 (2.1.22) 即得式 (2.1.17).   □

当目标流形是黎曼流形时, 前面的计算对退化的 ϕ 也成立.

2.2   强调和映射的变分背景

2.2.1   垂直平均值截面

设 $\xi : E \to M$ 是 M 上的光滑向量丛, π^*E 是射影球丛 SM 上的拉回丛, $\{E_\alpha\}$ 是 E 的一个局部标架场. $\{E_\alpha\}$ 到 SM 上的提升仍然记作 $\{E_\alpha\}$. 类似于 1.6.3 小节, 可定义**垂直平均值算子** $\mu^V : \Gamma(\pi^*E) \to \Gamma(\pi^*E)$ 为

$$\mu^V \tilde{X} = \mu^V(\tilde{X}^\alpha)E_\alpha, \quad \forall \tilde{X} = \tilde{X}^\alpha E_\alpha \in \Gamma(\pi^*E). \tag{2.2.1}$$

容易验证, 上述定义不依赖于 $\{E_\alpha\}$ 的选取. 根据式 (1.6.27), 可得

$$\int_{S\mathcal{D}} (\mu^V \tilde{\psi})(\tilde{X}) \mathrm{d}V_{S\mathcal{D}} = \int_{S\mathcal{D}} \tilde{\psi}(\mu^V \tilde{X}) \mathrm{d}V_{S\mathcal{D}}, \tag{2.2.2}$$

$\forall \tilde{X} \in \Gamma(\pi^*E)$, $\tilde{\psi} \in \Gamma(\pi^*E^*)$, 其中 $\mathcal{D}$ 是 M 上的任意紧致区域, $\tilde{X}|_{\partial S\mathcal{D}} = 0$.

类似地, μ^V 在 $\Gamma(\pi^*E)$ 上的像集和不动点集分别记作

$$\mathcal{M}(\pi^*E) := \mu^V\left(\Gamma(\pi^*E)\right), \quad \mathcal{M}_0(\pi^*E) := \left\{ \tilde{X} \in \Gamma(\pi^*E) \mid \mu^V \tilde{X} = \tilde{X} \right\} = \pi^*\Gamma(E). \tag{2.2.3}$$

称 $\mathcal{M}(\pi^*E)$ 中的向量场为向量丛 π^*E 的**垂直平均值截面**. 显然,

$$\mathcal{M}_0(\pi^*E) \subset \mathcal{M}(\pi^*E) \subset \Gamma(\pi^*E). \tag{2.2.4}$$

用 $h^*(\phi)$ 和 $\tau^*(\phi)$ 分别表示 $h(\phi)$ 和 $\tau(\phi)$ 的对偶形式, 则式 (2.1.8) 和式 (1.7.14) 表明

$$\mu^V h^* = \frac{1}{n}\tau^*, \quad \mu^V h = \frac{1}{n}\mathrm{tr}\tilde{h} = \frac{1}{n}\mathrm{tr}^\flat \widetilde{\nabla}\mathrm{d}\phi, \tag{2.2.5}$$

即 $\tau^*(\phi)$ 是 $\pi^*(\phi^{-1}T^*\tilde{M})$ 的垂直平均值截面.

2.2.2   广义能量泛函

设 (M, F) 是紧致 Finsler 流形, $\phi : (M, F) \to (\tilde{M}, \tilde{F})$ 是非退化光滑映射. 记

$$\psi = \varphi \circ \pi : SM \to \tilde{M}, (x, y) \mapsto \phi(x).$$

考虑 ψ 的变分 ψ_t, 满足条件

$$\psi_0(x, y) = \phi(x), \quad \psi_t(x, y)|_{x \in \partial M} = \phi|_{\partial M}. \tag{2.2.6}$$

显然 $\psi_t(x, y)$ 关于 y 是零阶正齐次的, 它诱导了变分向量场

$$V(x, y) := \left.\frac{\partial \psi_t}{\partial t}\right|_{t=0} = V^\alpha \tilde{\partial}_\alpha, \quad V(x, y)|_{x \in \partial M} = 0, \tag{2.2.7}$$

称为 ϕ 的**广义变分向量场**. 事实上, 在坐标系 $(\tilde{x}^\alpha, \tilde{y}^\alpha)$ 中, $\psi_t(x, y)$ 可定义为

$$\psi_t^\alpha(x, y) = \tilde{x}^\alpha(x, y, t) = \phi^\alpha(x) + tV^\alpha(x, y).$$

进一步, 定义 $\tilde{\phi}_t : SM \to S\tilde{M}$ 为

$$\tilde{\phi}_t(x, y) = \left(\psi_t(x, y), \mathrm{d}\psi_t(y^H)\right), \tag{2.2.8}$$

其中 y^H 是 M 上喷射. 记 $\tilde{F}_t = \tilde{\phi}_t^* \tilde{F}$, 则有

$$\tilde{F}_t(x, y) = \tilde{F}(\psi_t(x, y), \mathrm{d}\psi_t(y^H)) = ||\mathrm{d}\psi_t(y^H)||_{\tilde{g}}.$$

定义 ψ_t 的**广义能量泛函**为

$$E(\psi_t) = \frac{n}{2c_{n-1}} \int_{SM} \frac{\tilde{F}_t^2}{F^2} \mathrm{d}V_{SM} = \frac{n}{2c_{n-1}} \int_{SM} ||\mathrm{d}\psi_t(\ell^H)||_{\tilde{g}}^2 \mathrm{d}V_{SM}. \tag{2.2.9}$$

由式 (2.1.5) 可知 $E(\psi_t)|_{t=0} = E(\phi)$, 并且

$$\left.\frac{\mathrm{d}}{\mathrm{d}t} E(\psi_t)\right|_{t=0} = \frac{n}{2c_{n-1}} \int_{SM} \left.\frac{\partial}{\partial t} \frac{\tilde{F}_t^2}{F^2}\right|_{t=0} \mathrm{d}V_{SM}. \tag{2.2.10}$$

简记 $\tilde{F}_0 = \phi^* \tilde{F}$ 为 $\tilde{F}$, 则由式 (2.2.7) 可得

$$\begin{aligned}
\frac{1}{2} \frac{\mathrm{d}}{\mathrm{d}t} \left.\left(\frac{\tilde{F}_t^2}{F^2}\right)\right|_{t=0} &= \frac{\tilde{F}}{F^2} \left(\tilde{F}_{\tilde{x}^\alpha} V^\alpha + \tilde{F}_{\tilde{y}^\alpha} y^H(V^\alpha)\right) \\
&= \frac{\tilde{F}}{F^2} \left(\tilde{N}_\beta^\alpha \tilde{F}_{\tilde{y}^\alpha} V^\beta + \tilde{F}_{\tilde{y}^\alpha} y^H(V^\alpha)\right) = \tilde{g}(\mathrm{d}\phi\ell, \widetilde{\nabla}_{\ell^H} V) \\
&= \ell^H(\tilde{g}(\mathrm{d}\phi\ell, V)) - (\widetilde{\nabla}_{\ell^H} \tilde{g})(\mathrm{d}\phi\ell, V) - \tilde{g}(\widetilde{\nabla}_{\ell^H} \mathrm{d}\phi\ell, V) \\
&= \ell^H(\tilde{g}(\mathrm{d}\phi\ell, V)) - \tilde{g}(h(\phi), V).
\end{aligned} \tag{2.2.11}$$

由前面的讨论和式 (1.6.10), 可以得到下述定理.

定理 2.2.1　设 $\phi : (M, F) \to (\tilde{M}, \tilde{F})$ 是非退化光滑映射, ψ_t 是满足式 (2.2.6) 和式 (2.2.7) 的光滑变分, 则广义能量泛函的第一变分公式为

$$\frac{\mathrm{d}}{\mathrm{d}t} E(\psi_t)\Big|_{t=0} = -\frac{n}{c_{n-1}} \int_{SM} \tilde{g}\left(h(\phi), V\right) \mathrm{d}V_{SM}. \qquad (2.2.12)$$

首先, 若对于任意变分向量场 $V(x, y) \in \Gamma(\pi^*(\phi^{-1}T\tilde{M}))$, 都有 $\dfrac{\mathrm{d}}{\mathrm{d}t} E(\psi_t)\Big|_{t=0} = 0$, 则 $h(\phi) = 0$, 即 ϕ 是全测地映射. 其次, 若对于任意变分向量场 $V(x, y) = \mu^V W(x, y) \in \mathcal{M}(\phi^{-1}T\tilde{M})$, 都有 $\dfrac{\mathrm{d}}{\mathrm{d}t} E(\psi_t)\Big|_{t=0} = 0$, 则由式 (2.2.12), 式 (2.2.2) 和式 (1.7.11) 可得

$$\begin{aligned}
0 = \frac{\mathrm{d}}{\mathrm{d}t} E(\psi_t)|_{t=0} &= -\frac{n}{c_{n-1}} \int_{SM} h^*(\phi)(\mu^V W) \mathrm{d}V_{SM} \\
&= -\frac{n}{c_{n-1}} \int_{SM} \mu^V h^*(\phi)(W) \mathrm{d}V_{SM} \\
&= -\frac{1}{c_{n-1}} \int_{SM} \tau^*(\phi)(W) \mathrm{d}V_{SM}.
\end{aligned}$$

取 $W = \varphi\tau(\phi)$, 其中 $\varphi \in C^\infty(M)$ 满足 $\varphi|_{\partial M} = 0$, $\varphi|_{M\backslash\partial M} > 0$. 于是可得 $\tau(\phi) = 0$, 这说明 ϕ 是强调和映射. 进而, 若对于任意变分向量场 $V(x, y) = V(x) \in \Gamma(\phi^{-1}T\tilde{M})$, 都有 $\dfrac{\mathrm{d}}{\mathrm{d}t} E(\psi_t)\Big|_{t=0} = 0$, 则由式 (2.1.9) 可得 $\mu_\phi = 0$, 即 ϕ 是调和映射. 综上所述, 我们有下面的定理.

定理 2.2.2　设 $\phi : (M, F) \to (\tilde{M}, \tilde{F})$ 是非退化调和映射, ψ_t 是满足条件 (2.2.6) 和条件 (2.2.7) 的光滑变分, 则

(i) ϕ 是强调和映射, 当且仅当它是广义能量泛函沿 $\mathcal{M}(\phi^{-1}T\tilde{M})$ 中任意向量场变分的临界点;

(ii) ϕ 是全测地映射, 当且仅当它是广义能量泛函沿 $\Gamma\left(\pi^*(\phi^{-1}T\tilde{M})\right)$ 中任意向量场变分的临界点;

(iii) ϕ 是调和映射, 当且仅当它是广义能量泛函沿 $\Gamma(\phi^{-1}T\tilde{M})$ 中任意向量场变分的临界点.

2.3　Bochner 型公式

能量密度的 Bochner 公式在调和映射理论中具有重要作用, 在研究调和映射的很多问题时都有广泛应用. 由于 Finsler 几何计算的复杂性, 直接计算能量密度的 Bochner 公式不仅计算量非常大, 所得公式形式也十分烦琐, 不便于应用. 在本节中, 我们将在 Finsler 流形上建立一种简化的 Bochner 型公式.

命题 2.3.1 设 $\phi : (M, F) \to (\tilde{M}, \tilde{F})$ 是非退化光滑映射. 则 $\forall X \in \Gamma(\pi^*TM)$, 下述公式成立:

$$(\widetilde{\nabla}_{\ell^H}\widetilde{\nabla}_\ell \mathrm{d}\phi)(X) = \mathrm{d}\phi\mathfrak{R}(X) - \frac{\tilde{F}^2}{F^2}\tilde{\mathfrak{R}}(\mathrm{d}\phi X) + \tilde{L}(\mathrm{d}\phi X, h) + \widetilde{\nabla}_{X^H} h$$

$$= \mathrm{d}\phi\mathfrak{R}(X) - \frac{\tilde{F}^2}{F^2}\tilde{\mathfrak{R}}(\mathrm{d}\phi X) + {}^{\mathrm{b}}\widetilde{\nabla}_{X^H} h, \tag{2.3.1}$$

$$\frac{1}{2}\Delta_{\hat{g}}^H \|\mathrm{d}\phi\ell\|^2 = \|\widetilde{\nabla}_\ell \mathrm{d}\phi\|^2 - \frac{\tilde{F}^2}{F^2}\mathrm{tr}\tilde{g}(\tilde{\mathfrak{R}}\circ\mathrm{d}\phi, \mathrm{d}\phi) + \mathrm{tr}\tilde{L}(\mathrm{d}\phi, \mathrm{d}\phi, h) - \tilde{g}(\mathrm{d}\phi(\mathrm{tr}R(,\ell)), \mathrm{d}\phi\ell)$$

$$+ \ell^H(\tilde{g}(\mathrm{tr}\widetilde{\nabla}\mathrm{d}\phi, \mathrm{d}\phi\ell)) - \tilde{g}(\mathrm{tr}\widetilde{\nabla}\mathrm{d}\phi, h) - \tilde{g}((\widetilde{\nabla}_\ell \mathrm{d}\phi)\dot{\eta}^\sharp, \mathrm{d}\phi\ell)$$

$$= \|\widetilde{\nabla}_\ell \mathrm{d}\phi\|^2 - \frac{\tilde{F}^2}{F^2}\mathrm{tr}\tilde{g}(\tilde{\mathfrak{R}}\circ\mathrm{d}\phi, \mathrm{d}\phi) + 2\mathrm{tr}\tilde{L}(\mathrm{d}\phi, \mathrm{d}\phi, h)$$

$$- \tilde{g}(\mathrm{d}\phi(\mathrm{tr}^{\mathrm{b}}R(,\ell)), \mathrm{d}\phi\ell) + \ell^H(\tilde{g}(\mathrm{tr}^{\mathrm{b}}\widetilde{\nabla}\mathrm{d}\phi, \mathrm{d}\phi\ell)) - \tilde{g}(\mathrm{tr}^{\mathrm{b}}\widetilde{\nabla}\mathrm{d}\phi, h), \tag{2.3.2}$$

其中 $\dot{\eta}^\sharp$ 是 $\dot{\eta}$ 的对偶向量场.

证明 记 $\widetilde{\Omega}$ 为关于拉回联络 $\widetilde{\nabla}^{\phi^{-1}}$ 的曲率形式. 由式 (1.4.1) 和式 (1.7.9)~ 式 (1.7.14), 可得

$$\widetilde{\Omega}_\beta^\alpha = \frac{1}{2}\phi_i^\gamma\left(\tilde{R}_{\beta\gamma\sigma}^\alpha\phi_j^\sigma + \frac{1}{\tilde{F}}\tilde{P}_{\beta\gamma\sigma}^\alpha[h^\sigma]_{y^j}\right)\mathrm{d}x^i \wedge \mathrm{d}x^j + \frac{F}{\tilde{F}}\tilde{P}_{\beta\gamma\sigma}^\alpha\phi_i^\gamma\phi_j^\sigma\mathrm{d}x^i \wedge \delta y^j.$$

因此, $\forall X, Y, Z \in \Gamma(\pi^*TM)$, 有

$$\widetilde{\Omega}(X^H, Y^H) = \tilde{R}(\mathrm{d}\phi X, \mathrm{d}\phi Y) + \frac{F}{\tilde{F}}\tilde{P}(\mathrm{d}\phi X, (\widetilde{\nabla}_\ell \mathrm{d}\phi)(Y)) - \frac{F}{\tilde{F}}\tilde{P}(\mathrm{d}\phi Y, (\widetilde{\nabla}_\ell \mathrm{d}\phi)(X)). \tag{2.3.3}$$

另一方面, 由于

$$R(X, Y) = \Omega(X^H, Y^H) = \nabla_{X^H}\nabla_{Y^H} - \nabla_{Y^H}\nabla_{X^H} - \nabla_{[X^H, Y^H]},$$

结合式 (1.7.2) 和式 (1.2.10), 有

$$\widetilde{\Omega}(X^H, Y^H)\mathrm{d}\phi(Z)$$

$$= \widetilde{\nabla}_{X^H}\widetilde{\nabla}_{Y^H}\mathrm{d}\phi Z - \widetilde{\nabla}_{Y^H}\widetilde{\nabla}_{X^H}\mathrm{d}\phi Z - \widetilde{\nabla}_{[X^H, Y^H]}\mathrm{d}\phi Z$$

$$= \mathrm{d}\phi R(X, Y)Z + (\widetilde{\nabla}_{X^H}\widetilde{\nabla}_Z\mathrm{d}\phi)(Y) + (\widetilde{\nabla}_X\mathrm{d}\phi)(\nabla_{Y^H}Z) + (\widetilde{\nabla}_Z\mathrm{d}\phi)(\nabla_{X^H}Y)$$

$$- (\widetilde{\nabla}_{Y^H}\widetilde{\nabla}_Z\mathrm{d}\phi)(X) - (\widetilde{\nabla}_Y\mathrm{d}\phi)(\nabla_{X^H}Z) - (\widetilde{\nabla}_Z\mathrm{d}\phi)(\nabla_{Y^H}X) - (\widetilde{\nabla}_{[X^H, Y^H]}\mathrm{d}\phi)Z$$

$$= \mathrm{d}\phi R(X, Y)Z + (\widetilde{\nabla}_{X^H}\widetilde{\nabla}_Z\mathrm{d}\phi)(Y) + (\widetilde{\nabla}_X\mathrm{d}\phi)(\nabla_{Y^H}Z)$$

$$- (\widetilde{\nabla}_{Y^H}\widetilde{\nabla}_Z\mathrm{d}\phi)(X) - (\widetilde{\nabla}_Y\mathrm{d}\phi)(\nabla_{X^H}Z).$$

由式 (2.3.3), 可得

$$(\widetilde{\nabla}_{X^H}\widetilde{\nabla}_Z \mathrm{d}\phi)(Y)$$
$$= -\mathrm{d}\phi R(X,Y)Z + (\widetilde{\nabla}_{Y^H}\widetilde{\nabla}_Z \mathrm{d}\phi)(X) + (\widetilde{\nabla}_Y \mathrm{d}\phi)(\nabla_{X^H}Z) - (\widetilde{\nabla}_X \mathrm{d}\phi)(\nabla_{Y^H}Z)$$
$$+ \tilde{R}(\mathrm{d}\phi X, \mathrm{d}\phi Y)\mathrm{d}\phi Z + \frac{F}{\tilde{F}}\tilde{P}(\mathrm{d}\phi X, (\widetilde{\nabla}_\ell \mathrm{d}\phi)(Y))\mathrm{d}\phi Z - \frac{F}{\tilde{F}}\tilde{P}(\mathrm{d}\phi Y, (\widetilde{\nabla}_\ell \mathrm{d}\phi)(X))\mathrm{d}\phi Z.$$
$$(2.3.4)$$

在上式中取 $X = Z = \ell$, 并注意 $\nabla_{X^H}\ell = 0$, 可直接得到式 (2.3.1) 的第一个等式.

下面证明式 (2.3.2) 的第一个等式成立. 记 $\partial_i = \dfrac{\partial}{\partial x^i}$, $\delta_i = \dfrac{\delta}{\delta x^i}$. 由式 (1.7.2) 和式 (1.7.16) 直接计算可得

$$\mathrm{d}||\mathrm{d}\phi\ell||^2 = \frac{\delta}{\delta x^i}||\mathrm{d}\phi\ell||^2 \mathrm{d}x^i + F\frac{\partial}{\partial y^i}||\mathrm{d}\phi\ell||^2 \delta y^i$$
$$= 2\tilde{g}((\widetilde{\nabla}_{\partial_i}\mathrm{d}\phi)(\ell), \mathrm{d}\phi\ell)\mathrm{d}x^i + 2\tilde{g}(\mathrm{d}\phi(\partial_i - F_{y^i}\ell), \mathrm{d}\phi\ell)\delta y^i.$$

进而, 由式 (1.6.11), 式 (1.7.2), 式 (1.7.16) 和式 (2.1.1) 可得

$$\frac{1}{2}\Delta_{\hat{g}}^H||\mathrm{d}\phi\ell||^2 = ||\widetilde{\nabla}_\ell \mathrm{d}\phi||^2 + g^{ij}\left\{\tilde{g}((\widetilde{\nabla}_{\delta_j}\widetilde{\nabla}_{\partial_i}\mathrm{d}\phi)(\ell), \mathrm{d}\phi\ell) - \tilde{g}((\widetilde{\nabla}_{^b\nabla_{\partial_i}\partial_j}\mathrm{d}\phi)(\ell), \mathrm{d}\phi\ell)\right\}.$$
$$(2.3.5)$$

在式 (2.3.4) 中取 $X = \partial_j$, $Y = \ell$, $Z = \partial_i$, 有

$$g^{ij}\tilde{g}((\widetilde{\nabla}_{\delta_j}\widetilde{\nabla}_{\partial_i}\mathrm{d}\phi)(\ell), \mathrm{d}\phi\ell)$$
$$= -\frac{\tilde{F}^2}{F^2}\mathrm{tr}\tilde{g}(\tilde{\mathfrak{R}}\circ\mathrm{d}\phi, \mathrm{d}\phi) + \mathrm{tr}\tilde{L}(\mathrm{d}\phi, \mathrm{d}\phi, h) - \tilde{g}(\mathrm{d}\phi\mathrm{tr}R(,\ell), \mathrm{d}\phi\ell)$$
$$+ g^{ij}\left\{\tilde{g}((\widetilde{\nabla}_\ell \mathrm{d}\phi)(\nabla_{\delta_i}\partial_j), \mathrm{d}\phi\ell) + \tilde{g}((\widetilde{\nabla}_{\ell^H}\widetilde{\nabla}_{\partial_j}\mathrm{d}\phi)(\partial_i), \mathrm{d}\phi\ell)\right.$$
$$\left. - \tilde{g}((\widetilde{\nabla}_{\partial_j}\mathrm{d}\phi)(\nabla_{\ell^H}\partial_i), \mathrm{d}\phi\ell)\right\}.$$
$$(2.3.6)$$

此外, 有

$$\widetilde{\nabla}_{\ell^H}(\mathrm{tr}\widetilde{\nabla}\mathrm{d}\phi) = (\ell^H g^{ij})(\widetilde{\nabla}_{\partial_i}\mathrm{d}\phi)(\partial_j) + g^{ij}(\widetilde{\nabla}_{\ell^H}\widetilde{\nabla}_{\partial_i}\mathrm{d}\phi)(\partial_j) + g^{ij}(\widetilde{\nabla}_{\partial_i}\mathrm{d}\phi)(\nabla_{\ell^H}\partial_j)$$
$$= g^{ij}(\widetilde{\nabla}_{\ell^H}\widetilde{\nabla}_{\partial_i}\mathrm{d}\phi)(\partial_j) - g^{ij}(\widetilde{\nabla}_{\partial_i}\mathrm{d}\phi)(\nabla_{\ell^H}\partial_j).$$
$$(2.3.7)$$

由式 (2.3.5)~ 式 (2.3.7) 和式 (1.7.16), 即可得到式 (2.3.2) 的第一个等式.

对于 Berwald 联络, 可以类似地得到式 (2.3.1) 和式 (2.3.2) 的第二个等式. □

注释 2.3.1　式 (2.3.2) 在文献 [35] 和 [36] 中写成 $\dfrac{1}{2}\Delta_{\hat{g}}||\mathrm{d}\phi\ell||^2$ 是错误的, 其垂直部分为 $-n\dfrac{\tilde{F}^2}{F^2} + 2e(\phi)$, 它一般并不为零. 尽管这个疏忽并未影响后文中定理的结果和论证过程, 但表达很不严谨, 在此予以更正.

由命题 2.3.1 中的式 (2.3.2) 和命题 1.6.1 可得下述推论.

推论 2.3.1 设 ϕ 是从紧致无边 Finsler 流形 (M, F) 到 Finsler 流形 $(\tilde{M}, \tilde{F})$ 的非退化光滑映射, 则

$$\int_{SM} \left\{ ||\widetilde{\nabla}_\ell d\phi||^2 - \frac{\tilde{F}^2}{F^2} \mathrm{tr}\tilde{g}(\tilde{\mathfrak{R}} \circ d\phi, d\phi) - \tilde{g}(d\phi(\mathrm{tr}^b R(\, , \ell)), d\phi\ell) \right.$$

$$\left. + 2\tilde{g}(\mathrm{tr}\tilde{L}(d\phi, d\phi), h) - \tilde{g}(\mathrm{tr}^b \widetilde{\nabla} d\phi, h) \right\} dV_{SM} = 0. \tag{2.3.8}$$

再利用式 (2.2.2) 和式 (2.2.5) 可得下述推论.

推论 2.3.2 设 ϕ 是从紧致无边 Finsler 流形 (M, F) 到 Finsler 流形 $(\tilde{M}, \tilde{F})$ 的非退化光滑映射, 则

$$\int_{SM} \left\{ ||\widetilde{\nabla}_\ell d\phi||^2 - \frac{\tilde{F}^2}{F^2} \mathrm{tr}\tilde{g}(\tilde{\mathfrak{R}} \circ d\phi, d\phi) - \tilde{g}(d\phi(\mathrm{tr}^b R(\, , \ell)), d\phi\ell) \right.$$

$$\left. + 2\tilde{g}(\mathrm{tr}\tilde{L}(d\phi, d\phi), h) - \tilde{g}(\tau(\phi), h) \right\} dV_{SM} = 0. \tag{2.3.9}$$

推论 2.3.3 设 ϕ 是从紧致无边 Finsler 流形 (M, F) 到 Finsler 流形 $(\tilde{M}, \tilde{F})$ 的非退化光滑映射, 则

$$\int_{SM} \left\{ ||\widetilde{\nabla}_\ell d\phi||^2 - \frac{\tilde{F}^2}{F^2} \mathrm{tr}\tilde{g}(\tilde{\mathfrak{R}} \circ d\phi, d\phi) + \mathrm{tr}\tilde{g}(d\phi \circ \mathfrak{R}, d\phi) \right.$$

$$\left. + 2\tilde{g}(\mathrm{tr}\tilde{L}(d\phi, d\phi), h) - \tilde{g}(\tau(\phi), h) \right\} dV_{SM} = 0. \tag{2.3.10}$$

证明 记 $\partial_i = \dfrac{\partial}{\partial x^i}, \delta_i = \dfrac{\delta}{\delta x^i}$. 由式 (2.3.1), 式 (1.7.3), 式 (1.7.17) 和式 (1.6.8), 有

$$g^{ij}\tilde{g}\left((\widetilde{\nabla}_{\ell^H}\widetilde{\nabla}_\ell d\phi)(\partial_i), d\phi\partial_j\right) = g^{ij}\tilde{g}\left(d\phi\mathfrak{R}(\partial_i) - \frac{\tilde{F}^2}{F^2}\tilde{\mathfrak{R}}(d\phi\partial_i) + {}^b\widetilde{\nabla}_{\delta_i}h, d\phi\partial_j\right),$$

$$\ell^H\left(\mathrm{tr}\tilde{g}(\widetilde{\nabla}_\ell d\phi, d\phi)\right) = \mathrm{tr}\tilde{g}\left((\widetilde{\nabla}_{\ell^H}\widetilde{\nabla}_\ell d\phi), d\phi\right) + 2\mathrm{tr}\tilde{A}(\widetilde{\nabla}_\ell d\phi, d\phi, h) + ||\widetilde{\nabla}_\ell d\phi||^2,$$

$$\mathrm{div}_{\hat{g}}(h^* \circ d\phi) = 2\mathrm{tr}\tilde{A}(\widetilde{\nabla}_\ell d\phi, d\phi, h) - 2\mathrm{tr}\tilde{L}(d\phi, d\phi, h)$$
$$+ \mathrm{tr}\tilde{g}({}^b\widetilde{\nabla}h, d\phi) + \tilde{g}(\mathrm{tr}^b\widetilde{\nabla}d\phi, h).$$

由此即得

$$\frac{\tilde{F}^2}{F^2}\mathrm{tr}\tilde{g}(\tilde{\mathfrak{R}} \circ d\phi, d\phi) = ||\widetilde{\nabla}_\ell d\phi||^2 + \mathrm{tr}\tilde{g}(d\phi \circ \mathfrak{R}, d\phi) + 2\tilde{g}(\mathrm{tr}\tilde{L}(d\phi, d\phi), h)$$

$$+ \mathrm{div}(h^* \circ d\phi) + \ell^H[\mathrm{tr}\tilde{g}(\widetilde{\nabla}_\ell d\phi, d\phi)] - \tilde{g}(\mathrm{tr}^b\widetilde{\nabla}d\phi, h). \tag{2.3.11}$$

上式两边积分并利用式 (1.6.10) 和式 (2.2.2), 即得式 (2.3.10). $\qquad \square$

推论 2.3.4　设 ϕ 是从紧致无边 Finsler 流形 (M, F) 到 Finsler 流形 $(\tilde{M}, \tilde{F})$ 的非退化光滑映射, 则

$$\int_{SM} \left\{ \mathrm{tr}\tilde{g}(\mathrm{d}\phi \circ \mathfrak{R}, \mathrm{d}\phi) - \tilde{g}(\mathrm{d}\phi(\mathrm{tr}^{\flat}R(\,,\ell)), \mathrm{d}\phi\ell) \right\} \mathrm{d}V_{SM} = 0. \tag{2.3.12}$$

2.4　取值于向量丛的调和形式

在黎曼几何中, 调和映射有一个众所周知的等价描述, 即 ϕ 是调和映射当且仅当切映射 $\mathrm{d}\phi$ 是取值于拉回切丛的调和 1-形式. 在 Finsler 几何中调和映射是否也有同样的性质? 为了解决这一问题, 我们需要定义适当的 Laplace 算子. 在本节中, 我们将分别定义 Finsler 流形及其射影球丛上作用于向量丛值微分形式的微分算子, 并分别讨论取值于拉回切丛的调和 1-形式与调和映射及强调和映射之间的关系.

2.4.1　底流形上取值于向量丛的调和形式

我们首先定义 Finsler 流形上取值于向量丛的 p-形式的整体内积, 通过射影球上的积分, 得到相应的余微分算子, 并由此建立 Finsler 流形上取值于向量丛的 p-形式的 Laplace 算子.

设 $\xi : E \to M$ 是 (M, F) 上的一个向量丛, $\tilde{g}$ 和 $\tilde{\nabla}$ 分别是向量丛 E 上的黎曼度量和线性联络. 设 $\{E_\alpha\}$ 是 E 的局部标架场, $\{\tilde{\omega}_\alpha^\beta\}$ 是 $\tilde{\nabla}$ 在该标架下的联络形式. 用 $\mathcal{A}^p(E) = \Gamma(\wedge^p T^* M \otimes E)$ 表示 Finsler 流形 M 上取值于 E 的所有光滑 p-形式构成的空间. 对于任意的 $\phi, \psi \in \mathcal{A}^p(E)$, 它们在射影球丛 SM 上的提升仍然记作 ϕ 和 ψ. 一般地, 设

$$\phi = \frac{1}{p!} \phi_I^\alpha \mathrm{d}x^I \otimes E_\alpha := \frac{1}{p!} \phi_{i_1 i_2 \cdots i_p}^\alpha \mathrm{d}x^{i_1} \wedge \mathrm{d}x^{i_2} \wedge \cdots \wedge \mathrm{d}x^{i_p} \otimes E_\alpha,$$

$$\psi = \frac{1}{p!} \psi_J^\beta \mathrm{d}x^J \otimes E_\beta := \frac{1}{p!} \psi_{j_1 j_2 \cdots j_p}^\beta \mathrm{d}x^{j_1} \wedge \mathrm{d}x^{j_2} \wedge \cdots \wedge \mathrm{d}x^{j_p} \otimes E_\beta.$$

记

$$G^{IJ} := g^{i_1 j_1} \cdots g^{i_p j_p}, \tag{2.4.1}$$

$$\bar{G}^{IJ} := \frac{1}{G} \int_{S_x M} G^{IJ} \Omega \mathrm{d}\tau, \quad G := \int_{S_x M} \Omega \mathrm{d}\tau. \tag{2.4.2}$$

定义 ϕ 和 ψ 的**整体内积**为

$$(\phi, \psi) = \frac{1}{c_{n-1}} \int_{SM} \langle \phi, \psi \rangle \mathrm{d}V_{SM}$$

$$= \frac{1}{p!} \frac{1}{c_{n-1}} \int_M \mathrm{d}x \int_{S_x M} \phi_I^\alpha \psi_J^\beta G^{IJ} \tilde{g}_{\alpha\beta} \Omega \mathrm{d}\tau$$

$$= \frac{1}{p!} \int_M \phi_I^\alpha \bar{G}^{IJ} \psi_J^\beta \tilde{g}_{\alpha\beta} \mathrm{d}V_M$$

$$= \frac{1}{p!} \int_M \langle \phi, \psi \rangle_{\mathcal{A}^p(E)} \mathrm{d}V_M. \tag{2.4.3}$$

对于任意的 $\phi \in \mathcal{A}^p(E)$, 定义**外微分算子** $\mathrm{d} : \mathcal{A}^p(E) \to \mathcal{A}^{p+1}(E)$, 使得

$$\mathrm{d}\phi = \frac{1}{p!} \frac{\partial}{\partial x^i}(\phi_I^\alpha)\mathrm{d}x^i \wedge \mathrm{d}x^I \otimes E_\alpha + \frac{1}{p!} \phi_I^\alpha \tilde{\omega}_\alpha^\beta \left(\frac{\partial}{\partial x^i} \right) \mathrm{d}x^i \wedge \mathrm{d}x^I \otimes E_\beta$$

$$= \frac{1}{p!} \phi_{I|i}^\alpha \mathrm{d}x^i \wedge \mathrm{d}x^I \otimes E_\alpha, \tag{2.4.4}$$

其中 $\phi_{I|i}^\alpha$ 是 ϕ_I^α 在 SM 上的提升关于陈联络的水平共变导数, 即

$$\phi_{I|i}^\alpha = \phi_{i_1 i_2 \cdots i_p|i}^\alpha = \frac{\delta \phi_{i_1 i_2 \cdots i_p}^\alpha}{\delta x^i} - \sum_{s=1}^p \phi_{i_1 \cdots i_{s-1} j i_{s+1} \cdots i_p}^\alpha \Gamma_{i_s i}^j + \phi_{i_1 i_2 \cdots i_p}^\beta \tilde{\omega}_\beta^\alpha \left(\frac{\delta}{\delta x^i} \right).$$

定义余微分算子 $\mathrm{d}^* : \mathcal{A}^{p+1}(E) \to \mathcal{A}^p(E)$, 使得对于任意的 $\phi \in \mathcal{A}^p(E), \psi \in \mathcal{A}^{p+1}(E)$, 都有 $(\mathrm{d}\phi, \psi) = (\phi, \mathrm{d}^*\psi)$. 由式 (2.4.3) 和式 (2.4.4) 可得

$$(\mathrm{d}\phi, \psi) = \frac{1}{(p+1)!} \frac{1}{c_{n-1}} \int_{SM} (p+1) \phi_{I|i}^\alpha \psi_{jJ}^\beta g^{ij} G^{IJ} \tilde{g}_{\alpha\beta} \mathrm{d}V_{SM}. \tag{2.4.5}$$

记 $\theta_j := \phi_I^\alpha \psi_{jJ}^\beta G^{IJ} \tilde{g}_{\alpha\beta}$. 由式 (1.6.8) 可得

$$\mathrm{div}_{\hat{g}} \theta = g^{ij} \left(\phi_{I|i}^\alpha \psi_{jJ}^\beta g_{\alpha\beta} G^{IJ} + \phi_I^\alpha \psi_{jJ|i}^\beta G^{IJ} \tilde{g}_{\alpha\beta} + \phi_I^\alpha \psi_{jJ}^\beta G^{IJ} \tilde{g}_{\alpha\beta|i} - \theta_j \dot{\eta}_i \right),$$

其中

$$\tilde{g}_{\alpha\beta|i} = \frac{\delta \tilde{g}_{\alpha\beta}}{\delta x^i} - \tilde{g}_{\gamma\beta} \tilde{\omega}_\alpha^\gamma \left(\frac{\delta}{\delta x^i} \right) - \tilde{g}_{\alpha\gamma} \tilde{\omega}_\beta^\gamma \left(\frac{\delta}{\delta x^i} \right).$$

因此

$$(\phi, \mathrm{d}^*\psi) = (\mathrm{d}\phi, \psi) = \frac{1}{(p+1)!} \frac{1}{c_{n-1}} \int_{SM} (p+1) \left(\mathrm{div}_{\hat{g}} \theta + g^{ij} \theta_j \dot{\eta}_i \right.$$

$$\left. -\phi_I^\alpha \psi_{jJ|i}^\beta g^{ij} G^{IJ} \tilde{g}_{\alpha\beta} - \phi_I^\alpha \psi_{jJ}^\beta g^{ij} G^{IJ} \tilde{g}_{\alpha\beta|i} \right) \mathrm{d}V_{SM}$$

$$= \frac{1}{p!} \frac{1}{c_{n-1}} \int_M \mathrm{d}x \int_{S_x M} g^{ij} \phi_I^\alpha \left(\psi_{jJ}^\beta \tilde{g}_{\alpha\beta} \dot{\eta}_i - \psi_{jJ|i}^\beta \tilde{g}_{\alpha\beta} - \psi_{jJ}^\beta \tilde{g}_{\alpha\beta|i} \right) G^{IJ} \Omega \mathrm{d}\tau.$$

事实上, p 阶共变张量 ϕ 可看作 n^p 维向量. 显然 $\{\bar{G}^{IJ}\}$ 给出了 n^p 维向量空间 $(T_p^0 M)_x$ 上一个正定度量. 因此, $(\bar{G}^{IJ})$ 可以看作一个 n^p 阶正定矩阵, 它的逆矩阵一定存在, 不妨记为 $(\bar{G}_{IJ})$. 从而有

$$(\phi, \mathrm{d}^*\psi) = \frac{1}{p!} \frac{1}{G} \int_M \phi_I^\alpha \bar{G}^{IL} \tilde{g}_{\alpha\beta} \left\{ \bar{G}_{LK} \int_{S_x M} g^{ij} \left(\psi_{jJ}^\beta \dot{\eta}_i \right. \right.$$

$$\left. \left. -\psi_{jJ|i}^\beta - \psi_{jJ}^\sigma \tilde{g}_{\sigma\gamma|i} \tilde{g}^{\gamma\beta} \right) G^{JK} \Omega \mathrm{d}\tau \right\} \mathrm{d}V_M.$$

由 ϕ 的任意性可知

$$\mathrm{d}^*\psi = \frac{1}{p!}\frac{\bar{G}_{KI}}{G}\int_{S_xM} g^{ij}\left(\psi_{jJ}^\beta\dot{\eta}_i - \psi_{jJ|i}^\beta - \psi_{jJ}^\alpha\tilde{g}_{\alpha\gamma|i}\tilde{g}^{\gamma\beta}\right)G^{KJ}\Omega\mathrm{d}\tau\mathrm{d}x^I \otimes E_\beta. \quad (2.4.6)$$

特别地, 当 $\psi = \psi_i^\alpha \mathrm{d}x^i \otimes E_\alpha$ 是 Finsler 流形上的 E-值 1-形式时,

$$\mathrm{d}^*\psi = \frac{1}{G}\int_{S_xM} g^{ij}\left(\psi_i^\alpha\dot{\eta}_j - \psi_{i|j}^\alpha - \psi_i^\beta\tilde{g}_{\beta\gamma|j}\tilde{g}^{\alpha\gamma}\right)\Omega\mathrm{d}\tau \otimes E_\alpha. \quad (2.4.7)$$

　　类似于黎曼流形上取值于向量丛的 p-形式的 Laplace 算子的定义方式, 我们有下面的定义.

　　定义 2.4.1　取值于向量丛 E 的 p-形式的 Laplace 算子 $\tilde{\Delta} : \mathcal{A}^p(E) \to \mathcal{A}^p(E)$, 定义为 $\tilde{\Delta} = \mathrm{d}\circ\mathrm{d}^* + \mathrm{d}^*\circ\mathrm{d}$. 对于 $\phi \in \mathcal{A}^p(E)$, 如果 $\tilde{\Delta}\phi = 0$, 则称 ϕ 为 E-**值调和 p-形式**.

　　命题 2.4.1　$\tilde{\Delta}$ 是一个自共轭的椭圆算子. ϕ 是调和的, 当且仅当 $\mathrm{d}\phi = 0$ 且 $\mathrm{d}^*\phi = 0$.

　　证明

$$
\begin{aligned}
(\tilde{\Delta}\phi, \psi) &= \frac{1}{c_{n-1}}\int_{SM}\langle\tilde{\Delta}\phi, \psi\rangle\mathrm{d}V_{SM} \\
&= \frac{1}{c_{n-1}}\int_{SM}\langle(\mathrm{d}\circ\mathrm{d}^* + \mathrm{d}^*\circ\mathrm{d})\phi, \psi\rangle\mathrm{d}V_{SM} \\
&= \frac{1}{c_{n-1}}\int_{SM}\langle\mathrm{d}\phi, \mathrm{d}\psi\rangle\mathrm{d}V_{SM} + \frac{1}{c_{n-1}}\int_{SM}\langle\mathrm{d}^*\phi, \mathrm{d}^*\psi\rangle\mathrm{d}V_{SM} \\
&= (\mathrm{d}\phi, \mathrm{d}\psi) + (\mathrm{d}^*\phi, \mathrm{d}^*\psi) = (\phi, \tilde{\Delta}\psi).
\end{aligned}
$$

显然, 当且仅当 $\mathrm{d}\phi = 0$, $\mathrm{d}^*\phi = 0$ 时, ϕ 是 E-值调和 p-形式.　　　　□

　　对于 Finsler 流形 M 上的函数 $f : M \to \mathbb{R}$, 我们有 $\mathrm{d}f = f_i\mathrm{d}x^i \in \Gamma(\wedge^1 T^*M)$. 因此

$$\tilde{\Delta}f = \mathrm{d}^*\circ\mathrm{d} = \frac{1}{G}\int_{S_xM} g^{ij}(f_i\dot{\eta}_j - f_{i|j})\Omega\mathrm{d}\tau = -\mu_f. \quad (2.4.8)$$

　　设 $\phi : (M, F) \to (\tilde{M}, \tilde{g})$ 是从 Finsler 流形 (M, F) 到黎曼流形 $(\tilde{M}, \tilde{g})$ 的一个光滑映射. 取 $E = \phi^*T\tilde{M}$, 则 $\mathrm{d}\phi \in \mathcal{A}^1(E)$. 注意到

$$\mathrm{d}(\mathrm{d}\phi)(X, Y) = (\nabla_X\mathrm{d}\phi)Y - (\nabla_Y\mathrm{d}\phi)X = 0, \quad X, Y \in \Gamma(\pi^*TM).$$

另一方面, 由于 $\tilde{g}_{\alpha\beta|k} = 2\tilde{A}_{\alpha\beta\gamma}\phi_{k|i}^\gamma\ell^i = 0$, 由式 (2.1.13) 和式 (2.4.8) 可得

$$\mathrm{d}^*(\mathrm{d}\phi) = -\frac{1}{G}\left(\int_{S_xM} g^{ij}(\phi_{i|j}^\alpha - \phi_i^\alpha\dot{\eta}_j + \phi_i^\beta\tilde{g}_{\beta\gamma|j}\tilde{g}^{\alpha\gamma})\Omega\mathrm{d}\tau\right)\frac{\partial}{\partial\tilde{x}^\alpha}$$

$$= -\frac{1}{G}\left(\int_{S_xM} g^{ij}\phi_{i,j}^\alpha\Omega\mathrm{d}\tau\right)\frac{\partial}{\partial\tilde{x}^\alpha}$$

$$= -\frac{1}{G}\left(\int_{S_xM} \tau^\alpha(\phi)\Omega\mathrm{d}\tau\right)\frac{\partial}{\partial\tilde{x}^\alpha}. \tag{2.4.9}$$

由式 (2.1.12) 和式 (2.4.9) 得下述定理.

定理 2.4.1　设 ϕ 是从紧致无边的 Finsler 流形 (M, F) 到黎曼流形 $(\tilde{M}, \tilde{g})$ 的光滑映射. 则 ϕ 是调和映射当且仅当 $\mathrm{d}\phi$ 是取值于拉回切丛 $\phi^*T\tilde{M}$ 的调和 1-形式.

2.4.2　SM 上取值于向量丛的调和形式

设 (M, F) 是紧致无边 Finsler 流形, $\xi : E \to SM$ 是射影球丛 SM 上的光滑向量丛. 我们用

$$\tilde{\mathcal{A}}^p(E) = \Gamma\left(\wedge^p T^*SM \otimes E\right), \quad \mathcal{H}^p(E) = \Gamma\left(\wedge^p\mathcal{H}^* \otimes E\right),$$

分别表示 SM 上取值于 E 的 p-形式构成的空间和水平 p-形式构成的空间. 设 $\{E_\alpha\}$ 是 E 的一个局部标架场, 并假定 E 上存在黎曼度量 $\tilde{g}$ 和线性联络 $\tilde{\nabla}$, 满足 $\tilde{\nabla}E_\alpha = \tilde{\omega}_\alpha^\beta E_\beta$. 对于任意的 $\phi, \psi \in \mathcal{H}^p(E)$, 记

$$\phi = \frac{1}{p!}\phi_I^\alpha\mathrm{d}x^I \otimes E_\alpha := \frac{1}{p!}\phi_{i_1i_2\cdots i_p}^\alpha\mathrm{d}x^{i_1} \wedge \mathrm{d}x^{i_2} \wedge \cdots \wedge \mathrm{d}x^{i_p} \otimes E_\alpha, \quad \phi^{J\alpha} = \phi_I^\alpha G^{IJ},$$

其中 G^{IJ} 定义同式 (2.4.1). 它们在 $\mathcal{H}^p(E)$ 中的**整体内积**定义如下:

$$(\phi, \psi) = \int_{SM} \langle\phi, \psi\rangle_{\mathcal{H}^p(E)}\mathrm{d}V_{SM} = \frac{1}{p!}\int_{SM} \phi_I^\alpha\psi^{I\beta}\tilde{g}_{\alpha\beta}\mathrm{d}V_{SM}. \tag{2.4.10}$$

注意到 Chern 联络 ∇ 是无挠的, 对于任意的 $\phi = \frac{1}{p!}\phi_I^\alpha\mathrm{d}x^I \otimes E_\alpha \in \mathcal{H}^p(E)$, 我们可以定义 ϕ 的**水平微分算子** $\mathrm{d}^H : \mathcal{H}^p(E) \to \mathcal{H}^{p+1}(E)$ 为

$$\mathrm{d}^H\phi = \frac{1}{p!}\delta_i(\phi_I^\alpha)\mathrm{d}x^i \wedge \mathrm{d}x^I \otimes E_\alpha + \frac{1}{p!}\phi_I^\alpha\tilde{\omega}_\alpha^\beta(\delta_i)\mathrm{d}x^i \wedge \mathrm{d}x^I \otimes E_\beta$$

$$= \frac{1}{p!}\phi_{I|i}^\alpha\mathrm{d}x^i \wedge \mathrm{d}x^I \otimes E_\alpha. \tag{2.4.11}$$

定义 ϕ 的**水平余微分算子** $\delta^H : \mathcal{H}^{p+1}(E) \to \mathcal{H}^p(E)$, 使得 $\forall\phi \in \mathcal{H}^p(E)$, $\psi \in \mathcal{H}^{p+1}(E)$, 成立 $(\mathrm{d}^H\phi, \psi) = (\phi, \delta^H\psi)$.

注意到 g 沿水平方向是平行的, 由引理 1.6.3 可得

$$
\begin{aligned}
\langle \mathrm{d}^H\phi, \psi \rangle_{\mathcal{H}^p(E)} &= \frac{1}{(p+1)!}\left\{ (p+1)\phi_{I|i}^{\alpha}\psi^{iI\beta}\tilde{g}_{\alpha\beta} \right\} \\
&= \frac{1}{p!}\left\{ g^{ij}\theta_{i|j} - g^{ij}\phi^{I\alpha}(\psi_{iI|j}^{\beta}\tilde{g}_{\alpha\beta} - \psi_{iI}^{\beta}\tilde{g}_{\alpha\beta|j}) \right\} \\
&= \frac{1}{p!}\left\{ \mathrm{div}_{\hat{g}}\theta + g^{ij}\theta_i\dot{\eta}_j - g^{ij}\phi^{I\alpha}(\psi_{iI|j}^{\beta}\tilde{g}_{\alpha\beta} - \psi_{iI}^{\beta}\tilde{g}_{\alpha\beta|j}) \right\},
\end{aligned}
$$

其中 $\theta_i = \phi^{I\alpha}\psi_{iI}^{\beta}\tilde{g}_{\alpha\beta}$. 因此

$$
\begin{aligned}
(\phi, \delta^H\psi) = (\mathrm{d}^H\phi, \psi) &= \int_{SM}\langle \mathrm{d}^H\phi, \psi\rangle_{\mathcal{H}^p(E)}\mathrm{d}V_{SM} \\
&= \frac{1}{p!}\int_{SM}\phi^{I\alpha}g^{ij}\left(\psi_{iI}^{\beta}\tilde{g}_{\alpha\beta}\dot{\eta}_j - \psi_{iI|j}^{\beta}\tilde{g}_{\alpha\beta} - \psi_{iI}^{\beta}\tilde{g}_{\alpha\beta|j} \right)\mathrm{d}V_{SM}.
\end{aligned}
$$

定理 2.4.2　取值于向量丛 E 的水平 $(p+1)$-形式 ψ 的水平余微分算子可以表示为

$$
\delta^H\psi = -\frac{1}{p!}g^{ij}\left(\psi_{iI|j}^{\alpha} - \psi_{iI}^{\alpha}\dot{\eta}_j + \psi_{iI}^{\beta}\tilde{g}_{\beta\gamma|j}\tilde{g}^{\gamma\alpha} \right)\mathrm{d}x^I \otimes E_{\alpha}. \tag{2.4.12}
$$

定义 2.4.2　**水平 Laplace 算子** $\tilde{\Delta}^H : \mathcal{H}^p(E) \to \mathcal{H}^p(E)$ 定义为

$$
\tilde{\Delta}^H = \mathrm{d}^H \circ \delta^H + \delta^H \circ \mathrm{d}^H. \tag{2.4.13}
$$

特别地, 若 $\tilde{\Delta}^H\phi = 0$, 则称取值于向量丛 E 的水平 p-形式 ϕ 是**水平调和形式**.

显然, 对于任意的 $\phi, \psi \in \mathcal{H}^p(E)$, 我们有

$$
\begin{aligned}
(\tilde{\Delta}^H\phi, \psi) &= \int_{SM}\langle (\mathrm{d}^H \circ \delta^H + \delta^H \circ \mathrm{d}^H)\phi, \psi\rangle_{\mathcal{H}^p(E)}\mathrm{d}V_{SM} \\
&= \int_{SM}(\langle \mathrm{d}^H\phi, \mathrm{d}^H\phi\rangle_{\mathcal{H}^p(E)} + \langle \delta^H\phi, \delta^H\phi\rangle_{\mathcal{H}^p(E)})\mathrm{d}V_{SM} \\
&= (\phi, \tilde{\Delta}^H\psi). \tag{2.4.14}
\end{aligned}
$$

引理 2.4.1　水平 Laplace 算子 $\tilde{\Delta}^H$ 关于整体内积是正定自共轭的微分算子. 取值于向量丛 E 的 p-形式 ϕ 是水平调和形式当且仅当 $\mathrm{d}^H\psi = 0$ 且 $\delta^H\psi = 0$.

设 $\phi : (M, F) \to (\tilde{M}, \tilde{F})$ 是非退化光滑映射. 取 $E = \pi^*(\phi^{-1}T\tilde{M})$, 则 $\mathrm{d}\phi \in \mathcal{H}^1(E)$. 由式 (2.4.11) 可知, 对于任意的 $X, Y \in \Gamma(\pi^*TM)$, 成立

$$
\mathrm{d}^H(\mathrm{d}\phi)(X, Y) = (\tilde{\nabla}_{X^H}\mathrm{d}\phi)Y - (\tilde{\nabla}_{Y^H}\mathrm{d}\phi)X = 0,
$$

$$
\delta^H(\mathrm{d}\phi) = -g^{ij}\left(\phi_{i|j}^{\alpha} - \phi_i^{\alpha}\dot{\eta}_j + \phi_i^{\beta}\tilde{g}_{\beta\gamma|j}\tilde{g}^{\gamma\alpha} \right)\tilde{\partial}_{\alpha}.
$$

特别地, 当 $(\tilde{M}, \tilde{F})$ 是黎曼流形时, 有

$$
\delta^H(\mathrm{d}\phi) = -g^{ij}\phi_{i,j}^{\alpha}\tilde{\partial}_{\alpha} = -\tau(\phi). \tag{2.4.15}
$$

定理 2.4.3　设 ϕ 是从 Finsler 流形 (M, F) 到黎曼流形 $(\tilde{M}, \tilde{F})$ 的光滑映射,
则 ϕ 是强调和映射当且仅当 $\mathrm{d}\phi$ 是取值于 $\pi^*(\phi^{-1}T\tilde{M})$ 的水平调和 1-形式.

特别地, 当 $E = \mathbb{R}$ 时, $\tilde{\Delta}^H$ 的表达式为[124]

$$\tilde{\Delta}^H \phi = -\frac{1}{p!} g^{ij} \left\{ \phi_{I|ij} + \sum_{s=1}^{p} (-1)^{s-1} \left(\phi_{ii_1 \cdots \hat{i}_s \cdots i_p|js} - \phi_{ii_1 \cdots \hat{i}_s \cdots i_p|sj} \right) \right.$$
$$\left. + \left(\phi_{I|i} + \sum_{s=1}^{p} \phi_{ii_1 \cdots \hat{i}_s \cdots i_p|j} \right) \dot{\eta}_j \right\} \mathrm{d}x^I. \tag{2.4.16}$$

对于 0-形式, 即光滑函数 $f \in C^\infty(SM)$, 由式 (2.4.15) 可得

$$\tilde{\Delta}^H f = \delta^H(\mathrm{d}f) = -g^{ij} f_{i,j}. \tag{2.4.17}$$

因此, 由式 (1.6.11) 定义的水平 Laplace 算子 Δ^H 与这里定义的作用于 0-形式的水
平 Laplace 算子 $\tilde{\Delta}^H$ 仅差一个符号, 即 $\Delta^H = -\tilde{\Delta}^H$.

2.5　$\mathcal{F}$-调和映射

黎曼流形之间 $\mathcal{F}$-调和映射的概念[2] 是调和映射, p-调和映射和指数调和映射
等概念的推广. 近年来, 关于 Finsler 流形之间的 p-调和映射, 指数调和映射, 以及
$\mathcal{F}$-调和映射也取得了一些研究成果[55,56,125,126]. 这里主要介绍 Finsler 流形之间的
$\mathcal{F}$-调和映射, 给出其第一变分和第二变分公式[126].

2.5.1　$\mathcal{F}$-能量泛函

设 $\mathcal{F} : [0, \infty) \to [0, \infty)$ 是严格递增 C^2 函数, $\phi : (M^n, F) \to (\tilde{M}^m, \tilde{F})$ 是 Finsler
流形之间的非退化光滑映射. 映射 ϕ 的 $\mathcal{F}$-**能量密度** $e_{\mathcal{F}}(\phi) : SM \to \mathbb{R}$ 定义为

$$e_{\mathcal{F}}(\phi)(x, y) := \mathcal{F}\left(\frac{|\mathrm{d}\phi|^2}{2} \right), \tag{2.5.1}$$

其中 $|\mathrm{d}\phi|^2 = g^{ij} \phi_i^\alpha \phi_j^\beta \tilde{g}_{\alpha\beta}$. 映射 ϕ 的 $\mathcal{F}$-**能量泛函**定义为

$$E_{\mathcal{F}}(\phi)(x, y) := \frac{1}{c_{n-1}} \int_{SM} e_{\mathcal{F}}(\phi) \mathrm{d}V_{SM}. \tag{2.5.2}$$

当 $\mathcal{F}(t)$ 分别取 $t, \frac{1}{p}(2t)^{\frac{p}{2}} (p \geqslant 4)$ 和 e^t 时, $E_{\mathcal{F}}(\phi)$ 分别是映射 ϕ 的能量, p-能量和指
数能量. 如果 ϕ 是 $\mathcal{F}$-能量泛函的临界点, 则称它是 $\mathcal{F}$-**调和映射**. 如果 $\mathcal{F}$-调和映射
ϕ 的 $\mathcal{F}$-能量泛函 $E_{\mathcal{F}}(\phi)$ 的第二变分总是非负的, 则称它是**稳定的**.

2.5.2   第一变分

设 $\phi_t, t \in (-\varepsilon, \varepsilon)$ 是非退化光滑映射 ϕ 的一个光滑变分, 满足 $\phi_0 = \phi, \phi_t|_{\partial M} = \phi|_{\partial M}$, 则 $\{\phi_t\}$ 诱导了一个沿 ϕ 的变分向量场

$$V := \frac{\partial \phi_t}{\partial t}\bigg|_{t=0} = V^\alpha \frac{\partial}{\partial \tilde{x}^\alpha}, \quad V|_{\partial M} = 0.$$

定理 2.5.1[126]   设 $\phi : (M^n, F) \to (\tilde{M}^m, \tilde{F})$ 是一个非退化光滑映射, ϕ_t 是 $\phi = \phi_0$ 的一个固定边界光滑变分, 其变分向量场为 $V = \dfrac{\partial \phi_t}{\partial t}\bigg|_{t=0}$. 则 ϕ 的 $\mathcal{F}$-能量泛函的第一变分为

$$\frac{\mathrm{d}}{\mathrm{d}t}E(\phi_t)\bigg|_{t=0} = -\frac{1}{c_{n-1}}\int_{SM} \langle V, h_{\mathcal{F}}(\phi)\rangle_{\tilde{g}} \mathrm{d}V_{SM}, \tag{2.5.3}$$

其中,

$$h_{\mathcal{F}}(\phi) = \tilde{\nabla}_{\ell^H}(Q\mathrm{d}\phi l) = (\ell^H Q)\mathrm{d}\phi\ell + Qh(\phi), \tag{2.5.4}$$

$$Q = \frac{1}{2}g^{ij}\left[F^2\mathcal{F}'\left(\frac{|\mathrm{d}\phi|^2}{2}\right)\right]_{y^i y^j} = n\mu^V\left(\mathcal{F}'\left(\frac{|\mathrm{d}\phi|^2}{2}\right)\right). \tag{2.5.5}$$

因此, ϕ 是 $\mathcal{F}$-调和映射当且仅当

$$\int_{S_x M} \tilde{g}_{\alpha\beta}\left\{(\ell^H Q)\phi_i^\alpha \ell^i + Q\frac{1}{F^2}h^\alpha\right\}\Omega\mathrm{d}\tau = 0, \quad \forall\beta. \tag{2.5.6}$$

证明   根据式 (2.5.2), 有

$$\frac{\mathrm{d}}{\mathrm{d}t}E(\phi_t) = \frac{1}{2c_{n-1}}\int_{SM} \mathcal{F}'\left(\frac{|\mathrm{d}\phi_t|^2}{2}\right)\frac{\partial}{\partial t}|\mathrm{d}\phi_t|^2 \mathrm{d}V_{SM}.$$

在式 (1.6.19) 中令 $f = \mathcal{F}'\left(\dfrac{|\mathrm{d}\phi_t|^2}{2}\right)\dfrac{\partial}{\partial t}|\mathrm{d}\phi_t\ell|^2$, 可得

$$2n\int_{SM} \mathcal{F}'\left(\frac{|\mathrm{d}\phi_t|^2}{2}\right)\frac{\partial}{\partial t}|\mathrm{d}\phi_t\ell|^2 \mathrm{d}V_{SM}$$

$$= 2\int_{SM} \mathcal{F}'g^{ij}\frac{\partial}{\partial t}\langle \mathrm{d}\phi_t\partial_i, \mathrm{d}\phi_t\partial_j\rangle_{\tilde{g}}\mathrm{d}V_{SM} + 4\int_{SM} g^{ij}y^l\mathcal{F}'_{y^j}\frac{\partial}{\partial t}\langle \mathrm{d}\phi_t\partial_i, \mathrm{d}\phi_t\partial_l\rangle_{\tilde{g}}\mathrm{d}V_{SM}$$

$$+ \int_{SM} F^2 g^{ij}\mathcal{F}'_{y^i y^j}\frac{\partial}{\partial t}|\mathrm{d}\phi_t\ell|^2 \mathrm{d}V_{SM}, \tag{2.5.7}$$

其中 $\partial_i := \dfrac{\partial}{\partial x^i}$. 记 $\Psi = \left[\mathcal{F}'\left(\dfrac{|\mathrm{d}\phi_t|^2}{2} \right) \right]_{y^i} \dfrac{\partial}{\partial t} |\mathrm{d}\phi_t \ell|^2 \upsilon \mathrm{d}y^i$. 利用引理 1.6.4 可得

$$
\begin{aligned}
\mathrm{div}_{\hat{r}_x} \Psi &= \nu g^{ij} \left\{ F^2 \mathcal{F}'_{y^i y^j} \frac{\partial}{\partial t} |\mathrm{d}\phi_t \ell|^2 + 2\mathcal{F}'_{y^i} \frac{\partial}{\partial t} \langle \mathrm{d}\phi_t \partial_j, \mathrm{d}\phi_t y \rangle_{\tilde{g}} \right. \\
&\qquad \left. - 2\mathcal{F}'_{y^i} F_{y^j} \frac{\partial}{\partial t} \langle \mathrm{d}\phi_t y, \mathrm{d}\phi_t y \rangle_{\tilde{g}} \right\} \\
&= \nu g^{ij} \left\{ F^2 \mathcal{F}'_{y^i y^j} \frac{\partial}{\partial t} |\mathrm{d}\phi_t \ell|^2 + 2\mathcal{F}'_{y^i} \frac{\partial}{\partial t} \langle \mathrm{d}\phi_t \partial_j, \mathrm{d}\phi_t y \rangle_{\tilde{g}} \right\}.
\end{aligned}
\tag{2.5.8}
$$

上式在 SM 上积分, 并利用式 (2.5.7), 式 (1.6.10) 和式 (1.7.16) 即得

$$
\begin{aligned}
\frac{\mathrm{d}}{\mathrm{d}t} E(\phi_t) &= \frac{1}{2c_{n-1}} \int_{SM} \mathcal{F}' \frac{\partial}{\partial t} |\mathrm{d}\phi_t|^2 \mathrm{d}V_{SM} \\
&= \frac{1}{2c_{n-1}} \int_{SM} \left\{ n\mathcal{F}' \frac{\partial}{\partial t} |\mathrm{d}\phi_t \ell|^2 + \frac{F^2}{2} g^{ij} \mathcal{F}'_{y^i y^j} \frac{\partial}{\partial t} |\mathrm{d}\phi_t \ell|^2 \right\} \mathrm{d}V_{SM} \\
&= \frac{1}{c_{n-1}} \int_{SM} Q \left\{ \langle \widetilde{\nabla}_{\frac{\partial}{\partial t}} \mathrm{d}\phi_t \ell, \mathrm{d}\phi_t \ell \rangle_{\tilde{g}} + F\tilde{C}(\mathrm{d}\phi_t \ell, \mathrm{d}\phi_t \ell, \widetilde{\nabla}_{\frac{\partial}{\partial t}} \mathrm{d}\phi_t \ell) \right\} \mathrm{d}V_{SM} \\
&= \frac{1}{c_{n-1}} \int_{SM} \left\langle \widetilde{\nabla}_{\ell^H} \mathrm{d}\phi_t \frac{\partial}{\partial t}, Q\mathrm{d}\phi_t \ell \right\rangle_{\tilde{g}} \mathrm{d}V_{SM} \\
&= -\frac{1}{c_{n-1}} \int_{SM} \left\langle \mathrm{d}\phi_t \frac{\partial}{\partial t}, \widetilde{\nabla}_{\ell^H}(Q\mathrm{d}\phi_t \ell) \right\rangle_{\tilde{g}} \mathrm{d}V_{SM},
\end{aligned}
\tag{2.5.9}
$$

其中 Q 由式 (2.5.5) 确定. □

注释 2.5.1　对于调和映射, p-调和映射和指数调和映射, Q 分别取值为 n, $n\left[|\mathrm{d}\phi|^{p-2} \right]_{y^i y^j}$ 和 $\dfrac{1}{2} g^{ij} \left[F^2 \mathrm{e}^{\frac{|\mathrm{d}\phi|^2}{2}} \right]_{y^i y^j}$.

对式 (2.5.3) 运用散度公式, 可以得到第一变分的一个等价表示.

定理 2.5.2[126]　设 $\phi : (M^n, F) \to (\tilde{M}^m, \tilde{F})$ 是一个非退化光滑映射, ϕ_t 是 $\phi = \phi_0$ 的一个光滑变分, 其变分向量场为 $V = \left. \dfrac{\partial \phi_t}{\partial t} \right|_{t=0}$. 则 ϕ 的 $\mathcal{F}$-能量泛函的第一变分为

$$
\left. \frac{\mathrm{d}}{\mathrm{d}t} E(\phi_t) \right|_{t=0} = -\frac{1}{c_{n-1}} \int_{SM} \langle V, \tau_{\mathcal{F}}(\phi) \rangle_{\tilde{g}} \mathrm{d}V_{SM},
\tag{2.5.10}
$$

其中

$$
\begin{aligned}
\tau_{\mathcal{F}}(\phi) = {}&\mathrm{tr}_g \left({}^{\mathrm{b}}\widetilde{\nabla} \left(\mathcal{F}'\left(\frac{|\mathrm{d}\phi|^2}{2} \right) \mathrm{d}\phi \right) \right) + 4\mathrm{tr}_g \tilde{C} \left(\mathrm{d}\phi, F\widetilde{\nabla}_{\ell^H} \left(\mathcal{F}'\left(\frac{|\mathrm{d}\phi|^2}{2} \right) \mathrm{d}\phi \right) \right) \\
&+ \mathrm{tr}_g \tilde{C}^\sharp \left(\mathrm{d}\phi, \mathrm{d}\phi, \left(\widetilde{\nabla}_l \left(\mathcal{F}'\left(\frac{|\mathrm{d}\phi|^2}{2} \right) \mathrm{d}\phi \right) \right) \ell \right)
\end{aligned}
$$

$$-2\left(\ell^H\mathcal{F}'\left(\frac{|\mathrm{d}\phi|^2}{2}\right)\right)F\mathrm{tr}_g\tilde{C}(\mathrm{d}\phi,\mathrm{d}\phi)$$

$$=\mathcal{F}'\left(\frac{|\mathrm{d}\phi|^2}{2}\right)\tau(\phi)+g^{ij}\frac{\delta\mathcal{F}'\left(\frac{|\mathrm{d}\phi|^2}{2}\right)}{\delta x^i}\phi_j^\alpha\frac{\partial}{\partial\tilde{x}^\alpha}$$

$$+\left(\ell^H\mathcal{F}'\left(\frac{|\mathrm{d}\phi|^2}{2}\right)\right)F\mathrm{tr}_g\tilde{C}(\mathrm{d}\phi,\mathrm{d}\phi),\tag{2.5.11}$$

其中 $\tilde{C}^\sharp$ 由式 (2.1.14) 定义. 因此, ϕ 是 $\mathcal{F}$-调和映射当且仅当

$$\int_{S_xM}\tilde{g}_{\alpha\beta}\tau_{\mathcal{F}}^\alpha(\phi)\Omega\mathrm{d}\tau=0,\quad\forall\beta,\tag{2.5.12}$$

其中 $\tau_{\mathcal{F}}(\phi)=\tau_{\mathcal{F}}^\alpha(\phi)\dfrac{\partial}{\partial\tilde{x}^\alpha}$,

$$\begin{aligned}\tau_{\mathcal{F}}^\alpha(\phi)=&\mathcal{F}'\left(\frac{|\mathrm{d}\phi|^2}{2}\right)g^{ij}\left\{\phi_{ij}^\alpha-{}^b\Gamma_{ij}^k\phi_k^\alpha+{}^b\tilde{\Gamma}_{\beta\gamma}^\alpha\phi_i^\beta\phi_j^\gamma\right\}\\&+4\mathcal{F}'\left(\frac{|\mathrm{d}\phi|^2}{2}\right)Fg^{ij}\tilde{C}_{\beta\gamma}^\alpha\phi_i^\gamma\left\{\phi_{jk}^\beta-\phi_l^\beta\Gamma_{jk}^l+\tilde{\Gamma}_{\sigma\tau}^\beta\phi_j^\sigma\phi_k^\tau\right\}\ell^k\\&+\mathcal{F}'\left(\frac{|\mathrm{d}\phi|^2}{2}\right)F^2g^{ij}\tilde{C}_{\beta\gamma\sigma}^\alpha\phi_i^\gamma\phi_j^\sigma\left\{\phi_{kl}^\beta-\phi_h^\beta\Gamma_{kl}^h+\tilde{\Gamma}_{uv}^\beta\phi_k^u\phi_l^v\right\}\ell^k\ell^l\\&+g^{ij}\frac{\delta\mathcal{F}'\left(\frac{|\mathrm{d}\phi|^2}{2}\right)}{\delta x^i}\phi_j^\alpha+g^{ij}\left(\ell^H\mathcal{F}'\left(\frac{|\mathrm{d}\phi|^2}{2}\right)\right)F\tilde{C}_{\beta\gamma}^\alpha\phi_i^\beta\phi_j^\gamma\\=&\mathcal{F}'\left(\frac{|\mathrm{d}\phi|^2}{2}\right)g^{ij}\tilde{h}_{ij}^\alpha+4\mathcal{F}'\left(\frac{|\mathrm{d}\phi|^2}{2}\right)g^{ij}\tilde{C}_{\beta\gamma}^\alpha\phi_i^\gamma\tilde{h}_j^\beta+\mathcal{F}'\left(\frac{|\mathrm{d}\phi|^2}{2}\right)g^{ij}\tilde{C}_{\beta\gamma\sigma}^\alpha\phi_i^\gamma\phi_j^\sigma h^\beta\\&+g^{ij}\frac{\delta\mathcal{F}'\left(\frac{|\mathrm{d}\phi|^2}{2}\right)}{\delta x^i}\phi_j^\alpha+g^{ij}\left(\ell^H\mathcal{F}'\left(\frac{|\mathrm{d}\phi|^2}{2}\right)\right)F\tilde{C}_{\beta\gamma}^\alpha\phi_i^\beta\phi_j^\gamma.\tag{2.5.13}\end{aligned}$$

特别地, 若 $\tau_{\mathcal{F}}(\phi)=0$, 则称映射 ϕ 是 $\mathcal{F}$-**强调和映射**.

由定理 2.5.2, 可以给出 $\mathcal{F}$-调和映射的两个例子.

例 2.5.1   任何 Finsler 流形到自身的恒等映射是 $\mathcal{F}$-强调和映射.

例 2.5.2   能量密度为常值的调和映射是 $\mathcal{F}$-调和映射. 特别地, 当映射 ϕ 是等距浸入时, ϕ 是调和映射当且仅当 ϕ 是 $\mathcal{F}$-调和映射.

2.5.3 第二变分

定理 2.5.3[126]   设 $\phi:(M^n,F)\to(\tilde{M}^m,\tilde{F})$ 是非退化光滑映射, ϕ_t 是 $\phi=\phi_0$

的一个光滑变分, 其变分向量场为 $V = \dfrac{\partial \phi_t}{\partial t}\Big|_{t=0}$. 则 ϕ 的能量泛函的第二变分为

$$I_{\mathcal{F}}(V, V) = \frac{\mathrm{d}^2}{\mathrm{d}t^2} E(\phi_t)|_{t=0}$$

$$= \frac{1}{c_{n-1}} \int_{SM} \left\{ -\langle U, h_{\mathcal{F}}(\phi) \rangle_{\tilde{g}} + Q\langle \widetilde{\nabla}_\ell V, \widetilde{\nabla}_\ell V \rangle_{\tilde{g}} - Q\langle \tilde{R}(\mathrm{d}\phi\ell, V)V, \mathrm{d}\phi\ell \rangle_{\tilde{g}} \right.$$

$$\left. + Q\frac{F}{\tilde{F}}\langle \tilde{P}(V, (\widetilde{\nabla}_\ell \mathrm{d}\phi)\ell)V, \mathrm{d}\phi\ell \rangle_{\tilde{g}} \right\} \mathrm{d}V_{SM}$$

$$+ \frac{1}{c_{n-1}} \int_{SM} \mathcal{F}'' \left(\frac{|\mathrm{d}\phi|^2}{2} \right) \left\{ \mathrm{tr}_g \langle \widetilde{\nabla}V, \mathrm{d}\phi \rangle_{\tilde{g}} + \frac{F}{\tilde{F}}\mathrm{tr}_g \tilde{A}(\mathrm{d}\phi, \mathrm{d}\phi, \widetilde{\nabla}_\ell V) \right\}^2 \mathrm{d}V_{SM}, \quad (2.5.14)$$

其中, $U := \left[\widetilde{\nabla}_{\frac{\partial}{\partial t}} \dfrac{\partial \phi_t}{\partial t} \right]_{t=0}$, Q 由式 (2.5.5) 确定.

证明 利用式 (2.5.9) 可得

$$\frac{\mathrm{d}^2}{\mathrm{d}t^2} E(\phi_t)\Big|_{t=0} = \frac{1}{c_{n-1}} \int_{SM} \left\{ -\langle U, h_{\mathcal{F}}(\phi) \rangle_{\tilde{g}} - Q\langle \tilde{R}(\mathrm{d}\phi\ell, V)V, \mathrm{d}\phi\ell \rangle_{\tilde{g}} \right.$$

$$\left. + Q\frac{F}{\tilde{F}}\langle \tilde{P}(V, (\widetilde{\nabla}_\ell \mathrm{d}\phi)\ell)V, \mathrm{d}\phi\ell \rangle_{\tilde{g}} + Q\langle \widetilde{\nabla}_\ell V, \widetilde{\nabla}_\ell V \rangle_{\tilde{g}} \right\} \mathrm{d}V_{SM}$$

$$+ \frac{1}{c_{n-1}} \int_{SM} \frac{\partial Q}{\partial t} \langle \widetilde{\nabla}_\ell V, \mathrm{d}\phi\ell \rangle_{\tilde{g}} \mathrm{d}V_{SM} \quad (2.5.15)$$

利用式 (2.5.5) 和式 (1.6.23) 可得

$$\int_{SM} \frac{\partial Q}{\partial t} \langle \widetilde{\nabla}_\ell V, \mathrm{d}\phi\ell \rangle_{\tilde{g}} \mathrm{d}V_{SM}$$

$$= \int_{SM} \frac{1}{2} \frac{\partial \mathcal{F}'}{\partial t} g^{ij} \left(\langle \widetilde{\nabla}_y V, \mathrm{d}\phi y \rangle_{\tilde{g}} \right)_{y^i y^j} \mathrm{d}V_{SM}$$

$$= \int_{SM} \frac{\partial \mathcal{F}'}{\partial t} \left\{ \mathrm{tr}_g \langle \widetilde{\nabla}V, \mathrm{d}\phi \rangle_{\tilde{g}} + \mathrm{tr}_g \tilde{C}(\mathrm{d}\phi, \mathrm{d}\phi, F\widetilde{\nabla}_\ell V) \right\} \mathrm{d}V_{SM}$$

$$= \int_{SM} \mathcal{F}'' \left\{ \mathrm{tr}_g \langle \widetilde{\nabla}V, \mathrm{d}\phi \rangle_{\tilde{g}} + \frac{F}{\tilde{F}}\mathrm{tr}_g \tilde{A}(\mathrm{d}\phi, \mathrm{d}\phi, \widetilde{\nabla}_\ell V) \right\}^2 \mathrm{d}V_{SM} \quad (2.5.16)$$

其中第二个等号用到式 (1.4.8). 将式 (2.5.16) 代入式 (2.5.15) 即得式 (2.5.14). $\quad\square$

定理 2.5.4[126] 设 ϕ 是从 Finsler 流形 (M, F) 到黎曼流形 $(\tilde{M}, \tilde{F})$ 的 $\mathcal{F}$-调和映射. 若 $\mathcal{F}'' \geqslant 0$, 且 $(\tilde{M}, \tilde{F})$ 具有非正截面曲率, 则 ϕ 是不稳定的.

证明 当 $(\tilde{M}, \tilde{F})$ 是黎曼流形时, 由式 (2.5.14) 和式 (1.6.23) 可得

$$I_{\mathcal{F}}(V, V)$$

$$= \frac{1}{c_{n-1}} \int_{SM} g^{ij} \left(\frac{F^2}{2}\mathcal{F}' \right)_{y^i y^j} \left\{ -\langle \tilde{R}(\mathrm{d}\phi\ell, V)V, \mathrm{d}\phi\ell \rangle_{\tilde{g}} + \langle \widetilde{\nabla}_\ell V, \widetilde{\nabla}_\ell V \rangle_{\tilde{g}} \right\} \mathrm{d}V_{SM}$$

$$+ \frac{1}{c_{n-1}} \int_{SM} \mathcal{F}'' \left[\mathrm{tr}_g \langle \widetilde{\nabla} V, \mathrm{d}\phi \rangle_{\tilde{g}} \right]^2 \mathrm{d}V_{SM}$$

$$= \frac{1}{c_{n-1}} \int_{SM} \mathcal{F}' g^{ij} \left\{ -\langle \tilde{R}(\mathrm{d}\phi \partial_i, V)V, \mathrm{d}\phi \partial_j \rangle_{\tilde{g}} + \langle \widetilde{\nabla}_{\partial_i} V, \widetilde{\nabla}_{\partial_j} V \rangle_{\tilde{g}} \right\} \mathrm{d}V_{SM}$$

$$+ \frac{1}{c_{n-1}} \int_{SM} \mathcal{F}'' \left[\mathrm{tr}_g \langle \widetilde{\nabla} V, \mathrm{d}\phi \rangle_{\tilde{g}} \right]^2 \mathrm{d}V_{SM}. \tag{2.5.17}$$

由此可知命题成立. □

注释 2.5.2 当出发流形 M 是黎曼流形时, 定理 2.5.4 即为文献 [2] 中的结果.
特别地, 调和映射, p-调和映射和指数调和映射都满足条件 $\mathcal{F}'' \geqslant 0$.

2.6 从复 Finsler 流形到 Hermitian 流形的调和映射

2.6.1 能量密度

设 (M, G) 是复 m 维强拟凸 Finsler 流形, (N, H) 是复 n 维强拟凸 Hermitian
流形. 设 $\phi : M \to N$ 是光滑映射, M 和 N 上全纯坐标系分别为 $\{z^i\}$ 和 $\{w^\alpha\}$, 则
ϕ 可局部表示为

$$w^\alpha = \phi^\alpha(z^1, \cdots, z^m, \bar{z}^1, \cdots, \bar{z}^m), \quad 1 \leqslant \alpha, \beta, \cdots \leqslant n.$$

ϕ 的 $\bar{\partial}$-**能量密度**定义为

$$|\bar{\partial}\phi|^2 = G^{\bar{i}j}(z, v) \phi_{\bar{i}}^\alpha \phi_j^{\bar{\beta}} H_{\alpha\bar{\beta}}(\phi(z)), \tag{2.6.1}$$

其中, $(G^{\bar{i}j}) = (G_{i\bar{j}})^{-1}$, $\phi_{\bar{i}}^\alpha = \dfrac{\partial \phi^\alpha}{\partial \bar{z}^i}$, $\phi_j^{\bar{\beta}} = \dfrac{\partial \bar{\phi}^\beta}{\partial z^j}$. ϕ 的 $\bar{\partial}$-**能量**定义为

$$E_{\bar{\partial}}(\phi) = \frac{1}{c_m} \int_{P\tilde{M}} |\bar{\partial}\phi|^2 \mathrm{d}\mu_{PM}.$$

考虑 $\phi = \phi_0$ 的光滑变分

$$\phi_t : M \to N, \quad t \in \mathcal{D} = \{z \in \mathbb{C} : |z| < \varepsilon\}. \tag{2.6.2}$$

$\{\phi_t\}$ 在拉回丛 $\phi_t^{-1} T^{\mathbb{C}} N \phi$ 上诱导一个向量场

$$V := \mathrm{d}\phi_t \left(\frac{\partial}{\partial t} \right) = \partial\phi_t \left(\frac{\partial}{\partial t} \right) + \bar{\partial}\phi_t \left(\frac{\partial}{\partial t} \right) = V' + V'',$$

由此可得**变分向量场**

$$V_0 = \mathrm{d}\phi_t \left(\frac{\partial}{\partial t} \right) \bigg|_{t=0}.$$

从而有

$$|\bar{\partial}\phi_t|^2 = G^{\bar{i}j}(z, v) \phi_{t\bar{i}}^\alpha \phi_{tj}^{\bar{\beta}} H_{\alpha\bar{\beta}}(\phi(z)).$$

2.6.2 第一变分公式

定理 2.6.1[33] $\bar{\partial}$-能量泛函的**第一变分公式**为

$$\frac{\partial}{\partial t}E_{\bar{\partial}}(\phi_t)\Big|_{t=0} = -\frac{1}{c_m}\int_{P(\tilde{M})}\left(\overline{V_0^{\beta}}Q^{\alpha} + V_0^{\alpha}\overline{Q^{\beta}}\right)H_{\alpha\bar{\beta}}\mathrm{d}\mu_{PM}, \tag{2.6.3}$$

其中

$$\begin{aligned}
Q^{\alpha} = G^{\bar{i}j}\Big\{&\left({}^{M}\Gamma_{l,j}^{l} - {}^{M}\Gamma_{j,l}^{l}\right)\phi_i^{\alpha} + \phi_{ij}^{\alpha} + {}^{N}\Gamma_{\sigma,\rho}^{\alpha}\phi_i^{\sigma}\phi_j^{\rho} \\
&-\frac{1}{2}H^{\bar{\delta}\alpha}H_{\sigma\bar{\gamma}}\left({}^{N}\Gamma_{\bar{\rho},\bar{\delta}}^{\bar{\gamma}} - {}^{N}\Gamma_{\bar{\delta},\bar{\rho}}^{\bar{\gamma}}\right)\phi_i^{\sigma}\phi_j^{\bar{\rho}}\Big\},
\end{aligned}$$

${}^{M}\Gamma_{k,j}^{l}$ 和 ${}^{N}\Gamma_{\sigma,\rho}^{\alpha}$ 分别是 M 和 N 的 Chern-Finsler 联络.

定义 2.6.1 如果对于任意变分向量场 V_0, 有

$$\int_{P(M)}Q^{\alpha}\overline{V_0^{\beta}}H_{\alpha\bar{\beta}}\mathrm{d}\mu_{PM} = 0 \ (\text{或}Q^{\alpha} = 0),$$

则称 ϕ 为**调和映射**(或强调和映射),

定理 2.6.2[33] 设 (M, G) 是紧致 Kähler-Finsler 流形, (N, H) 是 Kähler 流形, $\phi: M \to N$ 是光滑映射, 则 ϕ 是调和映射当且仅当对于任意变分向量场 V_0, 有

$$\int_{PM}G^{\bar{i}j}(\phi_{ij}^{\alpha} + {}^{N}\Gamma_{\sigma,\rho}^{\alpha}\phi_i^{\sigma}\phi_j^{\rho})\overline{V_0^{\beta}}H_{\alpha\bar{\beta}}\mathrm{d}\mu_{PM} = 0. \tag{2.6.4}$$

由式 (1.8.1) 可得

$$\mathrm{d}\mu_{PM} = \det(G_{i\bar{j}})\mathrm{d}\sigma \wedge \mathrm{d}z, \tag{2.6.5}$$

其中,

$$\mathrm{d}\sigma = \frac{(\sqrt{-1}(\ln G)_{i\bar{j}}\mathrm{d}v^i \wedge \mathrm{d}\bar{v}^j)^{m-1}}{(m-1)!}, \quad \mathrm{d}z = \left(\sqrt{-1}\sum_{i=1}^{m}\mathrm{d}z^i \wedge \mathrm{d}\bar{z}^i\right)^m.$$

令

$$\gamma^{\bar{i}j}(z) := \frac{1}{\sigma(z)}\int_{P_zM}G^{\bar{i}j}(z,v)\det(G_{k\bar{l}}(z,v))\mathrm{d}\sigma, \tag{2.6.6}$$

其中

$$\sigma(z) := \int_{P_zM}\det(G_{k\bar{l}}(z,v))\mathrm{d}\sigma, \tag{2.6.7}$$

则方程 (2.6.4) 等价于

$$\int_M \gamma^{\bar{i}j}(z)(\phi_{ij}^{\alpha} + {}^{N}\Gamma_{\sigma,\rho}^{\alpha}\phi_i^{\sigma}\phi_j^{\rho})\overline{V_0^{\beta}}H_{\alpha\bar{\beta}}\sigma(z)\mathrm{d}z = 0.$$

定理 2.6.3[33] 设 (M, G) 是紧致 Kähler-Finsler 流形, (N, H) 是 Kähler 流形, $\phi: M \to N$ 是光滑映射, 则 ϕ 是调和映射当且仅当对于任意变分向量场 V_0, 有

$$\gamma^{\bar{i}j}(z)\left(\phi_{ij}^{\alpha} + {}^{N}\Gamma_{\sigma,\rho}^{\alpha}\phi_i^{\sigma}\phi_j^{\rho}\right) = 0. \tag{2.6.8}$$

第 3 章　Finsler 调和映射的性质和应用

3.1　调和映射的稳定性

定义 3.1.1　如果对于任意变分向量场 $V \in \Gamma(\phi^{-1}(T\tilde{M}))$, 调和映射 ϕ 的能量泛函的第二变分 $I_\phi(V, V) \geqslant 0$, 则称 ϕ 是**稳定调和映射**.

由定理 2.1.3, 立即可以得到下述命题.

命题 3.1.1　从 Finsler 流形到具有非正旗曲率的 Finsler 流形的任何非退化全测地映射一定是稳定的.

当目标流形 $(\tilde{M}, \tilde{F})$ 是 Berwald 流形时, $U := \left[\tilde{\nabla}_{\frac{\partial}{\partial t}} \dfrac{\partial \phi_t}{\partial t}\right]_{t=0}$ 不依赖于 y 且 $\tilde{L} = 0$. 此时, 式 (2.1.17) 简化为

$$
\begin{aligned}
I_\phi(V, V) &= \frac{n}{c_{n-1}} \int_{SM} \left\{ -h^*(U) + ||\tilde{\nabla}_\ell V||^2 - \left\langle \frac{\tilde{F}^2}{F^2} \tilde{\mathfrak{R}}(V), V \right\rangle \right\} \mathrm{d}V_{SM} \\
&= -\int_M \mu_\phi(U) \mathrm{d}V_{\mathrm{HT}} + \frac{n}{c_{n-1}} \int_{SM} \left\{ ||\tilde{\nabla}_\ell V||^2 - \left\langle \frac{\tilde{F}^2}{F^2} \tilde{\mathfrak{R}}(V), V \right\rangle \right\} \mathrm{d}V_{SM}.
\end{aligned}
$$

$$(3.1.1)$$

因此, 由定理 2.1.2 和式 (3.1.1), 显然有下面的定理.

定理 3.1.1　从 Finsler 流形到具有非正旗曲率的 Berwald 流形的非退化调和映射一定是稳定的.

特别地, 当目标流形是黎曼流形且 ϕ 是调和映射时, 根据式 (1.6.19), 式 (3.1.1) 可以进一步简化为[97]

$$
\begin{aligned}
I_\phi(V, V) &= \frac{n}{c_{n-1}} \int_{SM} \left\{ ||\tilde{\nabla}_\ell V||^2 - \left\langle \frac{\tilde{F}^2}{F^2} \tilde{\mathfrak{R}}(V), V \right\rangle \right\} \mathrm{d}V_{SM} \\
&= \frac{1}{c_{n-1}} \int_{SM} \left\{ ||\tilde{\nabla} V||^2 + \mathrm{tr}_g \langle \tilde{R}(\mathrm{d}\phi, V)\mathrm{d}\phi, V \rangle \right\} \mathrm{d}V_{SM}.
\end{aligned}
$$

$$(3.1.2)$$

3.1.1　欧氏球面 $\mathbb{S}^n (n > 2)$ 与 Finsler 流形之间调和映射的稳定性

欧氏球面 $\mathbb{S}^n (n > 2)$ 与任意黎曼流形之间不存在非常值的稳定调和映射. 一个自然的问题是: 欧氏球面 $\mathbb{S}^n (n > 2)$ 与 Finsler 流形之间是否存在稳定调和映射? 当目标流形是欧氏球面 $\mathbb{S}^n (n > 2)$ 时, 调和映射 ϕ 的能量泛函的第二变分简化为式 (3.1.2). 与黎曼几何类似, 可以证明下面的定理.

定理 3.1.2[97]   不存在从紧致无边 Finsler 流形到欧氏球面 $\mathbb{S}^n (n > 2)$ 的非常值稳定调和映射.

当目标流形是 Finsler 流形时, 证明比较复杂. 为此, 我们首先证明一个命题.

设 M^n 是 $n+p$ 维欧氏空间 $\mathbb{R}^{n+p}$ 中的 n 维紧致无边黎曼子流形, $\{e_i\}$ 和 $\{e_\alpha\}$ $(\alpha = n+1, \cdots, n+p)$ 分别是 M 在 $\mathbb{R}^{n+p}$ 的切丛和法丛的标准正交基. 记 $A_\alpha := A_{e_\alpha}$ 为形状算子. 设 a 为 $\mathbb{R}^{n+p}$ 中的一个常值向量场, 它可以分解为 $a = a^T + a^N$, 其中 $a^T = \sum_{i=1}^{n} \langle a, e_i \rangle e_i$, $a^N = \sum_{\alpha=n+1}^{n+p} \langle a, e_\alpha \rangle e_\alpha$. 首先有下述引理.

引理 3.1.1[115]   设 M^n 是欧氏空间 $\mathbb{R}^{n+p}$ 中的子流形, 则

$$\nabla_Y a^T = A_{a^N} Y, \tag{3.1.3}$$

其中 Y 是 M 上的任意向量场.

命题 3.1.2   设 M^n 是欧氏空间 $\mathbb{R}^{n+p}$ 中的紧致无边黎曼子流形, $\phi : (M^n, g) \to (\tilde{M}, \tilde{F})$ 是从 M^n 到 Finsler 流形 $\tilde{M}$ 的非退化调和映射. 若在 M^n 上处处成立

$$\sum_{\alpha=n+1}^{n+p} \int_{SM} \{g(A_\alpha \ell, \ell) \mathrm{tr} \tilde{g}(\mathrm{d}\phi A_\alpha, \mathrm{d}\phi) - 2\tilde{g}(\mathrm{d}\phi A_\alpha \ell, \mathrm{d}\phi A_\alpha \ell)\} \mathrm{d}V_{SM} > 0, \tag{3.1.4}$$

则 ϕ 是不稳定的.

证明   在式 (2.1.17) 中取变分向量场 $V = \mathrm{d}\phi X$, 其中 $X = a^T$, 则

$$I_\phi(\mathrm{d}\phi X, \mathrm{d}\phi X) = \frac{-n}{c_{n-1}} \int_{SM} \Big\{ h^*(U) + \Big\langle \tilde{\nabla}_{\ell H} \tilde{\nabla}_\ell (\mathrm{d}\phi X) + \frac{\tilde{F}^2}{F^2} \tilde{\mathfrak{R}}(\mathrm{d}\phi X)$$
$$- \tilde{L}(\mathrm{d}\phi X, h) + 2F\tilde{C}(h, \tilde{\nabla}_\ell(\mathrm{d}\phi X)), \mathrm{d}\phi X \Big\rangle \Big\} \mathrm{d}V_{SM}. \tag{3.1.5}$$

由引理 3.1.1, 可得 $\nabla_\ell X = \langle a, e_\alpha \rangle A_\alpha \ell$. 利用公式 (1.7.2) 和公式 (1.7.16), 我们有

$$\tilde{\nabla}_{\ell H} \tilde{\nabla}_\ell (\mathrm{d}\phi X) = \tilde{\nabla}_{\ell H} \Big\{ (\tilde{\nabla}_\ell \mathrm{d}\phi)(X) + \mathrm{d}\phi(\nabla_\ell X) \Big\}$$
$$= (\tilde{\nabla}_{\ell H} \tilde{\nabla}_\ell \mathrm{d}\phi)(X) + 2(\tilde{\nabla}_\ell \mathrm{d}\phi)(A_{a^N} \ell) + \mathrm{d}\phi \nabla_{\ell H} (A_{a^N} \ell)$$
$$= \tilde{\nabla}_{X^H} h - \frac{\tilde{F}^2}{F^2} \tilde{\mathfrak{R}}(\mathrm{d}\phi X) + \tilde{L}(\mathrm{d}\phi X, h) + \mathrm{d}\phi \mathfrak{R}(X)$$
$$+ 2(\tilde{\nabla}_\ell \mathrm{d}\phi)(A_{a^N} \ell) + \mathrm{d}\phi \nabla_{\ell H}(A_{a^N} \ell). \tag{3.1.6}$$

M^n 作为欧氏空间 $\mathbb{R}^{n+p}$ 中的子流形, 有

$$\mathfrak{R}(X) = \sum_{\alpha=n+1}^{n+p} (g(A_\alpha \ell, \ell) A_\alpha X - g(A_\alpha \ell, X) A_\alpha \ell).$$

注意到 ϕ 是调和映射, 由式 (1.6.8) 和式 (1.7.16), 有

$$
\begin{aligned}
\int_{SM} h^*(U)\mathrm{d}V_{SM} &= \int_{SM} h^*(\widetilde{\nabla}_X(\mathrm{d}\phi X))\mathrm{d}V_{SM} \\
&= \int_{SM} \left\{ X^H[h^*(\mathrm{d}\phi X)] - (\widetilde{\nabla}_{X^H}\tilde{g})(h, \mathrm{d}\phi X) - \tilde{g}(\widetilde{\nabla}_{X^H}h, \mathrm{d}\phi X) \right\}\mathrm{d}V_{SM} \\
&= \int_{SM} \left\{ \mathrm{div}_{\hat{g}}\left[h^*(\mathrm{d}\phi X)X \right] - h^*\left[(\mathrm{div}_{\hat{g}}X)\mathrm{d}\phi X \right] \right\}\mathrm{d}V_{SM} \\
&\quad - \int_{SM} \left\{ 2F\tilde{C}(h, \mathrm{d}\phi X, (\widetilde{\nabla}_\ell \mathrm{d}\phi)(X)) + \tilde{g}(\widetilde{\nabla}_{X^H}h, \mathrm{d}\phi X) \right\}\mathrm{d}V_{SM} \\
&= -\int_{SM} \left\{ 2F\tilde{C}(h, \mathrm{d}\phi X, (\widetilde{\nabla}_\ell \mathrm{d}\phi)(X)) + \tilde{g}(\widetilde{\nabla}_{X^H}h, \mathrm{d}\phi X) \right\}\mathrm{d}V_{SM}.
\end{aligned}
\tag{3.1.7}
$$

结合式 (3.1.5)$\sim$ 式 (3.1.7) 和式 (1.6.10), 可得

$$
\begin{aligned}
I_\phi(\mathrm{d}\phi X, \mathrm{d}\phi X) &= \frac{-n}{c_{n-1}}\int_{SM}\left\{ \tilde{g}(2(\widetilde{\nabla}_\ell \mathrm{d}\phi)(A_{a^N}\ell) + \mathrm{d}\phi(\nabla_{\ell^H}(A_{a^N}\ell) + \sum_{\alpha=n+1}^{n+p} g(A_\alpha \ell, \ell)A_\alpha X \right. \\
&\quad \left. - \sum_{\alpha=n+1}^{n+p} g(A_\alpha \ell, X)A_\alpha \ell) + 2F\tilde{C}(h, \mathrm{d}\phi\nabla_\ell X), \mathrm{d}\phi X) \right\}\mathrm{d}V_{SM} \\
&= \frac{-n}{c_{n-1}}\int_{SM}\left\{ \tilde{g}((\nabla_\ell \mathrm{d}\phi)(A_{a^N}\ell) + \sum_{\alpha=n+1}^{n+p} \mathrm{d}\phi(g(A_\alpha \ell, \ell)A_\alpha X \right. \\
&\quad \left. - g(A_\alpha \ell, X)A_\alpha \ell), \mathrm{d}\phi X) - \tilde{g}(\mathrm{d}\phi A_{a^N}\ell, (\widetilde{\nabla}_\ell \mathrm{d}\phi)X + \mathrm{d}\phi A_{a^N}\ell) \right\}\mathrm{d}V_{SM}.
\end{aligned}
$$

对于 $\mathbb{R}^{n+p}$ 中的任意常值向量场 a_1, a_2, 我们记 $\tilde{I}(a_1, a_2) = I_\phi(\mathrm{d}\phi a_1^T, \mathrm{d}\phi a_2^T)$. 对于任意给定点 $x_0 \in M$, 考虑 $n + p$ 个常值向量场 $a_i = e_i(x_0), a_\alpha = e_\alpha(x_0)$, 它们构成了 $\mathbb{R}^{n+p}$ 的一个标准正交基. 根据 (3.1.4), 类似于文献 [115] 中的方法, 我们有

$$
\mathrm{tr}\tilde{I} = \frac{-n}{c_{n-1}}\int_{SM}\left(\sum_{\alpha=n+1}^{n+p} [g(A_\alpha \ell, \ell)\mathrm{tr}\tilde{g}(\mathrm{d}\phi A_\alpha, \mathrm{d}\phi) - 2\tilde{g}(\mathrm{d}\phi A_\alpha \ell, \mathrm{d}\phi A_\alpha \ell)] \right)\mathrm{d}V_{SM} < 0,
\tag{3.1.8}
$$

因此, 至少存在一个 $\tilde{I}(a_i, a_i) = I_\phi(\mathrm{d}\phi a_i^T, \mathrm{d}\phi a_i^T)$ 是负的. $\qquad\square$

特别地, 若 M^n 是全脐子流形, 则有 $A_\alpha \ell = \lambda_\alpha \ell$, 显然成立

$$
\sum_{\alpha=n+2}^{n+p}(g(A_\alpha \ell, \ell)\mathrm{tr}\tilde{g}(\mathrm{d}\phi A_\alpha, \mathrm{d}\phi) - 2\tilde{g}(\mathrm{d}\phi A_\alpha \ell, \mathrm{d}\phi A_\alpha \ell)) = \sum_{\alpha=n+1}^{n+p}\lambda_\alpha^2(2e(\phi) - 2\tilde{g}(\mathrm{d}\phi\ell, \mathrm{d}\phi\ell)).
$$

因而

$$
\mathrm{tr}\tilde{I} = \frac{2(2-n)}{c_{n-1}}\int_{SM}\left(\sum_\alpha \lambda_\alpha^2 \right)e(\phi)\mathrm{d}V_{SM}.
$$

由此立即得到下面的定理.

定理 3.1.3　不存在从标准欧氏球面 $\mathbb{S}^n$ $(n > 2)$ 到任意 Finsler 流形 $(\tilde{M}, \tilde{F})$ 的非退化稳定调和映射.

3.1.2 SSU 流形与 Finsler 流形之间调和映射的稳定性

定理 3.1.2 告诉我们, 不存在从紧致无边 Finsler 流形到欧氏球面 $\mathbb{S}^n(n > 2)$ 的非常值稳定调和映射. 事实上, 当目标流形是一类更广泛的黎曼流形 —— SSU 流形时, 这一结论仍然成立.

设 N 是 m 维黎曼流形, 其黎曼度量记作 $\langle\ ,\ \rangle_N$. 设 $\mathbb{R}^{m+p}$ 是 $m + p$ 维欧氏空间, 其标准内积记作 $\langle\ ,\ \rangle$, 对于任意的 $v \in \mathbb{R}^{m+p}$, 其欧氏范数记作 $|v|$. 如果存在从 N 到 $\mathbb{R}^{m+p}$ 的等距浸入, 使得对于 N 的任意单位切向量场 X 和任意点 z, 如下定义的对称线性算子 Q_z^N:

$$\langle Q_z^N(X), X \rangle_N = \sum_{s=1}^{m} \left(2|h(X, \alpha_s)|^2 - \langle h(X, X), h(\alpha_s, \alpha_s) \rangle \right) \tag{3.1.9}$$

是负定的, 则称黎曼流形 N 是**超强不稳定流形** (简记为 "SSU 流形"), 其中 h 是 N 在 $\mathbb{R}^{m+p}$ 中的第二基本形式, $\{\alpha_1, \cdots, \alpha_m\}$ 是 N 上的幺正标架场. 超强不稳定流形的最简单的例子是 m 维单位球面 $\mathbb{S}^m(m > 2)$, 显然此时有 $\langle Q_z^N(X), X \rangle_N = 2 - m < 0$.

利用文献 [109] 中计算变分时采用的外在平均变分方法, 可以得到下述定理.

定理 3.1.4[95]   不存在从紧致无边 Finsler 流形到超强不稳定流形的非常值稳定调和映射. 特别地, 从紧致 Finsler 流形到下述对称空间的任何稳定调和映射一定是常值映射:

(1) 单连通的单李群 $(A_l)_{l \geqslant 2}$, $B_2 = C_2$, $(C_l)_{l \geqslant 3}$;

(2) $\mathrm{SU}(2m)/\mathrm{Sp}(m)$, $m \geqslant 3$;

(3) 球面 $\mathbb{S}^m$, $m \geqslant 3$;

(4) 四元数 Grassmann 空间 $\mathrm{Sp}(p + q)/\mathrm{Sp}(p) \times \mathrm{Sp}(q)$, $p \geqslant q \geqslant 1$;
(包括四元数射影空间 $\mathrm{QP}(m)$, $p = m, q = 1$)

(5) E_6/F_4;

(6) Cayley 平面 $F_4/\mathrm{Spin}(9)$;

(7) (1) $\sim$ (6) 的任意有限乘积流形.

证明   设 $\phi : (M^n, F) \to (N^m, \langle\ ,\ \rangle_N)$ 是从紧致 Finsler 流形 M 到黎曼流形 N 的调和映射, $N \hookrightarrow \mathbb{R}^{m+p}$ 是等距浸入. 记 $\{a_1^T, \cdots, a_{m+p}^T\}$ 为 $\mathbb{R}^{m+p}$ 的单位幺正标架 $\{a_1, \cdots, a_{m+p}\}$ 到 N 的切空间的投影. 取 $V_\lambda = a_\lambda^T$ 为变分向量场, 应用于第二变分公式 (3.1.2), 并记

$$\tilde{I}(a_\lambda, a_\lambda) = I(V_\lambda, V_\lambda) = \frac{1}{c_{n-1}} \int_{SM} \left\{ \|\tilde{\nabla} V_\lambda\|^2 + \mathrm{tr}\langle \tilde{R}(\mathrm{d}\phi, V_\lambda)\mathrm{d}\phi, V_\lambda \rangle_{\tilde{g}} \right\} \mathrm{d}V_{SM}.$$

将上式按指标 λ 从 1 到 $m + p$ 求和得 $\mathrm{tr}\tilde{I}$. 由于求迹与基底选取无关, 在任意固定点 $(x, y) \in SM$ 处, 不妨选取 $\{a_1, \cdots, a_m\} = \{\alpha_1, \cdots, \alpha_m\}$ 和 $\{a_{m+1}, \cdots, a_{m+p}\} =$

$\{v_1, \cdots, v_p\}$ 分别为 N 在点 $\phi(x)$ 的切向量场和法向量场. 由于

$$(\widetilde{\nabla} V_\lambda)_{\phi(x)} = (\widetilde{\nabla} \alpha_\lambda)_{\phi(x)} = 0, \quad \lambda = 1, 2, \cdots, m,$$

$$(\widetilde{\nabla} V_\lambda)_{\phi(x)} = (A_{v_{\lambda-m}} \circ \mathrm{d}\phi)_{\phi(x)}, \quad \lambda = m+1, m+2, \cdots, m+p.$$

运用欧氏空间子流形的 Gauss 方程及式 (3.1.9), 类似于文献 [45] 中相关的计算, 可得

$$\sum_{\lambda=1}^{m+p} I_\phi(V_\lambda, V_\lambda) = \frac{1}{c_{n-1}} \int_{SM} \sum_{i=1}^{n} \langle Q^N(\mathrm{d}\phi(e_i)), \mathrm{d}\phi(e_i) \rangle_N \mathrm{d}V_{SM}, \tag{3.1.10}$$

其中 $\langle Q^N(X), X \rangle_N$ 由式 (3.1.9) 定义, $\{e_1, \cdots, e_n\}$ 是 $\pi^* TM$ 的局部幺正标架. 由假设条件, N 是超强不稳定流形, 从而式 (3.1.10) 右端为负. 因此, 存在某个 $\lambda(1 \leqslant \lambda \leqslant m+p)$, 使得 $I_\phi(V_\lambda, V_\lambda) < 0$. 这就证明了定理的第一部分.

定理的第二部分直接由黎曼几何中紧致超强不稳定对称空间的分类定理[80,110]得到. □

推论 3.1.1　设 N 是 m 维紧致不可约齐性黎曼空间, ρ^N 是 N 的数量曲率. 若 N 的 Beltrami-Laplace 算子 Δ 的第一特征值 λ_1 满足条件

$$\lambda_1 < \frac{2}{m} \rho^N,$$

则不存在从紧致 Finsler 流形到 N 的非常值稳定调和映射.

推论 3.1.2　设 N 是 $\mathbb{R}^{m+1}$ 的 m 维紧致超曲面. 若 N 的主曲率 λ_i 满足条件

$$0 < \lambda_1 \leqslant \cdots \leqslant \lambda_m < \lambda_1 + \cdots + \lambda_{m-1},$$

则不存在从紧致 Finsler 流形到 N 的任何非常值稳定调和映射. 特别地, 从紧致 Finsler 流形到标准球面 $\mathbb{S}^m (m > 2)$ 的任何调和映射都是常值映射.

推论 3.1.3　设 N 是球面 $\mathbb{S}^{m+p-1}$ 的 $m(> 2)$ 维完备极小子流形. 若 N 的 Ricci 曲率 Ric^N 满足

$$\mathrm{Ric}^N > \frac{m}{2},$$

则不存在从紧致 Finsler 流形到 N 的任何非常值稳定调和映射.

注意到满足推论 3.1.1~ 推论 3.1.3 条件的流形都是超强不稳定流形[45], 可直接由定理 3.1.4 证明上述推论.

对于从 SSU 流形到 Finsler 流形的非退化调和映射, 文献 [57] 证明了类似的结果.

定理 3.1.5[57]　不存在从紧致无边超强不稳定流形到任何 Finsler 流形的非退化稳定调和映射. 特别地, 不存在从下述对称空间到任何 Finsler 流形的非退化稳定调和映射:

(1) 单连通的单李群 $(A_l)_{l \geqslant 2}$, $B_2 = C_2$, $(C_l)_{l \geqslant 3}$;

(2) SU$(2n)$/Sp(n), $n \geqslant 3$;

(3) 球面 $\mathbb{S}^k$, $k \geqslant 3$;

(4) 四元数 Grassmann 空间 Sp$(m + n)$/Sp$(m) \times$ Sp(n), $m \geqslant n \geqslant 1$;

(包括四元数射影空间 QP(k), $m = k, n = 1$);

(5) E_6/F_4;

(6) Cayley 平面 F_4/Spin(9);

(7) (1) $\sim$ (6) 的任意有限乘积流形.

3.2 调和映射的复合性质

引理 3.2.1 设 $\phi : (M, F) \to (\bar{M}, \bar{F})$ 和 $\psi : (\bar{M}, \bar{F}) \to (\tilde{M}, \tilde{F})$ 是 Finsler 流形之间的两个非退化光滑映射, 则对于任意的 $V \in \Gamma((\psi \circ \phi)^{-1}T\tilde{M})$, 下述公式成立:

$$h(\psi \circ \phi) = \frac{\bar{F}^2}{F^2} h(\psi) + \mathrm{d}\psi h(\phi), \tag{3.2.1}$$

$$\mu_{\psi \circ \phi}(V) = \frac{1}{G} \int_{S_x M} \left\{ \frac{\bar{F}^2}{F^2} h_\psi^*(V) + \tilde{g}(\mathrm{d}\psi h(\phi), V) \right\} \Omega \mathrm{d}\tau, \tag{3.2.2}$$

其中, μ, h 和 h^* 分别由式 (2.1.10), 式 (1.7.11) 和式 (1.7.12) 定义.

证明 利用式 (1.6.19) 并注意 $\nabla_{\ell H} \ell = 0$, 即得

$$
\begin{aligned}
\tilde{\nabla}\mathrm{d}(\psi \circ \phi)(\ell, \ell) &= \tilde{\nabla}_{\ell H} \left(\mathrm{d}(\psi \circ \phi)\ell \right) \\
&= (\tilde{\nabla}_{\mathrm{d}\phi\ell}\mathrm{d}\psi)\mathrm{d}\phi\ell + \mathrm{d}\psi(\nabla_{\ell H}\mathrm{d}\phi\ell) \\
&= \frac{\bar{F}^2}{F^2}\tilde{\nabla}\mathrm{d}\psi(\bar{\ell}, \bar{\ell}) + \mathrm{d}\psi h(\phi).
\end{aligned}
$$
□

命题 3.2.1 设 $\phi : (M, F) \to (\bar{M}, \bar{F})$ 和 $\psi : (\bar{M}, \bar{F}) \to (\tilde{M}, \tilde{F})$ 是 Finsler 流形之间的两个非退化光滑映射. 假定 ψ 是全测地映射, 且 $\mathrm{d}\psi \circ \bar{C}^* = \tilde{C}^* \circ \mathrm{d}\psi$,

(i) 若 ϕ 是强调和映射, 则 $\psi \circ \phi$ 也是强调和映射;

(ii) 若 ϕ 是调和映射, 则 $\psi \circ \phi$ 也是调和映射.

证明 设 $\{x^i\}$, $\{\bar{x}^a\}$ 和 $\{\tilde{x}^\alpha\}$ 分别是 (M, F), $(\bar{M}, \bar{F})$ 和 $(\tilde{M}, \tilde{F})$ 的局部坐标系. 由式 (3.2.1), 有

$$h_\alpha(\psi \circ \phi) = h_\alpha(\psi) + \tilde{g}_{\alpha\beta}\psi_a^\beta \bar{g}^{ab} h_b(\phi).$$

由假设, ψ 满足 $\mathrm{d}\psi \circ \bar{C}^* = \tilde{C}^* \circ \mathrm{d}\psi$, 也就是说, $\psi_a^\alpha \bar{C}_{bc}^a = \tilde{C}_{\beta\gamma}^\alpha \psi_b^\beta \psi_c^\gamma$, 这表明 $\tilde{g}_{\alpha\beta}\psi_a^\beta \bar{g}^{ab}$ 不依赖于 $\bar{y}$. 于是

$$\tau_\alpha(\psi \circ \phi) = \frac{1}{2}g^{ij}[h_\alpha(\psi \circ \phi)]_{y^i y^j} = \frac{1}{2}g^{ij}[h_\alpha(\psi)]_{y^i y^j} + \tilde{g}_{\alpha\beta}\psi_a^\beta \bar{g}^{ab}\tau_b(\phi). \tag{3.2.3}$$

因而有

$$\tau(\psi \circ \phi) = \mathrm{tr}_g B_\psi(\mathrm{d}\phi, \mathrm{d}\phi) + \mathrm{d}\psi\tau(\phi), \tag{3.2.4}$$

其中 B_ψ 由式 (2.1.15) 定义. 若 ψ 全测地, 则有 $B_\psi = 0$. 因而, 当 $\tau(\phi) = 0$ 时, $\tau(\psi \circ \phi) = 0$, 即结论 (i) 成立.

另一方面, 对式 (3.2.3) 两边积分得

$$\mu_\alpha(\psi \circ \phi) = \tilde{g}_{\alpha\beta}\psi_a^\beta \bar{g}^{ab}\mu_b(\phi),$$

从而结论 (ii) 成立. □

如果 $\psi : (\bar{M}, \bar{F}) \to (\tilde{M}, \tilde{F})$ 是一个等距浸入, 设 $(\pi^*T\bar{M})^\perp$ 是 $\pi^*T\bar{M}$ 在 $(\psi \circ \pi)^{-1}T\tilde{M}$ 中关于度量 $\tilde{g}$ 的正交补, $\mathcal{V}(\bar{M})$ 是由式 (1.7.22) 定义的 ψ 的法丛. 则由引理 1.7.4 可知 $h(\psi), \tau(\psi) \in \Gamma(\pi^*T\bar{M})^\perp$, $\mu(\psi) \in \mathcal{V}(\bar{M})$. 由式 (3.2.2), 对于任意的 $X \in \Gamma(\phi^{-1}T\bar{M})$, 有

$$
\begin{aligned}
\mu_{\psi\circ\phi}(\mathrm{d}\psi X) &= \frac{1}{G} \int_{S_x M} \left\{ \frac{\bar{F}^2}{F^2} h_\psi^*(\mathrm{d}\psi X) + \tilde{g}(\mathrm{d}\psi h(\phi), \mathrm{d}\psi X) \right\} \Omega\mathrm{d}\tau \\
&= \frac{1}{G} \int_{S_x M} \bar{g}(h(\phi), X)\Omega\mathrm{d}\tau = \mu_\phi(X),
\end{aligned}
$$

这表明: 当且仅当 $\mu_{\psi\circ\phi} \in \mathcal{V}(\bar{M})$ 时, $\mu_\phi = 0$.

另一方面, 由式 (3.2.1) 可知, 对于任意的 $X \in \Gamma(\phi^{-1}T\bar{M})$, 有

$$\tilde{g}(h(\psi \circ \phi), \mathrm{d}\psi X) = \tilde{g}\left(\frac{\bar{F}^2}{F^2} h(\psi) + \mathrm{d}\psi h(\phi), \mathrm{d}\psi X \right) = \bar{g}(h(\phi), X).$$

根据式 (2.1.8) 可得

$$\tilde{g}(\tau(\psi \circ \phi), \mathrm{d}\psi X) = \bar{g}(\tau(\phi), X).$$

命题 3.2.2　设 $\phi : (M, F) \to (\bar{M}, \bar{F})$ 和 $\psi : (\bar{M}, \bar{F}) \to (\tilde{M}, \tilde{F})$ 是 Finsler 流形之间的两个非退化光滑映射. 若 ψ 是等距浸入, 则

(i) ϕ 是调和映射当且仅当 $\mu(\phi \circ \psi)$ 落在 ψ 的法丛 $\mathcal{V}(\bar{M})$ 中;

(ii) ϕ 是强调和映射当且仅当 $\tau(\psi \circ \phi)$ 落在 ψ 的法丛 $\Gamma(\bar{\pi}^*T\bar{M})^\perp$ 中.

推论 3.2.1　设 $(V^{n+1}, \tilde{F})$ 是一个 Minkowski 空间, $i : \mathbb{S}^n \to V^{n+1}$ 是标准包含映射, 则非退化映射 $\phi : (M, F) \to (\mathbb{S}^n, i^*\tilde{F})$ 是调和映射当且仅当存在 M 上的函数 λ, 使得

$$\mu_\Phi = \lambda\Phi,$$

其中 $\Phi = i \circ \phi$.

设 f 是定义在 Finsler 流形 (M, F) 的一个开集 U 上的函数. 如果在 SU 上每一点都成立 $h(f) \geqslant 0$, 则称 f 是**凸函数芽**.

命题 3.2.3 非退化映射 $\phi:(M,F)\to(\tilde{M},\tilde{F})$ 是全测地映射当且仅当它把凸函数芽映为凸函数芽.

证明 设 f 是 $\tilde{M}$ 的开集 U 上的光滑函数. 由式 (3.2.1) 可得 $h(f\circ\phi)=\dfrac{\tilde{F}^2}{F^2}h(f)+\mathrm{d}fh(\phi)$. 若 ϕ 是全测地映射, 则在 $\phi^{-1}U$ 的射影球丛上有 $h(f)\geqslant 0$, 从而 $h(f\circ\phi)\geqslant 0$.

反过来, 假设在某一点 $(x_0,[y_0])\in SM$, 成立 $h(\phi)(x_0,[y_0])=w\neq 0$. 记 $\tilde{x}_0=\phi(x_0)$, $\tilde{y}_0=\mathrm{d}\phi(y_0)$. 选择 $\tilde{x}_0$ 附近的局部坐标系 $(\tilde{x}^\alpha)$, 使得 $\tilde{G}^\alpha(\tilde{x}_0,[\tilde{y}_0])=0$. 定义函数

$$f=b_\alpha\tilde{x}^\alpha+\frac{1}{2}\sum(\tilde{x}^\alpha)^2,$$

其中, $\{b_\alpha\}$ 满足条件

$$b_\alpha w^\alpha<-\frac{1}{F^2}\bigg|_{(\tilde{x}_0,[\tilde{y}_0])}\sum(\tilde{y}_0^\alpha)^2,\quad w^\alpha=\mathrm{d}\tilde{x}^\alpha(w).$$

则有

$$h(f)|_{(\tilde{x}_0,[\tilde{y}_0])}=\frac{1}{\tilde{F}^2}\sum(\tilde{y}_0^\alpha)^2.$$

显然 f 是 $\tilde{x}_0$ 附近的一个凸函数. 但是, 我们有

$$h(f\circ\phi)|_{(\tilde{x}_0,[\tilde{y}_0])}=\left[\frac{1}{F^2}h(f)+\mathrm{d}f(w)\right]_{(\tilde{x}_0,[\tilde{y}_0])}=\frac{1}{F^2}\bigg|_{(\tilde{x}_0,[\tilde{y}_0])}\sum(\tilde{y}_0^\alpha)^2+b_\alpha w^\alpha<0.$$

从而得到矛盾. □

3.3 应力–能量张量及共形映射

3.3.1 应力–能量张量

设 ϕ 是从 Finsler 流形 (M,F) 到 Finsler 流形 $(\tilde{M},\tilde{F})$ 的非退化光滑映射. **应力–能量张量** S_ϕ 是射影球丛 SM 上的一个二阶共变张量, 定义为

$$S_\phi:=e(\phi)g-\phi^*\tilde{g}.\tag{3.3.1}$$

引理 3.3.1 设 $\phi:(M,F)\to(\tilde{M},\tilde{F})$ 是 Finsler 流形之间的非退化光滑映射. 则对于任意的 $X\in\Gamma(\pi^*TM)$, 有

$$\begin{aligned}
\mathrm{div}S_\phi(X)=&-\tilde{g}(\tau(\phi),\mathrm{d}\phi X)-e(\phi)\dot{\eta}(X)+\mathrm{tr}\tilde{C}(\mathrm{d}\phi,\mathrm{d}\phi,(\widetilde{\nabla}_y\mathrm{d}\phi)X)\\
&+F^2\mathrm{tr}\tilde{C}^\sharp(\mathrm{d}\phi,\mathrm{d}\phi,\mathrm{d}\phi X,h)+2\frac{F}{\tilde{F}}\mathrm{tr}\tilde{A}(\mathrm{d}\phi X,\mathrm{d}\phi,(\widetilde{\nabla}_l\mathrm{d}\phi))\\
&+\mathrm{tr}\tilde{L}(\mathrm{d}\phi,\mathrm{d}\phi,\mathrm{d}\phi X).
\end{aligned}\tag{3.3.2}$$

证明　由式 (1.6.14) 和式 (1.6.6), 可知

$$
\begin{aligned}
\mathrm{div}S_\phi(X) &= g^{ij}(\nabla_{\delta_i}S_\phi)(\partial_j, X) - S_\phi(\dot{\eta}^*, X)\\
&= g^{ij}\left\{\delta_i\left(e(\phi)g(\partial_j, X) - \tilde{g}(\mathrm{d}\phi\partial_j, \mathrm{d}\phi X)\right) - S_\phi(\nabla_{\delta_i}\partial_j, X) - S_\phi(\partial_j, \nabla_{\delta_i}X)\right\}\\
&\quad - e(\phi)g(\dot{\eta}^*, X) + \tilde{g}(\mathrm{d}\phi\dot{\eta}^*, \mathrm{d}\phi X)\\
&= \mathrm{tr}\tilde{C}(\mathrm{d}\phi, \mathrm{d}\phi, (\widetilde{\nabla}_y\mathrm{d}\phi)X) - \tilde{g}(\mathrm{tr}^{\mathrm{b}}\widetilde{\nabla}\mathrm{d}\phi, \mathrm{d}\phi X) - 2\mathrm{tr}\tilde{C}(\mathrm{d}\phi, \mathrm{d}\phi X, \widetilde{\nabla}_y\mathrm{d}\phi)\\
&\quad - e(\phi)\dot{\eta}(X) + \mathrm{tr}\tilde{L}(\mathrm{d}\phi, \mathrm{d}\phi, \mathrm{d}\phi X).
\end{aligned}
$$

由式 (2.1.13) 即得式 (3.3.2).　　　　　　　　　　　　　　　　　　　　□

　　如果在每一点 $x \in M$ 及 $y \in S_xM$ 都有 $\mathrm{div}S_\phi(y) = 0$, 则称 ϕ 是**保守场**. 在式 (3.3.2) 中令 $X = \ell$ 并注意 $\tilde{C}_{\alpha\beta\gamma\sigma}\tilde{y}^\sigma = -\tilde{C}_{\alpha\beta\gamma}$, 我们有下述定理.

　　定理 3.3.1　设 ϕ 是从 Finsler 流形 (M, F) 到 Finsler 流形 $(\tilde{M}, \tilde{F})$ 的非退化光滑映射, 则

$$
\mathrm{div}S_\phi(\ell) = -\tilde{g}(\tau(\phi), \mathrm{d}\phi\ell). \tag{3.3.3}
$$

因此, 当 ϕ 是强调和映射时, ϕ 是保守场.

　　定理 3.3.2　设 $\phi : (M, F) \to (\tilde{M}, \tilde{F})$ 是 Finsler 流形之间的非退化光滑映射, Ψ 是 π^*T^*M 中具有紧致支集的光滑截面, 则

$$
\int_{SM}\left\{\langle\mathrm{div}S_\phi, \Psi\rangle + \langle S_\phi, \nabla^H\Psi\rangle\right\}\mathrm{d}V_{SM} = 0, \tag{3.3.4}
$$

其中 ∇^H 表示水平共变微分.

　　证明　记 $X \in \Gamma(\pi^*TM)$ 为 Ψ 的对偶向量场. 由式 (1.6.8), 有

$$
\begin{aligned}
\mathrm{div}(e(\phi)\Psi) &= g^{ij}\left\{\delta_i[e(\phi)]\Psi(\partial_j) + e(\phi)(^{\mathrm{b}}\nabla_{\delta_i}\Psi)(\partial_j)\right\}\\
&= g^{ij}\delta_i[e(\phi)\Psi(\partial_j)] - g^{ij}e(\phi)\Psi(^{\mathrm{b}}\nabla_{\delta_i}\partial_j),
\end{aligned}
$$

$$
\begin{aligned}
\mathrm{div}[g(\mathrm{d}\phi X, \mathrm{d}\phi\partial_i)\mathrm{d}x^i] &= g^{ij}\left\{\delta_i[g(\mathrm{d}\phi X, \mathrm{d}\phi\partial_j)] + g(\mathrm{d}\phi X, \mathrm{d}\phi\partial_k)(^{\mathrm{b}}\nabla_{\delta_i}\mathrm{d}x^k)(\partial_j)\right\}\\
&= g^{ij}\delta_i[\tilde{g}(\mathrm{d}\phi X, \mathrm{d}\phi\partial_j)] - g^{ij}\tilde{g}(\mathrm{d}\phi X, \mathrm{d}\phi^{\mathrm{b}}\nabla_{\delta_i}\partial_j).
\end{aligned}
$$

由此即得

$$
\begin{aligned}
\mathrm{div}S_\phi(X) &= g^{ij}\Big\{\delta_i\left(e(\phi)g(\partial_j, X) - \tilde{g}(\mathrm{d}\phi\partial_j, \mathrm{d}\phi X)\right) - S_\phi(\nabla_{\delta_i}\partial_j, X)\\
&\quad - S_\phi(\partial_j, \nabla_{\delta_i}X)\Big\} - S_\phi(\dot{\eta}^*, X)\\
&= \mathrm{div}[e(\phi)\Psi] - \mathrm{div}[g(\mathrm{d}\phi X, \mathrm{d}\phi\partial_i)\mathrm{d}x^i] - g^{ij}S_\phi(\partial_j, \nabla_{\delta_i}X)\\
&= \mathrm{div}[e(\phi)\Psi] - \mathrm{div}[g(\mathrm{d}\phi X, \mathrm{d}\phi\partial_i)\mathrm{d}x^i] - \langle S_\phi, \nabla^H\Psi\rangle.
\end{aligned}
$$

　　　　　　　　　　　　　　　　　　　　　　　　　　　　　　　　　　□

推论 3.3.1 设 ϕ 是从紧致 Finsler 流形 (M, F) 到 Finsler 流形 $(\tilde{M}, \tilde{F})$ 的非退化强调和映射. 则

$$\ell^H e(\phi) = 2\tilde{g}(h(\phi), \mathrm{d}\phi\ell). \tag{3.3.5}$$

证明 对于任意的 $f \in C^\infty(SM)$, 在式 (3.3.4) 中取 $\Psi = f\omega$. 由定理 3.3.1 和 $\nabla^H \omega = 0$, 可以得到

$$\int_{SM} \langle \mathrm{d}^H f, S_\phi(\ell) \rangle \mathrm{d}V_{SM} = 0,$$

其中 d^H 表示水平微分. 选择 $\pi^* TM$ 上的局部标准正交基 $\{e_i\}$, 使得 $\phi^* \tilde{g}$ 对角化且 $e_n = \ell$. 因此, 有

$$\langle \mathrm{d}^H f, S_\phi(\ell) \rangle = (e_i^H f)\left[e(\phi)g(\ell, e_i) - \tilde{g}(\mathrm{d}\phi\ell, \mathrm{d}\phi e_i)\right] = (\ell^H f)\left(e(\phi) - \frac{\tilde{F}^2}{F^2}\right).$$

由上式及式 (1.6.10) 可得

$$\int_{SM} f\ell^H \left(e(\phi) - \frac{\tilde{F}^2}{F^2}\right) \mathrm{d}V_{SM} = 0.$$

取 $f = \ell^H \left(e(\phi) - \dfrac{\tilde{F}^2}{F^2}\right)$, 即得 $\ell^H e(\phi) = \ell^H \left(\dfrac{\tilde{F}^2}{F^2}\right) = 2\tilde{g}(h(\phi), \mathrm{d}\phi\ell)$. □

推论 3.3.2 设 ϕ 是从紧致 Finsler 流形 (M, F) 到 Finsler 流形 $(\tilde{M}, \tilde{F})$ 的浸入, 则

$$\int_{SM} \langle \tau(\phi), \mathrm{d}\phi\ell \rangle \mathrm{d}V_{SM} = 0.$$

3.3.2 共形调和映射

设 ϕ 是从 Finsler 流形 (M, F) 到 Finsler 流形 $(\tilde{M}, \tilde{F})$ 的光滑映射. 如果存在 $\lambda(x, y) \in C^\infty(SM)$, $\lambda > 0$, 使得 $\phi^* \tilde{g} = \lambda^2 g$, 则称 ϕ 是**共形映射**. 可以证明 λ 一定与 y 无关[83], 即 $\lambda = \lambda(x)$. 显然 ϕ 是共形映射当且仅当 $F = \lambda(x)\phi^* F$. 如果 λ 是常数, 则称 ϕ 是**相似映射**. 如果流形 M 上的两个 Finsler 度量 F 和 $\tilde{F}$ 满足 $F(x, y) = \lambda(x)\tilde{F}(x, y)$, 则称 F 和 $\tilde{F}$ 是**共形等价**的. 如果一个 Finsler 度量 F 与一个局部 Minkowski 度量共形等价, 则称 F 是**共形平坦**的.

引理 3.3.2 设 ϕ 是从 n 维 Finsler 流形 (M, F) 到 Finsler 流形 $(\tilde{M}, \tilde{F})$ 的共形映射. 则能量密度 $e(\phi)$ 不依赖于 y, 并且

$$e(\phi) = \frac{n}{2}\frac{\tilde{F}^2}{F^2} = \bar{e}(\phi).$$

命题 3.3.1 设 ϕ 是从 Finsler 流形 (M, F) 到 Finsler 流形 $(\tilde{M}, \tilde{F})$ 的非退化光滑映射, 则 $S_\phi = 0$ 当且仅当 $n = 2$, 且 ϕ 是共形映射.

证明　若 $S_\phi = 0$, 则 $e(\phi)g = \phi^*\tilde{g}$, 两边求迹即得 $n = 2$. 反之, 若 $\phi^*\tilde{g} = \lambda g$ 且 $n = 2$, 则 $S_\phi = e(\phi)g - \lambda g = \left(\dfrac{n}{2} - 1\right)\lambda g = 0$.　　　　　　　　　□

引理 3.3.3　设 ϕ 是从 $n(> 2)$ 维 Finsler 流形 (M, F) 到 Finsler 流形 $(\tilde{M}, \tilde{F})$ 的共形映射, 则 ϕ 是相似映射当且仅当 ϕ 是保守场.

证明　注意到 $S_\phi = \left(\dfrac{n}{2} - 1\right)\lambda g$, 我们有

$$\operatorname{div}S_\phi(\ell) = \left(\frac{n}{2} - 1\right)\left\{\ell^H(\lambda) + \lambda\operatorname{div}g(\ell)\right\}$$
$$= \left(\frac{n}{2} - 1\right)\left\{\ell(\lambda) + \lambda g^{ij}(\nabla_{\delta_i}g)(\partial_j, \ell) - \lambda\dot{\eta}(\ell)\right\}$$
$$= \left(\frac{n}{2} - 1\right)\ell(\lambda).$$

易见 $\operatorname{div}S_\phi(\ell) = 0$ 当且仅当 λ 为常数.　　　　　　　　　□

利用定理 3.3.1 和引理 3.3.3, 立即可得下面的定理.

定理 3.3.3　从 $n(> 2)$ 维 Finsler 流形到 Finsler 流形的共形强调和映射一定是相似映射.

对于共形调和映射 $\phi: (M, \bar{F}) \to (\tilde{M}, \tilde{F})$, 文献 [126] 证明: 当 M 的维数 $n > 2$ 且满足 $\|\eta\|/\lambda < \dfrac{n-2}{2}$ 时, ϕ 一定是相似浸入, 其中

$$\lambda := \sup_{x \in M}\left\{\sup_{X,Y,W \in S_xM}\frac{g_{ij}(X)Y^iY^j}{g_{ij}(W)Y^iY^j}\right\} \tag{3.3.6}$$

为**一致常数**, $\|\eta\|$ 为 (M, F) 的 Cartan 形式的模长. 事实上, 关于 Cartan 形式的有界性条件可以去掉.

设 ϕ 是从 n 维 Finsler 流形 (M, F) 到任一 Finsler 流形 $(\tilde{M}, \tilde{F})$ 的共形浸入. 设 $\bar{F} = \phi^*\tilde{F} = \mathrm{e}^\rho F$, $\iota: (M, F) \to (M, \bar{F})$ 为恒等映射且 $\psi \circ \iota = \phi$, 则显然 $\psi: (M, \bar{F}) \to (\tilde{M}, \tilde{F})$ 是一个等距映射. 由式 (3.2.2) 可得

$$\mu_\phi(V) = \frac{1}{G}\int_{S_xM}\left\{\frac{\bar{F}^2}{F^2}h_\psi^*(V) + \tilde{g}(\mathrm{d}\psi\iota, V)\right\}\Omega\mathrm{d}\tau \tag{3.3.7}$$

$$= \mathrm{e}^{(2-n)\rho}\mu_\psi(V) + \frac{1}{G}\int_{S_xM}\tilde{g}(\mathrm{d}\psi h_\iota, V)\Omega\mathrm{d}\tau, \tag{3.3.8}$$

$\forall V \in \Gamma(\phi^{-1}T\tilde{M})$. 直接计算可知

$$h_\iota^k = \bar{G}^k - G^k = g^{kj}(\rho_i y^i[F^2]_{y^j} - \rho_j F^2), \tag{3.3.9}$$

其中 $\rho_i = \dfrac{\partial\rho}{\partial x^i}$.

定理 3.3.4　设 ϕ 是从 $n(>2)$ 维 Finsler 流形 (M,F) 到 Finsler 流形 $(\tilde{M},\tilde{F})$ 的共形调和映射, 则 ϕ 是相似映射.

证明　根据命题 3.2.2, 恒等映射 $\iota:(M,F)\to(M,\bar{F})$ 一定是调和映射, 则由式 (3.3.9) 可得

$$
\begin{aligned}
0=\mu_\iota(X) &= \frac{1}{G}\int_{S_xM} g_{kj}h_\iota^k X^j \frac{\Omega}{F^2}\mathrm{d}\tau \\
&= \frac{1}{G}\int_{S_xM}(2\rho_i\ell^i F_{y^k}-\rho_k)X^k\Omega\mathrm{d}\tau,
\end{aligned}\tag{3.3.10}
$$

$\forall X\in\Gamma(TM)$. 取 $X=\nabla\rho:=\mathcal{L}^{-1}(d\rho)=\rho^i\dfrac{\partial}{\partial x^i}$, 其中 $\mathcal{L}$ 为 Legendre 变换. 根据式 (1.6.19) 有

$$
\begin{aligned}
0=\mu_\iota(\nabla\rho)&=\frac{1}{G}\int_{S_xM}(2\rho_i\ell^i F_{y^k}\rho^k-\rho_i\rho^i)\Omega\mathrm{d}\tau\\
&=\frac{1}{G}\int_{S_xM}2\rho_i\ell^i F_{y^j}\rho^j\Omega\mathrm{d}\tau-F^2(\nabla\rho).
\end{aligned}\tag{3.3.11}
$$

令 $\theta=\nu F_{y^t}\rho^t\rho_s\ell_{y^i}^s\mathrm{d}y^i$. 显然 θ 是 S_xM 上的 1-形式, 由式 (1.6.16) 可得

$$
\mathrm{div}_{\hat{r}_x}\theta=\nu F^2 g^{ij}\left[F_{y^ty^j}\rho^t\rho_s\ell_{y^i}^s+F_{y^t}\rho^t\rho_s\ell_{y^iy^j}^s\right].
$$

直接计算可知

$$
g^{ij}\ell_{y^i}^s=\frac{1}{F}(g^{sj}-\ell^s\ell^j),\quad g^{ij}\ell_{y^iy^j}^s=-\frac{(n-1)}{F^2}\ell^s.\tag{3.3.12}
$$

于是

$$
\mathrm{div}_{\hat{r}_x}\theta=\nu\left[-n\rho_i\ell^i F_{y^j}\rho^j+\rho^k\rho_k\right].
$$

因而有

$$
\frac{1}{G}\int_{S_xM}\rho_i\ell^i F_{y^j}\rho^j\Omega\mathrm{d}\tau=\frac{1}{n}F^2(\nabla\rho).
$$

由式 (3.3.11) 可得 $(n-2)F^2(\nabla\rho)=0$, 即 ρ 是常数. □

由式 (3.3.7), 如果 $\phi:(M,F)\to(\tilde{M},\tilde{F})$ 是共形调和映射, 则有

$$
\mu_\psi(V)=-\frac{\mathrm{e}^{(n-2)\rho}}{G}\int_{S_xM}\tilde{g}(\mathrm{d}\psi h_\iota,V)\Omega\mathrm{d}\tau,\quad\forall V\in\Gamma(\phi^{-1}T\tilde{M}).\tag{3.3.13}
$$

当 $\tilde{F}$ 是黎曼度量时, 显然有 $\mu_\psi=0$, 即 $\psi:(M,\bar{F})\to(\tilde{M},\tilde{F})$ 是极小浸入 (定义 6.1.2). 对于一般的 Finsler 度量, 因为 V 不能取为 $(M,\bar{F})$ 的法向量场, 所以这并非显而易见的事实.

定理 3.3.5　设 ϕ 是从 $n(\geqslant 2)$ 维 Finsler 流形 (M, F) 到 Finsler 流形 $(\tilde{M}, \tilde{F})$ 的共形调和映射, $\bar{F} = \phi^* \tilde{F} = \mathrm{e}^{\rho(x)} F$. 则 $\psi = \phi : (M, \bar{F}) \to (\tilde{M}, \tilde{F})$ 一定是极小浸入.

证明　由式 (3.3.9) 和式 (3.3.13), 可知

$$\mu_\psi(\tilde{\partial}_\alpha) = -\frac{\mathrm{e}^{(n-2)\rho}}{G} \int_{S_x M} \tilde{g}_{\alpha\beta} \phi_k^\beta (2\rho_i \ell^i \ell^k - g^{kj}\rho_j) \Omega \mathrm{d}\tau. \tag{3.3.14}$$

令 $\theta = \nu \tilde{g}_{\alpha\beta} \phi_k^\beta \rho_s \ell^k \ell_{y^i}^s \mathrm{d}y^i$. 显然 θ 是 $S_x M$ 上的 1-形式. 根据式 (1.6.16) 和式 (3.3.12), 可得

$$\mathrm{div}_{\hat{r}_x}\theta = \nu F^2 g^{ij} \left[2\tilde{C}_{\alpha\beta\gamma} \phi_j^\gamma \phi_k^\beta \rho_s \ell^k \ell_{y^i}^s + \tilde{g}_{\alpha\beta} \phi_k^\beta \rho_s \ell_{y^j}^k \ell_{y^i}^s + \tilde{g}_{\alpha\beta} \phi_k^\beta \rho_s \ell^k \ell_{y^i y^j}^s \right]$$
$$= \tilde{g}_{\alpha\beta} \phi_k^\beta (g^{kj}\rho_j - n\rho_i \ell^i \ell^k).$$

将上式代入式 (3.3.14) 得

$$\mu_\psi(\tilde{\partial}_\alpha) = \frac{\mathrm{e}^{(n-2)\rho}}{G} \int_{S_x M} (n-2) \tilde{g}_{\alpha\beta} \phi_k^\beta \rho_i \ell^i \ell^k \Omega \mathrm{d}\tau, \quad \forall \alpha.$$

若 $n > 2$, 由定理 3.3.4, 可知 ρ 是常数. 因而对于 $n \geqslant 2$, 总有 $\mu_\psi = 0$. □

3.3.3　曲面上的调和映射

与黎曼几何调和映射类似, Finsler 曲面上的调和映射同样具有共形不变性.

定理 3.3.6[72]　设 (M, F) 是 Finsler 曲面, $\psi : (M, F) \to (M, \bar{F})$ 是共形映射. 如果 ϕ 是从 Finsler 曲面 $(M, \bar{F})$ 到任意维数的 Finsler 流形 $(\tilde{M}, \tilde{F})$ 的调和映射, 则 $\phi \circ \psi$ 也是调和映射.

证明　设 $(\psi^* \bar{F})(x, y) = \mathrm{e}^{\rho(x)} F(x, y)$, 则有

$$(\psi^* \bar{g})_{ij}(x, y) = \mathrm{e}^{2\rho(x)} g_{ij}(x, y), \tag{3.3.15}$$

$$(\psi^* \bar{g})^{ij}(x, y) = \mathrm{e}^{-2\rho(x)} g^{ij}(x, y), \tag{3.3.16}$$

$$\det\left(\frac{\bar{g}_{ij}}{\bar{F}}\right)(\psi(x), \mathrm{d}\psi(y)) = \mathrm{e}^{n\rho(x)} \det\left(\frac{g_{ij}}{F}\right)(x, y). \tag{3.3.17}$$

因此有

$$\begin{aligned}
E(\phi \circ \psi) &= \frac{1}{c_{n-1}} \int_{SM} e(\phi \circ \psi) \mathrm{d}V_{SM}^F \\
&= \frac{1}{4\pi} \int_{SM} g^{ij}(x, y)(\phi \circ \psi)_i^\alpha (\phi \circ \psi)_j^\beta \tilde{g}_{\alpha\beta}(\tilde{x}, \tilde{y}) \mathrm{d}V_{SM}^F \\
&= \frac{1}{4\pi} \int_{SM} \bar{g}^{ij}(\bar{x}, \bar{y}) \phi_i^\alpha \phi_j^\beta \tilde{g}_{\alpha\beta}(\tilde{x}, \tilde{y}) \mathrm{d}V_{SM}^{\bar{F}} \\
&= \frac{1}{2\pi} \int_{SM} e(\phi) \mathrm{d}V_{SM}^{\bar{F}} = E(\phi),
\end{aligned}$$

其中, $\tilde{x} = \phi \circ \psi(x), \tilde{y} = \mathrm{d}(\phi \circ \psi)(y), \bar{x} = \psi(x), \bar{y} = \mathrm{d}(\psi)(y)$. □

因为任意局部平坦黎曼空间与局部 Minkowski 空间之间的恒等映射都是调和的, 并且任意黎曼曲面都与欧氏平面局部共形, 根据定理 3.1.1 和定理 3.3.6, 立即可得下面的命题.

命题 3.3.2[72] 设 (M, F) 是 Finsler 曲面. 若 F 是共形平坦的 Finsler 度量, h 是平坦的黎曼度量, 则存在稳定的调和映射 $\psi : (M, F) \to (M, h)$.

命题 3.3.3[72] 设 (M, F) 是 Finsler 曲面. 若 F 是局部 Minkowski 度量, h 是任意的黎曼度量, 则存在稳定的调和映射 $\psi : (M, h) \to (M, F)$.

3.4 一些刚性定理

作为 Bochner 型公式的应用, 本节证明关于调和映射和强调和映射的一些刚性定理.

3.4.1 关于调和映射的刚性定理

定理 3.4.1 从具有非负 Ricci 曲率的紧致无边黎曼流形到具有非正旗曲率的 Berwald 流形的非退化调和映射一定是全测地的.

证明 因为 M 是黎曼流形, 且 $\tilde{L} = 0$, 由推论 2.3.1, 可得

$$\int_{SM} \left\{ \|\widetilde{\nabla}_\ell \mathrm{d}\phi\|^2 - \frac{\tilde{F}^2}{F^2} \mathrm{tr}\tilde{g}(\tilde{\mathfrak{R}} \circ \mathrm{d}\phi, \mathrm{d}\phi) + \tilde{g}\left(\mathrm{d}\phi \mathbf{Ric}^M \ell, \mathrm{d}\phi\ell\right) \right. $$
$$\left. - \tilde{g}\left(\mathrm{tr}\widetilde{\nabla}\mathrm{d}\phi, h\right) \right\} \mathrm{d}V_{SM} = 0,$$

这里 $\mathbf{Ric}^M$ 表示 TM 上的 Ricci 变换. 因为 $\mathrm{tr}\widetilde{\nabla}\mathrm{d}\phi$ 不依赖于 y, 并且 ϕ 是调和映射, 则由定理 2.1.2, 可得

$$\int_{SM} \left\{ \|\widetilde{\nabla}_\ell \mathrm{d}\phi\|^2 + \tilde{g}(\mathrm{d}\phi \mathbf{Ric}^M \ell, \mathrm{d}\phi\ell) - \frac{\tilde{F}^2}{F^2} \mathrm{tr}\tilde{g}(\tilde{\mathfrak{R}} \circ \mathrm{d}\phi, \mathrm{d}\phi) \right\} \mathrm{d}V_{SM} = 0. \quad (3.4.1)$$

令 $\psi = \nu\tilde{g}\left(\mathrm{d}\phi\mathbf{Ric}^M \ell_{y^i}, \mathrm{d}\phi\ell\right) \mathrm{d}y^i$. 显然 ψ 为射影球面 $S_x M$ 上的 1-形式. 根据式 (1.6.16) 和式 (3.3.12), 可得

$$\mathrm{div}_{\hat{r}_x}\psi = \nu F^2 g^{ij} \left[\tilde{g}(\mathrm{d}\phi\mathbf{Ric}^M \ell_{y^i y^j}, \mathrm{d}\phi\ell) + \tilde{g}(\mathrm{d}\phi\mathbf{Ric}^M \ell_{y^i}, \mathrm{d}\phi\ell_{y^j}) \right]$$
$$= -n\tilde{g}(\mathrm{d}\phi\mathbf{Ric}^M \ell, \mathrm{d}\phi\ell) + \mathrm{tr}\tilde{g}(\mathrm{d}\phi \circ \mathbf{Ric}^M, \mathrm{d}\phi).$$

于是

$$n \int_{SM} \tilde{g}(\mathrm{d}\phi \mathbf{Ric}^M \ell, \mathrm{d}\phi \ell) \mathrm{d}V_{SM} = \int_{SM} \mathrm{tr}\tilde{g}(\mathrm{d}\phi \circ \mathbf{Ric}^M, \mathrm{d}\phi) \mathrm{d}V_{SM}.$$

分别取 $\{e_i\}$ 和 $\{\tilde{e}_\alpha\}$ 为 π^*TM 和 $\pi^*(\phi^{-1}T\tilde{M})$ 上的局部幺正标架场, 并设 $\mathrm{d}\phi e_i = \phi_i^\alpha \tilde{e}_\alpha$, $X_\alpha = \sum_i \phi_i^\alpha e_i$. 由于 M 是具有非负 Ricci 曲率的黎曼流形, 因此有

$$\mathrm{tr}\tilde{g}(\mathrm{d}\phi \circ \mathbf{Ric}^M, \mathrm{d}\phi) = \sum_i \tilde{g}(\mathrm{d}\phi \mathbf{Ric}^M e_i, \mathrm{d}\phi e_i) = \sum_\alpha \|X_\alpha\|_g^2 \mathrm{Ric}^M(X_\alpha) \geqslant 0. \quad (3.4.2)$$

注意到 $\dfrac{\tilde{F}^2}{F^2}\mathrm{tr}\tilde{g}(\mathfrak{R} \circ \mathrm{d}\phi, \mathrm{d}\phi) \leqslant 0$, 由式 (3.4.1) 可得 $\|\tilde{\nabla}_\ell \mathrm{d}\phi\|^2 = 0$, 即 $h = 0$. 因此 ϕ 是全测地映射. □

从上述定理的证明过程, 立即可得下述推论.

推论 3.4.1　当下列条件之一成立时, 不存在从紧致黎曼流形 (M, g) 到 Berwald 流形 $(\tilde{M}, \tilde{F})$ 的非退化调和映射:

(i) M 具有正 Ricci 曲率, $\tilde{M}$ 具有非正旗曲率;

(ii) M 具有非负 Ricci 曲率, $\tilde{M}$ 具有负旗曲率.

注释 3.4.1　除 Minkowski 空间外, 还存在很多具有非正旗曲率的 Berwald 流形, 它们是非黎曼的. 例如, 对于 Randers 流形 $(\tilde{M}, \tilde{F} = \tilde{\alpha} + \tilde{\beta})$, 当 $\tilde{\beta}$ 关于度量 $\tilde{\alpha}$ 平行且黎曼流形 $(\tilde{M}, \tilde{\alpha})$ 具有非正截面曲率时, $(\tilde{M}, \tilde{F})$ 就是这样的流形. 因此, 定理 3.4.1 是黎曼几何相应定理[30] 的推广.

进一步, 当目标流形可能具有正旗曲率时, 有下述定理.

定理 3.4.2　设 (M, g) 是 Ricci 曲率 $\mathrm{Ric}^M \geqslant \lambda$ 的 $n \, (\geqslant 2)$ 维紧致无边黎曼流形, $(\tilde{M}, \tilde{F})$ 是旗曲率 $K^{\tilde{M}} \leqslant \mu$ 的 Berwald 流形, 其中 λ, μ 是两个正常数. 对于任何非退化调和映射 $\phi : (M, g) \to (\tilde{M}, \tilde{F})$, 如果 $e(\phi) - \dfrac{1}{n}\bar{e}(\phi) \leqslant \dfrac{\lambda}{2\mu}$, 则 ϕ 一定是全测地共形映射, 并且其能量密度为常数 $\dfrac{n\lambda}{2(n-1)\mu}$.

证明　根据定理 3.4.1 证明过程可知

$$\int_{SM} \left\{ \|\tilde{\nabla}_\ell \mathrm{d}\phi\|^2 + \frac{1}{n}\mathrm{tr}\tilde{g}(\mathrm{d}\phi \circ \mathbf{Ric}^M, \mathrm{d}\phi) - \frac{\tilde{F}^2}{F^2}\mathrm{tr}\tilde{g}(\mathfrak{R} \circ \mathrm{d}\phi, \mathrm{d}\phi) \right\} \mathrm{d}V_{SM} = 0, \quad (3.4.3)$$

并且有

$$\mathrm{tr}\tilde{g}(\mathrm{d}\phi \circ \mathbf{Ric}^M, \mathrm{d}\phi) = 2e(\phi)\mathrm{Ric}^M(X_\alpha) \geqslant 2\lambda e(\phi).$$

另一方面, 我们可以选取 π^*TM 上的局部标准正交基 $\{e_i\}$, 使得 $\phi^*\tilde{g}$ 对角化且 $e_n = \ell$. 因此

$$\frac{\tilde{F}^2}{F^2}\mathrm{tr}\tilde{g}(\tilde{\mathfrak{R}}\circ\mathrm{d}\phi,\mathrm{d}\phi)=\frac{\tilde{F}^2}{F^2}\sum_a\tilde{K}(\mathrm{d}\phi e_a)\tilde{g}(\mathrm{d}\phi e_a,\mathrm{d}\phi e_a)$$

$$\leqslant\mu\frac{\tilde{F}^2}{F^2}\sum_a\tilde{g}(\mathrm{d}\phi e_a,\mathrm{d}\phi e_a)$$

$$=\mu\frac{\tilde{F}^2}{F^2}\left(2e(\phi)-\frac{\tilde{F}^2}{F^2}\right). \tag{3.4.4}$$

从而有

$$\int_{SM}\left(\frac{1}{n}\mathrm{tr}\tilde{g}(\mathrm{d}\phi\circ\mathbf{Ric}^M,\mathrm{d}\phi)-\frac{\tilde{F}^2}{F^2}\mathrm{tr}\tilde{g}(\tilde{\mathfrak{R}}\circ\mathrm{d}\phi,\mathrm{d}\phi)\right)\mathrm{d}V_{SM}$$

$$\geqslant\int_{SM}\left\{\frac{2\lambda}{n}e(\phi)-2\mu\frac{\tilde{F}^2}{F^2}e(\phi)+\mu\frac{\tilde{F}^4}{F^4}\right\}\mathrm{d}V_{SM}.$$

由式 (2.1.4), 并利用 Schwarz 不等式和中值定理可知, 存在 $y_0\in S_xM$, 使得

$$\frac{1}{G}\int_{S_xM}\left\{\frac{2\lambda}{n}e(\phi)-2\mu\frac{\tilde{F}^2}{F^2}e(\phi)+\mu\frac{\tilde{F}^4}{F^4}\right\}\Omega\mathrm{d}\tau$$

$$\geqslant\frac{2\lambda}{n}\bar{e}(\phi)-2\mu e(\phi)\Big|_{y_0}\frac{1}{G}\int_{S_xM}\frac{\tilde{F}^2}{F^2}\Omega\mathrm{d}\tau+\mu\frac{1}{G^2}\left(\int_{S_xM}\frac{\tilde{F}^2}{F^2}\Omega\mathrm{d}\tau\right)^2$$

$$=\frac{2\lambda}{n}\bar{e}(\phi)-2\mu e(\phi)\Big|_{y_0}\frac{2}{n}\bar{e}(\phi)+\frac{4\mu}{n^2}(\bar{e}(\phi))^2$$

$$=\frac{4\mu}{n}\bar{e}(\phi)\left(\frac{\lambda}{2\mu}-e(\phi)\Big|_{y_0}+\frac{1}{n}\bar{e}(\phi)\right).$$

当 $e(\phi)-\dfrac{1}{n}\bar{e}(\phi)\leqslant\dfrac{\lambda}{2\mu}$ 时, 有

$$\int_{SM}\left(\frac{1}{n}\mathrm{tr}\tilde{g}(\mathrm{d}\phi\circ\mathbf{Ric}^M,\mathrm{d}\phi)-\frac{\tilde{F}^2}{F^2}\mathrm{tr}\tilde{g}(\tilde{\mathfrak{R}}\circ\mathrm{d}\phi,\mathrm{d}\phi)\right)\mathrm{d}V_{SM}\geqslant0.$$

因而由式 (3.4.3) 可得 $||\tilde{\nabla}\mathrm{d}\phi\ell||^2=0$, 这表明 $h=0$, 即 ϕ 是全测地映射. 此时, 所有
等号都成立. 从而存在 $\rho\in C^\infty(M)$ 使得 $\tilde{F}=\mathrm{e}^{\rho(x)}F$, 即 ϕ 是共形映射. 所以 $e(\phi)$
与 y 无关, 且有 $e(\phi)=\bar{e}(\phi)$. 因此

$$e(\phi)=\frac{n\lambda}{2(n-1)\mu}. \qquad\qquad\square$$

注释 3.4.2　　当目标流形也是黎曼流形时, $e(\phi)=\bar{e}(\phi)$. 而当 $e(\phi)=\bar{e}(\phi)$ 时,
定理 3.4.2 中的条件 $e(\phi)-\dfrac{1}{n}\bar{e}(\phi)\leqslant\dfrac{\lambda}{2\mu}$ 转化为 $e(\phi)\leqslant\dfrac{n\lambda}{2(n-1)\mu}$. 因此, 定理 3.4.1
是黎曼几何中相应定理[85] 在非退化情形下的推广.

3.4.2　关于强调和映射的刚性定理

定理 3.4.3　设 (M, F) 是旗曲率 $K^M \geqslant \lambda$ 的 $n\ (\geqslant 2)$ 维紧致无边 Finsler 流形, $(\tilde{M}, \tilde{F})$ 是旗曲率 $K^{\tilde{M}} \leqslant \mu$ 的 Landsberg 流形, 其中 λ, μ 是正常数. 若 ϕ 是从 (M, F) 到 $(\tilde{M}, \tilde{F})$ 的非退化强调和映射, 且满足 $e(\phi) - \dfrac{1}{n}\bar{e}(\phi) \leqslant \dfrac{(n-1)\lambda}{2\mu}$, 则 ϕ 一定是全测地共形映射, 并且其能量密度为常数 $\dfrac{n\lambda}{2\mu}$.

证明　由式 (2.3.3) 可知

$$\int_{SM} \left\{ ||\tilde{\nabla}_\ell \mathrm{d}\phi||^2 - \frac{\tilde{F}^2}{F^2}\mathrm{tr}\tilde{g}(\tilde{\mathfrak{R}} \circ \mathrm{d}\phi, \mathrm{d}\phi) + \mathrm{tr}\tilde{g}(\mathrm{d}\phi \circ \mathfrak{R}, \mathrm{d}\phi) \right\} \mathrm{d}V_{SM} = 0. \quad (3.4.5)$$

类似于定理 3.4.2 的证明, 可知式 (3.4.4) 同样成立, 即有

$$\frac{\tilde{F}^2}{F^2}\mathrm{tr}\tilde{g}(\tilde{\mathfrak{R}} \circ \mathrm{d}\phi, \mathrm{d}\phi) \leqslant \mu\frac{\tilde{F}^2}{F^2}\left(2e(\phi) - \frac{\tilde{F}^2}{F^2} \right).$$

另一方面, 类似于定理 3.4.1 的证明方法, 有

$$\mathrm{tr}\tilde{g}(\mathrm{d}\phi \circ \mathfrak{R}, \mathrm{d}\phi) = \sum_i \tilde{g}(\mathrm{d}\phi(\mathfrak{R}e_i), \mathrm{d}\phi e_i) = \sum_\alpha ||X_\alpha||_g^2 K^M(X_\alpha) \geqslant \lambda\left(2e(\phi) - \frac{\tilde{F}^2}{F^2} \right),$$

并且存在 $y_0 \in S_x M$, 使得

$$\int_{SM} \left\{ \mathrm{tr}\tilde{g}(\mathrm{d}\phi \circ \mathfrak{R}, \mathrm{d}\phi) - \frac{\tilde{F}^2}{F^2}\mathrm{tr}\tilde{g}(\tilde{\mathfrak{R}} \circ \mathrm{d}\phi, \mathrm{d}\phi) \right\} \mathrm{d}V_{SM}$$

$$\geqslant \int_{SM} \left\{ 2\lambda e(\phi) - \lambda\frac{\tilde{F}^2}{F^2} - 2\mu\frac{\tilde{F}^2}{F^2}e(\phi) + \mu\frac{\tilde{F}^4}{F^4} \right\} \mathrm{d}V_{SM}$$

$$\geqslant \frac{4\mu}{n}\bar{e}(\phi)\left(\frac{(n-1)\lambda}{2\mu} - e(\phi)|_{y_0} + \frac{1}{n}\bar{e}(\phi) \right). \quad (3.4.6)$$

因此, 当 $e(\phi) - \dfrac{1}{n}\bar{e}(\phi) \leqslant \dfrac{(n-1)\lambda}{2\mu}$ 时, 同样可得 ϕ 是全测地共形映射, 且有 $e(\phi) = \dfrac{n\lambda}{2\mu}$.　　　　$\square$

特别地, 当目标流形是黎曼流形时, ϕ 可以是退化的. 从式 (3.4.6) 可以得到

$$\int_{SM} \left\{ \mathrm{tr}\tilde{g}(\mathrm{d}\phi \circ \mathfrak{R}, \mathrm{d}\phi) - \frac{\tilde{F}^2}{F^2}\mathrm{tr}\tilde{g}(\tilde{\mathfrak{R}} \circ \mathrm{d}\phi, \mathrm{d}\phi) \right\} \mathrm{d}V_{SM}$$

$$\geqslant \int_{SM} \left\{ \frac{\tilde{F}^2}{F^2}\left((n-1)\lambda - 2\mu e(\phi) \right) + \mu\frac{\tilde{F}^4}{F^4} \right\} \mathrm{d}V_{SM}. \quad (3.4.7)$$

当 $e(\phi) \leqslant \dfrac{(n-1)\lambda}{2\mu}$ 时, 有 $\dfrac{\tilde{F}^4}{F^4} = 0$, 即 $\mathrm{d}\phi = 0$. 因此有下面的定理.

定理 3.4.4 设 (M, F) 是旗曲率 $K^M \geqslant \lambda$ 的 n ($\geqslant 2$) 维紧致无边 Finsler 流形, $(\tilde{M}, \tilde{g})$ 是截面曲率 $K^{\tilde{M}} \leqslant \mu$ 的黎曼流形, 其中 λ, μ 是两个正常数. 若 ϕ 是从 (M, F) 到 $(\tilde{M}, \tilde{g})$ 的强调和映射, 且能量密度满足 $e(\phi) \leqslant \dfrac{(n-1)\lambda}{2\mu}$, 则 ϕ 一定是常值映射.

定理 3.4.5 设 $\phi : (M, F) \to (\tilde{M}, \tilde{F})$ 是从具有非负旗曲率的紧致无边 Finsler 流形 (M, F) 到具有非正截面曲率的黎曼流形 $(\tilde{M}, \tilde{F})$ 的强调和映射. 则 ϕ 一定是全测地映射. 进而

(i) 若 M 的旗曲率 $K^M > 0$, 则 ϕ 是常值映射.

(ii) 若 $\tilde{M}$ 的截面曲率 $K^{\tilde{M}} < 0$, 则或者 ϕ 是常值映射, 或者 $\phi(M)$ 是 $(\tilde{M}, \tilde{F})$ 的闭测地线.

如果存在一个沿测地线 $c(t)$ 的非平凡 Jacobi 场 $J(t)$ 满足下述初始条件:

$$g_{\dot{c}(0)}(D^{\dot{c}(0)}_{\dot{c}(0)} J(0), J(0)) = 0, \quad g_{\dot{c}(0)}(J(0), \dot{c}(0)) = 0,$$

且在 $c(t_0)$ 处 $J(t_0) = 0$, 则称 $c(t_0)$ 是 $J(0)$ 在测地线 $c(t)$ 上的**焦点**. 如果 M 上所有测地线都没有焦点, 则称其为无焦点 Finsler 流形. 文献 [126] 考虑无焦点 Finsler 流形, 并将上述刚性定理中的曲率限制改为拓扑限制, 得到了下面的结果.

定理 3.4.6[126] 设 (M, F) 是具有有限基本群的紧致 n 维 Finsler 流形, $(\tilde{M}, \tilde{F})$ 是前向完备无焦点的 m 维 Finsler 流形, 并且 $\tilde{F}$ 是 Berwald 度量或者可反的 Finsler 度量. 如果 $n < m$, 则不存在从 (M, F) 到 $(\tilde{M}, \tilde{F})$ 的非退化全测地映射. 并且, 如果 $(\tilde{M}, \tilde{F})$ 是完备的无焦点黎曼流形, 则从 (M, F) 到 $(\tilde{M}, \tilde{F})$ 的任何强调和映射一定是常值映射.

3.5 调和映射的存在性

调和映射的存在性问题可以表述为: 黎曼流形之间的映射, 是否可以连续形变为具有极小能量的调和映射? 当出发流形是紧致无边黎曼流形, 目标流形是具有非正截面曲率的紧致无边黎曼流形时, Eells 和 Sampson 给出了肯定回答[30]. 对于 Finsler 流形情形, 陈省身先生猜测结论仍然成立. 2005 年, 文献 [71] 利用热方程的方法研究从 Finsler 流形到黎曼流形调和映射的存在性定理. 文献 [16] 运用该定理得到了从可反 Finsler 流形到 Randers 流形调和映射的存在性定理 (见 3.7.2 小节). 但是, 到一般 Finsler 流形调和映射的存在性问题至今仍未能解决. 本节主要介绍 Finsler 流形到黎曼流形调和映射的存在性定理及其证明.

3.5.1　Eells-Sampson 型定理

定理 3.5.1[71]　设 (M, F) 是紧致无边的 Finsler 流形, (N, h) 是紧致无边的黎曼流形. 如果 N 具有非正截面曲率, 那么任何连续映射 $\phi : (M, F) \to (N, h)$ 一定同伦于一个在其同伦类中具有极小能量的调和映射.

记 $G = c_{n-1}\sigma(x) = \int_{S_x M} \Omega \mathrm{d}\tau$. 定义

$$\bar{g}^{ij}(x) := \frac{1}{G} \int_{S_x M} g^{ij}(x, y) \Omega \mathrm{d}\tau, \quad (\bar{g}_{ij}) = (\bar{g}^{ij})^{-1}, \tag{3.5.1}$$

则 $\bar{g} = \bar{g}_{ij} \mathrm{d}x^i \mathrm{d}x^j$ 是流形 M 上的黎曼度量, 称为由 F 诱导的**平均黎曼度量**.

设 (M, F) 是一个 n 维 Finsler 流形, (N, h) 是一个 m 维黎曼流形, $\phi : (M, F) \to (N, h)$ 是一个光滑映射, 则由式 (2.1.3), ϕ 的平均能量密度可表示为

$$\bar{e}(\phi) = \frac{1}{G} \int_{S_x M} e(\phi) \Omega \mathrm{d}\tau = \frac{1}{2G} \int_{S_x M} g^{ij} h_{\alpha\beta} \phi_i^\alpha \phi_j^\beta \Omega \mathrm{d}\tau$$

$$= \frac{1}{2} \bar{g}^{ij}(x) \phi_i^\alpha \phi_j^\beta h_{\alpha\beta}(\phi(x)).$$

ϕ 的能量泛函可表示为

$$E(\phi) = \frac{1}{c_{n-1}} \int_{SM} e(\phi) \mathrm{d}V_{SM} = \int_M \bar{e}(\phi) \mathrm{d}V_M = \frac{1}{2} \int_M \|\mathrm{d}\phi\|_{\bar{g}}^2 \mathrm{d}V_M, \tag{3.5.2}$$

其中 $\mathrm{d}V_M = \sigma \mathrm{d}x = \mathrm{d}V_{\mathrm{HT}}$ 是 M 的 HT-体积元.

注释 3.5.1　由式 (3.5.2) 可知 Finsler 流形 (M, F) 到黎曼流形 (N, h) 的调和映射正是是黎曼流形 $(M, \bar{g}, \mathrm{d}V_{\mathrm{HT}})$ 到黎曼流形 (N, h) 的调和映射. 即问题转化成为黎曼流形间调和映射的存在性问题. 只是此处 $\mathrm{d}V_{\mathrm{HT}}$ 一般来说并非黎曼度量 $\bar{g}$ 对应的体积元.

注释 3.5.2　如果以 $\bar{\tau} = \ln \dfrac{\sqrt{\det(\bar{g}_{ij})}}{\sigma}$ 表示平均度量关于 HT-体积的畸变, 则当 $n > 2$ 时, 可作共形变换 $\tilde{g} = \mathrm{e}^{-\frac{\bar{\tau}}{n-2}} \bar{g}$. 那么, ϕ 的能量泛函又可表示为

$$E(\phi) = \int_M \tilde{e}(\phi) \mathrm{d}V_{\tilde{g}} = \frac{1}{2} \int_M \|\mathrm{d}\phi\|_{\tilde{g}}^2 \sqrt{\det \tilde{g}} \mathrm{d}x.$$

由黎曼几何中的 Eells-Sampson 定理, 当 $n > 2$ 时, 定理 3.5.1 显然成立. 但 $n = 2$ 时仍有必要重新证明.

由 Nash 嵌入定理, 存在 (N, h) 到 $m + p$ 维欧氏空间 $\mathbb{R}^{m+p}$ 的等距嵌入 $\psi : (N, h) \hookrightarrow \mathbb{R}^{m+p}$. 对于连续映射 $\phi \in C^1(M, N)$, 记 $u = \psi \circ \phi$. 设 $u(x) = (u^1, \cdots, u^{m+p})$. 类似于黎曼流形之间调和映射的 Euler-Lagrange 方程, 由复合映射性质可以得到 (M, F) 到 (N, h) 的调和映射的 Euler-Lagrange 方程

$$\Delta_\sigma u = \mathrm{tr}_{\bar{g}} B_\psi(u)(\bar{\nabla} u, \bar{\nabla} u), \tag{3.5.3}$$

其中 B_ψ 表示 (N,h) 作为 $\mathbb{R}^{m+p}$ 中子流形的第二基本形式,

$$\Delta_\sigma := \frac{1}{\sigma(x)} \frac{\partial}{\partial x^i} \left(\bar{g}^{ij}(x)\sigma(x)\frac{\partial}{\partial x^j} \right). \tag{3.5.4}$$

记 $\tau_\sigma(u) := \Delta_\sigma u - \mathrm{tr}_{\bar{g}} B_\psi(u)(\bar{\nabla}u, \bar{\nabla}u)$, 称为映射 u 的 **σ-张力场**. 于是, 方程 (3.5.3) 可以记为 $\tau_\sigma(u) = 0$.

以下记 $u_t = \dfrac{\partial u}{\partial t}, u_{tt} = \dfrac{\partial^2 u}{\partial t^2}$. 调和映射的热方程是如下偏微分方程:

$$\begin{cases} u_t = \tau_\sigma(u) = \Delta_\sigma u - \mathrm{tr}_{\bar{g}} B_\psi(u)(\bar{\nabla}u, \bar{\nabla}u), \\ u(\cdot, 0) = u_0 \in C^1(M, N). \end{cases} \tag{3.5.5}$$

为了证明定理 3.5.1, 首先证明热流解的存在性和收敛性.

3.5.2 热流解的存在性

考虑黎曼流形 $(M, \bar{g})$ 上的**热方程**

$$u_t - \Delta_{\bar{g}} u = 0. \tag{3.5.6}$$

该方程的**热核**是定义在 $M \times M \times (0, \infty)$ 上的连续函数 $H(x, y, t)$, 满足条件

$$\lim_{t \to \infty} \int_M H(x, y, t) f(y) \mathrm{d}V_{\bar{g}} = f(x), \quad \forall f \in C^0(M), \tag{3.5.7}$$

其中 $\mathrm{d}V_{\bar{g}} = \sqrt{\det(\bar{g}_{ij}(y))}\mathrm{d}y^1 \cdots \mathrm{d}y^n$.

引理 3.5.1 黎曼流形 $(M, \bar{g})$ 上的热核具有下述性质:

(1) $H(x, y, t)$ 是光滑正函数, 且关于 x 和 y 对称.

(2) $\displaystyle\int_M H(x, y, t)\mathrm{d}V_{\bar{g}} = 1, \forall t > 0, \forall x, y \in M.$

(3) 若 $u = u(x, t)$ 是初值问题

$$\begin{cases} u_t - \Delta_{\bar{g}} u = f(x, t), \\ u(\cdot, 0) = u_0 \in C^0(M) \end{cases} \tag{3.5.8}$$

的解, 则它可表示为

$$u(x, t) = \int_M H(x, y, t)u_0(y)\mathrm{d}V_{\bar{g}} + \int_0^t \int_M H(x, y, t-s)f(y, s)\mathrm{d}V_{\bar{g}}\mathrm{d}s. \tag{3.5.9}$$

(4) 存在常数 $\lambda > 0, C > 0$, 使得

$$H(x, y, t) \leqslant ct^{-\frac{n}{2}}\mathrm{e}^{\frac{-d^2}{t}}, \quad |\bar{\nabla}_x H(x, y, t)| \leqslant ct^{-\frac{n+1}{2}}\mathrm{e}^{\frac{-d^2}{t}},$$

其中 $d(\cdot, \cdot)$ 表示黎曼流形 $(M, \bar{g})$ 上的距离函数. 上述不等式蕴涵

$$H(x, y, t) \leqslant ct^{-\alpha} d^{-n+2\alpha}, \quad |\bar{\nabla}_x H(x, y, t)| \leqslant ct^{-\alpha} d^{-n-1+2\alpha},$$

其中 $\alpha \in \left[0, \dfrac{n}{2}\right]$.

(5) 假定 u 由式 (3.5.9) 给出, $u_0 \in C^0(M)$ 且 $f \in L^\infty(M \times (0, T))$, 则 u 在 $M \times [0, T]$ 上连续, 并且对于任意的 $\varepsilon > 0$, $u(\cdot, t)$ 在 M 上关于 $t \in (\varepsilon, T)$ 是一致 $C^{1,\alpha}$ 的. 如果还有 $f(\cdot, t)$ 在 M 上关于 $t \in (\varepsilon, T)$ 是一致 C^α 的, 则 $\bar{\nabla} u, \bar{\nabla}^2 u$ 在 $M \times (0, T]$ 连续, 并且 u 是式 (3.5.5) 的一个解.

引理 3.5.2[71] (短时间解的存在性)   对于某个 $\varepsilon > 0$, 初值问题 (3.5.5) 的解在 $M \times (0, \varepsilon)$ 存在.

证明   注意式 (3.5.5) 等价于下列方程:

$$\begin{cases} u_t - \Delta_{\bar{g}} u = -\mathrm{tr}_{\bar{g}} B_\psi(u)(\bar{\nabla} u, \bar{\nabla} u) - \langle \bar{\nabla} \bar{\tau}, \bar{\nabla} u \rangle, \\ u(\cdot, 0) = u_0. \end{cases} \tag{3.5.10}$$

其中 $\bar{\tau} = \ln \dfrac{\sqrt{\det(\bar{g}_{ij})}}{\sigma}$. 令 $f(x, t) = -\mathrm{tr}_{\bar{g}} B_\psi(u)(\bar{\nabla} u, \bar{\nabla} u) - \langle \bar{\nabla} \bar{\tau}, \bar{\nabla} u \rangle$, 则由式 (3.5.9) 可得

$$u(x, t) = \int_M H(x, y, t) u_0(y) \mathrm{d}V_{\bar{g}}$$
$$- \int_0^t \int_M H(x, y, t-s)[\mathrm{tr}_{\bar{g}} B_\psi(u)(\bar{\nabla} u, \bar{\nabla} u) + \langle \bar{\nabla} \bar{\tau}, \bar{\nabla} u \rangle](y, s) \mathrm{d}V_{\bar{g}} \mathrm{d}s. \tag{3.5.11}$$

下面, 将 $B_\psi(y), y \in N$ 延拓到整个 $\mathbb{R}^{m+p}$ 上去. 事实上, 设 $\pi : U \to N$ 是从 N 的管状邻域 U 到 N 上的最短距离映射, 则有

$$B_\psi(y) = \mathrm{d}^2 \pi(y) = \left(\frac{\partial^2 \pi^i(y)}{\partial y^j y^k} \right).$$

这就给出了 $B_\psi(y)$ 到 U 的一个自然延拓. $B_\psi(y)$ 到 $\mathbb{R}^{m+p} \backslash U$ 的延拓可以是任意的. 对于给定的 $u_0 \in C^1(M, N)$, 定义 X_ε 为满足下列条件的映射 $u \in C^0(M \times [0, \varepsilon], \mathbb{R}^{m+p})$ 所构成的空间:

$$u(\cdot, 0) = u_0, \quad |\bar{\nabla}(u)|(\cdot, t) \in C^0(M), \quad \forall t \in [0, \varepsilon],$$

$$\|u\| := \|u\|_{C^0(M \times [0, \varepsilon])} + \sup_{t \in [0, \varepsilon]} \|\bar{\nabla}(u)\|_{C^0(M)} < \infty.$$

X_ε 关于距离 $d(u, v) = \|u - v\|$ 构成一个完备度量空间.

记

$$v_0(x,t) = \int_M H(x,y,t)u_0(y)\mathrm{d}V_{\bar{g}}, \tag{3.5.12}$$

则 $v_0 \in X_\varepsilon$. 定义空间 X_ε 上的算子 T 如下:

$$Tu(x,t) = v_0(x,t) - \int_0^t \int_M H(x,y,t-s)[\mathrm{tr}_{\bar{g}}B_\psi(u)(\bar{\nabla}u,\bar{\nabla}u) + \langle \bar{\nabla}\bar{\tau}, \bar{\nabla}u \rangle](y,s)\mathrm{d}V_{\bar{g}}\mathrm{d}s. \tag{3.5.13}$$

易见 $T : X_\varepsilon \to X_\varepsilon$. 方程 (3.5.11) 等价于

$$u = Tu, \quad u \in X_\varepsilon. \tag{3.5.14}$$

记 $B_\delta := \{u \in X_\varepsilon \,|\, \|u - v_0\| < \delta\}$, 其中 δ 是充分小的正数. 由式 (3.5.7) 可知, 当 $t \to 0$ 时, $v_0(\cdot, t) \to u_0$. 可见当 ε 很小时, 从 $v_0(x,t)$ 到 N 的距离也很小. 因此, 我们可以选取充分小的 δ, ε, 使得对于所有的 $u \in B_\delta$, 和 $(x,t) \in M \times [0,\varepsilon]$, 都有 $u(x,t) \in U$. 可以证明:

(i) $T : B_\delta \to B_\delta$;

(ii) T 在 B_δ 上收敛.

即存在 $\gamma \in (0,1)$ 使得 $\|Tu - Tv\| \leqslant \gamma \|u - v\|, \forall u, v \in B_\delta$.

由收敛原理, 方程 (3.5.14) 有唯一解 $\bar{u} \in B_\delta$. 又由抛物型方程的正则性理论可知, $\bar{u}$ 是方程 (3.5.5) 的解. 下面只需证明 $\bar{u}(x,t) \in N$. 注意到 $\bar{u}(x,t) \in U$, $B_\psi(\bar{u}) = \mathrm{d}^2\pi(\bar{u})$, 并考虑函数 $\rho := \dfrac{1}{2}|\pi(\bar{u} - \bar{u})|^2$. 由于 $\bar{u}(\cdot, t) = u_0 \in N$, 则有 $\rho(x,0) = 0$. 直接计算可得

$$\frac{\partial \rho}{\partial t} - \Delta_\sigma \rho = \frac{\partial \rho}{\partial t} - \Delta_{\bar{g}}\rho + \langle \bar{\nabla}\bar{\tau}, \bar{\nabla}\rho \rangle \leqslant \langle \bar{\nabla}\bar{\tau}, \bar{\nabla}\rho \rangle. \tag{3.5.15}$$

由最大值原理, 可知

$$\rho(x,t) \leqslant \sup_{x \in M} \rho(x,0) = 0. \tag{3.5.16}$$

即 $\bar{u}(x,t) \in N$, 并且是方程 (3.5.5) 的一个解. □

3.5.3 热流解的收敛性

命题 3.5.1[71]　设 u 是方程 (3.5.5) 的一个解, $T = T(u_0)$ 是解的最大存在时间. 假设对于任意 $t \in [T_0, T)$, 都有 $\|\bar{\nabla}u(\cdot, t)\|_{C^0(M)} \leqslant c$, 其中 $T_0 \in [0, T)$, 则 $T = \infty$, 且当 $t \to \infty$ 时, $u(t)$ 次收敛于一个同伦于 u_0 的调和函数 u_∞.

证明　显然 $T = \infty$. 否则, 必存在 $\varepsilon > 0$ 使得热流 (3.5.5) 在时间区间 $[0, T+\varepsilon)$ 内存在解 $u(x,t)$, 这与 T 的定义矛盾.

由已知条件并运用 Schauder 估计可知, 存在常数 c', 对于任意的 $t_0 \in (0, \infty)$, 有

$$\|u(\cdot, t)\|_{C^{2,\alpha}(M,N)} \leqslant c'. \tag{3.5.17}$$

另一方面, 我们有

$$\begin{aligned}
\frac{\mathrm{d}}{\mathrm{d}t} E(u(t)) &= \frac{1}{2} \frac{\mathrm{d}}{\mathrm{d}t} \int_M \langle \bar{\nabla} u, \bar{\nabla} u \rangle \sigma(x) \mathrm{d}x \\
&= \int_M \langle \bar{\nabla} u, \bar{\nabla} u_t \rangle \sigma(x) \mathrm{d}x \\
&= -\int_M \langle \Delta_\sigma u, u_t \rangle \sigma(x) \mathrm{d}x \\
&= -\int_M |\tau_\sigma(u(\cdot, t))|^2 \sigma(x) \mathrm{d}x.
\end{aligned}$$

这表明能量随时间而减少. 积分上述不等式, 即得

$$E(u(\cdot, t)) - E(u(0)) = -\int_0^t \int_M |\tau_\sigma(u(\cdot, s))|^2 \sigma(x) \mathrm{d}x \mathrm{d}s.$$

因此

$$E(u(\cdot, t)) \leqslant E(u(0)). \tag{3.5.18}$$

由于解 $u(x,t)$ 在 $(0, \infty)$ 存在, 则由上式可得

$$\int_0^\infty \int_M |\tau_\sigma(u(\cdot, s))|^2 \sigma(x) \mathrm{d}x \mathrm{d}s \leqslant E(u(0)) < \infty.$$

因此, 我们可以选取序列 $t_i \to \infty$, 使得 $\int_M |\tau_\sigma(u(\cdot, t_i))|^2 \sigma(x) \mathrm{d}x \to 0$. 式 (3.5.17) 表明在 $C^2(M, N)$ 中 $u(\cdot, t_i) \to u_\infty(\cdot)$. 因而有 $\tau_\sigma(u_\infty) = 0$, 即 u_∞ 是调和映射. 由于任一 $u(\cdot, t_i)$ 都同伦于 u_0, 可知 u_∞ 也同伦于 u_0. □

引理 3.5.3[71](Bochner 型恒等式)　设 $e(u)$ 是映射 $u \in C^1(M, \mathbb{R}^{m+p})$ 的能量密度, u 是方程 (3.5.5) 的一个解. 则下述恒等式成立:

$$\begin{aligned}
\frac{\partial e(u)}{\partial t} - \Delta_\sigma e(u) = &-|\bar{\nabla} \mathrm{d}u|^2 - \bar{\mathrm{Ric}}^M(\bar{\nabla} u) + \bar{g}^{ik} \bar{g}^{jl} \langle R^N(u_i, u_j) u_k, u_l \rangle \\
&- \bar{\nabla}^2 \bar{\tau}(\bar{\nabla} u, \bar{\nabla} u).
\end{aligned} \tag{3.5.19}$$

其中 $\bar{\mathrm{Ric}}^M$ 表示 $(M, \bar{g})$ 的 Ricci 曲率, R^N 表示 (N, h) 上的曲率算子, $\bar{\tau}$ 表示平均度量关于 HT-体积的畸变.

证明　直接计算可得

$$\frac{\partial e(u)}{\partial t} = \frac{\partial}{\partial t}\left(\frac{1}{2}\bar{g}^{ij}(x)u_i^\alpha u_j^\alpha\right) = \bar{g}^{ij}u_{ti}^\alpha u_j^\alpha$$

$$= \bar{g}^{ij}\frac{\partial}{\partial x^i}\left(\Delta_\sigma u^\alpha - \mathrm{tr}_{\bar{g}}B_\psi^\alpha(u)(\bar{\nabla}u,\bar{\nabla}u)\right)u_j^\alpha$$

$$= \bar{g}^{ij}\frac{\partial(\tau_{\bar{g}}(u^\alpha))}{\partial x^i}u_j^\alpha - \bar{g}^{ij}\frac{\partial}{\partial x^i}\left(\bar{g}^{kl}\bar{\tau}_k u_l^\alpha\right)u_j^\alpha,$$

和

$$\Delta_\sigma e(u) = \Delta_{\bar{g}}e(u) - \langle\bar{\nabla}\bar{\tau},\bar{\nabla}e(u)\rangle_{\bar{g}}$$

$$= \Delta_{\bar{g}}e(u) - \bar{g}^{ij}\bar{\tau}_i\frac{\partial}{\partial x^j}\left(\frac{1}{2}\bar{g}^{kl}u_k^\alpha u_l^\alpha\right).$$

注意到

$$\bar{g}^{ij}\frac{\partial}{\partial x^i}\tau_{\bar{g}}(u^\alpha)u_j^\alpha - \Delta_{\bar{g}}e(u) = -|\bar{\nabla}\mathrm{d}u|^2 - \bar{\mathrm{Ric}}^M(\bar{\nabla}u) + \bar{g}^{ik}\bar{g}^{jl}\langle R^N(u_i,u_j)u_k,u_l\rangle,$$

由上述诸式可知结论成立. □

注释 3.5.3 式 (3.5.19) 与文献 [71] 中给出的 Bohner 型恒等式略有不同, 文献中因计算中漏了一项, 恒等式最后一项与局部坐标选取有关, 并非一个不变形式.

利用 Moser 的方法[73], 可得下述引理.

引理 3.5.4 设 v 是 $B_1(x) \times (t-1, t]$ 上的非负函数, 满足条件

$$\frac{\partial v}{\partial t} - \Delta_\sigma v \leqslant 0,$$

则下述不等式成立

$$v(x,t) \leqslant C\int_{t-1}^t\int_{B_1(x)}v(y,s)\mathrm{d}V_{\bar{g}}\mathrm{d}s,$$

其中 $B_1(x)$ 是流形 $(M,\bar{g})$ 上半径为 1 的测地球 (假定 $(M,\bar{g})$ 的内射半径大于 1).

命题 3.5.2[71] 设 (M, F) 是紧致无边的 Finsler 流形, (N, h) 是具有非正截面曲率的紧致无边黎曼流形. 则任意 $u_0 \in C^1(M, N)$ 可以通过抛物型方程 (3.5.5) 形变为一个调和映射 u_∞.

证明 根据命题 3.5.1, 只需给出 $\|\bar{\nabla}u\|_{C^0(M)}$ 的先验估计. 由假设条件 (N, h) 的截面曲率 $K^N \leqslant 0$ 和引理 3.5.3, 可知存在常数 C',

$$\frac{\partial e(u)}{\partial t} - \Delta_\sigma e(u) \leqslant C'e(u). \tag{3.5.20}$$

由最大值原理, 可得

$$e(u)(x,t) \leqslant \sup_{x\in M} e(u_0)(x)\exp(C't). \tag{3.5.21}$$

记 $v(x,t) = \exp(-C't)e(u)(x,t)$, 则有 $\dfrac{\partial v}{\partial t} - \Delta_\sigma v \leqslant 0$. 由引理 3.5.4 可知

$$e(u)(x,t) \leqslant C \int_{t-1}^{t} \int_{B_1(x)} \exp(C'(t-s)) e(u)(y,s) \mathrm{d}V_{\bar{g}} \mathrm{d}s$$

$$\leqslant C'' \int_{t-1}^{t} E(u(\cdot,s)) \mathrm{d}s,$$

$\forall t \geqslant 1.$ 注意到 $E(u(\cdot,s)) \leqslant E(u_0),$ 有

$$\sup_{t \geqslant 1} \sup_{x \in M} e(u)(x,t) \leqslant C'' E(u_0). \tag{3.5.22}$$

因此存在常数 c, 使得 $\|\bar{\nabla} u\|_{C^0(M)} \leqslant c.$ 由命题 3.5.1, 可知命题 3.5.2 成立. $\qquad\square$

3.5.4　定理 3.5.1 的证明

定理 3.5.1 的第一部分可由命题 3.5.2 直接得到. 下面证明定理 3.5.1 的第二部分.

考虑一条 C^2 曲线 $u(t,x) \in C^2([a,b], C^1(M,N)).$ 设 $P(u)$ 是从 $\mathbb{R}^{m+p}$ 到 N 在点 $u(x)$ 切空间的投影算子, 则由等式 $P(u)u_t = u_t$ 可得

$$u_{tt} = P(u)u_{tt} + \mathrm{d}P(u)(u_t, u_t), \tag{3.5.23}$$

$$|\bar{\nabla} u_t|^2 = |P(u)\bar{\nabla} u_t|^2 + |B_\psi(u)(u_t, u_t)|. \tag{3.5.24}$$

因此

$$\begin{aligned}
\frac{\mathrm{d}^2}{\mathrm{d}t^2} E(u) &= \int_M (|\bar{\nabla} u_t|^2 + \langle \bar{\nabla} u, \bar{\nabla} u_{tt} \rangle) \sigma(x) \mathrm{d}x \\
&= \int_M (|\bar{\nabla} u_t|^2 - \langle \Delta_\sigma u, u_{tt} \rangle) \sigma(x) \mathrm{d}x \\
&= \int_M (|\bar{\nabla} u_t|^2 - \langle \bar{\nabla} u, B_\psi(u)(u_t, u_t) \rangle - \langle \bar{\nabla} u, P(u)u_{tt} \rangle) \sigma(x) \mathrm{d}x \\
&= \int_M (|P(u)\bar{\nabla} u_t|^2 - \bar{g}^{ij} \langle R^N(u_i, u_t) u_j, u_t \rangle - \langle \Delta_\sigma u, P(u)u_{tt} \rangle) \sigma(x) \mathrm{d}x.
\end{aligned}$$

若 u 是调和映射, 则 $P(u)\Delta_\sigma u = 0.$ 设 $v = u_t|_{t=0}$ 是一个变分向量场, 则

$$\frac{\mathrm{d}^2}{\mathrm{d}t^2} E(u(t,\cdot)) \Big|_{t=0} = \int_M (|P(u)\bar{\nabla} v|^2 - \bar{g}^{ij} \langle R^N(u_i, v) u_j, v \rangle) \sigma(x) \mathrm{d}x \tag{3.5.25}$$

因此, 当流形 (N,h) 的截面曲率非负时, u 在其同伦类中具有最小能量. 定理得证.

3.6　弱调和映射的正则性

设 $W^{1,2}(M, \mathbb{R}^k)$ 是 M 到 $\mathbb{R}^k$ 的映射构成的 Sobolev 空间. 对于任何 $\phi \in W^{1,2}(M, \mathbb{R}^k)$, 其弱导数平方可积, 且具有 Hilbert 范数

$$\|\phi\| := \left[\int_M (|\phi|_{\bar{g}}^2 + |\mathrm{d}\phi|_{\bar{g}}^2) \sigma(x) \mathrm{d}x \right]^{\frac{1}{2}}.$$

定义

$$W^{1,2}(M, N) := \left\{ \phi \in W^{1,2}(M, \mathbb{R}^k) | \phi(x) \in N \, \text{a.e.} \, x \in M \right\}. \tag{3.6.1}$$

如果 $\phi \in W^{1,2}(M, N)$ 是能量泛函的临界点, 就称其为**弱调和映射**, 即 ϕ 在分布意义下满足 Euler-Lagrange 方程 (3.5.3).

定理 3.6.1[72] 设 ϕ 是从无边 Finsler 曲面 (M, F) 到 n 维欧氏球面 $\mathbb{S}^n$ 的弱调和映射. 如果 $\phi \in W^{1,2}(M, \mathbb{S}^n)$, 则 ϕ 是光滑的.

如果对于任意在 M 的边界上满足 $\phi = \psi$ 的映射 $\psi \in W^{1,2}(M, N)$, 有 $E(\phi) \leqslant E(\psi)$, 则称映射 ϕ 是**能量极小映射** (E-极小映射). 显然, 能量极小映射 $\psi \in W^{1,2}(M, N)$ 是弱调和的. 如果 ϕ 在 $x \in M$ 的一个邻域中是连续的, 则称 x 为**正则点**. 正则点集合的补集 $\mathcal{S} = \mathcal{S}(\phi)$ 称为 ϕ 的**奇异点集**. 能量极小映射的存在性可以通过变分法直接得到. 文献 [126] 研究了 Finsler 流形到黎曼流形的能量极小映射的正则性, 得到了下述两个正则性定理.

定理 3.6.2[126] 设 $\phi \in W^{1,2}(M, N)$ 是从 $n(\geqslant 3)$ 维紧致 Finsler 流形 (M, F) 到紧致黎曼流形 N 的能量极小映射. 若 $\psi \in C^{2,\alpha}(\partial M, N)$ 且 $\phi|_{\partial M} = \psi$, 则 ϕ 的奇异点集 $\mathcal{S}$ 是 M 内部的紧致子集. 特别地, ϕ 在 ∂M 的邻域中是 $C^{2,\alpha}$ 的.

定理 3.6.3[126] 设 $\phi \in W^{1,2}(M, N)$ 是从 Finsler 曲面 (M, F) 到紧致黎曼流形 N 的能量极小映射. 当 M 有边界 ∂M 时, 存在 $\psi \in C^{\infty}(\partial M, N)$ 满足 $\phi|_{\partial M} = \psi$, 则 ϕ 是光滑的.

3.7 到 Randers 空间的调和映射的性质

3.7.1 到 Randers 空间的调和映射

当目标流形是 Randers 空间, 即 $\tilde{F} = \alpha + \beta$ 时, 映射 $\phi : (M^n, F) \to (\tilde{M}^m, \tilde{F})$ 的能量泛函为

$$E(\phi) = \frac{n}{2c_{n-1}} \int_{SM} \frac{\tilde{F}^2}{F^2} dV_{SM} = \frac{n}{2c_{n-1}} \int_{SM} \frac{\alpha^2 + 2\alpha\beta + \beta^2}{F^2} dV_{SM}.$$

如果度量 F 可反, 则单位球面 $S_x M = \{y \in T_x M | F(y) = 1\}$ 关于原点对称. 注意到 $\alpha\beta$ 是关于 y 的奇函数, 能量泛函 $E(\phi)$ 可以简化为

$$E(\phi) = \frac{n}{2c_{n-1}} \int_{SM} \frac{\alpha^2 + \beta^2}{F^2} dV_{SM}.$$

于是, 映射 $\phi : (M^n, F) \to (\tilde{M}^m, \tilde{F})$ 的能量泛函就是到黎曼流形的映射 $\phi : (M^n, F) \to (\tilde{M}^m, \sqrt{\alpha^2 + \beta^2})$ 的能量泛函. 因此有下述引理.

引理 3.7.1[16]　　设 (M^n, F) 是可反 Finsler 流形, $(\tilde{M}^m, \tilde{F} = \alpha + \beta)$ 是 Randers 流形, 则映射 $\phi : (M^n, F) \to (\tilde{M}^m, \tilde{F})$ 是调和的当且仅当映射 $\phi : (M^n, F) \to (\tilde{M}^m, \sqrt{\alpha^2 + \beta^2})$ 是调和的.

此时, 关于 ϕ 非退化的限制同样可以取消.

例 3.7.1[16]　　设 (M, g, η) 是一个 Sasaki 流形, 其 Ricci 曲率满足 Ric$= \lambda g + \mu \eta \otimes \eta$. 易知当 $\lambda > \mu \geqslant 0$ 时, $F = \sqrt{\lambda g_{ij} y^i y^j} + \sqrt{\mu \eta_i y^i} = \alpha + \beta$ 是一个 Randers 度量. 已知任意 Ricci 曲率正定 (或负定) 的黎曼流形 (M, g) 到黎曼流形 (M, Ric)(或 $(M, -\text{Ric})$) 的恒等映射一定是调和映射. 由引理 3.7.1, 从黎曼流形 (M, g) 到 Randers 流形 (M, F) 的恒等映射也是调和映射.

3.7.2　存在性

设 $\phi : (M^n, F) \to (\tilde{M}^m, \tilde{F})$, 其中 F 是任意可反的 Finsler 度量, $\tilde{F} = \alpha + \beta$ 是 Randers 度量. 根据引理 3.7.1, 问题归结为到黎曼流形的调和映射的存在性. 为了应用定理 3.5.1 的结论, 只需讨论黎曼度量 $\sqrt{\alpha^2 + \beta^2}$ 与 Randers 度量 $\tilde{F}$ 的曲率之间的关系.

设 $\alpha = \sqrt{a_{ij}(x) y^i y^j}$, $\beta = b_i(x) y^i$, 则 $g_{ij} = a_{ij} + b_i b_j$ 的逆矩阵为

$$g^{ij} = a^{ij} - \frac{1}{1 + b^2} b^i b^j,$$

其中 $b = \sqrt{a_{ij} b^i b^j}$. 注意到两个线性联络之差是个张量, 利用法坐标容易得到

$$
\begin{aligned}
{}^g\Gamma^i_{jk} - {}^a\Gamma^i_{jk} &= \frac{1}{2} g^{il} \left[(b_l b_k)_{|j} + (b_j b_l)_{|k} - (b_j b_k)_{|l} \right], \\
&= b_k s^i_j + b_j s^i_k - \frac{b^i}{1 + b^2} (b_k s_j + b_j s_k - r_{jk}) \\
&:= T^i_{jk}.
\end{aligned}
\tag{3.7.1}
$$

黎曼曲率张量之间的关系为

$$
{}^g R^i_{j\,kl} - {}^a R^i_{j\,kl} = T^i_{jl|k} - T^i_{jk|l} + T^i_{sk} T^s_{jl} - T^i_{sl} T^s_{jk},
$$

则有

$$
\begin{aligned}
{}^g R_{jtkl} &= g_{it} \, {}^g R^i_{j\,kl} = a_{it} \, {}^g R^i_{j\,kl} + b_i b_t \, {}^g R^i_{j\,kl} \\
&= {}^a R_{jtkl} + {}^a R_{jikl} b^i b_t + T_{tjl|k} - T_{tjk|l} + T_{tsk} T^s_{jl} - T_{tsl} T^s_{jk} \\
&\quad + T^i_{jl|k} b_i b_t - T^i_{jk|l} b_i b_t + T^i_{sk} T^s_{jl} b_i b_t - T^i_{sl} T^s_{jk} b_i b_t,
\end{aligned}
$$

其中 $T_{tjk} = a_{it} T^i_{jk}$. 用 $y^j y^l$ 缩并上式, 得到

$$
\begin{aligned}
{}^g R_{tk} &= {}^a R_{tk} + {}^a R_{ik} b^i b_t + T_{t00|k} - T_{t0k|0} + T_{tsk} T^s_{00} - T_{ts0} T^s_{0k} \\
&\quad + T^i_{00|k} b_i b_t - T^i_{0k|0} b_i b_t + T^i_{sk} T^s_{00} b_i b_t - T^i_{s0} T^s_{0k} b_i b_t,
\end{aligned}
\tag{3.7.2}
$$

其中 "0" 表示与 y 进行缩并.

特别地, 当 β 是闭形式时, 有 $s_{ij} = 0, r_{ij} = b_{i|j} = b_{j|i}$. 从而

$$T_{jk}^i = \frac{1}{1+b^2} b^i r_{jk}, \quad T_{tsk} T_{ij}^s = \frac{1}{(1+b^2)^2} b_t r_k r_{ij}.$$

直接计算, 可得

$$T_{t00|k} = \frac{1}{1+b^2} b_{t|k} r_{00} - \frac{2}{(1+b^2)^2} b_t r_k r_{00} + \frac{1}{1+b^2} b_t r_{00|k},$$

$$-T_{t0k|0} = -\frac{1}{1+b^2} b_{t|0} r_{0k} + \frac{2}{(1+b^2)^2} b_t r_0 r_{0k} - \frac{1}{1+b^2} b_t r_{0k|0},$$

$$T_{tsk} T_{00}^s = \frac{1}{(1+b^2)^2} b_t r_k r_{00},$$

$$-T_{ts0} T_{0k}^s = -\frac{1}{(1+b^2)^2} b_t r_0 r_{0k},$$

$$T_{i00|k} b^i = \frac{1}{1+b^2} r_k r_{00} - \frac{2b^2}{(1+b^2)^2} r_k r_{00} + \frac{b^2}{1+b^2} r_{00|k},$$

$$-T_{i0k|0} b^i = -\frac{1}{1+b^2} r_0 r_{0k} + \frac{2b^2}{(1+b^2)^2} r_0 r_{0k} - \frac{b^2}{1+b^2} r_{0k|0},$$

$$T_{sk}^i T_{00}^s b_i b_t = \frac{b^2}{(1+b^2)^2} b_t r_k r_{00},$$

$$-T_{s0}^i T_{0k}^s b_i b_t = -\frac{b^2}{(1+b^2)^2} b_t r_0 r_{0k},$$

代入式 (3.7.2), 可得

$${}^g R_{tk} = {}^a R_{tk} + {}^a R_{ik} b^i b_t + b_t r_{00|k} - b_t r_{0k|0} + \frac{1}{1+b^2} r_{tk} r_{00} - \frac{1}{1+b^2} r_{0t} r_{0k}.$$

另一方面, 根据 Ricci 恒等式, 有

$${}^g R_{ik} b^i = -s_{k0|0} + r_{k0|0} - r_{00|k}.$$

由上述讨论, 即得

$${}^g R_{tk} = {}^a R_{tk} + \frac{1}{1+b^2} r_{tk} r_{00} - \frac{1}{1+b^2} r_{0t} r_{0k}. \tag{3.7.3}$$

引理 3.7.2[16]　设 $F = \alpha + \beta$ 是 Randers 度量, β 是闭形式, g 是由 $\sqrt{\alpha^2 + \beta^2}$ 确定的黎曼度量. 若 F 的旗曲率满足条件

$$K_F(y, P) \leqslant -\frac{5}{4} \left(\frac{r_{00}}{F^2} \right)^2,$$

则 g 的截面曲率 $K_g \leqslant 0$.

证明　F 的旗曲率张量与 α 的旗曲率张量之间的关系为

$$^F R_{jk} = \frac{F}{\alpha}{}^\alpha R_{jk} + (s_l^i s_0^l y_k - \alpha^2 s_l^i s_k^l + 3s_0^i s_{k0})h_{ji} + \frac{1}{\alpha}(2\alpha^2 s_{0|k}^i - \alpha^2 s_{k|0}^i - s_{0|0}^i y_k)h_{ji}$$
$$+ \frac{1}{F}\left(-\frac{1}{2}r_{00|0} - 2\alpha^2 s_0^l s_l\right)h_{jk} + \frac{\alpha}{F}(2s_0^l r_{s0} + s_{0|0})h_{jk}$$
$$+ \frac{1}{F^2}\left(\frac{3}{4}r_{00}^2 + 3\alpha^2 s_0^2\right)h_{jk} + \frac{\alpha}{F^2}(-3r_{00}s_0)h_{jk}, \tag{3.7.4}$$

其中 h_{ij} 表示 F 的角度量, $h_{ij} = \frac{F}{\alpha}{}^\alpha h_{ij}$. 当 β 是闭形式时, 有

$$K_F(y, V) = \frac{\alpha^2}{F^2}K_\alpha(y \wedge V) - \frac{1}{2F^3}r_{00|0} + \frac{3}{4F^4}(r_{00})^2.$$

选取关于 α 幺正的 y 和 V, 由曲率条件可知

$$K_\alpha(-y \wedge V) \leqslant \frac{1}{2F}r_{00|0} - \frac{2}{F^2}(r_{00})^2,$$

即

$$K_\alpha(y \wedge V) \leqslant -\frac{1}{2F(-y)}r_{00|0} - \frac{2}{F^2(-y)}(r_{00})^2.$$

注意 $K_\alpha(y \wedge V) = K_\alpha(-y \wedge V)$, 而 $r_{00|0}$ 和 $-r_{00|0}$ 中必有一项非正. 因此

$$K_\alpha(y \wedge V) \leqslant \max\left\{-\frac{2}{F^2}(r_{00})^2, -\frac{2}{F^2(-y)}(r_{00})^2\right\}.$$

又由于 $F(y), F(-y) \leqslant 1 + b$, 有

$$K_\alpha(y \wedge V) \leqslant -\frac{2}{(1+b)^2}(r_{00})^2 \leqslant -\frac{1}{(1+b)^2}(r_{00})^2.$$

同理,

$$K_\alpha(y \wedge V) \leqslant -\frac{2}{(1+b)^2}(r_{**})^2 \leqslant -\frac{1}{(1+b)^2}(r_{**})^2.$$

利用式 (3.7.3), 得到

$$^g R(y, V, V, y) \leqslant K_\alpha(y \wedge V) + \frac{1}{1+b^2}r_{**}r_{00}$$
$$\leqslant K_\alpha(y \wedge V) + \frac{1}{2(1+b^2)}r_{**}^2 + \frac{1}{2(1+b^2)}r_{00}^2$$
$$\leqslant 0. \qquad \Box$$

对于 Randers 度量 $F = \alpha + \beta$, BH-体积元和 HT-体积元有下述关系:

$$\sigma_{\text{BH}} = e^{(m+1)\rho(x)}\sigma_{\text{HT}} = e^{(m+1)\rho(x)}\sigma_\alpha,$$

其中 $\rho = \ln\sqrt{1-b^2}$, $\quad \sigma_\alpha = \det(a_{ij})$. 因此 S-曲率之间的关系为

$$S_{\mathrm{BH}} = S_{\mathrm{HT}} - (m+1)\rho_0,$$

其中 $\rho_0 = \rho_i y^i = \dfrac{\partial \rho}{\partial x^i} y^i$. BH-体积元下的 S-曲率为[87]

$$S_{\mathrm{BH}} = \frac{m+1}{2F}(r_{00} + 2\beta s_0) - (m+1)(s_0 + \rho_0),$$

因此, HT-体积元下的 S-曲率为

$$S_{\mathrm{HT}} = \frac{m+1}{2F}(r_{00} + 2\beta s_0) - (m+1)s_0. \tag{3.7.5}$$

S 曲率的模长定义为

$$\|S_{HT}\| = \sup_{y \in SM} \frac{|S_{HT}(y)|}{F(y)}. \tag{3.7.6}$$

特别地, 当 β 是闭形式时, $S_{\mathrm{HT}} = \dfrac{m+1}{2F} r_{00}$.

结合引理 3.7.2 和定理 3.5.1, 我们得到下面的定理.

定理 3.7.1[16]　　设 (M^n, F) 是一个紧致可反的 Finsler 流形, $(\tilde{M}^m, \tilde{F} = \alpha + \beta)$ 是一个紧致 Randers 流形, β 是闭形式. 若 $(\tilde{M}^m, \tilde{F})$ 的旗曲率 $K_{\tilde{F}}$ 满足

$$K_{\tilde{F}} \leqslant -\frac{5}{(m+1)^2} \|S_{\mathrm{HT}}\|^2, \tag{3.7.7}$$

则任意连续映射 $\phi : (M^n, F) \to (\tilde{M}^m, \tilde{F})$ 同伦等价于一个调和映射.

注释 3.7.1　　存在许多满足条件 (3.7.7) 的 Randers 度量. 例如, 取一个负常曲率 -1 的紧致无边黎曼流形 (M, α), β 为 M 上任意闭微分形式. 令 $F_\varepsilon = \alpha + \varepsilon\beta$, 则由于 $K_{F_0} = -1$ 并且 $S_{\mathrm{HT}}^{F_0} = 0$, 对充分小的 $\varepsilon > 0$, $S_{\mathrm{HT}}^{F_\varepsilon}$ 必满足条件 (3.7.7).

当 $(\tilde{M}^m, \tilde{F})$ 是 Berwald-Randers 流形时, $S_{\mathrm{HT}} = 0$, 因而有下面的推论.

推论 3.7.1[16]　　设 (M^n, F) 是一个紧致可反的 Finsler 流形, $(\tilde{M}^m, \tilde{F} = \alpha + \beta)$ 是一个紧致的 Berwald-Randers 流形. 若 $(\tilde{M}^m, \tilde{F})$ 的旗曲率非正, 则任意连续映射 $\phi : (M^n, F) \to (\tilde{M}^m, \tilde{F})$ 同伦等价于一个调和映射.

3.7.3　稳定性

当目标流形是 Randers 空间时, 关于 ϕ 非退化的限制可以取消. 因此, 根据引理 3.7.1 和黎曼几何相应结果直接可得[115] 下述命题.

命题 3.7.1[16]　　从标准欧氏球面 $\mathbb{S}^n$ ($n > 2$) 到 Randers 流形的稳定调和映射一定为常值映射.

此外, 文献 [16] 还研究了任意紧致无边 Finsler 流形到 Randers 球面的调和映射的稳定性, 得到了下面的定理.

定理 3.7.2[16]　　设 $(\mathbb{S}^n, \alpha + \beta)$ 为射影平坦 Randers 球面, 其 HT-体积的 S 曲率满足 $n > 2 + b^2 + 12\|S_{\mathrm{HT}}\|$, 其中 $b = \|\beta\|_\alpha$, 则从任意紧致无边可反的 Finsler 流形到 $(\mathbb{S}^n, \alpha + \beta)$ 的稳定调和映射一定为常值映射.

证明　　记 $g_{ij} = a_{ij} + b_i b_j$, 根据式 (3.1.2) 可知当目标流形是黎曼流形 $(\mathbb{S}^n, g)$ 时, 调和映射的指标形式为

$$I_\phi(V, V) = \frac{n}{c_{n-1}} \int_{SM} \left\{ \|\widetilde{\nabla}_\ell V\|_g^2 - {}^g R(\mathrm{d}\phi\ell, V, V, \mathrm{d}\phi\ell) \right\} \mathrm{d}V_{SM}. \tag{3.7.8}$$

又由式 (3.7.1) 和式 (3.7.3) 可得

$$\begin{aligned}
\|\widetilde{\nabla}_\ell V\|_g^2 &= \|\widetilde{\nabla}_\ell V\|_a^2 + \beta(\widetilde{\nabla}_\ell V)^2 \\
&= \|\widetilde{\nabla}_\ell V\|_a^2 + \frac{b^2}{1 + b^2}(r(\mathrm{d}\phi\ell, V))^2 \\
&\quad + 2r(\mathrm{d}\phi\ell, V)\beta(\widetilde{\nabla}_\ell^a V) + \beta(\widetilde{\nabla}_\ell^a V)^2,
\end{aligned} \tag{3.7.9}$$

$$\begin{aligned}
{}^g R(\mathrm{d}\phi\ell, V, V, \mathrm{d}\phi\ell) &= {}^a R(\mathrm{d}\phi\ell, V, V, \mathrm{d}\phi\ell) + \frac{1}{1 + b^2} r(\mathrm{d}\phi\ell, \mathrm{d}\phi\ell) r(V, V) \\
&\quad - \frac{1}{1 + b^2}(r(\mathrm{d}\phi\ell, V))^2.
\end{aligned} \tag{3.7.10}$$

用 3.1 节类似的方法, 记 $\{a_1^T, \cdots, a_{n+p}^T\}$ 为 $\mathbb{R}^{n+p}$ 的单位幺正标架 $\{a_1, \cdots, a_{n+p}\}$ 到 $\mathbb{S}^n$ 的切空间的投影. 取 $V_\lambda = a_\lambda^T$ 为变分向量场, 则有

$$\sum_{\lambda=1}^{n+p} (\|\widetilde{\nabla}_\ell V\|_a^2 - {}^a R(\mathrm{d}\phi\ell, V, V, \mathrm{d}\phi\ell)) = (2 - n)\|\mathrm{d}\phi\ell\|_a^2. \tag{3.7.11}$$

设 $\|S_{\mathrm{HT}}\| \leqslant \delta$, 则

$$|r(X, Y)| \leqslant \frac{2(1 + b)^2 \delta}{n + 1} \|X\|_a \|Y\|_a. \tag{3.7.12}$$

由式 (3.7.1)∼ 式 (3.7.11) 可得

$$\sum_{\lambda=1}^{n+p} I_\phi(V_\lambda, V_\lambda) \leqslant \frac{n}{c_{n-1}} \int_{SM} \left(2 - n + b^2 + \frac{128\delta^2}{n + 1} \right) \|\mathrm{d}\phi\ell\|_a^2 \mathrm{d}V_{SM}.$$

当 $n > 2 + b^2 + 12\delta$ 时, 有

$$2 - n + b^2 + \frac{128\delta^2}{n + 1} < \left(\frac{128\delta}{n + 1} - 12 \right) \delta < \left(\frac{11(n - 2)}{n + 1} - 12 \right) \delta < 0.$$

因而有 $\|\mathrm{d}\phi\ell\|_a^2 \equiv 0$, 即 $\mathrm{d}\phi = 0$.　　　　　　　　　　　　　　　　　□

3.8 $\mathcal{F}$-调和映射的性质

3.8.1 $\mathcal{F}$-调和映射的稳定性

定理 3.8.1[126]　　设 ϕ 是从标准欧氏球面 $\mathbb{S}^n$ 到任意 Finsler 流形 $(\tilde{M}, \tilde{F})$ 的非退化 $\mathcal{F}$-调和映射. 若

$$\int_{SM} |\mathrm{d}\phi|^2 \left\{ \mathcal{F}'' \left(\frac{|\mathrm{d}\phi|^2}{2} \right) |\mathrm{d}\phi|^2 - (n-2)\mathcal{F}' \left(\frac{|\mathrm{d}\phi|^2}{2} \right) \right\} \mathrm{d}V_{SM} < 0, \qquad (3.8.1)$$

则 ϕ 是不稳定的.

证明　　设 $\{e_i\}$ 和 $\{e_{n+1}\}$ 分别是 $\mathbb{S}^n$ 在欧氏空间 $\mathbb{R}^{n+1}$ 中的切丛和法丛的标准正交基, V 是 $\mathbb{R}^{n+1}$ 中的一个常值向量场, 它可以分解为 $V = V^T + V^N$, 其中 $V^T = \sum_{i=1}^{n} \langle V, e_i \rangle e_i$, $V^N = \langle V, e_{n+1} \rangle e_{n+1}$. 由引理 3.1.1, 有

$$\nabla_X V^T = -\langle V, e_{n+1} \rangle X.$$

对于 $\mathbb{R}^{n+1}$ 中任意两个常值向量场 V_1 和 V_2, 记 $\tilde{I}(V_1, V_2) = I_{\mathcal{F}}(\mathrm{d}\phi V_1^T, \mathrm{d}\phi V_2^T)$. 对于任意的 $x_0 \in \mathbb{S}^n$, 考虑构成 $\mathbb{R}^{n+1}$ 中一组标准正交基的 $n+1$ 个常值向量场 $V_i := e_i(x_0)$, $V_{n+1} := e_{n+1}(x_0)$, $i = 1, \cdots, n$. 则根据式 (2.5.14) 有

$$\mathrm{tr}\tilde{I} = \sum_{\lambda=1}^{n+1} I_{\mathcal{F}}(\mathrm{d}\phi V_\lambda^T, \mathrm{d}\phi V_\lambda^T) := \varXi_1 + \varXi_2, \qquad (3.8.2)$$

其中,

$$\varXi_1 = \frac{1}{c_{n-1}} \sum_{\lambda=1}^{n+1} \int_{SM} \left\{ -\langle \widetilde{\nabla}_{V_\lambda^T} (\mathrm{d}\phi V_\lambda^T), \tilde{\tau}_{\mathcal{F}}(\phi) \rangle_{\tilde{g}} - Q \langle \tilde{R}(\mathrm{d}\phi\ell, \mathrm{d}\phi V_\lambda^T)(\mathrm{d}\phi V_\lambda^T), \mathrm{d}\phi\ell \rangle_{\tilde{g}} \right.$$
$$\left. + Q \frac{F}{\tilde{F}} \langle \tilde{P}(\mathrm{d}\phi V_\lambda^T, (\widetilde{\nabla}_\ell \mathrm{d}\phi)\ell)(\mathrm{d}\phi V_\lambda^T), \mathrm{d}\phi\ell \rangle_{\tilde{g}} + Q \langle \widetilde{\nabla}_{\ell^H} (\mathrm{d}\phi V_\lambda^T), \widetilde{\nabla}_\ell (\mathrm{d}\phi V_\lambda^T) \rangle_{\tilde{g}} \right\} \mathrm{d}V_{SM}, \qquad (3.8.3)$$

$$\varXi_2 = \frac{1}{c_{n-1}} \sum_{\lambda=1}^{n+1} \int_{SM} \langle \widetilde{\nabla}_{\ell^H} (\mathrm{d}\phi V_\lambda), \mathrm{d}\phi\ell \rangle_{\tilde{g}} \left\{ \frac{F^2}{2} \mathcal{F}'' \left[\mathrm{tr}_g \langle \widetilde{\nabla}(\mathrm{d}\phi V_\lambda), \mathrm{d}\phi \rangle_{\tilde{g}} \right. \right.$$
$$\left. \left. + \mathrm{tr}_g F \tilde{C}(\mathrm{d}\phi, \mathrm{d}\phi, \widetilde{\nabla}_{\ell^H}(\mathrm{d}\phi V_\lambda)) \right] \right\}_{y^i y^j} g^{ij} \mathrm{d}V_{SM}. \qquad (3.8.4)$$

类似于定理 3.1.3 的证明方法, 我们得到

$$\mathrm{tr}\tilde{I} = \frac{1}{c_{n-1}} \int_{SM} \left\{ -\sum_\lambda Q \langle \mathrm{d}\phi R(\ell, V_\lambda) V_\lambda, \mathrm{d}\phi\ell \rangle_{\tilde{g}} + Q \langle \mathrm{d}\phi\ell, \mathrm{d}\phi\ell \rangle_{\tilde{g}} \right.$$
$$\left. + \left(\frac{F^2}{2} \mathcal{F}'' |\mathrm{d}\phi|^2 \right)_{y^k y^l} g^{kl} |\mathrm{d}\phi\ell|^2 \right\} \mathrm{d}V_{SM}$$
$$= \frac{1}{c_{n-1}} \int_{SM} \left[\frac{F^2}{2} \mathcal{F}'' |\mathrm{d}\phi|^2 - (n-2) \frac{F^2}{2} \mathcal{F}' \right]_{y^k y^l} g^{kl} |\mathrm{d}\phi\ell|^2 \mathrm{d}V_{SM}$$
$$= \frac{1}{c_{n-1}} \int_{SM} \left[\mathcal{F}'' |\mathrm{d}\phi|^2 - (n-2) \mathcal{F}' \right] |\mathrm{d}\phi|^2 \mathrm{d}V_{SM}$$
$$< 0. \tag{3.8.5}$$

因此, 至少存在一个 $\tilde{I}(\mathrm{d}\phi V_\lambda, \mathrm{d}\phi V_\lambda) = I_{\mathcal{F}}(\mathrm{d}\phi V_\lambda^T, \mathrm{d}\phi V_\lambda^T)$ 是负的, 即 ϕ 是不稳定的. $\qquad\square$

推论 3.8.1[56]　若

(i) $\mathcal{F}'' \leqslant 0$ 且 $n \geqslant 3$, 或

(ii) $\mathcal{F}'' < 0$ 且 $n = 2$,

则不存在从标准欧氏球面 $\mathbb{S}^n$ 到任意 Finsler 流形的非退化稳定 $\mathcal{F}$-调和映射.

注释 3.8.1　对于调和映射, 由式 (3.8.1) 推出 $n > 2$, 即推论 3.8.1 是定理 3.1.3 的推广; 对于调和映射和 p-调和映射, 式 (3.8.1) 意味着 $n > p$; 对于指数调和映射, 当 $|\mathrm{d}\phi|^2 < n - 2$ 时, 式 (3.8.1) 成立.

定理 3.8.2[126]　设 $(\tilde{M}^m, \tilde{g})$ 是欧氏空间 $\mathbb{R}^{m+q}$ 中具有平坦法丛的黎曼子流形. 记 $\mathcal{H}^a = (h_{\alpha\beta}^a)_{m\times m}, a = m+1, \cdots, m+q$, 其中 h 是 $\tilde{M}$ 在 $\mathbb{R}^{m+q}$ 中的第二基本形式. 如果对于任意的 a, $\mathcal{H}^a$ 处处正定, 且主曲率 $\lambda_1^a, \cdots, \lambda_m^a$ 处处满足条件:

(i) 当 $\mathcal{F}'' > 0$ 时,

$$1 \leqslant \frac{\lambda_{\max}^a}{\lambda_{\min}^a} < \sqrt{\frac{m\mathcal{F}'\left(\frac{|\mathrm{d}\phi|^2}{2}\right)}{2\mathcal{F}'\left(\frac{|\mathrm{d}\phi|^2}{2}\right) + |\mathrm{d}\phi|^2 \mathcal{F}''\left(\frac{|\mathrm{d}\phi|^2}{2}\right)}}; \tag{3.8.6}$$

(ii) 当 $\mathcal{F}'' = 0$ 时,

$$\lambda_{\max}^a < \frac{1}{2} \sum_\gamma \lambda_\gamma^a; \tag{3.8.7}$$

(iii) 当 $\mathcal{F}'' < 0$ 时,

$$1 \leqslant \frac{\lambda_{\max}^a}{\lambda_{\min}^a} < \sqrt{\frac{m\mathcal{F}'\left(\frac{|\mathrm{d}\phi|^2}{2}\right) - |\mathrm{d}\phi|^2 \mathcal{F}''\left(\frac{|\mathrm{d}\phi|^2}{2}\right)}{2\mathcal{F}'\left(\frac{|\mathrm{d}\phi|^2}{2}\right)}}. \tag{3.8.8}$$

其中 $\lambda_{\max}^a = \max\{\lambda_1^a, \cdots, \lambda_m^a\}$, $\lambda_{\min}^a = \min\{\lambda_1^a, \cdots, \lambda_m^a\}$, 则不存在从紧致 Finsler 流形 (M^n, F) 到上述黎曼流形 $\tilde{M}^m$ 的非常值稳定 $\mathcal{F}$-调和映射.

证明 设 $\tilde{M}^m$ 是欧氏空间 $\mathbb{R}^{m+q}$ 中的紧致无边子流形, $\{\tilde{e}_\alpha, \alpha = 1, \cdots, m\}$ 和 $\{\tilde{e}_a, a = m+1, \cdots, m+q\}$ 分别是其切丛和法丛的一组局部标准正交基. 设 $A_a = A_{\tilde{e}_a}$ 是 Weingarten 算子, V 是 $\mathbb{R}^{m+q}$ 中的常值向量场. 选取 $\mathbb{R}^{m+q}$ 的一组标准正交的常值向量场 $V_\lambda(\lambda = 1, \cdots, m+q)$. 利用与定理 3.8.1 相同的证明方法可得

$$
\begin{aligned}
\operatorname{tr}\tilde{I} &= \sum_{\lambda=1}^{m+q} I_{\mathcal{F}}(\mathrm{d}\phi V_\lambda^T, \mathrm{d}\phi V_\lambda^T) \\
&= \frac{1}{c_{n-1}} \int_{SM} \left\{ \mathcal{F}' \sum_{k=1}^n \left[\sum_a \langle A_a \mathrm{d}\phi e_k, A_a \mathrm{d}\phi e_k \rangle - \sum_{\gamma=1}^m \langle \tilde{R}(\mathrm{d}\phi e_k, \tilde{e}_\gamma)\tilde{e}_\gamma, \mathrm{d}\phi e_k \rangle \right] \right. \\
&\quad \left. + \mathcal{F}'' \sum_a \left[\sum_k \langle A_a \mathrm{d}\phi e_k, \mathrm{d}\phi e_k \rangle \right]^2 \right\} \mathrm{d}V_{SM} \\
&= \frac{1}{c_{n-1}} \int_{SM} \left\{ \mathcal{F}' \sum_{k,a,\gamma} \phi_k^\alpha \phi_k^\beta (2h_{\alpha\gamma}^a h_{\beta\gamma}^a - h_{\alpha\beta}^a h_{\gamma\gamma}^a) + \mathcal{F}'' \sum_a \left[\sum_k \phi_k^\alpha \phi_k^\beta h_{\alpha\beta}^a \right]^2 \right\} \mathrm{d}V_{SM},
\end{aligned}
\tag{3.8.9}
$$

其中 $\{e_i, i = 1, \cdots, n\}$ 是 π^*TM 中的一组标准正交基, $\mathrm{d}\phi e_k = \phi_k^\alpha \tilde{e}_\alpha$.

因为 $\tilde{M}^m$ 具有平坦法丛, 所以对 $\mathcal{H}^a$ 同时对角化, 即得

$$
\operatorname{tr}\tilde{I} = \frac{1}{c_{n-1}} \int_{SM} \left\{ \mathcal{F}' \sum_{k,a,\alpha} (\phi_k^\alpha)^2 \left[2(\lambda_\alpha^a)^2 - \lambda_\alpha^a \sum_\lambda \lambda_\gamma^a \right] + \mathcal{F}'' \sum_a \left[\sum_{k,\alpha} (\phi_k^\alpha)^2 \lambda_\alpha^a \right]^2 \right\} \mathrm{d}V_{SM}.
\tag{3.8.10}
$$

由于 $\mathcal{H}^a$ 对任何 a 都是正定的, 且 $\mathcal{F}'' > 0$, 所以

$$
\begin{aligned}
&\mathcal{F}' \sum_{k,\alpha} (\phi_k^\alpha)^2 \left[2(\lambda_\alpha^a)^2 - \lambda_\alpha^a \sum_\lambda \lambda_\gamma^a \right] + \mathcal{F}'' \left[\sum_{k,\alpha} (\phi_k^\alpha)^2 \lambda_\alpha^a \right]^2 \\
&\leqslant \mathcal{F}' \sum_{k,\alpha} (\phi_k^\alpha)^2 [2(\lambda_{\max}^a)^2 - m(\lambda_{\min}^a)^2] + \mathcal{F}''(\lambda_{\max}^a)^2 \left[\sum_{k,\alpha} (\phi_k^\alpha)^2 \right]^2 < 0,
\end{aligned}
\tag{3.8.11}
$$

即 $\sum_{\lambda=1}^{m+q} I_{\mathcal{F}}(V_\lambda^T, V_\lambda^T) < 0$. 因此, 至少存在一个 $\tilde{I}(V_\lambda, V_\lambda) = I_{\mathcal{F}}(V_\lambda^T, V_\lambda^T) < 0$.

情形 (ii) 和 (iii) 的证明是类似的. □

文献 [81] 研究了从黎曼流形到超曲面的调和映射的稳定性, 上述定理中的情形 (ii) 推广了其相应结果. 对于 p-调和映射和指数调和映射, 定理 3.8.2 中主曲率

分别要求满足 $\dfrac{\lambda_{\max}^a}{\lambda_{\min}^a} < \sqrt{\dfrac{m}{p}}(p < m)$ 和 $\dfrac{\lambda_{\max}^a}{\lambda_{\min}^a} < \sqrt{\dfrac{m}{|\mathrm{d}\phi|^2 + 2}}.$

例 3.8.1 设 $\tilde{M}^m = \left\{ (x^1, \cdots, x^{m+1}) \in \mathbb{R}^{m+1} \,\middle|\, \dfrac{(x^1)^2}{a_1^2} + \cdots + \dfrac{(x^{m+1})^2}{a_{m+1}^2} = 1 \right\}$ 是 $\mathbb{R}^{m+1}$ 中的椭球面, 其中 $0 < a_1 \leqslant \cdots \leqslant a_{m+1}$. 利用文献 [94] 中的引理, 可以得到 $\tilde{M}^m$ 的主曲率估计

$$\frac{a_1}{(a_{m+1})^2} \leqslant \lambda \leqslant \frac{a_{m+1}}{(a_1)^2}.$$

因此

$$\mu := \frac{a_{m+1}}{a_1} = \left(\frac{\lambda_{\max}}{\lambda_{\min}} \right)^{\frac{1}{3}}. \tag{3.8.12}$$

也就是说, 当 $\mu < \left(\dfrac{m}{2} \right)^{\frac{1}{3}}$ $\left(\mu < \left(\dfrac{m}{p} \right)^{\frac{1}{6}}, p < m \right)$; $\mu < \left(\dfrac{m}{C + 2} \right)^{\frac{1}{3}}$ $(C = \inf_{(x,y) \in TM}$ $|\mathrm{d}\phi|^2)$ 时, 不存在从任何紧致 Finsler 流形到上述椭球面的非常值稳定调和映射 (p-调和映射; 指数调和映射).

由式 (3.8.9) 可得下面的定理.

定理 3.8.3[126]   设 ϕ 是从紧致 Finsler 流形 (M^n, F) 到标准欧氏球面 $\mathbb{S}^m$ 的非常值 $\mathcal{F}$-调和映射. 若

$$\int_{SM} |\mathrm{d}\phi|^2 \left\{ \mathcal{F}'' \left(\frac{|\mathrm{d}\phi|^2}{2} \right) |\mathrm{d}\phi|^2 - (m-2)\mathcal{F}' \left(\frac{|\mathrm{d}\phi|^2}{2} \right) \right\} \mathrm{d}V_{SM} < 0, \tag{3.8.13}$$

则 ϕ 是不稳定的.

推论 3.8.2[56]   若

(i) $\mathcal{F}'' \leqslant 0$ 且 $m \geqslant 3$, 或

(ii) $\mathcal{F}'' < 0$ 且 $m = 2$,

则不存在从任意 Finsler 流形到标准欧氏球面 $\mathbb{S}^m$ 的非常值稳定 $\mathcal{F}$-调和映射.

对于调和映射和 p-调和映射, 由式 (3.8.13) 分别推出 $m > 2$ 和 $m > p$. 对于指数调和映射, 当 $|\mathrm{d}\phi|^2 < m - 2$ 时, 式 (3.8.13) 成立. 推论 3.8.2 是定理 3.1.2 的推广.

3.8.2 $\mathcal{F}$-应力能量张量

Finsler 流形之间非退化光滑映射 ϕ 的 $\mathcal{F}$-应力能量张量定义为

$$S_{\mathcal{F}}(\phi) := \mathcal{F} \left(\frac{|\mathrm{d}\phi|^2}{2} \right) g - \mathcal{F}' \left(\frac{|\mathrm{d}\phi|^2}{2} \right) \phi^{-1}\tilde{g}. \tag{3.8.14}$$

它是射影球丛 SM 上的二阶对称张量.

引理 3.8.1 设 $\phi : (M, F) \to (\tilde{M}, \tilde{F})$ 是 Finsler 流形之间的非退化光滑映射, 则对于任意的 $X \in \Gamma(\pi^*TM)$, 下式成立:

$$
\begin{aligned}
(\mathrm{div}S_{\mathcal{F}}(\phi))(X) = &-\langle \tau_{\mathcal{F}}(\phi), \mathrm{d}\phi X \rangle_{\tilde{g}} - \mathcal{F}g(J, X) + (\ell^H \mathcal{F}')F\mathrm{tr}_g\tilde{C}(\mathrm{d}\phi, \mathrm{d}\phi, \mathrm{d}\phi X) \\
&+\mathcal{F}'\{F\mathrm{tr}_g\tilde{C}(\mathrm{d}\phi, \mathrm{d}\phi, (\tilde{\nabla}_\ell\mathrm{d}\phi)X) + F^2\mathrm{tr}_g\tilde{C}(\mathrm{d}\phi, \mathrm{d}\phi, h, \mathrm{d}\phi X) \\
&+2F\mathrm{tr}_g\tilde{C}(\mathrm{d}\phi, \tilde{\nabla}_\ell\mathrm{d}\phi, \mathrm{d}\phi X) + \mathrm{tr}_g\tilde{L}(\mathrm{d}\phi, \mathrm{d}\phi, \mathrm{d}\phi X)\},
\end{aligned} \tag{3.8.15}
$$

其中 J 表示 (M, F) 的平均 Landsberg 曲率张量, $\tilde{L}$ 表示 $(\tilde{M}, \tilde{F})$ 的 Landsberg 曲率张量.

证明 利用式 (1.6.14), 式 (1.6.6) 和式 (2.5.11) 直接计算即可. □

定理 3.8.4[126] 设 $\phi : (M, F) \to (\tilde{M}, \tilde{F})$ 是 Finsler 流形之间的非退化光滑映射, 则

$$
(\mathrm{div}S_{\mathcal{F}}(\phi))(\ell) = -\langle \tau_{\mathcal{F}}(\phi), \mathrm{d}\phi\ell \rangle_{\tilde{g}}, \tag{3.8.16}
$$

特别地, 当 ϕ 是强 $\mathcal{F}$-调和映射时, $(\mathrm{div}S_{\mathcal{F}}(\phi))(\ell) = 0$.

证明 因为 $F^2\mathrm{tr}_g\tilde{C}(\mathrm{d}\phi, \mathrm{d}\phi, h, \mathrm{d}\phi\ell) = -F\mathrm{tr}_g\tilde{C}(\mathrm{d}\phi, \mathrm{d}\phi, h)$, 所以把 $X = \ell$ 代入式 (3.8.15) 直接验证即可. □

用 D 表示黎曼流形 $(SM, \hat{g})$ 上的 Levi-Civita 联络, $\{e_i\}$ 是水平丛 HTM 的一组局部标准正交基. 如果对于任意的 $Y \in \Gamma(HTM)$, 都有 $\sum_{i=1}^{n}(D_{e_i}S_{\mathcal{F}}(\phi))(e_i, Y) = 0$ 成立, 则称 $S_{\mathcal{F}}(\phi)$ 是水平散度为零的.

定理 3.8.5[126] 设 ϕ 是从 Finsler 流形 (M, F) 到黎曼流形 (N, h) 的非常值强 $\mathcal{F}$-调和映射, 则 $S_{\mathcal{F}}(\phi)$ 是水平散度为零的当且仅当 (M, F) 是弱 Landsberg 流形.

证明 在引理 3.8.1 中, 当 ϕ 是强 $\mathcal{F}$-调和映射且目标流形为黎曼流形时, 有 $(\mathrm{div}S_{\mathcal{F}}(\phi))(X) = -\mathcal{F}g(\dot{\eta}^*, X), \forall X \in \Gamma(\pi^*TM)$. □

定理 3.8.6[126] 设 ϕ 是从 Finsler 流形 (M, F) 到黎曼流形 (N, h) 的浸没, 则以下任意两个条件都蕴涵第三者:

(i) ϕ 是强 $\mathcal{F}$-调和映射;

(ii) $S_{\mathcal{F}}(\phi)$ 是水平散度为零的;

(iii) 投影映射 $\pi : SM \to M$ 具有极小纤维.

证明 Finsler 流形 (M, F) 为弱 Landsberg 流形的充要条件是投影映射 $\pi : SM \to M$ 具有极小纤维[11,67]. 利用定理 3.8.5 立即可得:

(i) 和 (ii) 推出 (iii);

(i) 和 (iii) 推出 (ii);

当 (ii) 和 (iii) 成立时, 由式 (3.8.15) 可得 $\langle \tau_{\mathcal{F}}(\phi), \mathrm{d}\phi X\rangle_{\tilde{g}} = 0$, $\forall X \in \Gamma(\pi^* TM)$. 又由 ϕ 是浸没可知 $\tau_{\mathcal{F}}(\phi) = 0$. 　　　　　　　　　□

定理 3.8.7[126]　设 $\phi : (M, F) \to (\tilde{M}, \tilde{F})$ 是 Finsler 流形之间的非退化光滑映射, Ψ 是余切丛 T^*M 的拉回丛 $\pi^* T^* M$ 上具有紧致支集的光滑截面. 则下式成立:

$$\int_{SM} \left\{ \langle \mathrm{div}_{\tilde{g}} S_{\mathcal{F}}(\phi), \Psi\rangle_{\tilde{g}} + \langle S_{\mathcal{F}}(\phi), \nabla^H \Psi\rangle_{\tilde{g}} \right\} \mathrm{d}V_{SM} = 0, \tag{3.8.17}$$

其中 ∇^H 表示关于陈联络的水平联络.

证明　设 $X \in \Gamma(\pi^* TM)$ 为 Ψ 的对偶向量场. 由式 (1.6.8) 直接计算可得

$$\mathrm{div}(\mathcal{F}\Psi) = g^{ij} \delta_i [\mathcal{F}\Psi(\partial_j)] - g^{ij} \mathcal{F}\Psi(^b\nabla_{\delta_i}\partial_j),$$

$$\mathrm{div}(\mathcal{F}'\tilde{g}(\mathrm{d}\phi X, \mathrm{d}\phi\partial_i)\mathrm{d}x^i) = g^{ij} \delta_i[\mathcal{F}'\tilde{g}(\mathrm{d}\phi X, \mathrm{d}\phi\partial_j)] - g^{ij} \mathcal{F}'\tilde{g}(\mathrm{d}\phi X, \mathrm{d}\phi{}^b\nabla_{\delta_i}\partial_j).$$

又因为

$$\mathrm{div} S_{\mathcal{F}}(X) = \mathrm{div}(\mathcal{F}\Psi) - \mathrm{div}(\mathcal{F}'\tilde{g}(\mathrm{d}\phi X, \mathrm{d}\phi\partial_i)\mathrm{d}x^i) - S(\partial_j, \nabla_{\delta_i} X)g^{ij},$$

上式两边在 SM 上积分即可得证. 　　　　　　　　　□

命题 3.8.1[126]　设 $\phi : (M, F) \to (\tilde{M}, \tilde{F})$ 是 Finsler 流形之间的非退化光滑映射. 则 $S_{\mathcal{F}}(\phi) = 0$ 当且仅当

$$n\mathcal{F}\left(\frac{|\mathrm{d}\phi|^2}{2}\right) = \mathcal{F}'\left(\frac{|\mathrm{d}\phi|^2}{2}\right)|\mathrm{d}\phi|^2, \tag{3.8.18}$$

且 ϕ 是共形映射.

证明　如果 $S_{\mathcal{F}}(\phi) = 0$, 则

$$0 = \mathrm{tr}_g S_{\mathcal{F}}(\phi) = n\mathcal{F} - \mathcal{F}'|\mathrm{d}\phi|^2,$$

并且

$$\phi^* \tilde{g} = \frac{\mathcal{F}}{\mathcal{F}'} g,$$

即 ϕ 是共形映射. 反之, 若 $\phi^* \tilde{g} = \mu g$, 则 $|\mathrm{d}\phi|^2 = n\mu$, 代入式 (3.8.14) 即可. 　　□

特别地, 对于调和映射, p-调和映射和指数调和映射, 式 (3.8.18) 分别表示 $n = 2$, $n = p$ 和 $|\mathrm{d}\phi|^2 = n$.

引理 3.8.2　设 $\phi : (M, F) \to (\tilde{M}, \tilde{F})$ 是 Finsler 流形之间的共形映射, $\dim M = n$. 若

$$(n-2)\mathcal{F}'\left(\frac{|\mathrm{d}\phi|^2}{2}\right) \neq \mathcal{F}''\left(\frac{|\mathrm{d}\phi|^2}{2}\right)|\mathrm{d}\phi|^2, \tag{3.8.19}$$

则 ϕ 是相似映射当且仅当 $(\mathrm{div} S_{\mathcal{F}}(\phi))(\ell) = 0$.

证明 若 $\phi^*\tilde{g} = \mu g$, 则 $|\mathrm{d}\phi|^2 = n\mu$, $S_{\mathcal{F}}(\phi) = (\mathcal{F} - \mathcal{F}'\mu)g$. 因此,

$$
\begin{aligned}
\mathrm{div} S_{\mathcal{F}}(\phi)(\ell) &= g^{ij}({}^b\nabla_{\delta_i}((\mathcal{F} - \mathcal{F}'\mu)g))(\partial_j, \ell) \\
&= \ell^H(\mathcal{F} - \mathcal{F}'\mu) \\
&= \left(\left(\frac{n}{2} - 1\right)H' - \frac{n}{2}H''\mu\right)\ell^H(\mu).
\end{aligned}
\tag{3.8.20}
$$

$\square$

特别地, 对于调和映射, p-调和映射和指数调和映射, 式 (3.8.19) 分别表示 $n \neq 2$, $n \neq p$ 和 $|d\phi|^2 \neq n - 2$.

定理 3.8.8[126] 设 $\phi : (M, F) \to (\tilde{M}, \tilde{F})$ 是 Finsler 流形之间的共形强 $\mathcal{F}$-调和映射, $\dim M = n$. 若 $(n-2)\mathcal{F}'\left(\dfrac{|\mathrm{d}\phi|^2}{2}\right) \neq \mathcal{F}''\left(\dfrac{|\mathrm{d}\phi|^2}{2}\right)|\mathrm{d}\phi|^2$, 则 ϕ 是相似映射.

3.9 复 Finsler 调和映射的性质

3.9.1 复 Finsler 调和映射的存在性

设 (M, G) 是紧致 Kähler-Finsler 流形, (N, H) 是 Kähler 流形, $\phi : M \to N$ 是光滑映射. 记

$$
\gamma^{\bar{i}j}(z) := \frac{\displaystyle\int_{P_zM} G^{\bar{i}j}(z, v)\det(G_{k\bar{l}}(z, v))\mathrm{d}\sigma}{\displaystyle\int_{P_zM} \det(G_{k\bar{l}}(z, v))\mathrm{d}\sigma}, \quad (\gamma_{i\bar{j}}) = (\gamma^{\bar{i}j})^{-1}.
$$

容易验证 $h = \gamma_{i\bar{j}}\mathrm{d}z^i \otimes \mathrm{d}z^{\bar{j}}$ 是 M 上的 Hermitian 度量. 由定理 2.6.3, ϕ 是调和映射当且仅当对于任意变分向量场 V_0, 有

$$
\gamma^{\bar{i}j}(z)\left(\phi^\alpha_{ij} + {}^N\Gamma^\alpha_{\sigma,\rho}\phi^\sigma_i\phi^\rho_j\right) = 0.
\tag{3.9.1}
$$

显然, 方程 (3.9.1) 是一个非线性椭圆方程, 并且与 J. Jost 和 S. T. Yau[48] 得到的 Hermitian 调和映射的方程一致.

定理 3.9.1[33] 设 (M, G) 是紧致 Kähler-Finsler 流形, (N, H) 是具有负截面曲率的紧致的 Kähler 流形. 如果映射 $\psi : M \to N$ 连续, 并且不同伦于一个象集为 (N, H) 上闭测地线的映射, 则存在一个调和映射 $\phi : (M, G) \to (N, H)$ 同伦于 ψ.

定理 3.9.2[33] 设 (M, G) 是紧致 Kähler-Finsler 流形, (N, H) 是具有非负截面曲率的紧致的 Kähler 流形. 如果映射 $\psi : M \to N$ 是光滑的, 并且 $\mathcal{E}(\psi^*TN) \neq 0$, 其中 $\mathcal{E}$ 是 Euler 类. 则存在一个调和映射 $\phi : (M, G) \to (N, H)$ 同伦于 ψ.

3.9.2　同伦不变量

在 2.6 节中已给出映射 $\phi : (M, G) \to (N, H)$ 的 $\bar{\partial}$-能量密度 $|\bar{\partial}\phi|^2(z, v)$ 的定义,类似可以定义它的 ∂-**能量密度** $|\partial\phi|^2(z, v)$. 记

$$e'(\phi) = |\partial\phi|^2(z, v) = G^{i\bar{j}}(z, v)\phi_i^\alpha \phi_{\bar{j}}^{\bar{\beta}} H_{\alpha\bar{\beta}}(\phi(z)),$$

$$e''(\phi) = |\bar{\partial}\phi|^2(z, v) = G^{\bar{i}j}(z, v)\phi_i^\alpha \phi_j^{\bar{\beta}} H_{\alpha\bar{\beta}}(\phi(z)), \qquad (3.9.2)$$

其中 ϕ_i^α(或 $\phi_{\bar{j}}^\alpha$) 是 $\partial\phi$ (或 $\bar{\partial}\phi$) 在给定局部标架场下的分量表示. 于是

$$e(\phi) = |\mathrm{d}\phi|^2(z, v) = e'(\phi) + e''(\phi).$$

ϕ 的 ∂-能量和 $\bar{\partial}$-能量分别为

$$E'(\phi) \equiv E_\partial(\phi) = \frac{1}{c_m} \int_{P\tilde{M}} |\partial\phi|^2 \mathrm{d}\mu_{PM}, \qquad (3.9.3)$$

$$E''(\phi) \equiv E_{\bar{\partial}}(\phi) = \frac{1}{c_m} \int_{P\tilde{M}} |\bar{\partial}\phi|^2 \mathrm{d}\mu_{PM}, \qquad (3.9.4)$$

其中 c_m 是复射影空间 $\mathbb{CP}^{m-1}$ 的标准体积, 则有

$$E(\phi) = E'(\phi) + E''(\phi).$$

设

$$k(\phi) = e'(\phi) - e''(\phi), \quad K(\phi) = E'(\phi) - E''(\phi). \qquad (3.9.5)$$

以下设 (M, G) 是紧致 Kähler-Finsler 流形, (N, H) 是 Kähler 流形.

对于一族光滑映射 $\phi_t : M \to N$, $t \in [0, 1]$, 有

$$\frac{\partial}{\partial t}E''(\phi_t) = -\frac{1}{c_m} \int_{P(M)} G^{\bar{i}j}\frac{\partial\phi_t^\alpha}{\partial t}\left(\frac{\partial^2\overline{\phi_t^\beta}}{\partial\bar{z}^i\partial z^j} + \frac{\partial\overline{\phi_t^\gamma}}{\partial\bar{z}^i}\frac{\partial\overline{\phi_t^\sigma}}{\partial z^j}{}^N\Gamma_{\bar{\gamma},\bar{\sigma}}^{\bar{\beta}}\right)H_{\alpha\bar{\beta}}\mathrm{d}\mu_{PM}$$

$$-\frac{1}{c_m} \int_{P(M)} G^{\bar{i}j}\frac{\partial\overline{\phi_t^\beta}}{\partial t}\left(\frac{\partial^2\phi_t^\alpha}{\partial\bar{z}^i\partial z^j} + \frac{\partial\phi_t^\gamma}{\partial\bar{z}^i}\frac{\partial\phi_t^\sigma}{\partial z^j}{}^N\Gamma_{\gamma,\sigma}^\alpha\right)H_{\alpha\bar{\beta}}\mathrm{d}\mu_{PM},$$

$$\frac{\partial}{\partial t}E'(\phi_t) = -\frac{1}{c_m} \int_{P(M)} G^{i\bar{j}}\frac{\partial\phi_t^\alpha}{\partial t}\left(\frac{\partial^2\overline{\phi_t^\beta}}{\partial z^i\partial\bar{z}^j} + \frac{\partial\overline{\phi_t^\gamma}}{\partial z^i}\frac{\partial\overline{\phi_t^\sigma}}{\partial\bar{z}^j}{}^N\Gamma_{\bar{\gamma},\bar{\sigma}}^{\bar{\beta}}\right)H_{\alpha\bar{\beta}}\mathrm{d}\mu_{PM}$$

$$-\frac{1}{c_m} \int_{P(M)} G^{i\bar{j}}\frac{\partial\overline{\phi_t^\beta}}{\partial t}\left(\frac{\partial^2\phi_t^\alpha}{\partial z^i\partial\bar{z}^j} + \frac{\partial\phi_t^\gamma}{\partial z^i}\frac{\partial\phi_t^\sigma}{\partial\bar{z}^j}{}^N\Gamma_{\gamma,\sigma}^\alpha\right)H_{\alpha\bar{\beta}}\mathrm{d}\mu_{PM}.$$

由此可得

$$\frac{\mathrm{d}}{\mathrm{d}t}K(\phi_t) = \frac{\partial}{\partial t}E'(\phi_t) - \frac{\partial}{\partial t}E''(\phi_t) = 0.$$

定理 3.9.3[33]   设 (M, G) 是紧致 Kähler-Finsler 流形, (N, H) 是 Kähler 流形, $\phi : M \to N$ 是光滑映射. 则 $K(\phi)$ 是光滑同伦不变量, 即它在 M 到 N 的全体光滑映射构成的空间 $C(M, N)$ 的连通分支上是一个常数.

当 (M, G) 是通常的 Kähler 流形时, 这个定理由 A.Lichnerowicz[54] 通过与此不同的方法得到.

推论 3.9.1   关于能量 E', E'' 和 E 的临界点是一致的. 更进一步, 在每一个给定的同伦类中, 能量 E', E'' 和 E 的极小值点也相同.

推论 3.9.2   如果 ϕ_0 和 ϕ_1 是从紧致 Kähler-Finsler 流形到 Kähler 流形的同伦映射, 使得 ϕ_0 全纯, ϕ_1 反全纯, 则 ϕ_0 和 ϕ_1 均为常值映射. 特别地, 任何同伦平凡 (即弱同伦于单形) 的全纯 (反全纯) 映射一定是常值的.

第4章　Finsler-Laplace 算子及其第一特征值

4.1　Finsler-Laplace 算子

各种不同的 Laplace 算子在现代微分几何和物理学研究中具有重要的作用. 黎曼流形上作用于函数的 Laplace 算子既可以用黎曼度量和体积元定义, 也可以用度量和联络表示, 还可以看作是该函数的张力场. 因此, 关于 Finsler 流形上的 Laplace 算子, 可以从不同角度以不同形式推广. 除了 1.6.4 小节中定义的非线性 Laplace 算子, 主要还有下面几种不同形式的定义.

4.1.1　平均 Laplace 算子

作为光滑映射, 函数 $f : (M, F) \to \mathbb{R}$ 的张力形式为

$$\mu_f = \frac{1}{G} \int_{S_x M} g^{ij} (f_{i|j} - f_i \dot{\eta}_j) \Omega \mathrm{d}\tau = \frac{1}{G} \int_{S_x M} \tau(f) \Omega \mathrm{d}\tau, \qquad (4.1.1)$$

其中 $G = \displaystyle\int_{S_x M} \Omega \mathrm{d}\tau = \sigma c_{n-1}$. 将 f 在 SM 上的提升函数仍记为 f, 则

$$\mu_f = \frac{1}{G} \int_{S_x M} \Delta_{\hat{g}} f \Omega \mathrm{d}\tau = \frac{1}{G} \int_{S_x M} \Delta^H f \Omega \mathrm{d}\tau, \qquad (4.1.2)$$

其中 $\Delta_{\hat{g}}$ 和 Δ^H 分别表示由 SM 上的黎曼度量 $\hat{g}$ 所确定的 Laplace 算子和水平 Laplace 算子 (定义见式 (1.6.9) 和式 (1.6.11)). 由此可见, 函数 f 的张力形式可表示为它在射影球丛 SM 上的 Laplacian 或者水平 Laplacian 的平均值.

定义 4.1.1　设 (M, F) 为 Finsler 流形. M 上作用于函数 f 的微分算子

$$\bar{\Delta} f := \mu_f = \frac{1}{G} \int_{S_x M} \tau(f) \Omega \mathrm{d}\tau \qquad (4.1.3)$$

称为**平均 Laplace 算子**. 若 $\bar{\Delta} f = 0$, 则称函数 f 是**调和函数**.

显然, 调和函数是到实数空间的调和映射, 并且这里定义的 Laplace 算子与式 (2.4.8) 定义的作用于微分形式的 Laplace 算子仅差一个符号. 利用 $S_x M$ 上的积分公式 (1.6.19), 平均 Laplace 算子还可以表示为

$$\bar{\Delta} f = \frac{n}{G} \int_{S_x M} \left(f_{ij} y^i y^j - G^k f_k \right) \frac{\Omega}{F^2} \mathrm{d}\tau = \frac{n}{G} \int_{S_x M} ({}^{\mathrm{b}}\nabla_\ell \mathrm{d}f)(\ell) \Omega \mathrm{d}\tau. \qquad (4.1.4)$$

4.1.2 一个自然的 Finsler-Laplace 算子

文献 [104] 用李导数给出了一个 Finsler -Laplace 算子的定义, 证明了存在唯一的 M 上的体积形式 $\tilde{\Omega}^F$ 和 SM 上的 $(n-1)$-形式 α^F, 满足关系式

$$\alpha^F \wedge \pi^* \tilde{\Omega}^F = \omega \wedge \mathrm{d}\omega^{n-1},$$

其中 ω 是 Hilbert 形式, 并且

$$\int_{S_x M} \alpha^F = c_{n-1}, \quad \forall x \in M.$$

定义 4.1.2[104]   设 (M, F) 为 Finsler 流形. 函数 $f : (M, F) \to \mathbb{R}$ 的 Laplacian 定义为

$$\Delta' f := \frac{n}{c_{n-1}} \int_{S_x M} L_X^2(f) \alpha^F, \tag{4.1.5}$$

其中 X 是 ω 在水平丛中的对偶向量场, 即 $X = \ell^H$, L_X 是李导数.

直接计算可知

$$\omega \wedge \mathrm{d}\omega^{n-1} = (-1)^{n-1}(n-1)! \mathrm{d}V_{SM}.$$

从而

$$\mathrm{d}\mu_F = (-1)^{n-1}(n-1)! \sigma(x)\mathrm{d}x, \quad \alpha^F = \frac{\Omega}{\sigma}\mathrm{d}\tau.$$

此外, 我们有

$$L_{\ell^H}^2(f) = \ell^H \ell^H(f) = f_{ij}\ell^i \ell^j - \frac{1}{F^2} G^k f_k.$$

由式 (4.1.4) 和式 (4.1.5) 可知

$$\Delta' f = \bar{\Delta} f. \tag{4.1.6}$$

即, 由式 (4.1.5) 定义的 Laplace 算子正是平均 Laplace 算子.

4.1.3 由平均度量确定的 Riemann-Laplace 算子

考虑 Finsler 度量 F 的基本张量 g^{ij} 在 $S_x M$ 上的某种平均值

$$\bar{g}^{ij} = \frac{1}{G} \int_{S_x M} g^{ij} \Omega \mathrm{d}\tau = \frac{n}{G} \int_{S_x M} \ell^i \ell^j \Omega \mathrm{d}\tau. \tag{4.1.7}$$

它在底流形 M 上确定了一个黎曼度量 $\bar{g}$.

注释 4.1.1   值得注意的是, 不少文献使用过不同形式的**平均度量**[42,71,105]. 本书中也出现几种不同形式的平均度量. 由式 (4.1.7) 定义的平均度量与式 (3.5.1) 相同, 但与式 (4.4.4) 和式 (6.4.15) 不同. 此外, $G = \int_{S_x M} \Omega \mathrm{d}\tau$ 并非射影球面 $S_x M$ 的体积. 一般情况下, 由式 (1.1.17) 定义的 HT-体积形式也并非由 $\bar{g}$ 确定的黎曼体积形式.

为方便起见, 我们记

$$G^{ij} = \int_{S_x M} g^{ij} \Omega \mathrm{d}\tau = n \int_{S_x M} \ell^i \ell^j \Omega \mathrm{d}\tau. \tag{4.1.8}$$

定义 4.1.3　设 $\phi = \phi_i \mathrm{d}x^i$ 和 f 分别为 Finsler 流形 M 上的 1-形式和光滑函数. 它们关于体积形式 $\sigma(x)\mathrm{d}x$ 的散度和 Laplace 算子分别定义为

$$\mathrm{div}_\sigma \phi = \frac{1}{\sigma} \partial_i(\bar{g}^{ij} \sigma \phi_j) = \frac{1}{G} \partial_i G^{ij} \phi_j + \bar{g}^{ij} \phi_{ij},$$

$$\Delta_\sigma f = \frac{1}{\sigma} \partial_i(\bar{g}^{ij} \sigma f_j) = \frac{1}{G} \partial_i G^{ij} f_j + \bar{g}^{ij} f_{ij}. \tag{4.1.9}$$

引理 4.1.1　设 (M, F) 是任意 Finsler 流形, $G^{ij} = G\bar{g}^{ij}$. 则

$$\partial_k G^{ij} = -n \int_{S_x M} \left\{ y^i N_k^j + y^j N_k^i - y^i y^j (\Gamma_{sk}^s - \dot{\eta}_k) \right\} \frac{\Omega}{F^2} \mathrm{d}\tau,$$

$$\partial_k G = \int_{S_x M} (\Gamma_{sk}^s - \dot{\eta}_k) \Omega \mathrm{d}\tau. \tag{4.1.10}$$

证明　由式 (4.1.8) 直接计算可得

$$\partial_k G^{ij} = n \int_{S_x M} y^i y^j (2N_k^s \eta_s + 2F\Gamma_{sk}^s - (n+2)N_k^s F_{y^s}) \frac{\Omega}{F^3} \mathrm{d}\tau,$$

$$\partial_k G = \int_{S_x M} (2N_k^s \eta_s + 2F\Gamma_{sk}^s - nN_k^s F_{y^s}) \frac{\Omega}{F} \mathrm{d}\tau.$$

对于固定的 i, j, k, 令 $\psi_1 = \dfrac{\nu}{F^3} y^i y^j F_{y^s y^t} N_k^t \mathrm{d}y^s$, $\psi_2 = \dfrac{\nu}{F} F_{y^s y^t} N_k^t \mathrm{d}y^s$. 由式 (1.6.16) 可知

$$\mathrm{div}_{\hat{r}_x} \psi_1 = \nu F^2 \left(\frac{1}{F^3} y^i y^j F_{y^s y^t} N_k^t \right)_{y^l} g^{sl}$$

$$= \frac{\nu}{F} \left\{ \ell^i N_k^j + \ell^j N_k^i + \ell^i \ell^j (2N_k^s \eta_s + F^b \Gamma_{sk}^s - (n+2)N_k^s F_{y^s}) \right\},$$

$$\mathrm{div}_{\hat{r}_x} \psi_2 = \nu F^2 \left(\frac{1}{F} F_{y^s y^t} N_k^t \right)_{y^l} g^{sl}$$

$$= \frac{\nu}{F} \left(2N_k^s \eta_s + F^b \Gamma_{sk}^s - nN_k^s F_{y^s} \right),$$

利用式 (1.6.18) 即得式 (4.1.10).　　　　　　　　　　　　　　　　　　　　$\square$

结合式 (4.1.10) 和式 (1.6.19) 可得

$$\partial_i G^{ij} = -n \int_{S_x M} G^j \frac{\Omega}{F^2} \mathrm{d}\tau = -\int_{S_x M} {}^b \Gamma_{kl}^j g^{kl} \Omega \mathrm{d}\tau. \tag{4.1.11}$$

因此

$$
\mathrm{div}_\sigma \phi = \frac{1}{G} \int_{S_x M} \mathrm{div}_{\hat g} \phi \, \Omega \mathrm{d}\tau,
$$

$$
\Delta_\sigma f = \frac{1}{G} \int_{S_x M} \Delta_{\hat g} f \, \Omega \mathrm{d}\tau = \bar\Delta f. \tag{4.1.12}
$$

命题 4.1.1　分别由式 (4.1.3), 式 (4.1.5) 和式 (4.1.9) 定义的 Laplace 算子 $\bar\Delta$, Δ' 和 Δ_σ 是等价的.

综上所述, 定义 4.1.1 ~ 定义 4.1.3 所给出 Laplace 算子本质上是相同的, 统一称为**平均 Laplace 算子**. 它是黎曼 Laplace 算子的一个自然推广. 平均 Laplace 算子是由平均黎曼度量 $\bar g$ 和 HT-体积元确定的, 相当于一个加权的黎曼 Laplace 算子, 它的某些性质已在黎曼几何中得到研究. 但作为 Finsler 流形上的微分算子, 它与 Finsler 度量及其曲率性质之间的关系仍然是值得研究的问题.

注释 4.1.2　值得注意的是, 存在着不同形式的平均值 Laplace 算子的定义. 例如, 文献 [14] 中定义的平均值 Laplace 算子是通过另一种形式的平均度量和 BH-体积定义的, 与这里的平均 Laplace 算子在黎曼情形下一致, 但一般情况下是不同的. 由上面的讨论可见, 这里定义的平均 Laplace 算子与射影球丛上的 Laplace 算子, 李导数以及 Finsler 调和映射理论都有着密切联系, 具有很好的几何背景.

4.1.4　Laplace 算子的谱

设 M 是紧致流形, 具有边界 ∂M(可能 $\partial M = \varnothing$), $\mathrm{d}\mu$ 是 M 上体积形式, Δ 是 M 上某个 Laplace 算子. 如果存在 $u \in C^\infty(M), \lambda \in \mathbb{R}$ 满足

$$
\Delta u + \lambda u = 0,
$$

则 λ 和 u 分别称为 $-\Delta$ 的**特征值**和**特征函数**. 当 $\partial M \neq \varnothing$ 时, 通常需要附加以下两种边值条件.

(1) **Dirichlet 边界条件**: $u|_{\partial M} = 0$,

(2) **Neumann 边界条件**: $\left. \dfrac{\partial u}{\partial v} \right|_{\partial M} = 0$, 其中 v 表示 ∂M 的外法向量.

若 Δ 是二阶椭圆自共轭算子, 则 Δ 具有离散谱, 即 $-\Delta$ 的特征值为

$$
0 = \lambda_0 < \lambda_1 \leqslant \lambda_2 \leqslant \cdots \leqslant \lambda_i \leqslant \cdots,
$$

λ_1 称为**第一特征值**. 当 $i \to \infty$ 时 $\lambda_i \to \infty$.

设 $\mathcal{H}^{1,2}$ 为 M 上函数的 Sobolev 空间, 并记

$$
\mathcal{H}_0 = \begin{cases} \left\{ u \in \mathcal{H}^{1,2} \Big| \int_M u \mathrm{d}\mu = 0 \right\}, & \partial M = \varnothing \text{ 或者 Neumann 问题}, \\ \left\{ u \in \mathcal{H}^{1,2} \Big| u|_{\partial M} = 0 \right\}, & \text{Dirichlet 问题}. \end{cases}
$$

由极大极小原理, $-\Delta$ 的第一特征值 λ_1 正是 $\mathcal{H}_0$ 中能量泛函

$$\mathcal{E}(u) := \frac{\displaystyle\int_M ||\mathrm{d}u||^2 \mathrm{d}\mu}{\displaystyle\int_M u^2 \mathrm{d}\mu}$$

的最小临界值, 即

$$\lambda_1 = \inf_{u \in \mathcal{H}_0} \frac{\displaystyle\int_M ||\mathrm{d}u||^2 \mathrm{d}\mu}{\displaystyle\int_M u^2 \mathrm{d}\mu}. \tag{4.1.13}$$

设 $\{u_i | i = 0, 1, 2, \cdots\}$ 为对应特征值的特征函数, 即 $\Delta u_i = -\lambda_i u_i$. 则 $u_i \in C^\infty(M)$, 并且 $\{u_i\}$ 构成 $\mathcal{H}_0$ 中一组正交基. 因此

$$\lambda_i = \inf \left\{ \frac{\displaystyle\int_M ||\mathrm{d}u||^2 \mathrm{d}\mu}{\displaystyle\int_M u^2 \mathrm{d}\mu} \bigg| u \in \mathcal{H}_0, \quad \int_M u u_j \mathrm{d}\mu = 0, j = 1, \cdots, i-1 \right\}. \tag{4.1.14}$$

　　显然, 式 (4.1.3) 定义的平均 Laplace 算子 $\bar{\Delta}$ 是一个线性的二阶椭圆自共轭算子, 其特征值和特征函数满足上述性质.

　　注释 4.1.3　式 (1.6.30) 定义的 Laplace 算子是 Finsler 几何中另一类非常重要的微分算子. 一般情况下它既不是线性的, 也不是自共轭的, 其特征函数并不能构成 $\mathcal{H}_0$ 的子空间. 但它的第一特征值仍可由式 (4.1.13) 定义, 只是第一特征函数 u 的正则性比黎曼情形要差一些. 文献 [89] 证明了 $u \in C^{1,\alpha}(M) \cap W^{2,2}(M) \cap C^\infty(M_u)$, 其中 $M_u := \{\mathrm{d}u \neq 0\}$. 因此, 非线性 Laplace 算子谱理论的研究与黎曼几何有着很大的区别, 而且有相当大的难度 (详见第 5 章).

4.2　平均 Laplace 算子的性质

　　首先, 由于 $\bar{\Delta}f = \Delta_\sigma f = \mathrm{div}_\sigma \bar{\nabla} f$, 根据散度引理 1.6.10 可知下述引理.

　　引理 4.2.1　设 (M, F) 为紧致无边的 Finsler 流形, 则对 M 上任意光滑函数 f, 有

$$\int_M \bar{\Delta} f \mathrm{d}V_{\mathrm{HT}} = 0. \tag{4.2.1}$$

　　如果 M 上函数 f 满足 $\bar{\Delta}f \geqslant 0$, 则称 f 是**次调和函数**. 由引理 4.2.1 容易证明下列极大值原理.

定理 4.2.1(Hopf 极大原理) 紧致无边的 Finsler 流形上的任意次调和函数必为常数.

记 $\bar{g}$ 关于 HT-体积元的 S-曲率为 $\bar{S}$. 则

$$\bar{S}(X) = X^i \frac{\partial}{\partial x^i} \ln \frac{\sqrt{\det(\bar{g}_{ij})}}{\sigma(x)}. \tag{4.2.2}$$

直接计算可得下述引理.

引理 4.2.2 设 (M, F) 为 Finsler 流形. 则对 M 上任意光滑函数 f, 有

$$\bar{\Delta} f = \Delta_{\bar{g}} f - \bar{S}(\bar{\nabla} f), \tag{4.2.3}$$

$$\bar{S}(\bar{\nabla} f) = \frac{1}{G} \int_{S_x M} ({}^b \Gamma_{ij}^k - \bar{\Gamma}_{ij}^k) g^{ij} f_k \Omega \mathrm{d}\tau, \tag{4.2.4}$$

其中 $\bar{\Gamma}_{ij}^k$ 是平均度量 $\bar{g}$ 的 Christoffel 符号.

设度量 $\tilde{F}$ 与 F 共形, 即存在 $f \in C^\infty(M)$, 使得 $\tilde{F} = \mathrm{e}^f F$, $\tilde{g}_{ij} = \mathrm{e}^{2f} g_{ij}$. 容易验证 $\tilde{g}$ 与 g 的平均度量也是共形的, 仍满足

$$\bar{\tilde{g}}^{ij} = \mathrm{e}^{-2f} \bar{g}^{ij}, \quad \tilde{\sigma} = \mathrm{e}^{nf} \sigma. \tag{4.2.5}$$

从而有下面的定理.

定理 4.2.2 设 (M, F) 是 Finsler 曲面, $f \in C^\infty(M)$, $\tilde{F} = e^f F$, 则

$$\bar{\Delta}_{\tilde{F}} = \mathrm{e}^{-2f} \bar{\Delta}_F. \tag{4.2.6}$$

设 ϕ 是从 Finsler 流形 (M, F) 到欧氏空间 $\mathbb{R}^{n+p}$ 的光滑映射, 则其张力形式为

$$\mu_\alpha(\phi) = \frac{1}{G} \int_{S_x M} g^{ij} (\phi_{i|j}^\beta - \phi_i^\beta \dot{\eta}_j) \delta_{\alpha\beta} \Omega \mathrm{d}\tau = \bar{\Delta}_F \phi^\alpha. \tag{4.2.7}$$

于是有下述命题.

命题 4.2.1 ϕ 是从 Finsler 流形 (M, F) 到欧氏空间 $\mathbb{R}^{n+p}$ 的调和映射, 当且仅当对每一个 $\alpha = 1, 2, \cdots, n+p$, ϕ^α 是 Finsler 流形 (M, F) 上的调和函数.

设 $i : \mathbb{S}^n \to \mathbb{R}^{n+1}$ 是标准欧氏球面嵌入. 由推论 3.2.1, $\phi : (M, F) \to \mathbb{S}^n$ 是调和映射, 当且仅当存在 M 上的函数 λ, 使得

$$\bar{\Delta} \Phi = \mu_\Phi = \lambda \Phi,$$

其中 $\Phi = i \circ \phi$.

命题 4.2.2 如果对所有 $\alpha = 1, 2, \cdots, n+1$, $(i \circ \phi)^\alpha$ 是 (M, F) 上平均 Laplace 算子 $-\bar{\Delta}$ 属于同一特征值的特征函数, 则 $\phi : (M, F) \to \mathbb{S}^n$ 是调和映射.

设 (V^n, F) 是一个 Minkowski 空间, (x^i, y^i) 为给定的坐标系. 则 $\Omega = \dfrac{\det(g_{ij})}{F^n}$ 仅为方向 y 的函数, $G = \displaystyle\int_{S_xM} \Omega \mathrm{d}\tau$ 为常数, 并且平均度量的矩阵 $\bar{g}^{ij} = \dfrac{1}{G} \displaystyle\int_{S_xM} g^{ij} \Omega \mathrm{d}\tau$ 是一个常值矩阵.

命题 4.2.3　Minkowski 空间中的平均度量 $\bar{g}$ 是一个欧氏度量. 从而平均 Laplace 算子 $\bar{\Delta}f = \bar{g}^{ij} f_{ij}$ 是一个欧氏 Laplace 算子.

4.3　广义 (α, β) 度量的平均 Laplace 算子

4.3.1　广义 (α, β) 度量的平均度量

首先考虑广义 (α, β)-度量 $F = \alpha\varphi\left(b^2, \dfrac{\beta}{\alpha}\right)$ 的平均度量 $\bar{g}$. 由式 (1.5.29) 可知

$$\Omega = \frac{\det(g_{ij})}{F^n} = \frac{H\left(b^2, \dfrac{\beta}{\alpha}\right)\det(a_{ij})}{\alpha^n}.$$

记 $a = \det(a_{ij})$, 则在任意给定局部坐标系 (x^i, y^i) 下,

$$\bar{g}^{ij} = \frac{n}{G} \int_{S_xM} y^i y^j \frac{H\left(b^2, \dfrac{\beta}{\alpha}\right)}{\varphi^2 \alpha^{n+2}} a \mathrm{d}\tau = \frac{n\sqrt{a}}{G} \int_{S_x} y^i y^j \frac{H(b^2, \beta)}{\varphi^2(b^2, \beta)} \mathrm{d}V_{S_x}, \tag{4.3.1}$$

其中 $S_x = \{y \in T_xM \mid a_{ij}y^i y^j = 1\}$, 并且

$$G = \int_{S_xM} \frac{Ha}{\alpha^n} \mathrm{d}\tau = \sqrt{a} \int_{S_x} H(b^2, \beta) \mathrm{d}V_{S_x}. \tag{4.3.2}$$

令

$$\kappa_0 = \int_{S_x} H(b^2, \beta) \mathrm{d}V_{S_x},$$

并选取局部坐标系 (x^i, y^i), 使得在给定点 x 处 $a_{ij} = \delta_{ij}, \beta = by^1$, 则

$$\kappa_0 = \int_{\mathbb{S}^{n-1}} H(b^2, by^1) \mathrm{d}\tau = c_{n-2} \int_0^\pi \sin^{n-2}\theta H(b^2, b\cos\theta) \mathrm{d}\theta, \tag{4.3.3}$$

$$\bar{g}^{ij} = \frac{n}{\kappa_0} \int_{\mathbb{S}^{n-1}} y^i y^j \frac{H(b^2, by^1)}{\varphi^2(b^2, by^1)} \mathrm{d}\tau = \delta^{ij} \frac{n}{\kappa_0} \int_{\mathbb{S}^{n-1}} (y^i)^2 \frac{H(b^2, by^1)}{\varphi^2(b^2, by^1)} \mathrm{d}\tau. \tag{4.3.4}$$

显然 $\bar{g}^{22} = \bar{g}^{33} = \cdots = \bar{g}^{nn}$. 记 $\kappa = \bar{g}^{11}, \kappa_1 = \bar{g}^{22}$, 则

$$\begin{aligned}
\kappa &= \frac{n}{\kappa_0} \int_{\mathbb{S}^{n-1}} (y^1)^2 \frac{H(b^2, by^1)}{\varphi^2(b^2, by^1)} \mathrm{d}\tau \\
&= \frac{nc_{n-2}}{\kappa_0} \int_0^\pi \cos^2\theta \sin^{n-2}\theta \frac{H(b^2, b\cos\theta)}{\varphi^2(b^2, b\cos\theta)} \mathrm{d}\theta.
\end{aligned} \tag{4.3.5}$$

由式 (4.3.4) 可得

$$\sum_i \bar{g}^{ii} = \kappa + (n-1)\kappa_1 = \frac{n}{\kappa_0} \int_{\mathbb{S}^{n-1}} \frac{H(b^2, by^1)}{\varphi^2(b^2, by^1)} \mathrm{d}\tau$$

$$= \frac{nc_{n-2}}{\kappa_0} \int_0^\pi \sin^{n-2}\theta \frac{H(b^2, b\cos\theta)}{\varphi^2(b^2, b\cos\theta)} \mathrm{d}\theta.$$

上述两式表明

$$\kappa_1 = \frac{nc_{n-2}}{(n-1)\kappa_0} \int_0^\pi \sin^n\theta \frac{H(b^2, b\cos\theta)}{\varphi^2(b^2, b\cos\theta)} \mathrm{d}\theta. \tag{4.3.6}$$

由式 (4.3.3), 式 (4.3.5) 和式 (4.3.6) 可知, κ 和 κ_1 都是关于函数 $b(x)$ 的复合函数. 根据度量张量在坐标变换下的规则, 可得下述命题.

命题 4.3.1 广义 (α, β)- 度量 $F = \alpha\varphi\left(b^2, \dfrac{\beta}{\alpha}\right)$ 的平均度量 $\bar{g}$ 在任意局部坐标系 (x^i, y^i) 中可表示为

$$\bar{g}^{ij} = \kappa_1 a^{ij} + \kappa_2 b^i b^j, \quad \bar{g}_{ij} = \frac{1}{\kappa_1} a_{ij} - \frac{\kappa_2}{\kappa\kappa_1} b_i b_j, \tag{4.3.7}$$

$$\det(\bar{g}_{ij}) = \frac{a}{\kappa\kappa_1^{n-1}}, \quad \bar{F} = \sqrt{\frac{1}{\kappa_1}\alpha - \frac{\kappa_2}{\kappa\kappa_1}\beta^2}, \tag{4.3.8}$$

其中, $\bar{F} = \sqrt{\bar{g}_{ij}y^i y^j}$, $\kappa_2(b) = \frac{1}{b^2}(\kappa(b) - \kappa_1(b))$, 并且 $\kappa(b)$ 和 $\kappa_1(b)$ 分别由式 (4.3.5) 和式 (4.3.6) 给出.

4.3.2 广义 (α, β) 度量的平均 Laplace 算子

根据式 (4.1.9) 和式 (4.3.7) 可得

$$\bar{\Delta}f = \Delta_\sigma f = \frac{1}{\sigma}\partial_i(\bar{g}^{ij}\sigma f_j)$$

$$= \kappa_1\Delta_\alpha f + \kappa_2 b^i b^j f_{ij} + \kappa_1\partial_i\left(\ln\left(\frac{\sigma}{\sqrt{a}}\right)\right)f^i + \kappa_2\partial_i(\ln\sigma)b^i b^j f_j$$

$$+ \partial_i\kappa_1 f^i + f_j\left(\partial_i\kappa_2 b^i b^j + \kappa_2\partial_i b^i b^j + \kappa_2 b^i\partial_i b^j\right)$$

$$= \kappa_1\Delta_\alpha f + \kappa_2 b^i b^j f_{i|j} - \kappa_1 S_\alpha({}^\alpha\nabla f) + \kappa_2\partial_i\left(\ln\left(\frac{\sigma}{\sqrt{a}}\right)\right)b^i b^j f_j$$

$$+ \kappa_1'\partial_i b f^i + f_j\left(\kappa_2'\partial_i b b^i b^j + \kappa_2 b^i_{|i} b^j + \kappa_2 b^i b^j_{|i}\right),$$

其中 $\Delta_\alpha f = \mathrm{tr}({}^\alpha\nabla df)$, $f^i = a^{ij}f_j$, $S_\alpha({}^\alpha\nabla f) = f^i\partial_i\ln\left(\dfrac{\sqrt{a}}{\sigma}\right)$, 并且 S_α 是 α 关于体积元 σ 的 S-曲率. 设 α 关于体积元 σ 的 Laplace 算子为 $\Delta_{\alpha\sigma}$, 则

$$\Delta_{\alpha\sigma}f = \frac{1}{\sigma}\partial_i(a^{ij}\sigma f_j) = \Delta_\alpha f - S_\alpha({}^\alpha\nabla f).$$

另一方面, 由式 (4.3.2) 可知 $\sigma = \dfrac{G}{c_{n-1}} = \dfrac{\kappa_0\sqrt{a}}{c_{n-1}}$, 并且 $\partial_i b = \dfrac{1}{b}b_{j|i}b^j$. 于是

$$
\begin{aligned}
\bar\Delta f &= \kappa_1 \Delta_\alpha f + \kappa_2\kappa_2 b^i b^j f_{i|j} + b_j f^j \left\{ \frac{(\kappa_2\kappa_0)'}{b\kappa_0} r + \kappa_2 b^i_{|i} \right\} \\
&\quad + \left\{ \frac{(\kappa_1\kappa_0)'}{b\kappa_0} b_{i|j} + \kappa_2 b_{j|i} \right\} b^i f^j \\
&= \kappa_1 \Delta_{\alpha\sigma} f + \kappa_2\kappa_2 b^i b^j f_{i|j} + b_j f^j \left\{ \frac{(\kappa_2\kappa_0)'}{b\kappa_0} r + \kappa_2 b^i_{|i} \right\} \\
&\quad + \left\{ \frac{\kappa_1'}{b} b_{i|j} + \kappa_2 b_{j|i} \right\} b^i f^j \\
&= \mathrm{div}_\alpha(\kappa_1 f) + \kappa_2\kappa_2 b^i b^j f_{i|j} + b_j f^j \left\{ \frac{(\kappa_2\kappa_0)'}{b\kappa_0} r + \kappa_2 b^i_{|i} \right\} + \kappa_2 b_{j|i} b^i f^j. \quad (4.3.9)
\end{aligned}
$$

记

$$
\Psi_j = \left\{ \frac{(\kappa_2\kappa_0)'}{b\kappa_0} r + \kappa_2 b^i_{|i} \right\} b_j + \left\{ \frac{(\kappa_1\kappa_0)'}{b\kappa_0} b_{i|j} + \kappa_2 b_{j|i} \right\} b^i. \quad (4.3.10)
$$

定理 4.3.1　广义 (α,β)-度量 $F = \alpha\varphi(b^2, \frac{\beta}{\alpha})$ 的平均 Laplace 算子可表示为

$$
\bar\Delta f = \kappa_1 \Delta_\alpha f + \kappa_2 \mathrm{Hess}_\alpha f(\beta^*, \beta^*) + \Psi({}^\alpha\nabla f). \quad (4.3.11)
$$

另一方面, 从式 (1.5.32) 可知 $G^i = G^i_\alpha + P^i$. 由式 (4.1.4), 有

$$
\begin{aligned}
\bar\Delta f &= \frac{n}{G} \int_{S_x M} \frac{f_{ij}y^i y^j - G^i_\alpha f_i + P^i f_i}{F^2} \Omega \mathrm{d}\tau \\
&= \frac{n}{G} \int_{S_x M} \frac{\left(f_{ij} - {}^\alpha\Gamma^k_{ij} f_k\right) y^i y^j + P^i f_i}{F^2} \Omega \mathrm{d}\tau \\
&= \bar g^{ij} f_{i|j} + \frac{n}{G} \int_{S_x M} \frac{P^i f_i}{F^2} \Omega \mathrm{d}\tau \\
&= \kappa_1 \Delta_\alpha f + \kappa_2 \mathrm{Hess}_\alpha f(\beta^*, \beta^*) + \frac{n}{G} \int_{S_x M} \frac{P^i f_i}{F^2} \Omega \mathrm{d}\tau. \quad (4.3.12)
\end{aligned}
$$

式 (4.3.11) 和式 (4.3.12) 表明

$$
\Psi^i = \Psi_j a^{ij} = \frac{n}{G} \int_{S_x M} \frac{P^i}{F^2} \Omega \mathrm{d}\tau, \quad (4.3.13)
$$

其中 P^i 由式 (1.5.33) 定义.

4.3.3　Randers 度量的平均 Laplace 算子

本小节中, 我们首先具体计算一般 Randers 度量的平均度量, 然后针对 2 维球面 $\mathbb{S}^2$ 上的 Katok-Ziller 度量计算其平均 Laplace 算子.

设 $F = \alpha + \beta$ 为 Randers 度量, $f : (M, F) \to \mathbb{R}$ 是定义在 M 上的光滑函数. 此时 $H = \varphi = 1 + s$, 则

$$\kappa_0 = \int_{S_x} (1 + \beta)\sqrt{a}\mathrm{d}\tau = 2c_{n-2}\int_0^{\frac{\pi}{2}} \sin^{n-2}\theta\mathrm{d}\theta = c_{n-1}, \tag{4.3.14}$$

$$\kappa = \frac{nc_{n-2}}{\kappa_0}\int_0^\pi \frac{\cos^2\theta\sin^{n-2}\theta}{1 + b\cos\theta}\mathrm{d}\theta = \frac{2nc_{n-2}}{c_{n-1}}\int_0^{\frac{\pi}{2}} \frac{\cos^2\theta\sin^{n-2}\theta}{1 - b^2\cos^2\theta}\mathrm{d}\theta, \tag{4.3.15}$$

$$\kappa_1 = \frac{2nc_{n-2}}{(n-1)c_{n-1}}\int_0^{\frac{\pi}{2}} \frac{\sin^n\theta}{1 - b^2\cos^2\theta}\mathrm{d}\theta. \tag{4.3.16}$$

直接计算可知 $b^2\kappa = \kappa + (n-1)\kappa_1 - n$, 从而

$$\kappa_2 = \frac{1}{b^2}(\kappa(b) - \kappa_1(b)) = \frac{n - (n - b^2)\kappa_1}{c^2 b^2},$$

其中 $c = \sqrt{1 - b^2}$. 于是得到平均度量

$$\bar{g}^{ij} = \kappa_1 a^{ij} + \frac{n - (n - b^2)\kappa_1}{c^2 b^2} b^i b^j. \tag{4.3.17}$$

当 $n = 2$ 时, $\kappa_1 = \dfrac{2}{1 + c}$. 则有

$$\bar{g}^{ij} = \frac{2}{1 + c}\left(a^{ij} + \frac{b^i b^j}{c(1 + c)}\right). \tag{4.3.18}$$

另一方面, 由式 (4.1.4), 式 $(1.5.5)_3$, 式 (4.3.2) 和式 (4.3.14), 可知 $G = \sqrt{a}c_{n-1}$ 并且

$$\bar{\Delta}f = \frac{n}{G}\int_{S_x M} \frac{f_{ij}y^i y^j - G^i f_i}{F^2}\Omega\mathrm{d}\tau = \frac{n}{c_{n-1}}\int_{S_x} \frac{f_{ij}y^i y^j - G^i f_i}{1 + \beta}\mathrm{d}V_{S_x}. \tag{4.3.19}$$

例 4.3.1[39] 设 $\mathbb{S}^2 = \{(\phi, \theta) | \phi \in [0, \pi], \theta \in [0, 2\pi]\}$, $\{\phi, \theta, y^\phi, y^\theta\}$ 是 $T\mathbb{S}^2$ 的局部坐标, $F = \alpha + \beta$ 是 $\mathbb{S}^2$ 上的 **Katok-Ziller 度量**, 即

$$F = \alpha + \beta = \sqrt{\frac{g(y, y)(1 - \epsilon^2 g(V, V)) + \epsilon^2 g(V, y)^2}{(1 - \epsilon^2 g(V, V))^2}} - \frac{\epsilon g(V, y)}{1 - \epsilon^2 g(V, V)}, \tag{4.3.20}$$

其中,

$$g = \begin{pmatrix} 1 & 0 \\ 0 & \sin^2\phi \end{pmatrix}$$

为欧氏球面 $\mathbb{S}^2$ 上标准度量, $V = \dfrac{\partial}{\partial\theta}$ 为 Killing 向量场, $\epsilon \ (0 < \epsilon < 1)$ 为常数. 则

$$\alpha = \sqrt{\frac{(y^\phi)^2}{1 - \epsilon^2\sin^2\phi} + \frac{\sin^2\phi(y^\theta)^2}{(1 - \epsilon^2\sin^2\phi)^2}}, \quad \beta = -\frac{\epsilon\sin^2\phi}{1 - \epsilon^2\sin^2\phi}y^\theta.$$

记 $\lambda = 1 - b^2 = 1 - \epsilon^2 \sin^2 \phi$, 则

$$F = \sqrt{\frac{(y^\phi)^2}{\lambda} + \frac{b^2}{(\epsilon\lambda)^2}(y^\theta)^2} - \frac{b^2}{\epsilon\lambda}y^\theta.$$

从而

$$(a_{ij}) = \begin{pmatrix} \dfrac{1}{\lambda} & 0 \\ 0 & \dfrac{b^2}{(\epsilon\lambda)^2} \end{pmatrix} = \begin{pmatrix} a_1 & 0 \\ 0 & a_2 \end{pmatrix},$$

其中, $a_1 = \dfrac{1}{\lambda}$, $a_2 = \dfrac{b^2}{(\epsilon\lambda)^2}$. 于是

$$a = a_1 a_2 = \frac{b^2}{\epsilon(1 - \epsilon^2 \sin^2 \phi)^2}, \tag{4.3.21}$$

$$(a^{ij}) = \begin{pmatrix} \dfrac{1}{a_1} & 0 \\ 0 & \dfrac{1}{a_2} \end{pmatrix}.$$

此外, 我们有 $b_\phi = 0, b_\theta = -\dfrac{b^2}{\epsilon\lambda}$. 取

$$y^\phi = \sqrt{\lambda}\cos t = \frac{1}{\sqrt{a_1}}\cos t, \quad y^\theta = \frac{\epsilon\lambda}{\sqrt{1-\lambda}}\sin t = \frac{1}{\sqrt{a_2}}\sin t, \quad t \in [0, 2\pi],$$

则 $\alpha = 1$, $\beta = -b\sin t$.

设 $f : (\mathbb{S}^2, F) \to \mathbb{R}$ 是 $\mathbb{S}^2$ 上的光滑函数. 由式 (4.3.19) 可得

$$\bar{\Delta}f = \frac{2}{2\pi}\int_{S_x}(f_{\phi\phi}(y^\phi)^2 + 2f_{\phi\theta}y^\phi y^\theta + f_{\theta\theta}(y^\theta)^2 - G^\phi f_\phi - G^\theta f_\theta)\frac{\sqrt{a}}{1+\beta}(y^\phi \mathrm{d}y^\theta - y^\theta \mathrm{d}y^\phi). \tag{4.3.22}$$

由式 $(1.5.5)_4$ 得

$$G^\phi = G^\phi_\alpha + b_{i|j}y^i y^j \ell^\phi + (a^{\phi i} - \ell^\phi b^i)(b_{i|j} - b_{j|i})\alpha y^j,$$

$$G^\theta = G^\theta_\alpha + b_{i|j}y^i y^j \ell^\theta + (a^{\theta i} - \ell^\theta b^i)(b_{i|j} - b_{j|i})\alpha y^j,$$

其中 $i, j = \phi, \theta$. 显然

$$^\alpha\Gamma^\theta_{\phi\phi} = {}^\alpha\Gamma^\phi_{\phi\theta} = {}^\alpha\Gamma^\phi_{\theta\theta} = 0, \quad b_{\phi|\phi} = b_{\theta|\theta} = 0, \quad b^\phi = 0.$$

从而有

$$G^\phi = {}^\alpha\Gamma^\phi_{\phi\phi}(y^\phi)^2 + {}^\alpha\Gamma^\phi_{\theta\theta}(y^\theta)^2 + (b_{\phi|\theta} + b_{\theta|\phi})\frac{(y^\phi)^2 y^\theta}{F} + (b_{\phi|\theta} - b_{\theta|\phi})\left(\frac{1}{a_1}y^\theta + b^\theta \frac{y^\phi y^\phi}{F}\right)$$

$$= \frac{^\alpha\Gamma^\phi_{\phi\phi}}{a_1}\cos^2 t + \frac{^\alpha\Gamma^\phi_{\theta\theta}}{a_2}\sin^2 t + \frac{1}{a_1\sqrt{a_2}F}(b_{\phi|\theta} + b_{\theta|\phi})\cos^2 t \sin t$$

$$+ (b_{\phi|\theta} - b_{\theta|\phi})\left(\frac{1}{a_1\sqrt{a_2}}\sin t + \frac{b^\theta}{a_1 F}\cos^2 t\right),$$

$$G^\theta = \frac{{}^\alpha\Gamma^\theta_{\phi\theta}}{\sqrt{a_1 a_2}}\cos t\sin t + \frac{1}{\sqrt{a_1}\,a_2 F}(b_{\phi|\theta} + b_{\theta|\phi})\cos t\sin^2 t \tag{4.3.23}$$

$$+ (b_{\theta|\phi} - b_{\phi|\theta})\left(\frac{1}{a_2\sqrt{a_1}}\cos t - \frac{b^\theta}{\sqrt{a_1 a_2}\,F}\cos t\sin t\right),$$

其中,

$$b_{\phi|\theta} = -{}^\alpha\Gamma^\theta_{\phi\theta}b_\theta, \quad b_{\theta|\phi} = \frac{\partial b_\theta}{\partial\phi} - {}^\alpha\Gamma^\theta_{\theta\phi}b_\theta, \quad b^\theta = -\epsilon\lambda,$$

$${}^\alpha\Gamma^\phi_{\phi\phi} = \frac{a_{1\phi}}{2a_1}, \quad {}^\alpha\Gamma^\theta_{\phi\theta} = \frac{a_{2\phi}}{2a_2}, \quad {}^\alpha\Gamma^\phi_{\theta\theta} = -\frac{a_{2\phi}}{2a_1},$$

$a_{i\phi}$ 表示对 y^ϕ 的一阶偏导. 将式 (4.3.23) 代入式 (4.3.22), 直接计算可得

$$\bar\Delta f = \frac{2\lambda}{1+\sqrt\lambda}f_{\phi\phi} + \frac{2\lambda^{\frac{3}{2}}}{\sin^2\phi(1+\sqrt\lambda)}f_{\theta\theta} + \frac{2\cos\phi}{\sin\phi}\left(2 - \sqrt\lambda - \frac{1}{1+\sqrt\lambda}\right)f_\phi. \tag{4.3.24}$$

因此, 球面 $\mathbb{S}^2$ 上 Katok-Ziller 度量的平均 Laplace 算子可以表示为

$$\tilde\Delta = \frac{2}{1+\sqrt{1-\epsilon^2\sin^2\phi}}\left((1-\epsilon^2\sin^2\phi)\frac{\partial^2}{\partial\phi^2} + \frac{(1-\epsilon^2\sin^2\phi)^{\frac{3}{2}}}{\sin^2\phi}\frac{\partial^2}{\partial\theta^2}\right)$$

$$+ \frac{\cos\phi}{\sin\phi}\left(2 - \sqrt{1-\epsilon^2\sin^2\phi} - \frac{1}{1+\sqrt{1-\epsilon^2\sin^2\phi}}\right)\frac{\partial}{\partial\phi}. \tag{4.3.25}$$

4.4 平均 Laplace 算子的第一特征值

4.4.1 黎曼几何中关于第一特征值的一些结果

关于 Laplace 算子的谱理论, 特别是对于第一特征值问题的研究, 一直以来都是几何分析重要的研究课题, 与整体微分几何也有着极为密切的关系. 在黎曼几何中, 关于 Laplace 算子的第一特征值的上界及下界估计, 有许多著名的定理. Lichnerowicz[54] 和 Obata[76] 分别给出了 Ricci 曲率具有正下界时, 第一特征值的最佳下界估计和达到下界的刚性定理. 而在 Ricci 曲率非负的条件下, Li-Yau[60], Zhong-Yang[123] 和 Hang-Wang[32] 运用梯度估计和选取闸函数的方法给出了第一特征值用直径确定的下界估计和达到下界的刚性定理. 关于第一特征值的上界估计, Cheng[19] 通过体积比较定理分别给出了紧致黎曼流形 (或完备黎曼流形的测地球) 上关于 Neumann 边界条件和 Dirichlet 边界条件的第一特征值的上界估计. J. Hersch[44] 和 Yang-Yau[120] 则给出了任意紧致黎曼面上第一特征值由体积确定的上界估计. 主要结果如下.

定理 4.4.1[54, 76]　　设 (M, g) 是 n 维紧致无边的黎曼流形. 若 (M, g) 的 Ricci 曲率满足

$$\mathrm{Ric}_M \geqslant (n-1)c,$$

其中 c 为正常数, 则 (M, g) 上 Laplace 算子的第一特征值满足

$$\lambda_1 \geqslant nc.$$

等号成立当且仅当 (M, g) 等距于截面曲率为 c, 直径为 $\dfrac{\pi}{\sqrt{c}}$ 的 n 维球面.

定理 4.4.2[32,60,123]　　设 (M, g) 是具有非负 Ricci 曲率的 n 维紧致无边连通黎曼流形, 则 (M, g) 上 Laplace 算子的第一特征值满足

$$\lambda_1 \geqslant \frac{\pi^2}{d^2},$$

其中 d 为 (M, g) 的直径. 等号成立当且仅当 (M, g) 等距于 $\mathbb{S}^1\left(\dfrac{d}{\pi}\right)$.

定理 4.4.3[19]　　设 M^n 是 n 维紧致黎曼流形, 其 Ricci 曲率 $\mathrm{Ric}_M \geqslant (n-1)k$. 则

$$\lambda_m(M) \leqslant \lambda_1\left(V_n(k, \frac{d_M}{2m})\right),$$

其中 d_M 表示 M 的直径, $\lambda_m(M)$ 表示第 m Neumann 特征值, $V_n(c, r)$ 表示空间形式 $N^n(c)$ 中半径为 r 的测地球, $\lambda_1\left(V_n\left(k, \dfrac{d_M}{2m}\right)\right)$ 表示第一 Dirichlet 特征值.

定理 4.4.4[19]　　设 (M, g) 是具有非负 Ricci 曲率的 n 维紧致黎曼流形. 则其第一 Neumann 特征值满足

$$\lambda_1 \leqslant \frac{2n(n+4)}{d^2}.$$

定理 4.4.5[19]　　设 M^n 是完备黎曼流形, 其 Ricci 曲率满足 $\mathrm{Ric}_M \geqslant (n-1)k$, 则在任一点 $x_0 \in M$, 其第一 Dirichlet 特征值满足

$$\lambda_1(B(x_0, r_0)) \leqslant \lambda_1(V_n(k, r_0)),$$

其中 $B(x_0, r_0)$ 表示 M 上的测地球. 等号成立当且仅当 $B(x_0, r_0)$ 与 $V_n(k, r_0)$ 等距.

定理 4.4.6[44]　　对于球面 $\mathbb{S}^2$ 上的任意黎曼度量 g, 都有

$$\lambda_1 \leqslant \frac{8\pi}{A_g(\mathbb{S}^2)}.$$

定理 4.4.7[120]　　对于任意亏格为 γ 的紧致黎曼面 Σ_g, 都有

$$\lambda_1 \leqslant \frac{8\pi(1+\gamma)}{A(\Sigma_g)}.$$

4.4.2 Berwald 流形上平均 Laplace 算子的第一特征值

B. Thomas[104] 证明了对于 $\mathbb{S}^2$ 上 Katok-Ziller 度量 (式 (4.3.20)), 平均 Laplace 算子的第一特征值为 $\lambda_1 = 2 - 2\epsilon^2$ (详见定理 4.5.1). 而 Katok-Ziller 度量的旗曲率对于任意的 ϵ $(0 < \epsilon < 1)$ 均为常数 1. 当 $\epsilon \to 1$ 时, $\lambda_1 \to 0$. 显然, Lichnerowicz-Obata 不等式 $\lambda_1 \geqslant nc = 2$ 不成立. 可见平均 Laplace 算子的第一特征值下界并非像黎曼情形那样仅由维数和 Ricci 曲率下界确定. 因此, 我们只能期望相对较弱的下界估计. 下面, 我们考虑 Berwald 度量, 并分别给出 Lichnerowicz-Obata 定理, Li-Yau 定理和 Cheng 定理在 Finsler 流形上的一种推广.

设 (M, F) 是 Berwald 空间, 即在局部坐标系中, 陈联络系数 Γ_{ij}^k 仅为点 x 的函数, 与方向 y 无关. Szabó[101] 运用李群作用和平行移动的观点证明了 M 上存在黎曼度量 (不一定唯一), 使得 Γ_{ij}^k 恰好是其 Levi-Civita 联络的联络系数 (第二类 Christoffel 记号). 有趣的是, 由式 (4.1.7) 定义的平均度量 $\bar{g}$ 恰好是这样一个黎曼度量.

首先, 由式 (4.1.10), 有

$$\partial_k G = \int_{S_x M} \Gamma_{sk}^s \Omega \mathrm{d}\tau = \Gamma_{sk}^s,$$

$$\partial_k G^{ij} = -n \int_{S_x M} (y^i y^s \Gamma_{ks}^j + y^j y^s \Gamma_{ks}^i - y^i y^j \Gamma_{sk}^s) \frac{\Omega}{F^2} \mathrm{d}\tau$$

$$= -(G^{is} \Gamma_{ks}^j + G^{js} \Gamma_{ks}^i - G^{ij} \Gamma_{sk}^s). \tag{4.4.1}$$

记平均度量 $\bar{g}$ 的第二类 Christoffel 记号为 $\bar{\Gamma}_{ij}^k$. 则

$$\bar{\Gamma}_{ij}^k = -\frac{1}{2}(\partial_i \bar{g}^{kl} \bar{g}_{lj} + \partial_j \bar{g}^{kl} \bar{g}_{il} - \bar{g}^{kl} \bar{g}_{is} \partial_l \bar{g}^{st} \bar{g}_{tj})$$

$$= -\frac{1}{2G}(\partial_i G^{kl} \bar{g}_{lj} + \partial_j G^{kl} \bar{g}_{il} - \bar{g}^{kl} \bar{g}_{is} \partial_l G^{st} \bar{g}_{tj})$$

$$+ \frac{1}{2} \left(\partial_i (\ln G) \delta_j^k + \partial_j (\ln G) \delta_i^k - \partial_l (\ln G) \bar{g}^{kl} \bar{g}_{ij} \right).$$

将式 (4.4.1) 代入上式, 直接计算可得

$$\bar{\Gamma}_{ij}^k = \Gamma_{ij}^k = {}^b\bar{\Gamma}_{ij}^k, \quad \partial_i (\ln \sigma) = \partial_i (\ln G) = \partial_i \left(\ln \sqrt{\det(\bar{g}_{ij})} \right). \tag{4.4.2}$$

定理 4.4.8 在 Berwald 流形 (M, F) 上, 陈联络恰好是平均度量 $\bar{g}$ 的 Levi-Civita 联络, 即 $\bar{\Gamma}_{ij}^k = \Gamma_{ij}^k$, 并且 $S_{\bar{g}} = 0$. 从而

$$\bar{\Delta} f = \Delta_{\bar{g}} f. \tag{4.4.3}$$

推论 4.4.1　设 (M, F) 是 Berwald 流形, 则 (M, F) 和 $(M, \bar{g})$ 有相同的测地线. 从而沿任意测地线, 其切向量场 X 在两种度量下的长度之比 $\dfrac{F(X)}{\| X \|_{\bar{g}}}$ 是一个常数.

注释 4.4.1　对于 Finsler 度量 F, 存在着另一种形式的平均度量

$$\tilde{g}_{ij} = \frac{1}{G} \int_{S_x M} g_{ij} \Omega \mathrm{d}\tau. \tag{4.4.4}$$

当 F 是 Berwald 度量时, 可以类似验证 $\tilde{g}$ 的 Christoffel 符号也等于 F 的陈联络系数. 但一般情况下, $\bar{g}$ 和 $\tilde{g}$ 是两个不同的黎曼度量.

命题 4.4.1　在 Berwald 流形 (M, F) 上, 平均度量 $\bar{g}$ 的 Ricci 曲率满足

$$\bar{\mathrm{Ric}}(X) = \frac{F(X)^2}{\| X \|_{\bar{g}}^2} \mathrm{Ric}(X), \quad \forall X \in \Gamma(TM) \tag{4.4.5}$$

其中 Ric 表示 Finsler 度量 F 的 Ricci 曲率.

证明　设 $\bar{R}^i_{jkl}$ 为平均度量 $\bar{g}$ 的黎曼曲率张量, 由于 $\bar{\Gamma}^k_{ij} = \Gamma^k_{ij}$, 从式 (1.4.2) 可知 F 的第一陈曲率张量 $R^i_{jkl} = \bar{R}^i_{jkl}$. 因而

$$\bar{\mathrm{Ric}}(X) = \frac{1}{\| X \|_{\bar{g}}^2} \bar{R}^i_{jik} X^j X^k = \frac{1}{\| X \|_{\bar{g}}^2} R^i_{jik} X^j X^k = \frac{F(X)^2}{\| X \|_{\bar{g}}^2} \mathrm{Ric}(X).$$

$\square$

记

$$\varepsilon(x) = \min \left\{ F(x, y)^2 \Big| y \in T_x M, \| y \|_{\bar{g}(x)} = 1 \right\},$$
$$\mu(x) = \max \left\{ F(x, y)^2 \Big| y \in T_x M, \| y \|_{\bar{g}(x)} = 1 \right\}, \tag{4.4.6}$$

$$\varepsilon = \inf \left\{ \varepsilon(x) | x \in M \right\}, \quad \mu = \sup \left\{ \mu(x) | x \in M \right\}. \tag{4.4.7}$$

则 $\mu \geqslant \varepsilon \geqslant 0$. 当 (M, F) 紧致时, $0 < \varepsilon \leqslant \mu < +\infty$. 显然, F 为黎曼度量当且仅当 $\mu = \varepsilon$. 此时必有 $\varepsilon = \mu = 1$.

对于广义 (α, β)-度量 $F = \alpha \varphi(b^2, \frac{\beta}{\alpha})$, 有

$$\varepsilon(x) = \min \left\{ \frac{(\varphi(b^2, s))^2}{\dfrac{1}{\kappa_1} - \dfrac{\kappa_2}{\kappa \kappa_1} s^2} \Bigg| |s| \leqslant b(x) \right\},$$
$$\mu(x) = \max \left\{ \frac{(\varphi(b^2, s))^2}{\dfrac{1}{\kappa_1} - \dfrac{\kappa_2}{\kappa \kappa_1} s^2} \Bigg| |s| \leqslant b(x) \right\}. \tag{4.4.8}$$

例 4.4.1 对于 Randers 曲面 $(M, F = \alpha + \beta)$, 直接计算可得

$$\varepsilon(x) = \frac{2(1-b)^2}{c^2+c}, \quad \mu(x) = \frac{2(1+b)^2}{c^2+c},$$

其中 $c = \sqrt{1-b^2}$. 如果 M 紧致, 设 $b_0 = \max\left\{b(x)\middle| x \in M\right\}$, $c_0 = \sqrt{1-b_0^2}$, 则有

$$\varepsilon = \frac{2(1-b_0)^2}{c_0^2+c_0}, \quad \mu = \frac{2(1+b_0)^2}{c_0^2+c_0}.$$

定理 4.4.9 设 (M, F) 是 n 维紧致无边的 Berwald 流形. 若 (M, F) 的 Ricci 曲率满足

$$\mathrm{Ric}(M, F) \geqslant (n-1)k,$$

其中 k 为正常数, 则 (M, F) 上平均 Laplace 算子的第一特征值满足

$$\lambda_1 \geqslant n\varepsilon k. \tag{4.4.9}$$

等号成立当且仅当 (M, F) 为黎曼流形, 且等距于截面曲率为 k, 直径为 $\dfrac{\pi}{\sqrt{k}}$ 的 n 维球面.

证明 设 f 为 $\bar{\Delta}$ 对应第一特征值 λ_1 的特征函数, 即 $\bar{\Delta}f = \Delta_{\bar{g}}f = -\lambda_1 f$. 关于 f 的 Weitzenböck 公式为

$$\frac{1}{2}\Delta_{\bar{g}}\|\mathrm{d}f\|_{\bar{g}}^2 = \|\bar{\nabla}\mathrm{d}f\|_{\bar{g}}^2 + \bar{\mathrm{Ric}}(\bar{\nabla}f)\|\bar{\nabla}f\|_{\bar{g}}^2 + \bar{\nabla}f(\Delta_{\bar{g}}f). \tag{4.4.10}$$

当 $\mathrm{Ric} \geqslant (n-1)k$ 时, 有

$$\bar{\mathrm{Ric}}(\bar{\nabla}f) = \frac{F(\bar{\nabla}f)^2}{\|\bar{\nabla}f\|_{\bar{g}}^2}\mathrm{Ric}(\bar{\nabla}f) \geqslant (n-1)\varepsilon k. \tag{4.4.11}$$

由定理 4.4.1 即得式 (4.4.9).

若式 (4.4.9) 等号成立, 则由定理 4.4.1 可知, $(M, \bar{g})$ 等距于截面曲率为常数 εk, 直径为 $\dfrac{\pi}{\sqrt{\varepsilon k}}$ 的 n 维球面. 此时有 $\bar{\mathrm{Ric}} = (n-1)\varepsilon k$. 另一方面, 由式 (4.4.5), 式 (4.4.6) 和定理条件可知, 对于任意 $X \in T_x M$,

$$\bar{\mathrm{Ric}}(X) = \frac{F(X)^2}{\|X\|_{\bar{g}}^2}\mathrm{Ric}(X) \geqslant \varepsilon\mathrm{Ric}(X) \geqslant (n-1)\varepsilon k.$$

因此

$$F(X)^2 = \varepsilon\|X\|_{\bar{g}}^2.$$

这表明 F 是黎曼度量, 从而有 $\varepsilon = 1$. 定理结论成立. $\qquad\square$

定理 4.4.10　设 (M, F) 是具有非负 Ricci 曲率的 n 维紧致连通无边的 Berwald 流形, 则 (M, F) 上平均 Laplace 算子的第一特征值满足

$$\lambda_1 \geqslant \frac{\varepsilon \pi^2}{d_F^2}, \tag{4.4.12}$$

其中 d_F 为 (M, F) 的直径, $\varepsilon = \min\{F(x, y)^2 | x \in M, \| y \|_{\bar{g}(x)} = 1\}$. 等号成立当且仅当 (M, F) 为黎曼流形, 且等距于 $\mathbb{S}^1\left(\dfrac{d_F}{\pi}\right)$.

证明　由命题 4.4.1 及定理 4.4.2, 可得

$$\lambda_1 \geqslant \frac{\pi^2}{d_{\bar{g}}^2}.$$

又由于 $F(X)^2 \geqslant \varepsilon \| X \|_{\bar{g}}^2$, 显然有 $d_F^2 \geqslant \varepsilon d_{\bar{g}}^2$, 从而式 (4.4.12) 成立. 若式 (4.4.12) 等号成立, 则 $(M, \bar{g})$ 等距于 $\mathbb{S}^1\left(\dfrac{d_F}{\pi}\right)$, 且 $d_F^2 = \varepsilon d_{\bar{g}}^2$.

由推论 4.4.1, F 和 $\bar{g}$ 有相同的测地线 $\gamma(t), t \in [0, 2d_{\bar{g}}]$, 其中 t 是关于度量 $\bar{g}$ 的弧长参数. 因此 $\dfrac{F(\dot{\gamma}(t))^2}{\| \dot{\gamma}(t) \|_{\bar{g}}^2} = F(\dot{\gamma}(t))^2$ 是常数 ε 或 μ. 如果 $\mu > \varepsilon$, 不妨设 $F(\dot{\gamma}(t))^2 = \varepsilon, F(-\dot{\gamma}(t))^2 = \mu$. 设 $p = \gamma(0), q = \gamma(d_{\bar{g}})$, 则 $\gamma_1 = \gamma([0, d_{\bar{g}}])$ 是从点 p 到点 q 关于度量 F 的极小测地线. 于是

$$d_F \geqslant L_F(\gamma_1) = \int_{\gamma_1} F(\dot{\gamma}) \mathrm{d}t = \int_{\gamma_1} \sqrt{\varepsilon} \| \dot{\gamma} \|_{\bar{g}} \, \mathrm{d}t = \sqrt{\varepsilon} d_{\bar{g}} = d_F.$$

即 $d_F = L_F(\gamma_1)$. 另一方面, 由于 $L_F(\gamma([2d_{\bar{g}}, d_{\bar{g}}])) = \sqrt{\mu} d_{\bar{g}} > d_F$, 存在 $\delta > 0$, 使得

$$L_F(\gamma([2d_{\bar{g}}, d_{\bar{g}} + \delta])) = L_F(\gamma([0, d_{\bar{g}} + \delta])) = d_F(p, \gamma(d_{\bar{g}} + \delta)) > d_F.$$

推出矛盾. 因此 $\mu = \varepsilon$, (M, F) 为黎曼曲线并且等距于圆 $\mathbb{S}^1\left(\dfrac{d_F}{\pi}\right)$.　　□

定理 4.4.11　设 (M, F) 为 n 维紧致 Berwald 流形, 其 Ricci 曲率满足 $\mathrm{Ric} \geqslant (n-1)k$. 则

$$\lambda_m(M) \leqslant \lambda_1\left(V_n\left(k', \frac{d_F}{2\sqrt{\mu m}}\right)\right),$$

其中, d_F 表示 (M, F) 的直径, $k' = \min(\mu k, \varepsilon k)$, $\lambda_m(M)$ 表示 (M, F) 的第 m Neumann 特征值, $\lambda_1\left(V_n\left(k', \dfrac{d_F}{2\sqrt{\mu m}}\right)\right)$ 表示第一 Dirichlet 特征值.

证明　由命题 4.4.1, 可得

$$\bar{\mathrm{Ric}}(X) = \frac{F(X)^2}{\| X \|_{\bar{g}}^2} \mathrm{Ric}(X) \geqslant (n-1) \min(\mu k, \varepsilon k) = (n-1)k',$$

又由定理 4.4.3, 可知

$$\lambda_m(M) \leqslant \lambda_1 \left(V_n \left(k', \frac{d_{\bar{g}}}{2m} \right) \right).$$

由于 $F(X)^2 \leqslant \mu \parallel X \parallel_{\bar{g}}^2$, 我们有 $d_F \leqslant \sqrt{\mu} d_{\bar{g}}$. 因此

$$\lambda_m(M) \leqslant \lambda_1 \left(V_n \left(k', \frac{d_{\bar{g}}}{2m} \right) \right) \leqslant \lambda_1 \left(V_n \left(k', \frac{d_F}{2\sqrt{\mu}m} \right) \right).$$

$\square$

由定理 4.4.4 和定理 4.4.11 的证明立即可得下面的定理.

定理 4.4.12 设 (M, F) 是具有非负 Ricci 曲率的 n 维紧致 Berwald 流形, 则 (M, F) 上平均 Laplace 算子的第一 Neumann 特征值满足

$$\lambda_1 \leqslant \frac{2\mu n(n+4)}{d_F^2}.$$

定理 4.4.13 设 (M^n, F) 为前向完备的 Berwald 流形, 且 $\mathrm{Ric}_M \geqslant (n-1)k$, 其中 k 为常数. 则对于任意的 $x_0 \in M$, 平均 Laplace 算子的第一 Dirichlet 特征值满足

$$\lambda_1(B(x_0, r_0)) \leqslant \lambda_1 \left(V_n \left(k', \frac{r_0}{\sqrt{\mu}} \right) \right), \tag{4.4.13}$$

其中, $(B(x_0, r_0))$ 表示 (M, F) 上的测地球, $k' = \min(\mu k, \varepsilon k)$. 在任意点 x_0 都有等号成立当且仅当 F 是黎曼度量, 且 $B(x_0, r_0)$ 等距于 $V_n(k, r_0)$.

证明 由命题 4.4.2 和定理 4.4.5, 有

$$\bar{\mathrm{Ric}}(X) = \frac{F(X)^2}{\parallel X \parallel_{\bar{g}}^2} \mathrm{Ric}(X) \geqslant (n-1)\min(\mu k, \varepsilon k) = (n-1)k',$$

及

$$\lambda_1 \left(B_{\bar{g}} \left(x_0, \frac{r_0}{\sqrt{\mu}} \right) \right) \leqslant \lambda_1 \left(V_n \left(k', \frac{r_0}{\sqrt{\mu}} \right) \right).$$

由于 $F(X)^2 \leqslant \mu \parallel X \parallel_{\bar{g}}^2$, 我们得到 $B_{\bar{g}} \left(x_0, \frac{r_0}{\sqrt{\mu}} \right) \subseteq B(x_0, r_0)$. 所以

$$\lambda_1(B(x_0, r_0)) \leqslant \lambda_1 \left(B_{\bar{g}} \left(x_0, \frac{r_0}{\sqrt{\mu}} \right) \right) \leqslant \lambda_1 \left(V_n \left(k', \frac{r_0}{\sqrt{\mu}} \right) \right).$$

若式 (4.4.13) 等号在任一点 x_0 处成立, 则 $B_{\bar{g}} \left(x_0, \frac{r_0}{\sqrt{\mu}} \right)$ 等距于 $V_n \left(\varepsilon k', \frac{r_0}{\sqrt{\mu}} \right)$ 且 $\lambda_1(B(x_0, r_0)) = \lambda_1 \left(B_{\bar{g}} \left(x_0, \frac{r_0}{\sqrt{\mu}} \right) \right)$. 注意 $B_{\bar{g}} \left(x_0, \frac{r_0}{\sqrt{\mu}} \right) \subseteq B(x_0, r_0)$. 利用黎曼情形的相关结果, 等号成立当且仅当 $B(x_0, r_0) = B_{\bar{g}} \left(x_0, \frac{r_0}{\sqrt{\mu}} \right)$, 这表明对于任意的 $X \in T_{x_0}M$, $\frac{F(X)}{\parallel X \parallel_{\bar{g}}}$ 是常数. 因此 F 是黎曼度量, 且 $\mu = \varepsilon = 1$.

$\square$

4.5　曲面上平均 Laplace 算子的第一特征值

由 Hersch 定理 [44] (定理 4.4.6) 可知, 对于 2 维球面 $\mathbb{S}^2$ 上的任意黎曼度量 g, 有 $\lambda_1 \leqslant \dfrac{8\pi}{V(\mathbb{S}^2)}$. 特别对于 $\mathbb{S}^2$ 上标准球面度量等号成立. B. Thomas[104] 证明了当 F 为 $\mathbb{S}^2$ 上 Katok-Ziller 度量时, 其平均 Laplace 算子的第一特征值满足类似的等式.

记 $Y_l^m(\phi, \theta) := e^{im\theta} P_l^m(\cos\phi)$ 是**球面调和函数**, 其中 P_l^m 是 **Legendre 多项式**.

命题 4.5.1[104]　设 F 为 $\mathbb{S}^2$ 上 Katok-Ziller 度量, f 为 $-\bar\Delta$ 的特征函数, λ 为对应特征值. 则存在唯一的 $l, m \in N$, $0 \leqslant m \leqslant l$, 使得 $f = aY_l^m + bY_l^{-m} + g$, 其中 g 关于 ϵ 一致趋于 0, 且

$$\lambda = -l(l+1) + \epsilon^2 \left[\frac{m^2}{2(2l-1)} \left(2(l+1) + \frac{3l(l-1)}{2l+3} \right) \right.$$
$$\left. + \frac{3l(l-1)}{2(2l-1)} \left(1 + \frac{l^2 + l - 1}{(2l+3)(2l-1)} \right) \right] + o(\epsilon^2). \tag{4.5.1}$$

证明　设 $l \in N, m \in Z$ 使得 $|m| \leqslant l$, 则 Legendre 多项式 $P_m^l(\cos(\phi)) \triangleq \widetilde{P}_m^l(\phi)$ 是下面方程的解:

$$\frac{\partial^2 \widetilde{P}_m^l}{\partial\phi^2} + \frac{\cos\phi}{\sin\phi} \frac{\partial \widetilde{P}_m^l}{\partial\phi} + \left(l(l+1) - \frac{m^2}{\sin^2\phi} \right) \widetilde{P}_m^l = 0,$$

且满足

$$(2l-1)\cos\phi\widetilde{P}_m^{l-1} = (l-m)\widetilde{P}_m^l + (l+m-1)\widetilde{P}_m^{l-2},$$

$$\sin\phi\frac{\partial\widetilde{P}_m^l}{\partial\phi} = l\cos\phi\widetilde{P}_m^l - (l+m)\widetilde{P}_m^{l-1},$$

$$\sin\phi\widetilde{P}_m^l = \frac{1}{2l+1}(\widetilde{P}_{m+1}^{l-1} - \widetilde{P}_{m+1}^{l+1}).$$

球面调和函数 $\{Y_l^m\}$ 恰好是 $L^2(\mathbb{S}^2)$ 的正交基, 且范数为

$$\|Y_l^m\| = \sqrt{\frac{4\pi}{2l+1} \frac{(l+m)!}{(l-m)!}}.$$

设

$$f = \sum_{l=0}^{+\infty} \sum_{|m| \leqslant l} a_l^m Y_l^m,$$

则

$$\lambda \sum_{l=0}^{+\infty} \sum_{|m| \leqslant l} a_l^m Y_l^m = \bar\Delta f = \sum_{l=0}^{+\infty} \sum_{|m| \leqslant l} a_l^m \bar\Delta Y_l^m. \tag{4.5.2}$$

另一方面, 由式 (4.3.24) 可得

$$\bar{\Delta} Y_l^m = -l(l+1)Y_l^m + \epsilon^2 \left[\frac{3l(l+1)}{4} \sin^2\phi + \frac{m^2}{2} + \frac{3(l(l+1)+m^2)}{2l+1} \right] Y_l^m$$

$$+ \frac{3\epsilon^2}{2}(l+m)(l+m-1)Y_{l-2}^m + O(\epsilon^4). \tag{4.5.3}$$

由上述等式, 并利用 $\{Y_l^m\}$ 的正交性, 直接计算可知命题成立. □

由式 (4.5.2), 直接验证可得

$$\bar{\Delta} Y_1^1 = (-2+2\epsilon^2)Y_1^1, \quad \bar{\Delta} Y_1^{-1} = (-2+2\epsilon^2)Y_1^{-1}, \quad \bar{\Delta} Y_1^0 = -2Y_1^0.$$

根据命题 4.5.1, $\tilde{\Delta}$ 的第一特征函数必在由 Y_1^1, Y_1^{-1}, Y_1^0 生成的空间中, 因此, $\lambda_1 = 2 - 2\epsilon^2$.

定理 4.5.1[104] 设 F 为 $\mathbb{S}^2$ 上 Katok-Ziller 度量. 则 $-\bar{\Delta}$ 的最小非零特征值为

$$\lambda_1 = 2 - 2\epsilon^2,$$

其重数为 2, 特征空间由 $\{Y_1^1, Y_1^{-1}\}$ 生成.

由式 (1.5.8) 和式 (4.3.21) 可知, $(\mathbb{S}^2, F)$ 的体积为

$$V(\mathbb{S}^2) = \int_{\mathbb{S}^2} \sigma(x)\mathrm{d}x = \int_{\mathbb{S}^2} \mathrm{d}V^\alpha = \int_{\mathbb{S}^2} \sqrt{a}\mathrm{d}x$$

$$= 2\pi \int_0^\pi \frac{\sin\phi}{(1-\epsilon^2\sin^2\phi)^{\frac{3}{2}}} \mathrm{d}\phi = \frac{4\pi}{1-\epsilon^2}. \tag{4.5.4}$$

定理 4.5.2[104] $\mathbb{S}^2$ 上 Katok-Ziller 度量的平均 Laplace 算子的第一特征值满足

$$\lambda_1 = \frac{8\pi}{V(\mathbb{S}^2)}. \tag{4.5.5}$$

上面结果说明: Hersch 定理至少对于 Katok-Ziller 度量成立. B. Thomas 提出一个自然的问题: 对于 $\mathbb{S}^2$ 上一般的 Finsler 度量, Hersch 定理是否仍然成立? 对此, 我们将给出反例.

用 $\bar{\tau} = \ln \frac{\sqrt{\det(\bar{g}_{ij})}}{\sigma}$ 表示平均度量的畸变. 当 $n = 2$ 时, 根据式 (4.3.8), 式 (4.3.15) 和式 (4.3.16), 直接计算可得

$$\mathrm{e}^{-\bar{\tau}} = \sqrt{kk_1^{n-1}} = \frac{2}{(1+\sqrt{1-b^2})\sqrt[4]{1-b^2}}. \tag{4.5.6}$$

命题 4.5.2 设 $F = \alpha + \beta = \sqrt{a_{ij}y^iy^j} + b_iy^i$ 为紧致曲面 Σ 上 Randers 度量, 且 $b \leqslant b_0 < 1$, $F_t = \alpha + t\beta \left(0 \leqslant t < \frac{1}{b_0}\right)$. 则 F_t 的平均 Laplace 算子的第一特征值 $\lambda_1^{F_t}$ 关于 t 严格单调增加.

证明　由式 (4.3.18), 我们有

$$\bar{g}_t^{ij} = \frac{2}{1 + \sqrt{1 - t^2 b^2}} \left(a^{ij} + \frac{t^2 b^i b^j}{(1 + \sqrt{1 - t^2 b^2})\sqrt{1 - t^2 b^2}} \right). \tag{4.5.7}$$

显然, 对于任意的 $0 \leqslant t_1 < t_2 < \dfrac{1}{b_0}$ 和 Σ 上的函数 f, 有

$$\| \nabla f \|_{\bar{g}_{t_1}}^2 < \| \nabla f \|_{\bar{g}_{t_2}}^2.$$

注意 F_t 的 HT-体积元均为 α 的体积元, 因而有

$$\lambda_1^{F_t} = \inf_{\int_\Sigma f \sigma dx = 0} \frac{\displaystyle\int_\Sigma \| \nabla f \|_{\bar{g}_t}^2 \, \sigma dx}{\displaystyle\int_\Sigma f^2 \sigma dx}.$$

若 f 为 F_{t_2} 平均 Laplace 算子的第一特征函数, 则

$$\lambda_1^{F_{t_1}} \leqslant \frac{\displaystyle\int_\Sigma \| \nabla f \|_{\bar{g}_{t_1}}^2 \, \sigma dx}{\displaystyle\int_\Sigma f^2 \sigma dx} < \frac{\displaystyle\int_\Sigma \| \nabla f \|_{\bar{g}_{t_2}}^2 \, \sigma dx}{\displaystyle\int_\Sigma f^2 \sigma dx} = \lambda_1^{F_{t_2}}.$$

$\square$

定理 4.5.3　对于紧致曲面 Σ 上的任意 Randers 度量 $F = \alpha + \beta$, 总有

$$\lambda_1 \geqslant \lambda_1^\alpha.$$

等号成立当且仅当 $\beta = 0$, 其中 λ_1 为 F 的平均 Laplace 算子第一特征值, λ_1^α 为度量 α 的第一特征值.

可见, 在 $\mathbb{S}^2$ 上我们不能期望对于所有的 Finsler 度量有类似于 Hersch 定理中的不等式成立.

例 4.5.1　设 $F = \alpha + \beta$ 为 $\mathbb{S}^2$ 上 Randers 度量, 其中 α 是 $\mathbb{S}^2$ 上标准球面度量, 且 $\beta \neq 0$. 由于 $A_F(\mathbb{S}^2) = A_\alpha(\mathbb{S}^2)$, 故由定理 4.5.3, 可得

$$\lambda_1 > \lambda_1^\alpha = \frac{8\pi}{A_F(\mathbb{S}^2)}.$$

例 4.5.2　对于 $\mathbb{S}^2$ 上 Katok-Ziller 度量, 由命题 4.5.2 可知, 当 $1 < t < \dfrac{1}{\epsilon}$ 时, 同样有

$$\lambda_1^t > \lambda_1 = \frac{8\pi}{A_F(\mathbb{S}^2)} = \frac{8\pi}{A_{F_t}(\mathbb{S}^2)}.$$

作为弥补, 我们给出一个相对较弱的上界估计.

引理 4.5.1 设 Σ 是亏格为 γ 的闭曲面, g 是 Σ 上黎曼度量, σdx 为 Σ 上任意体积形式, 则

$$\lambda_1 \leqslant e^{-\tau_0} \frac{8\pi(1+\gamma)}{A_\sigma(\Sigma)},$$

其中 $\tau_0 = \min_\Sigma \ln \dfrac{\sqrt{\det(g_{ij})}}{\sigma}$.

证明 设 $\tau = \ln \dfrac{\sqrt{\det(g_{ij})}}{\sigma}$, $\tilde{g}_{ij} = e^{-\tau} g_{ij}$, 则

$$\| \nabla f \|_g^2 = e^{-\tau} \| \nabla f \|_{\tilde{g}}^2, \quad \sqrt{\det(\tilde{g}_{ij})} = \sigma.$$

由 Yang-Yau 定理 (定理 4.4.7), 有

$$\lambda_1 = \inf_{\int_\Sigma f\sigma dx=0} \frac{\displaystyle\int_\Sigma \| \nabla f \|_g^2 \, \sigma dx}{\displaystyle\int_\Sigma f^2 \sigma dx} = \inf_{\int_\Sigma f\sigma dx=0} \frac{\displaystyle\int_\Sigma e^{-\tau} \| \nabla f \|_{\tilde{g}}^2 \, \sigma dx}{\displaystyle\int_\Sigma f^2 \sigma dx}$$

$$\leqslant e^{-\tau_0} \inf_{\int_\Sigma f\sigma dx=0} \frac{\displaystyle\int_\Sigma \| \nabla f \|_{\tilde{g}}^2 \, \sigma dx}{\displaystyle\int_\Sigma f^2 \sigma dx} \leqslant e^{-\tau_0} \frac{8\pi(1+\gamma)}{A_\sigma(\Sigma)}.$$

$\square$

由引理 4.5.1 和式 (4.5.6), 立即可得下面的 Yang-Yau 型定理.

定理 4.5.4 设 F 为闭曲面 Σ 上的 Finsler 度量, Σ 亏格为 γ. 则平均 Laplace 算子的第一特征值满足

$$\lambda_1 \leqslant \max_\Sigma e^{-\bar{\tau}} \frac{8\pi(1+\gamma)}{A_F(\Sigma)},$$

其中 $\bar{\tau} = \ln \dfrac{\sqrt{\det(\bar{g}_{ij})}}{\sigma}$, $A_F(\Sigma)$ 表示 (Σ, F) 的面积. 特别地, 对于 Randers 度量 $F = \alpha + \beta, \|\beta\|^2 = b^2 \leqslant b_0^2 < 1$, 有

$$\lambda_1 \leqslant \frac{2}{\left(1 + \sqrt{1 - b_0^2}\right) \sqrt[4]{1 - b_0^2}} \frac{8\pi(1+\gamma)}{A_F(\Sigma)}.$$

注释 4.5.1 显然, 定理 4.5.4 是 Yang-Yau 定理 (定理 4.4.7) 的推广. 一个自然的问题是: 是否存在不依赖于度量 F 的常数 C, 使得在 $\mathbb{S}^2$ 上, 或更一般地, 在闭曲面 Σ 上, 第一特征值满足

$$\lambda_1 \leqslant C \frac{8\pi(1+\gamma)}{A_F(\Sigma)}.$$

第 5 章 非线性 Finsler-Laplace 算子及其第一特征值

5.1 非线性 Finsler-Laplace 算子

在 Finsler 几何中, 关于 Laplace 算子有若干不同的定义[3, 13, 104, 31]. 在第 4 章中, 我们介绍了线性 Finsler-Laplace 算子的几种定义并研究了特征值问题. 本章将进一步介绍和研究由 Ge-Shen [31] 定义的非线性 Finsler-Laplace 算子, 简称为非线性 Laplace 算子.

5.1.1 非线性 Laplace 算子的定义

设 (M, F) 为 Finsler 流形, x 为 M 上任意一点. **Legendre 变换** $\mathcal{L} : T_x M \longrightarrow T_x^* M$ 定义为

$$\mathcal{L}(y) := \begin{cases} g_y(y, \cdot) \in T_x^* M, & \forall y \in T_x M, \\ 0, & y = 0. \end{cases} \tag{5.1.1}$$

容易知道, Legendre 变换是从 $T_x M \backslash 0$ 到 $T_x^* M \backslash 0$ 的光滑同胚, 并且在 $y = 0$ 处连续.

对于任意 $\theta \in T_x^* M$, 定义

$$F^*(\theta) := \sup_{y \in T_x M \backslash 0} \frac{\theta(y)}{F(y)},$$

则 F^* 为一 Finsler 度量, 称之为 F 的**对偶 Finsler 度量**. 设 $y \in T_x M \backslash 0$, 则余向量 $\theta = \mathcal{L}(y) = g_y(y, \cdot) \in T_x^* M$ 满足

$$F(y) = F^*(\theta) = \frac{\theta(y)}{F(y)}.$$

因此, $\mathcal{L}$ 为保范映射且满足

$$\mathcal{L}(a\zeta) = a\mathcal{L}(\zeta), \quad \forall a > 0, \quad \zeta \in TM.$$

设 u 为 M 上光滑函数, 它在点 x 处的梯度向量定义为

$$\nabla u(x) := \mathcal{L}^{-1}(du(x)) \in T_x M.$$

由 Legendre 变换的性质可知, 梯度向量场 ∇u 在开集 $M_u := \{x \in M | du(x) \neq 0\}$ 上光滑, 在 $M \backslash M_u$ 处连续.

设 $X = X^i \dfrac{\partial}{\partial x^i}$ 为 M 上可微向量场, 则关于参照向量 $w \in T_x M \backslash 0$, X 沿着 $v \in T_x M$ 的共变导数定义为

$$D_v^w X(x) := \left\{ v^j \frac{\partial X^i}{\partial x^j}(x) + \Gamma_{jk}^i(w) v^j X^k(x) \right\} \frac{\partial}{\partial x^i},$$

其中 Γ_{jk}^i 表示陈联络系数.

对于 M 上的向量场 V, 令 $M_V := \{x \in M | V(x) \neq 0\}$, 则在点 $x \in M_V$ 处, $\nabla V(x) \in T_x^* M \otimes T_x M$ 可定义如下:

$$\nabla V(v) := D_v^V V(x) \in T_x M, \quad v \in T_x M.$$

对于 M 上光滑函数 u, 在点 $x \in M_u$ 处, 记 $\nabla^2 u(x) := \nabla(\nabla u)(x)$. 若 $\{e_a\}_{a=1}^n$ 为 M_u 上关于 $g_{\nabla u}$ 幺正基. 利用 $C_{\nabla u}(\nabla u, e_a, e_b) = 0$, 有

$$\begin{aligned}
\nabla^2 u &= \sum \left(\nabla^2 u(e_b) \right) \omega^b = \sum \left(D_{e_b}^{\nabla u}(\nabla u) \right) \omega^b \\
&= \sum g_{\nabla u} \left(D_{e_b}^{\nabla u}(\nabla u), e_a \right) e_a \omega^b \\
&= \sum \{ e_b \left(g_{\nabla u}(\nabla u, e_a) \right) - g_{\nabla u}(\nabla u, D_{e_b}^{\nabla u} e_a) \} e_a \omega^b \\
&= \sum \{ e_b(e_a(u)) - \left(D_{e_b}^{\nabla u} e_a \right)(u) \} e_a \omega^b \triangleq \sum u_{ab} e_a \omega^b,
\end{aligned} \tag{5.1.2}$$

$$\begin{aligned}
g_{\nabla u}(\nabla^2 u(e_a), e_b) &= g_{\nabla u}(D_{e_a}^{\nabla u}(\nabla u), e_b) \\
&= e_a \left(g_{\nabla u}(\nabla u, e_b) \right) - g_{\nabla u}(\nabla u, D_{e_a}^{\nabla u} e_b) \\
&= e_a(e_b(u)) - g_{\nabla u}(\nabla u, D_{e_b}^{\nabla u} e_a + [e_a, e_b]) \\
&= e_b(e_a(u)) + [e_a, e_b](u) - g_{\nabla u}(\nabla u, D_{e_b}^{\nabla u} e_a) - [e_a, e_b](u) \\
&= e_b \left(g_{\nabla u}(\nabla u, e_a) \right) - g_{\nabla u}(\nabla u, D_{e_b}^{\nabla u} e_a) \\
&= g_{\nabla u}(D_{e_b}^{\nabla u}(\nabla u), e_a) = g_{\nabla u}(\nabla^2 u(e_b), e_a).
\end{aligned} \tag{5.1.3}$$

即

$$u_{ab} = u_{ba}, \quad \forall a, b.$$

设 M 上体积形式为 $d\mu = e^\Phi dx$, 则由 (1.6.28) 可得

$$\operatorname{div} V := \sum_{i=1}^n \left(\frac{\partial V^i}{\partial x^i} + V^i \frac{\partial \Phi}{\partial x^i} \right). \tag{5.1.4}$$

于是, u 的**非线性 Laplacian** 在局部下的表达式为

$$\Delta u := \operatorname{div}(\nabla u) = g^{ij}(\nabla u) \left(\frac{\partial^2 u}{\partial x^i \partial x^j} - \Gamma_{ij}^k(\nabla u) \frac{\partial u}{\partial x^k} + \frac{\partial u}{\partial x^i} \frac{\partial \Phi}{\partial x^j} \right).$$

对于函数 $u \in \mathcal{H}^{1,2}(M)$, 其非线性 Laplacian 在整体分布意义下的定义为

$$\int_M \phi \Delta u \mathrm{d}\mu = -\int_M D\phi(\nabla u) \mathrm{d}\mu, \quad \forall \phi \in C_0^\infty(M).$$

进一步, 可在**加权黎曼流形** (M_V, g_V) 上定义**加权梯度**与**加权 Laplace** 算子如下:

$$\nabla^V u(x) := g^{ij}(V) \frac{\partial u}{\partial x^j} \frac{\partial}{\partial x^i}, \quad \Delta^V u := \operatorname{div}(\nabla^V u). \tag{5.1.5}$$

若向量场 V 在 M_u 上满足 $V \neq 0$, 即 $M_u \subseteq M_V$, 可默认 $\nabla^V u$ 和 $\Delta^V u$ 的定义域为整个流形 M.

显然, 两种梯度及两种 Laplace 算子的关系为

$$\nabla^{\nabla u} u = \nabla u, \quad \Delta^{\nabla u} u = \Delta u.$$

5.1.2　Finsler 流形上若干加权算子的性质

命题 5.1.1　设 u, f_1, f_2 是 Finsler 流形 (M, F) 上的可微函数, V, W 为 (M, F) 上光滑向量场, 则在 $M_V \cap M_W$ 上,

$$Df_1(\nabla^W f_2) = g_V(\nabla^V f_1, \nabla^W f_2) = g_V(\nabla^W f_1, \nabla^V f_2) = Df_2(\nabla^W f_1).$$

特别地, 若 $V = W = \nabla u$, 则在 M_u 上,

$$Df_1(\nabla^{\nabla u} f_2) = g_{\nabla u}(\nabla^{\nabla u} f_1, \nabla^{\nabla u} f_2) = Df_2(\nabla^{\nabla u} f_1).$$

证明　由加权梯度的定义, 易得

$$\begin{aligned}
Df_1(\nabla^W f_2) &= Df_1 \left(g^{ij}(W) \frac{\partial f_2}{\partial x^j} \frac{\partial}{\partial x^i} \right) = g^{ij}(W) \frac{\partial f_2}{\partial x^j} \frac{\partial f_1}{\partial x^i} \\
&= g^{ij}(W) \frac{\partial f_2}{\partial x^j} \left(g_{ip}(V) g^{pq}(V) \frac{\partial f_1}{\partial x^q} \right) \\
&= g_{ip}(V) \left(g^{ij}(W) \frac{\partial f_2}{\partial x^j} g^{pq}(V) \frac{\partial f_1}{\partial x^q} \right) \\
&= g_V(\nabla^V f_1, \nabla^W f_2).
\end{aligned}$$

此外, 对称性由下式得到

$$Df_1(\nabla^W f_2) = g^{ij}(W) \frac{\partial f_2}{\partial x^j} \frac{\partial f_1}{\partial x^i} = Df_2(\nabla^W f_1). \qquad \square$$

由散度定义直接可得下述命题.

命题 5.1.2 设 f 是 Finsler 流形 $(M, F, \mathrm{d}\mu)$ 上的可微函数, X_1, X_2, X 为 $(M, F, \mathrm{d}\mu)$ 上光滑向量场, 则散度满足

$$\mathrm{div}(X_1 + X_2) = \mathrm{div} X_1 + \mathrm{div} X_2,$$
$$\mathrm{div}(fX) = f\mathrm{div} X + Xf.$$

命题 5.1.3 设 f, f_1, f_2 是 Finsler 流形 $(M, F, \mathrm{d}\mu)$ 上的可微函数. 则在 M_f 上,

$$\Delta^{\nabla f}(f_1 f_2) = f_1 \Delta^{\nabla f} f_2 + f_1 \Delta^{\nabla f} f_2 + 2g_{\nabla f}(\nabla^{\nabla f} f_1, \nabla^{\nabla f} f_2).$$

证明 利用命题 5.1.1 及命题 5.1.2, 直接计算可得

$$\begin{aligned}
\Delta^{\nabla f}(f_1 f_2) &= \mathrm{div}(\nabla^{\nabla f}(f_1 f_2)) = \mathrm{div}(f_1 \nabla^{\nabla f} f_2 + f_2 \nabla^{\nabla f} f_1) \\
&= f_1 \mathrm{div}(\nabla^{\nabla f} f_2 + f_2 \mathrm{div}(\nabla^{\nabla f} f_1) + Df_1(\nabla^{\nabla f} f_2) + Df_2(\nabla^{\nabla f} f_1) \\
&= f_1 \Delta^{\nabla f} f_2 + f_1 \Delta^{\nabla f} f_2 + 2g_{\nabla f}(\nabla^{\nabla f} f_1, \nabla^{\nabla f} f_2).
\end{aligned}$$ □

定理 5.1.1[112] 设 u 是 n 维 Finsler 流形 $(M, F, \mathrm{d}\mu)$ 上的光滑函数, $\mathrm{d}\mu$ 是任意体积形式, 则在 M_u 上, 有

$$\Delta u = \mathrm{tr}_{g_{\nabla u}}(\nabla^2 u) - S(\nabla u) = \sum_a u_{aa} - S(\nabla u),$$

其中, $u_{aa} = g_{\nabla u}(\nabla^2 u(e_a), e_a)$, $\{e_a\}_{a=1}^n$ 为 M_u 上关于 $g_{\nabla u}$ 的局部正交基.

证明 设 $\mathrm{d}\mu = \sigma(x)\mathrm{d}x$, $v = v^i(x)\dfrac{\partial}{\partial x^i}$ 是 (M, F) 上无奇点的可微向量场, 则 v 关于 $\mathrm{d}\mu$ 的散度为

$$\begin{aligned}
\mathrm{div}\, v &= \frac{1}{\sigma}\frac{\partial}{\partial x^i}(\sigma v^i) \\
&= \frac{1}{\sigma}\left(\frac{\partial}{\partial x^i}(\sigma v^i) + \sigma v^i \Gamma^j_{ij}(v) - \sigma v^i \Gamma^j_{ij}(v)\right) \\
&= \frac{1}{\sigma}D^v_i(\sigma v^i) - v^i \Gamma^j_{ij}(v) \\
&= D^v_i v^i + v^i D_i(\ln \sigma) - v^i \Gamma^j_{ij}(v).
\end{aligned}$$

注意到 $v^i \Gamma^j_{ij}(v) = v^i(D_i \ln \sqrt{\det(g_{jk})})|_v$, 且由 (关于体积形式 $\mathrm{d}\mu$ 的)S 曲率定义

$$S(v) = v^i(D_i \tau)|_v = v^i D_i \ln\left(\frac{\sqrt{\det(g_{jk})}}{\sigma}\right).$$

所以就有

$$\operatorname{div} v = D_i^v v^i - S(v) = g^{ij}(\nabla u)g_{\nabla u}\left(D_{\frac{\partial}{\partial x^i}}^v v, \frac{\partial}{\partial x^j}\right) - S(v).$$

令 $v = \nabla u$, 选取 M_u 上关于 $g_{\nabla u}$ 的局部正交基 $\{e_a\}_{a=1}^n$, 则有

$$\Delta u = \operatorname{div}(\nabla u) = g_{\nabla u}(D_{e_a}^{\nabla u}\nabla u, e_a) - S(\nabla u)$$

$$= \operatorname{tr}_{g_{\nabla u}}(\nabla^2 u) - S(\nabla u) = \sum_a u_{aa} - S(\nabla u). \qquad \square$$

定理 5.1.2(Hopf 引理)　设 u 是 n 维紧致无边 Finsler 流形 $(M, F, \mathrm{d}\mu)$ 上的光滑函数, 若 $\Delta u \geqslant 0$ (或 $\Delta u \leqslant 0$ 或 $\Delta u = 0$), 则 u 为常数.

证明　仅证明 $\Delta u \geqslant 0$ 情形. 其余两种情形留给读者作为练习. 由于 M 紧致, 故可设函数 u 在 M 上的最小值为 a. 从而有 $u - a \geqslant 0$ 且 $\Delta^{\nabla u}(u - a) = \Delta u \geqslant 0$. 令 $f = u - a$, 则

$$\Delta^{\nabla u}f^2 = 2f\Delta f + 2|\nabla f|^2.$$

将上式两边在 M 上积分, 利用散度引理可得

$$0 = \int_M \Delta^{\nabla u}f^2 \mathrm{d}\mu = \int_M (2f\Delta f + 2|\nabla f|^2)\mathrm{d}\mu.$$

于是

$$\int_M |\nabla f|^2 \mathrm{d}\mu = -\int_M f\Delta f \mathrm{d}\mu \leqslant 0.$$

这表明在 M 上, $|\nabla f| \equiv 0$, 从而 u 为常数. $\qquad \square$

下面介绍 Finsler 流形上加权 Ricci 曲率. 这是 Ohta[79] 根据 Lott-Villani[59] 及 Sturm[99] 的工作在度量测度空间中定义的一种曲率. 为方便起见, 在本书中叙述为以下形式.

定义 5.1.1[79]　设 $(M, F, \mathrm{d}\mu)$ 为 n 维 Finsler 流形. 给定向量 $V \in T_x M$, 令 $\gamma : (-\varepsilon, \varepsilon) \to M$ 为满足初始条件 $\gamma(0) = x$, $\dot{\gamma}(0) = V$ 的测地线. 定义

$$\dot{S}(V) := F^{-2}(V)\frac{\partial}{\partial t}[S(\gamma(t), \dot{\gamma}(t))]_{t=0},$$

其中 $S(V)$ 表示在 (x, V) 处的 S 曲率.

因而 $(M, F, \mathrm{d}\mu)$ **加权 Ricci 曲率** 定义为

$$\begin{cases} \operatorname{Ric}_n(V) := \begin{cases} \operatorname{Ric}(V) + \dot{S}(V), & S(V) = 0, \\ -\infty, & S(V) \neq 0, \end{cases} \\ \operatorname{Ric}_N(V) := \operatorname{Ric}(V) + \dot{S}(V) - \dfrac{S(V)^2}{(N-n)F(V)^2}, \quad \forall\ N \in (n, \infty), \\ \operatorname{Ric}_\infty(V) := \operatorname{Ric}(V) + \dot{S}(V). \end{cases}$$

定理 5.1.3[77]   设 $(M, F, d\mu)$ 为 n 维 Finsler 流形, u 为 M 上光滑函数, 则对于 $N \in [n, \infty]$, 等式

$$\Delta^{\nabla u} \left(\frac{F(\nabla u)^2}{2} \right) - D(\Delta u)(\nabla u) = \|\nabla u\|^2 \mathrm{Ric}_\infty(\nabla u) + \|\nabla^2 u\|^2_{HS(\nabla u)}, \quad (5.1.6)$$

$$\Delta^{\nabla u} \left(\frac{F(\nabla u)^2}{2} \right) - D(\Delta u)(\nabla u) \geqslant \|\nabla u\|^2 \mathrm{Ric}_N(\nabla u) + \frac{(\Delta u)^2}{N}, \quad (5.1.7)$$

在 M_u 上逐点成立. 这里 $\|\nabla^2 u\|^2_{HS(\nabla u)}$ 表示矩阵 $(\nabla^2 u)$ 在 $g_{\nabla u}$ 幺正基下的 Hilbert-Schmidt 范数.

定理 5.1.4[77]   设 $(M, F, d\mu)$ 为 n 维 Finsler 流形, $u \in H^2_{\mathrm{loc}}(M) \bigcap C^1(M)$ 且 $\Delta u \in H^1_{\mathrm{loc}}(M)$. 则有

$$- \int_M D\phi \left(\nabla^{\nabla u} \left(\frac{F(\nabla u)^2}{2} \right) \right) \mathrm{d}\mu$$

$$= \int_M \phi \{ D(\Delta u)(\nabla u) + \mathrm{Ric}_\infty(\nabla u) + \|\nabla^2 u\|_{HS(\nabla u)} \} \mathrm{d}\mu$$

$$- \int_M D\phi \left(\nabla^{\nabla u} \left(\frac{F(\nabla u)^2}{2} \right) \right) \mathrm{d}\mu$$

$$\geqslant \int_M \phi \left\{ D(\Delta u)(\nabla u) + \mathrm{Ric}_N(\nabla u) + \frac{(\Delta u)^2}{N} \right\} \mathrm{d}\mu$$

其中 $N \in [n, \infty]$, $\phi \in H^1_c(M) \bigcap L^\infty(M)$.

5.2 非线性 Laplace 算子的比较定理

本节介绍 Hessian 比较定理与 Laplace 比较定理. 关于 Finsler 流形上函数的 Laplacian 的概念, 在 5.1 节中已经给出. 下面给出 Finsler 流形上函数的 Hessian 的概念.

设 (M, F) 为 n 维 Finsler 流形, u 为 M 上光滑函数. 则在 M_u 上, u 的 Hessian 定义为

$$H(u)(X, Y) := XY(u) - D_X^{\nabla u} Y(u), \quad X, Y \in TM|_{M_u}.$$

由 5.1 节关于 $\nabla^2 u$ 的讨论可知

$$H(u)(X, Y) = g_{\nabla u}(D_X^{\nabla u} \nabla u, Y) = g_{\nabla u}(\nabla^2 u(X), Y) \triangleq \nabla^2 u(X, Y).$$

在文献 [112] 中, 作者建立了距离函数的 Hessian 比较定理与 Laplace 比较定理. 主要结果如下.

定理 5.2.1[112]　　设 $(M, F, \mathrm{d}\mu)$ 为 n 维 Finsler 流形, $\rho = \mathrm{d}_F(p, \cdot)$ 是 M 上从点 $p \in M$ 出发的距离函数. 若 M 的旗曲率满足 $K \leqslant c$ (或 $K \geqslant c$), 则对于任意 $X \in TM$, 在 ρ 的可微点处成立以下不等式:

$$\nabla^2 u(X, X) \geqslant (\text{或} \leqslant) \mathrm{ct}_c(\rho)(g_{\nabla\rho}(X, X) - g_{\nabla\rho}(\nabla\rho, X)^2),$$

其中

$$\mathrm{ct}_c(\rho) = \begin{cases} \sqrt{c} \cdot \cot(\sqrt{c}\rho), & c > 0, \\ \dfrac{1}{\rho}, & c = 0, \\ \sqrt{-c} \cdot \coth(\sqrt{-c}\rho), & c < 0. \end{cases}$$

定理 5.2.2[112]　　设 $(M, F, \mathrm{d}\mu)$ 为 n 维 Finsler 流形, $\rho = d_F(p, \cdot)$ 是 M 上从点 $p \in M$ 出发的距离函数. 若 M 的旗曲率满足 $K \leqslant c$, 则在 ρ 的可微点处成立:

$$\Delta\rho \geqslant (n - 1)\mathrm{ct}_c(\rho) - \|S\|,$$

其中 $\|S\|$ 是 S 曲率的范数, 定义为

$$\|S\|_x := \sup_{X \in T_x M \backslash 0} \frac{S(X)}{F(X)}.$$

定理 5.2.3[112]　　设 $(M, F, \mathrm{d}\mu)$ 为 n 维具有非正旗曲率的 Finsler 流形. 若 M 的 Ricci 曲率满足 $\mathrm{Ric} \leqslant c < 0$, 则在 ρ 的可微点处成立:

$$\Delta\rho \geqslant \mathrm{ct}_c(\rho) - \|S\|.$$

定理 5.2.4[112]　　设 $(M, F, \mathrm{d}\mu)$ 为 n 维 Finsler 流形. 若 M 的 Ricci 曲率满足 $\mathrm{Ric} \geqslant (n - 1)c$, 则在 ρ 的可微点处成立:

$$\Delta\rho \leqslant (n - 1)\mathrm{ct}_c(\rho) + \|S\|.$$

在加权 Ricci 曲率的条件下, S. Ohta 和 K-T. Sturm 也建立了类似的结果.

定理 5.2.5[78]　　设 $(M, F, \mathrm{d}\mu)$ 为 n 维 Finsler 流形. 若 M 的加权 Ricci 曲率满足 $\mathrm{Ric}_N \geqslant K$, $K \in \mathbb{R}$, $N \in (n, \infty)$, 则在 ρ 的可微点处成立:

$$\Delta\rho \leqslant (N - 1)\mathrm{ct}_{\frac{K}{N-1}}(\rho).$$

定理 5.2.6　　设 $(M, F, \mathrm{d}\mu)$ 为具有非正旗曲率及非正 S 曲率的 n 维 Finsler 流形. 假定 M 的加权 Ricci 曲率满足 $\mathrm{Ric}_N \leqslant c < 0$, $N \in [n + 1, \infty]$, 则在 ρ 的可微点处成立:

$$\Delta\rho \geqslant \mathrm{ct}_c(\rho).$$

证明 设 $\rho(x) = d(p, x)$ 为距离函数. 若 ρ 在点 $q \in M$ 光滑, 则它在 q 的附近仍然光滑. 令 $S_p(\rho(q))$ 是以 p 为中心 $\rho(q)$ 为半径的前向测地球面. 在点 q 附近选取 $S_p(\rho(q))$ 上关于 $g_{\nabla\rho}$ 的局部正交标架 $E_1, \cdots, E_{n-1}$, 利用沿测地射线的平行移动我们可以得到局部向量场 $E_1, \cdots, E_{n-1}, E_n = \nabla\rho$. 由文献 [112] 的计算, 可得

$$\frac{\mathrm{d}}{\mathrm{d}\rho}[\nabla^2\rho(E_i, E_j)] = -g_{\nabla\rho}(R^{\nabla\rho}(E_i, \nabla\rho)\nabla\rho, E_j) - \sum_k g_{\nabla\rho}(D_{E_i}^{\nabla\rho}\nabla\rho, E_k)g_{\nabla\rho}(D_{E_k}^{\nabla\rho}\nabla\rho, E_j).$$

因此,

$$\frac{\mathrm{d}}{\mathrm{d}\rho}\left(\mathrm{tr}_{\nabla\rho}(\nabla^2\rho)\right) = -\mathrm{Ric}(\nabla\rho) - \|\nabla^2\rho\|_{HS(\nabla\rho)}^2. \tag{5.2.1}$$

由于 M 具有非正旗曲率, 根据定理 5.2.1 易知, $\nabla^2\rho$ 的特征值非负. 从而

$$\|\nabla^2\rho\|_{HS(\nabla\rho)}^2 \leqslant \left(\mathrm{tr}_{\nabla\rho}(\nabla^2\rho)\right)^2. \tag{5.2.2}$$

注意到 $\mathrm{Ric}_N = \mathrm{Ric} + \dot{S} - \dfrac{S^2}{N-n}$ 及 $\mathrm{Ric}_N \leqslant c$, 由式 (5.2.1) 和式 (5.2.2) 可得

$$\frac{\mathrm{d}}{\mathrm{d}\rho}\left(\mathrm{tr}_{\nabla\rho}(\nabla^2\rho)\right) = -\mathrm{Ric}_N(\nabla\rho) + \dot{S}(\nabla\rho) - \frac{S(\nabla\rho)^2}{N-n} - \|\nabla^2\rho\|_{HS(\nabla\rho)}^2$$

$$\geqslant -c + \dot{S}(\nabla\rho) - \frac{S(\nabla\rho)^2}{N-n} - \left(\mathrm{tr}_{\nabla\rho}(\nabla^2\rho)\right)^2. \tag{5.2.3}$$

又 $S \leqslant 0$ 且 $\nabla^2\rho$ 具有非负特征值, 由定理 5.1.1 可知对于 $N - n \geqslant 1$,

$$\begin{aligned}(\Delta\rho)^2 &= (\mathrm{tr}_{\nabla\rho}(\nabla^2\rho) - S)^2 \\ &= \left(\mathrm{tr}_{\nabla\rho}(\nabla^2\rho)\right)^2 + S^2 - 2S\mathrm{tr}_{\nabla\rho}(\nabla^2\rho) \\ &\geqslant \left(\mathrm{tr}_{\nabla\rho}(\nabla^2\rho)\right)^2 + S^2 \\ &\geqslant \left(\mathrm{tr}_{\nabla\rho}(\nabla^2\rho)\right)^2 + \frac{S^2}{N-n}. \end{aligned} \tag{5.2.4}$$

另一方面, 容易看出 $\dfrac{\mathrm{d}}{\mathrm{d}\rho}S = \dot{S}$. 结合式 (5.2.3) 及式 (5.2.4), 并利用定理 5.1.1 可得

$$\frac{\mathrm{d}}{\mathrm{d}\rho}(\Delta\rho) \geqslant -(\Delta\rho)^2 - c. \tag{5.2.5}$$

经过简单的讨论, 式 (5.2.5) 可以写为

$$\frac{\mathrm{d}}{\mathrm{d}\rho}(\Delta\rho - \mathrm{ct}_c(\rho)) \geqslant (\mathrm{ct}_c(\rho))^2 - (\Delta\rho)^2. \tag{5.2.6}$$

令 $A = \Delta\rho - \mathrm{ct}_c(\rho), B = \Delta\rho + \mathrm{ct}_c(\rho)$, 则式 (5.2.6) 变为

$$\frac{\mathrm{d}A}{\mathrm{d}\rho} + AB \geqslant 0. \tag{5.2.7}$$

由于 M 具有非正旗曲率和非正 S 曲率, 再次利用定理 5.2.1 可得

$$\Delta\rho \geqslant \Delta\rho + S = \mathrm{tr}_{\nabla\rho}(\nabla^2\rho) \geqslant \frac{n-1}{\rho}.$$

这表明存在 $\varepsilon > 0$ 使得

$$A(\rho) \geqslant \frac{n-1}{\rho} - \mathrm{ct}_c(\rho) \geqslant 0, \quad \forall \rho \in (0, \varepsilon].$$

由式 (5.2.7) 可得

$$\frac{\mathrm{d}}{\mathrm{d}\rho}\left(A(\rho)\exp\left(\int_\varepsilon^\rho B(t)\mathrm{d}t\right)\right) \geqslant 0,$$

从而 $A(\rho) \geqslant 0$, 即 $\Delta\rho \geqslant \mathrm{ct}_c(\rho)$. 　　　　　　　　　　　　　　□

若 M 具有非正 S 曲率, 则

$$\Delta\rho = \mathrm{tr}_{\nabla\rho}(\nabla^2\rho) - S \geqslant \mathrm{tr}_{\nabla\rho}(\nabla^2\rho).$$

因此, 根据定理 5.2.1, 我们有下述命题.

命题 5.2.1　设 $(M, F, \mathrm{d}\mu)$ 为具有非正 S 曲率的 n 维 Finsler 流形. 若 M 的旗曲率满足 $K < c$, 则在 ρ 的可微点处成立:

$$\Delta\rho \geqslant (n-1)\mathrm{ct}_c(\rho).$$

5.3　非线性 Laplace 算子的第一特征值

5.3.1　第一特征函数存在性与正则性

设 $(M, F, \mathrm{d}\mu)$ 为 n 维 Finsler 流形, $\mathcal{H}^{1,2}$ 及 $\mathcal{H}_0$ 如 4.1.4 小节所示. 令

$$E(u) := \frac{\displaystyle\int_M F^*(\mathrm{d}u)^2 \mathrm{d}\mu}{\displaystyle\int_M u^2 \mathrm{d}\mu},$$

其中 F^* 表示 F 的对偶 Finsler 度量. 可以证明 E 在 $\mathcal{H}_0\backslash\{0\}$ 上是 C^1 的. 进一步, 对于任意的 $u \in \mathcal{H}_0$, 若 $\int_M u^2\mathrm{d}\mu = 1$, 则

$$\mathrm{d}_u E(\varphi) = -2\int_M (\Delta u + \lambda u)\varphi\mathrm{d}\mu, \quad \forall\varphi \in \mathcal{H}_0,$$

其中 $\lambda = E(u)$. 若 $\mathrm{d}_u E = 0$, 则 $\Delta u = -\lambda u$ 在分布的意义下成立. 此时称 λ, u 分别为 M 上 Laplace 算子的特征值和特征函数. 令

$$\lambda_1(M) := \inf_{u \in \mathcal{H}_0} E(u),$$

则 $\lambda_1(M)$ 为 E 的最小临界值, 称之为 M 上 Laplace 算子的第一特征值.

对于具有 Finsler 度量的测度空间, 文献 [31] 讨论了非线性 Laplace 算子特征函数的存在性和正则性. 特别地, 对于 Finsler 流形 $(M, F, \mathrm{d}\mu)$, 这些结果仍然成立.

命题 5.3.1[31]   存在函数 $u \in \mathcal{H}_0$ 使得标准能量泛函 $E(u)$ 最小化. 因此, $\lambda_1(M)$ 为 E 的临界值且 u 为 E 关于 $\lambda_1(M)$ 的临界点.

定理 5.3.1[31]   设 $(M, F, \mathrm{d}\mu)$ 为 n 维 Finsler 流形, 则其特征函数 $u \in C^{1,\alpha}(M) \cap C^{\infty}(M_u)$, 其中 $0 < \alpha < 1, M_u := \{\mathrm{d}u \neq 0\}$.

定理 5.3.2[31]   设 $(M, F, \mathrm{d}\mu)$ 为具有光滑边界的 n 维紧致可反 Finsler 流形. 若 $u \in \mathcal{H}_0$ 为 M 的第一 Dirichlet 特征函数, 则 u 在 $M \backslash \partial M$ 上不变号.

5.3.2 加权 Ricci 曲率具有正下界时的第一特征值估计

关于 Laplace 算子第一特征值的研究在微分几何及整体分析中具有重要的意义. 对于紧致无边的黎曼流形, 若流形的 Ricci 曲率具有正下界, Lichnerowicz [54] 给出 Laplace 算子第一特征值下界估计的显式表示. 之后, Obata [76] 进一步证明: 若第一特征值达到这个下界, 则流形等距于球面. 具体结果参见定理 4.4.1.

在 Finsler 几何中, 文献 [111] 利用一维模型的方法得到了加权 Ricci 曲率有下界时非线性 Laplace 算子第一特征值的估计.

定理 5.3.3[111]   设 $(M, F, \mathrm{d}\mu)$ 为 n 维紧致连通且具有凸边界或无边的 Finsler 流形. 若加权 Ricci 曲率满足 $\mathrm{Ric}_N \geqslant K$, 其中 K 为常数, $N \in (n, \infty)$, 则

$$\lambda_1 \geqslant \lambda_1(K, n, d),$$

其中 d 为 M 的直径, $\lambda_1(K, n, d)$ 表示一维问题的第一特征值

$$v'' - T(t)v' = -\lambda_1(K, n, d)v, \quad t \in \left(-\frac{d}{2}, \ \frac{d}{2}\right), \quad v'\left(-\frac{d}{2}\right) = v'\left(\frac{d}{2}\right) = 0,$$

且 $T(t)$ 表示为

$$T(t) = \begin{cases} \sqrt{(N-1)K} \tan\left(\sqrt{\dfrac{K}{N-1}}\right) t, & K > 0, 1 < N < \infty; \\[2mm] -\sqrt{-(N-1)K} \tanh\left(\sqrt{-\dfrac{K}{N-1}}\right) t, & K < 0, 1 < N < \infty; \\[2mm] 0, & K = 0, 1 < N < \infty; \\[2mm] Kt, & N = \infty. \end{cases}$$

在本节中, 我们将给出加权 Ricci 曲率具有正下界时 Finsler 流形上第一特征值的显式估计, 并进一步得到 Finsler 流形上 Obata 型定理.

引理 5.3.1[79]　假定 $n \geqslant 2, N \in (n, \infty)$, 若存在正常数 k 使得 $\text{Ric}_N \geqslant (n-1)k$. 则 (M, F) 的直径至多为 $\sqrt{\dfrac{N-1}{n-1}} \dfrac{\pi}{\sqrt{k}}$. 进一步, 对于任意的 $0 < r < R \leqslant \sqrt{\dfrac{N-1}{n-1}} \dfrac{\pi}{\sqrt{k}}$,

$$\frac{\text{vol}_F^{\text{d}\mu}(B(x, R))}{\int_0^R s_{(n-1)k, N}(t)^{N-1}\text{d}t} \leqslant \frac{\text{vol}_F^{\text{d}\mu}(B(x, r))}{\int_0^r s_{(n-1)k, N}(t)^{N-1}\text{d}t},$$

其中 $s_{(n-1)k, N}(t) = \sqrt{\dfrac{N-1}{(n-1)k}} \sin\left(\sqrt{\dfrac{(n-1)k}{N-1}}t\right)$, $B(x, r)$ 是以 x 为中心 r 为半径的前向测地球.

定理 5.3.4[118]　设 $(M, F, \text{d}\mu)$ 为 n 维紧致连通无边的 Finsler 流形. 若加权 Ricci 曲率满足

$$\text{Ric}_N \geqslant (n-1)k,$$

其中 k 为正常数, $N \in (n, \infty)$, 则

$$\lambda_1 \geqslant \frac{n-1}{N-1} Nk.$$

进一步, 若等号成立, 则 M 同胚于 $\mathbb{S}^n$ 且直径为 $\sqrt{\dfrac{N-1}{n-1}} \dfrac{\pi}{\sqrt{k}}$.

证明　设 u 为 (M, F) 的第一特征函数. 即, $\Delta u = -\lambda_1 u$. 由

$$\Delta^{\nabla u} u^2 = \text{div}(\nabla^{\nabla u} u^2) = \text{div}(2u\nabla u) = 2u\Delta u + 2\|\nabla u\|^2$$

可以得到

$$(\Delta u)^2 = -\lambda_1 u\Delta u = \lambda_1 \left(\|\nabla u\|^2 - \frac{1}{2}\Delta^{\nabla u} u^2\right). \tag{5.3.1}$$

将式 (5.1.7) 两边在 M 上积分并利用散度引理, 可得

$$\int_M \lambda_1 \|\nabla u\|^2 \text{d}\mu \geqslant \int_M \left(\|\nabla u\|^2 \text{Ric}_N(\nabla u) + \frac{(\Delta u)^2}{N}\right) \text{d}\mu.$$

因此, 由定理条件及式 (5.3.1) 可得

$$\int_M \left(\frac{N-1}{N}\lambda_1 - (n-1)k\right) \|\nabla u\|^2 \text{d}\mu \geqslant 0.$$

从而

$$\lambda_1 \geqslant \frac{n-1}{N-1} Nk.$$

若 $\lambda_1 = \dfrac{n-1}{N-1} Nk$, 则所有相关的不等式变为等式. 注意到在式 (5.1.7) 的推导过程中, 使用了下面不等式:

$$\begin{aligned}
\|\nabla^2 u\|^2_{HS(\nabla u)} = \operatorname{tr}(B(0)^2) &= \frac{(\operatorname{tr}B(0))^2}{n} + \left\| B(0) - \frac{\operatorname{tr}(B(0)}{n} I_n \right\|^2_{HS} \\
&\geqslant \frac{(\operatorname{tr}B(0))^2}{n} = \frac{(\Delta u + S(\nabla u))^2}{n} \\
&= \frac{(\Delta u)^2}{N} - \frac{(S(\nabla u))^2}{N-n} + \frac{N(N-n)}{n}\left(\frac{\Delta u}{N} + \frac{S(\nabla u)}{N-n}\right)^2 \\
&\geqslant \frac{(\Delta u)^2}{N} - \frac{(S(\nabla u))^2}{N-n},
\end{aligned} \tag{5.3.2}$$

其中 $B(0) = (\nabla^2 u) \triangleq (u_{ab}), u_{ab} = g_{\nabla u}(\nabla^2 u(e_a), e_b)$. 这里 $\{e_a\}^n_{a=1}$ 为关于 $g_{\nabla u}$ 幺正基. 于是在 $\lambda_1 = \dfrac{n-1}{N-1} Nk$ 条件下, 有

$$B(0) = \frac{\operatorname{tr}(B(0)}{n} I_n, \tag{5.3.3}$$

$$\frac{\Delta u}{N} = -\frac{S(\nabla u)}{N-n}. \tag{5.3.4}$$

根据式 (5.3.2)~ 式 (5.3.4) 及定理 5.1.1, 经过简单的计算可以得到

$$u_{aa} = -\frac{\lambda_1 u}{N}, \quad \forall a; \quad u_{ab} = 0, \quad \forall a \neq b.$$

设 $f(x) = \|\nabla u\|^2 + \dfrac{\lambda_1}{N} u^2$. 则 f 在开集 M_u 中光滑, 在 $M \backslash M_u$ 处连续. 考虑 f 在开集 M_u 上的导数

$$\begin{aligned}
\mathrm{d}f(e_c) &= \mathrm{d}g_{\nabla u}(\nabla u, \nabla u)(e_c) + \frac{2\lambda_1}{N} u u_c \\
&= 2g_{\nabla u}(D^{\nabla u}_{e_c} \nabla u, \nabla u) + \frac{2\lambda_1}{N} u u_c \\
&= 2\nabla^2 u(e_c, \sum u_d e_d) + \frac{2\lambda_1}{N} u u_c \\
&= 2u_c u_{cc} + \frac{2\lambda_1}{N} u u_c = 0,
\end{aligned}$$

可知 f 是 M_u 上的常数. 再根据 f 在 M 上的连续性, 可进一步知道 f 也是 M 上的常数.

假定 u 在点 $p, q \in M$ 处分别达到极大值 $u_{\max}$ 与极小值 $u_{\min}$. 由于在点 p, q 处, $\|\nabla u\|^2 = 0$, 故

$$f(p) = \frac{\lambda_1}{N}(u_{\max})^2 = f(q) = \frac{\lambda_1}{N}(u_{\min})^2.$$

从而有 $|u_{\max}| = |u_{\min}|$. 这也说明 u 的所有极大值 (极小值) 都相等. 不失一般性, 假定 $u_{\max} = 1$ 且 $u_{\min} = -1$. 令 $\gamma(s)$ 为 (M, F) 上从 p 到 q 的正规极小测地线, 其切向量为 $\dot{\gamma}(s)$. 进一步假定在 $\gamma(s)$ 上除 p, q 外不存在 u 的其他极值点, 即 $\gamma(s) \backslash \{p, q\} \subset M_u$. 由于 $\lambda_1 = \dfrac{n-1}{N-1}Nk$, 则沿着 $\gamma(s)$ 有

$$\frac{\|\nabla u\|}{\sqrt{1-u^2}} = \sqrt{\frac{n-1}{N-1}k}.$$

设 d_M 表示 (M, F) 的直径. 则有

$$\sqrt{\frac{n-1}{N-1}k}d_M \geqslant \sqrt{\frac{n-1}{N-1}k} \int_\gamma F(\dot{\gamma})\mathrm{d}s = \int_\gamma F(\dot{\gamma})\frac{\|\nabla u\|}{\sqrt{1-u^2}}\mathrm{d}s.$$

由于 $\left|\dfrac{\mathrm{d}u}{\mathrm{d}s}\right| = |g_{\nabla u}(\nabla u, \dot{\gamma})| \leqslant F(\dot{\gamma})\|\nabla u\|$, 故

$$\int_\gamma F(\dot{\gamma})\frac{\|\nabla u\|}{\sqrt{1-u^2}}\mathrm{d}s \geqslant \int_{-1}^{1} \frac{\mathrm{d}u}{\sqrt{1-u^2}} = \pi.$$

从而, $d_M \geqslant \sqrt{\dfrac{N-1}{n-1}}\dfrac{\pi}{\sqrt{k}}$. 另一方面, 根据引理 5.3.1, $d_M \leqslant \sqrt{\dfrac{N-1}{n-1}}\dfrac{\pi}{\sqrt{k}}$. 因此, $d_M = \sqrt{\dfrac{N-1}{n-1}}\dfrac{\pi}{\sqrt{k}}$.

下证 M 同胚于 $\mathbb{S}^n$. 设

$$M^+ = \{x \in M | u(x) > 0\}, \quad M^0 = \{x \in M | u(x) = 0\}, \quad M^- = \{x \in M | u(x) < 0\},$$

则 M^+, M^- 为 M 上的开集, M^0 在 M 上为零测度闭集. 设 p, q 分别是 u 的极值点使得 $u(p) = 1$, $u(q) = -1$. 假定 γ 是 (M, F) 上从 p 到 q 的极小测地线, 切向量为 $\dot{\gamma}(s)$. 以 $L(\gamma)$ 表示 γ 的长度, 则

$$\sqrt{\frac{n-1}{N-1}k}L(\gamma) = \int_\gamma F(\dot{\gamma})\frac{\|\nabla u\|}{\sqrt{1-u^2}}\mathrm{d}s \geqslant \int_{-1}^{1} \frac{\mathrm{d}u}{\sqrt{1-u^2}} = \pi. \tag{5.3.5}$$

这表明 $L(\gamma) = d(p, q) = d$. 类似地, 也可以得到 $d(q, p) = d$. 进而, 我们断言 $B\left(p, \dfrac{d}{2}\right) \subset M^+$. 事实上, 如果存在一点 $x_0 \in M^- \cup M^0$ 使得 $x_0 \in B\left(p, \dfrac{d}{2}\right)$, 那么假定 η 是 (M, F) 从 p 到 x_0 的极小测地线, 且切向量为 $\dot{\eta}(s)$. 因此

$$\sqrt{\frac{n-1}{N-1}k}L(\eta) = \int_\eta F(\dot{\eta})\frac{\|\nabla u\|}{\sqrt{1-u^2}}\mathrm{d}s \geqslant \int_0^1 \frac{\mathrm{d}u}{\sqrt{1-u^2}} = \frac{\pi}{2}. \tag{5.3.6}$$

从而 $L(\eta) = d(p, x_0) \geqslant \dfrac{d}{2}$, 这与假定矛盾. 类似地, $B\left(q, \dfrac{d}{2}\right) \subset M^-$. 所以有

$$B\left(p, \frac{d}{2}\right) \cap B\left(q, \frac{d}{2}\right) = \varnothing. \tag{5.3.7}$$

利用引理 5.3.1, 可得

$$\frac{\mathrm{vol}_F^{\mathrm{d}\mu}\left(B\left(p, \sqrt{\dfrac{N-1}{n-1}}\dfrac{\pi}{2\sqrt{k}}\right)\right)}{\displaystyle\int_0^{\sqrt{\frac{N-1}{n-1}}\frac{\pi}{2\sqrt{k}}} s_{(n-1)k,N}(t)^{N-1}\mathrm{d}t} \geqslant \frac{\mathrm{vol}_F^{\mathrm{d}\mu}\left(B\left(p, \sqrt{\dfrac{N-1}{n-1}}\dfrac{\pi}{\sqrt{k}}\right)\right)}{\displaystyle\int_0^{\sqrt{\frac{N-1}{n-1}}\frac{\pi}{\sqrt{k}}} s_{(n-1)k,N}(t)^{N-1}\mathrm{d}t}$$

$$= \frac{\mathrm{vol}_F^{\mathrm{d}\mu} M}{\displaystyle\int_0^{\sqrt{\frac{N-1}{n-1}}\frac{\pi}{\sqrt{k}}} s_{(n-1)k,N}(t)^{N-1}\mathrm{d}t},$$

从而

$$\mathrm{vol}_F^{\mathrm{d}\mu}\left(B\left(p, \frac{d}{2}\right)\right) \geqslant \frac{1}{2}\mathrm{vol}_F^{\mathrm{d}\mu} M. \tag{5.3.8}$$

类似的讨论得到

$$\mathrm{vol}_F^{\mathrm{d}\mu}\left(B\left(q, \frac{d}{2}\right)\right) \geqslant \frac{1}{2}\mathrm{vol}_F^{\mathrm{d}\mu} M. \tag{5.3.9}$$

由式 (5.3.7)~ 式 (5.3.9), 有

$$B\left(p, \frac{d}{2}\right) = M^+, \quad B\left(q, \frac{d}{2}\right) = M^-, \tag{5.3.10}$$

M^0 为 $B\left(p, \dfrac{d}{2}\right)$ 及 $B\left(q, \dfrac{d}{2}\right)$ 的边界. 此外, 可以证明对于任意点 $x \in M^0, d(p, x) = \dfrac{d}{2}$. 一方面, 由式 (5.3.6), $d(p, x) \geqslant \dfrac{d}{2}$. 另一方面, 若 $d(p, x) > \dfrac{d}{2}$, 则存在 x 的邻域 U 使得 $d(p, y) > \dfrac{d}{2}, \forall y \in U$. 这与式 (5.3.10) 矛盾. 类似地, 对于任意点 $x \in M^0$, $d(q, x) = \dfrac{d}{2}$.

下面将说明 u 在 M 上仅有一个极大值点. 如若不然, 假定 p_1, p_2 均为 u 的极大值点. 设 σ_1 是从 p_1 到 q 的正规极小测地线. 设 $x_1 = \sigma_1 \cap M^0$, 则 $L(\sigma_1) = d(p_1, q) = d, d(p_1, x_1) = L(\sigma_1|_{\widehat{p_1 x_1}}) = d(x_1, q) = L(\sigma_1|_{\widehat{x_1 q}}) = \dfrac{d}{2}$. 作从 p_2 到 x_1 的极小正规测地线 η, 则 $d(p_2, x_1) = L(\eta) = \dfrac{d}{2}$. 因此

$$d(p_2, x_1) + d(x_1, q) = d(p_1, q).$$

设 $\sigma_2 \triangleq \eta \cup \sigma_1|_{\widehat{x_1 q}}$, 则 σ_2 是 p_2 到 q 的正规极小测地线且 $L(\sigma_2) = d$. 因为式 (5.3.5) 中等式成立当且仅当 $\dot{\gamma}$ 平行于 ∇u 且 u 在 γ 上单调减少, 所以在点 x_1 处, $\dot{\sigma}_1(x_1) = \dot{\sigma}_2(x_1) = -\dfrac{\nabla u}{\|\nabla u\|}(x_1)$. 根据测地线的唯一性得到 $\sigma_1 = \sigma_2$, 因此 $p_1 = p_2$. 类似可知 u 在 M 上仅有一个极小值点 q.

由 $\|\nabla u\|^2 + \dfrac{\lambda_1}{N}u^2 = \dfrac{\lambda_1}{N}$, 容易得到

$$D^{\nabla u}_{\nabla u}\left(\frac{\nabla u}{\|\nabla u\|}\right) = 0.$$

从而 $\dfrac{\nabla u}{\|\nabla u\|}$ 为测地场. 对于任意的 $x_0 \in M$, 作从 q 到 x_0 的极小测地线 γ, 则

$$\sqrt{\frac{n-1}{N-1}}kL(\gamma) = \int_\gamma F(\dot{\gamma})\frac{\|\nabla u\|}{\sqrt{1-u^2}}\mathrm{d}s \geqslant \int_{-1}^{u(x_0)}\frac{\mathrm{d}u}{\sqrt{1-u^2}}.$$

因为 γ 是极小测地线, 所以 $\dot{\gamma} = \dfrac{\nabla u}{\|\nabla u\|}$. 进而, 在 γ 上,

$$|u'|^2 + \frac{n-1}{N-1}ku^2 = \frac{n-1}{N-1}k, \quad u(0) = -1, \quad u'(0) = 0,$$

解得 $u = -\cos\sqrt{\dfrac{n-1}{N-1}}kt, t \in \left[0, \dfrac{\pi - \arccos u(x_0)}{\sqrt{\dfrac{n-1}{N-1}}k}\right]$. 但作为紧致流形 M 上的测

地线, γ 定义在 $[0, \infty]$ 上, 因此有 $u = -\cos\sqrt{\dfrac{n-1}{N-1}}kt, t \in \left[0, \dfrac{\pi}{\sqrt{\dfrac{n-1}{N-1}}k}\right]$. 特别

地, $u\left(\gamma\left(\dfrac{\pi}{\sqrt{\dfrac{n-1}{N-1}}k}\right)\right) = 1$. 这说明 $p \in \gamma$. 显然, 点 p 是点 q 的割迹. 由此

得到 $\exp_q : T_qM \supset B_q\left(\dfrac{\pi}{\sqrt{\dfrac{n-1}{N-1}}k}\right) \longrightarrow M^n\backslash\{p\}$ 为微分同胚. 另一方面, $\exp_{\tilde{q}} :$

$T_{\tilde{q}}\mathbb{S}^n \supset B_{\tilde{q}}(\pi) \longrightarrow \mathbb{S}^n\backslash\{\tilde{p}\}$ 也是微分同胚, 这里 $\mathbb{S}^n$ 表示 n 维球面, $\tilde{q}, \tilde{p}$ 分别是 $\mathbb{S}^n$ 的 南极点与北极点. 设 $(\tilde{r}, \tilde{\theta}^\alpha)$ 为 $T_{\tilde{q}}\mathbb{S}^n$ 的极坐标系, (r, θ^α) 为 T_qM^n 的极坐标系. 定义 $h : T_{\tilde{q}}\mathbb{S}^n \longrightarrow T_qM$ 为 $r = \dfrac{\tilde{r}}{\sqrt{\dfrac{n-1}{N-1}}k}, \theta^\alpha = \tilde{\theta}^\alpha$, 则 h 是微分同胚. 定义 $\psi : M^n \longrightarrow \mathbb{S}^n$

为

$$\psi(x) = \begin{cases} \exp_{\tilde{q}} \circ h^{-1} \circ \exp_q^{-1}(x), & x \neq p, \\ \tilde{p}, & x = p. \end{cases}$$

容易验证 ψ 为同胚映射, 即 M 同胚于 $\mathbb{S}^n$. □

定理 5.3.5[118] 设 $(M, F, \mathrm{d}\mu)$ 为 n 维完备连通可反的 Finsler 流形. 若 M 具有 BH-体积形式, $S = 0$ 且 Ricci 曲率满足 $\mathrm{Ric} \geqslant (n-1)k$, 其中 k 为正常数, 则

$$\lambda_1 \geqslant nk.$$

若等号成立, 则 (M, F) 等距于 $\mathbb{S}^n \left(\dfrac{1}{\sqrt{k}} \right)$.

证明 由于 $\mathrm{Ric} \geqslant (n-1)k$, 根据 Bonnet-Mayer 引理, M 是紧致的. 于是定理的前半部分直接由定理 5.3.4 得到. 若等式成立, 再由定理 5.3.4, M 的直径为 $\dfrac{\pi}{\sqrt{k}}$. 最后, 若 F 可反, $S_{\mathrm{BH}} = 0$, 则根据文献 [52] 中推论, (M, F) 等距于 $\mathbb{S}^n \left(\dfrac{1}{\sqrt{k}} \right)$. □

5.3.3 加权 Ricci 曲率具有非负下界时的第一特征值估计

在本节中, 考虑 Finsler 流形上加权 Ricci 曲率具有非负下界时第一特征值的估计, 并刻画第一特征值达到下界时流形的性态. 为证明需要, 我们给出边界凸性的定义.

设 $\Omega \subset M$ 为 Ω 的光滑区域. 则 $\partial\Omega$ 可看作 (M, F) 的超曲面. 对于任意的 $x \in \partial\Omega$, 恰好存在两个单位法向量 $\nu_i, i = 1, 2$ 使得

$$T_x(\partial\Omega) = \{V \in T_x(M) | g_{\nu_i}(\nu_i, V) = 0, \quad g_{\nu_i}(\nu_i, \nu_i) = 1.\}$$

若 F 可反, 则 $\nu_1 = -\nu_2$.

设 (M, F) 为具有光滑边界 ∂M 的 Finsler 流形, ν 为 M 的外法向量. 则 ∂M 在点 $x \in \partial M$ 处沿方向 $V \in T_x(\partial M)$ 的**法曲率** $\Lambda_\nu(V)$ 定义为

$$\Lambda_\nu(V) := g_\nu(\nu, D_{\dot\gamma}^{\dot\gamma}\dot\gamma|_x),$$

其中 γ 为 $(\partial M, F_{\partial M})$ 上满足初始条件 $\gamma(0) = x$, $\dot\gamma(0) = V$ 的局部测地线. 这里 $F_{\partial M}$ 为 ∂M 上由 F 诱导的 Finsler 度量. 若在任意点 $x \in \partial M$, 沿任意方向 $V \in T_x(\partial M)$, 边界 ∂M 的法曲率 Λ 均非正, 则称 M 具有**凸边界**.

定理 5.3.6[118] 设 (M, F) 为 n 维紧致无边或有凸边界的 Finsler 流形. 若加权 Ricci 曲率满足 $\mathrm{Ric}_\infty \geqslant 0$, 则

$$\lambda_1 \geqslant \frac{\pi^2}{d^2},$$

其中 d 表示 (M, F) 的直径.

证明　　首先考虑无边情形. 设 u 为 (M, F) 上对应特征值 λ_1 的第一特征函数. 由于 $\int_M u \mathrm{d}\mu = -\dfrac{1}{\lambda_1} \int_M \Delta u \mathrm{d}\mu = 0$, 而 $-u$ 未必是 (M, F) 上的特征函数, 我们假定

$$1 = \sup u > \inf u = -k \geqslant -1 \ (\text{或} \ 1 \geqslant k = \sup u > \inf u = -1), \quad 0 < k \leqslant 1.$$

对于适当小的 $\varepsilon > 0$, 令

$$v = \frac{u - \dfrac{1}{2}(1-k)}{\dfrac{1}{2}(1+k)(1+\varepsilon)} \quad \left(\text{或} \ v = \frac{u + \dfrac{1}{2}(1-k)}{\dfrac{1}{2}(1+k)(1+\varepsilon)} \right).$$

显然, $\mathrm{d}v = \dfrac{2}{(1+k)(1+\varepsilon)} \mathrm{d}u$. 由于 Legendre 变换同构且满足 $\mathcal{L}^{-1}(a\zeta) = a\mathcal{L}^{-1}(\zeta), a \in \mathbb{R}^+, \zeta \in T^*M$, 则有

$$\nabla v = \nabla^{\nabla u} v = \frac{2}{(1+k)(1+\varepsilon)} \nabla u.$$

由此,

$$\begin{cases} \Delta v = -\lambda_1 (v \pm a_\varepsilon), & a_\varepsilon = \dfrac{1-k}{(1+k)(1+\varepsilon)}, \\ \sup v = \dfrac{1}{1+\varepsilon}, & \inf v = -\dfrac{1}{1+\varepsilon}. \end{cases}$$

设 $v = \sin\theta$, 则

$$-\frac{1}{1+\varepsilon} \leqslant \sin\theta \leqslant \frac{1}{1+\varepsilon}, \quad \frac{\|\nabla v\|^2}{1-v^2} = \|\nabla\theta\|^2.$$

考虑函数

$$f(x) = \frac{\|\nabla v\|^2}{1-v^2}.$$

假定 $f(x)$ 在 $x_0 \in M$ 处达到极大值, 则 $x_0 \in M_u$. 利用极大值原理, 可以得到

$$\nabla^{\nabla u} f(x_0) = 0, \quad \Delta^{\nabla u} f(x_0) \leqslant 0. \tag{5.3.11}$$

设 $\{e_a\}_{a=1}^n$ 为 M_u 上关于 $g_{\nabla u}$ 的局部幺正基且 $\nabla v = \sum_a v_a e_a$. 由式 (5.3.11) 第一式, 我们有

$$\sum_b v_b v_{ba} = \frac{\|\nabla v\|^2 (-v) v_a}{1-v^2}, \quad \forall a. \tag{5.3.12}$$

进而得到

$$\Delta^{\nabla u} f(x_0) = \Delta^{\nabla u} \left(\frac{\|\nabla v\|^2}{1-v^2} \right) = \frac{\Delta^{\nabla u} \left(\|\nabla v\|^2 \right)}{1-v^2} + \|\nabla v\|^2 \Delta^{\nabla u} \left(\frac{1}{1-v^2} \right)$$

$$+ 2g_{\nabla u} \left(\nabla^{\nabla u} \left(\|\nabla v\|^2 \right), \nabla^{\nabla u} \left(\frac{1}{1-v^2} \right) \right) \triangleq A + B + C. \tag{5.3.13}$$

其中,

$$A = \frac{\Delta^{\nabla u}\left(\|\nabla v\|^2\right)}{1 - v^2},$$

$$B = \|\nabla v\|^2 \Delta^{\nabla u}\left(\frac{1}{1 - v^2}\right) = \|\nabla v\|^2 \mathrm{div}\left(\nabla^{\nabla u}\left(\frac{1}{1 - v^2}\right)\right)$$

$$= \|\nabla v\|^2\left\{\frac{2v}{(1 - v^2)^2}\mathrm{div}\left(\nabla^{\nabla u}v\right) + 2g_{\nabla u}\left(\nabla^{\nabla u}v, \nabla^{\nabla u}\left(\frac{v}{(1 - v^2)^2}\right)\right)\right\}$$

$$= \|\nabla v\|^2\left\{\frac{2v}{(1 - v^2)^2}\Delta v + \frac{2\|\nabla v\|^2}{(1 - v^2)^2} + \frac{8v^2\|\nabla v\|^2}{(1 - v^2)^3}\right\}$$

$$C = 2g_{\nabla u}\left(\nabla^{\nabla u}\left(\|\nabla v\|^2\right), \nabla^{\nabla u}\left(\frac{1}{1 - v^2}\right)\right) = \frac{8vv_a v_b v_{ab}}{(1 - v^2)^2}.$$

因此, 式 (5.3.13) 可写为

$$0 \geqslant \Delta^{\nabla u}f(x_0) = \frac{\Delta^{\nabla u}(\|\nabla v\|^2)}{1 - v^2} + \frac{8v\sum v_a v_b v_{ab}}{(1 - v^2)^2}$$

$$- \frac{2\|\nabla v\|^4 + 2v\|\nabla v\|^2\Delta v}{(1 - v^2)^2} + \frac{8v^2\|\nabla v\|^4}{(1 - v^2)^3}. \tag{5.3.14}$$

将式 (5.3.12) 代入上式, 得到

$$0 \geqslant \Delta^{\nabla u}(\|\nabla v\|^2) + \frac{2\|\nabla v\|^4 + 2v\|\nabla v\|^2\Delta v}{1 - v^2}. \tag{5.3.15}$$

根据定理 5.1.3 及定理 5.3.6 的条件, 有

$$\Delta^{\nabla u}(\|\nabla v\|^2) = 2\|\nabla v\|^2\mathrm{Ric}_\infty(\nabla v) + 2D(\Delta v)(\nabla v) + 2\|\nabla^2 v\|^2_{HS(\nabla v)}$$

$$\geqslant 2D(-\lambda_1(v \pm a_\varepsilon))(\nabla v) + 2\sum_{a,b}v_{ab}^2$$

$$= -2\lambda_1\|\nabla v\|^2 + +2\sum_{a,b}v_{ab}^2. \tag{5.3.16}$$

利用 Schwartz 不等式及式 (5.3.12), 容易得到

$$\sum_{a,b}v_{ab}^2\sum_b v_b^2 \geqslant \sum_a\left(\sum_b v_b v_{ba}\right)^2 = \sum_a\frac{\|\nabla v\|^4 v^2 v_a^2}{(1 - v^2)^2}.$$

从而

$$\sum_{a,b}v_{ab}^2 \geqslant \frac{\|\nabla v\|^4 v^2}{(1 - v^2)^2}. \tag{5.3.17}$$

利用上面的式 (5.3.15)~ 式 (5.3.17), 在点 x_0 处有

$$f(x_0) = \frac{\|\nabla v\|^2}{1 - v^2}(x_0) \leqslant \lambda_1(1 + a_\varepsilon).$$

因此对于任意点 $x \in M$,

$$\sqrt{f(x)} = \|\nabla\theta\| \leqslant \sqrt{\lambda_1(1 + a_\varepsilon)}. \tag{5.3.18}$$

令

$$G(\theta) = \max_{x \in M, \theta(x) = \theta} \|\nabla\theta\|^2 = \max_{x \in M, \theta(x) = \theta} \frac{\|\nabla v\|^2}{1 - v^2}.$$

显然, $G(\theta) \in C^0\left(\left[-\frac{\pi}{2} + \delta, \frac{\pi}{2} - \delta\right]\right)$, 其中 δ 由下式确定:

$$\sin\left(\frac{\pi}{2} - \delta\right) = \frac{1}{1 + \varepsilon}, \quad G\left(-\frac{\pi}{2} + \delta\right) = G\left(\frac{\pi}{2} - \delta\right) = 0.$$

利用式 (5.3.18), 有

$$G(\theta) \leqslant \lambda_1(1 + a_\varepsilon).$$

由此可设

$$G(\theta) = \lambda_1(1 + a_\varepsilon\varphi(\theta)), \quad \varphi(\theta) \in C^0\left(\left[-\frac{\pi}{2} + \delta, \frac{\pi}{2} - \delta\right]\right).$$

由于 $G(\theta)$ 在区间 $\left[-\frac{\pi}{2} + \delta, \frac{\pi}{2} - \delta\right]$ 的端点处为零, 从而

$$\varphi\left(\frac{\pi}{2} - \delta\right) = \varphi\left(-\frac{\pi}{2} + \delta\right) < -1.$$

由式 (5.3.18) 易见 $\varphi(\theta) \leqslant 1$.

下面, 通过与文献 [123] 相同的方法, 可以得到

$$\varphi(\theta) \leqslant \psi(\theta). \tag{5.3.19}$$

这里 $\psi(\theta)$ 定义为

$$\psi(\theta) = \begin{cases} \dfrac{\dfrac{4}{\pi}(\theta + \cos\theta\sin\theta) - 2\sin\theta}{\cos^2\theta}, & \theta \in \left(-\dfrac{\pi}{2}, \dfrac{\pi}{2}\right), \\ \psi\left(\dfrac{\pi}{2}\right) = 1, & \psi\left(-\dfrac{\pi}{2}\right) = -1. \end{cases} \tag{5.3.20}$$

现在继续证明定理. 由式 (5.3.19), 我们有

$$\|\nabla\theta\| \leqslant \sqrt{\lambda_1}\sqrt{1 + a_\varepsilon\psi(\theta)}. \tag{5.3.21}$$

设点 $p, q \in M$ 满足 $\theta(p) = -\frac{\pi}{2} + \delta$, $\theta(q) = \frac{\pi}{2} - \delta$. 又设 γ 是从 p 到 q 的极小测地

线. 以 T 表示 γ 的切向量, 则

$$\|\nabla\theta\| = \frac{\|\nabla v\|}{\cos\theta} = \frac{F(\nabla v)}{\cos\theta} \geqslant \frac{\left| g_{\nabla u}\left(\nabla v, \dfrac{T}{F(T)}\right)\right|}{\cos\theta}$$

$$= \frac{|Tv|}{F(T)\cos\theta} = \frac{\left|\dfrac{\mathrm{d}v}{\mathrm{d}s}\right|}{F(T)\cos\theta} = \frac{\dfrac{\mathrm{d}\theta}{\mathrm{d}s}}{F(T)}. \tag{5.3.22}$$

于是, 从式 (5.3.21) 和式 (5.3.22) 可得

$$\sqrt{\lambda_1}d \geqslant \int_\gamma \sqrt{\lambda_1}F(T)\mathrm{d}s \geqslant \int_{-\frac{\pi}{2}+\delta}^{\frac{\pi}{2}-\delta} \frac{\mathrm{d}\theta}{\sqrt{1+a_\varepsilon\psi(\theta)}}. \tag{5.3.23}$$

由式 (5.3.20) 易见 $\psi(0) = 0, \psi(-\theta) = -\psi(\theta), |a_\varepsilon\psi(\theta)| < 1$. 所以有

$$\int_{-\frac{\pi}{2}+\delta}^{\frac{\pi}{2}-\delta} \frac{\mathrm{d}\theta}{\sqrt{1+a_\varepsilon\psi(\theta)}} = \int_0^{\frac{\pi}{2}-\delta} \left(\frac{1}{\sqrt{1+a_\varepsilon\psi(\theta)}} + \frac{1}{\sqrt{1-a_\varepsilon\psi(\theta)}}\right)\mathrm{d}\theta$$

$$= 2\int_0^{\frac{\pi}{2}-\delta} \left(1 + \sum_{i=1}^\infty \frac{1\cdot 3\cdots(4i-1)}{2\cdot 4\cdots 4i}a_\varepsilon^{2i}\psi^{2i}\right)\mathrm{d}\theta$$

$$\geqslant 2\left(\frac{\pi}{2} - \delta\right) = \pi - 2\delta. \tag{5.3.24}$$

因此

$$\sqrt{\lambda_1}d \geqslant \pi - 2\delta.$$

令 $\varepsilon \to 0$, 从而 $\delta \to 0$, 于是有

$$\lambda_1 \geqslant \frac{\pi^2}{d^2}.$$

若 M 具有凸边界, 则同样可假定 $f(x)$ 在点 x_0 达到极大值并且显然 $x_0 \in M_u$. 若 x_0 为 M 的内点, 证明已经由上面给出. 现在设 $x_0 \in \partial M$. 令 $\nu_{\nabla u}$ 为关于 $g_{\nabla u}$ 的外法向量, 则有

$$Df(\nu_{\nabla u})(x_0) \geqslant 0.$$

由 Neumann 边界条件可知 $\nabla u \in T(\partial M)$, 从而 $Du(\nu_{\nabla u}) = g_{\nabla u}(\nu_{\nabla u}, \nabla u) = 0$. 注意到 ∂M 是凸的, 于是在 x_0 处可得

$$Df(\nu_{\nabla u}) = \frac{Dg_{\nabla u}(\nabla v, \nabla v)(\nu_{\nabla u})}{1-v^2} = \frac{2g_{\nabla u}(D_{\nu_{\nabla u}}^{\nabla u}\nabla v, \nabla v)}{1-v^2}$$

$$= \frac{2g_{\nabla v}(\nu_{\nabla v}, D_{\nabla v}^{\nabla v}\nabla v)}{1-v^2} \leqslant 0.$$

最后的不等式根据文献 [111] 中引理 3.1 及引理 3.2 得到. 该引理表明它等价于 $g_\nu(\nu, D^{\nabla v}_{\nabla v}\nabla v) \leqslant 0$. 由于 $f(x)$ 在边界上取到极大值, 所以切向导数显然为零. 因此

$$\nabla^{\nabla u} f(x_0) = 0.$$

后面的证明与无边情形完全相同, 不再赘述.　　　　　　　　　　　　□

若 $(M, F, \mathrm{d}\mu)$ 具有常 S 曲率, 则有 $\mathrm{Ric}_\infty = \mathrm{Ric}$.

推论 5.3.1　设 $(M, F, \mathrm{d}\mu)$ 为 n 维紧致无边或有凸边界的 Finsler 流形. 若 M 具有常 S 曲率且 $\mathrm{Ric} \geqslant 0$, 则

$$\lambda_1 \geqslant \frac{\pi^2}{d^2},$$

其中 d 表示 (M, F) 的直径.

定理 5.3.7　设 $(M, F, \mathrm{d}\mu)$ 为 n 维紧致无边或有凸边界 Finsler 流形. 又设 λ_1 为第一闭的或 Neumann 特征值, 其对应第一特征函数为 u. 假定 (M, F) 的加权 Ricci 曲率满足 $\mathrm{Ric}_\infty \geqslant 0$, 且当 $n \geqslant 2$ 时, 下列条件之一成立:

(1) $u \in C^2(M)$;

(2) M 上存在一点 x_0 使得 $\mathrm{Ric}(x_0, y) \neq 0, \forall y$.

则 $\lambda_1 = \dfrac{\pi^2}{d^2}$ 当且仅当 M 等距于 $\mathbb{S}^1\left(\dfrac{d}{\pi}\right)$ 或一条线段, 其中 d 表示 (M, F) 的直径.

证明　由式 (5.3.23) 和式 (5.3.24) 可得

$$\sqrt{\lambda_1}d \geqslant 2\int_0^{\frac{\pi}{2}-\delta}\left(1 + \sum_{i=1}^\infty \frac{1 \cdot 3 \cdots (4i-1)}{2 \cdot 4 \cdots 4i}a_\varepsilon^{2i}\psi^{2i}\right)\mathrm{d}\theta$$

$$\geqslant \pi - 2\delta + \frac{3}{4}a_\varepsilon^2\int_0^{\frac{\pi}{2}-\delta}\psi^2\mathrm{d}\theta,$$

其中 $a_\varepsilon = \dfrac{1-k}{(1+k)(1+\varepsilon)}$. 令 $\varepsilon \to 0$, 从而 $\delta \to 0$, 则有

$$\sqrt{\lambda_1}d \geqslant \pi + \frac{3(1-k)^2}{4(1+k)^2}\int_0^{\frac{\pi}{2}}\psi^2\mathrm{d}\theta,$$

结合 $\lambda_1 = \dfrac{\pi^2}{d^2}$ 得到 $k = 1$. 因此, $\max\limits_{x \in M} u = 1$ 且 $\min\limits_{x \in M} u = -1$. 设 $f(x) = \|\nabla u\|^2 + \lambda_1 u^2$. 则 f 在开集 M_u 上光滑, 在 $M \backslash M_u$ 上连续. 在 M_u 上

$$\nabla^{\nabla u} f = \nabla^{\nabla u}(g_{\nabla u}(\nabla u, \nabla u)) + \lambda_1 \nabla^{\nabla u} u^2$$

$$= 2\nabla^2 u(\nabla u) + 2\lambda_1 u \nabla u.$$

容易得到

$$\left|\frac{1}{2}\nabla^{\nabla u} f - \lambda_1 u \nabla u\right|^2_{g_{\nabla u}} = |\nabla^2 u(\nabla u)|^2_{g_{\nabla u}} \leqslant \|\nabla^2 u\|^2_{HS(\nabla u)}\|\nabla u\|^2,$$

这表明

$$\|\nabla^2 u\|^2_{HS(\nabla u)} - \lambda_1^2 u^2 \geqslant \frac{g_{\nabla u}(\nabla^{\nabla u} f, \nabla^{\nabla u}(f - 2\lambda_1 u^2))}{4\|\nabla u\|^2}. \tag{5.3.25}$$

另一方面, 利用定理 5.1.4 可得

$$\frac{1}{2}\Delta^{\nabla u} f = \Delta^{\nabla u}\left(\frac{\|\nabla u\|^2}{2}\right) + \frac{\lambda_1}{2}\Delta^{\nabla u} u^2$$

$$= D(\Delta u)(\nabla u) + \|\nabla u\|^2 \mathrm{Ric}_\infty(\nabla u) + \|\nabla^2 u\|^2_{HS(\nabla u)} + \lambda_1\|\nabla u\|^2 + \lambda_1 u\Delta u$$

$$= \|\nabla^2 u\|^2_{HS(\nabla u)} - \lambda_1^2 u^2 + \|\nabla u\|^2 \mathrm{Ric}_\infty(\nabla u). \tag{5.3.26}$$

结合式 (5.3.25) 和式 (5.3.26) 并注意到 $\mathrm{Ric}_\infty \geqslant 0$, 我们有

$$\Delta^{\nabla u} f \geqslant \frac{g_{\nabla u}(\nabla^{\nabla u} f, \nabla^{\nabla u}(f - 2\lambda_1 u^2))}{2\|\nabla u\|^2}. \tag{5.3.27}$$

利用极大值原理可以得到

$$f(x) = \|\nabla u\|^2 + \lambda_1 u^2 \leqslant \max_{\{\nabla u = 0\}}(\|\nabla u\|^2 + \lambda_1 u^2)$$

$$\leqslant (\|\nabla u\|^2 + \lambda_1 u^2)|_{u=\pm 1} = \lambda_1.$$

这表明

$$\sqrt{\lambda_1} \geqslant \frac{\|\nabla u\|}{\sqrt{1 - u^2}}. \tag{5.3.28}$$

选择 $p, q \in M$ 使得 $u(p) = -1$, $u(q) = 1$. 设 γ 是从 p 到 q 的正规极小测地线. 不失一般性, 假定沿 γ 不再有其他的极值点满足 $|u| = 1$. 这说明 $\gamma\backslash\{p, q\} \subset M^* \subset \{u \neq \pm 1\}$, 其中 M^* 为 $\{u \neq \pm 1\}$ 的连通子集. 于是由式 (5.3.28)

$$\sqrt{\lambda_1}d \geqslant \int_\gamma \frac{\|\nabla u\|}{\sqrt{1-u^2}}\mathrm{d}s \geqslant \int_\gamma \frac{|g_{\nabla u}(\nabla u, \dot\gamma)|}{\sqrt{1-u^2}}\mathrm{d}s$$

$$= \int_\gamma \frac{\left|\dfrac{\mathrm{d}u}{\mathrm{d}s}\right|}{\sqrt{1-u^2}}\mathrm{d}s \geqslant \int_{-1}^1 \frac{\mathrm{d}u}{\sqrt{1-u^2}} = \pi.$$

由 $\lambda_1 = \dfrac{\pi^2}{d^2}$ 可知上面的不等式变成等式. 因此沿 γ 成立 $\sqrt{\lambda_1} = \dfrac{\|\nabla u\|}{\sqrt{1-u^2}}$. 利用强极大值原理, 在 M^* 上得到

$$f(x) = \|\nabla u\|^2 + \lambda_1 u^2 = \lambda_1. \tag{5.3.29}$$

设 M' 为 $\{u \neq \pm 1\}$ 中另一连通子集. 选取 $x_1 \in M^*, x_2 \in M'$ 使得 $u(x_i) = 0, i = 1, 2$. 设 σ 为连接 x_1 与 x_2 的正规极小测地线. 则必然存在 $\bar{t}$ 使得 $\sigma(\bar{t}) \subset u^{-1}\{-1, 1\}$, 否则 $M^* = M'$. 不失一般性, 设 $u(\bar{t}) = 1$. 如前讨论

$$\sqrt{\lambda_1} d \geqslant \int_\sigma \frac{\|\nabla u\|}{\sqrt{1 - u^2}} \mathrm{d}s \geqslant \int_0^1 \frac{\mathrm{d}u}{\sqrt{1 - u^2}} - \int_1^0 \frac{\mathrm{d}u}{\sqrt{1 - u^2}} = \pi.$$

因此在 σ 上 $\sqrt{\lambda_1} = \dfrac{\|\nabla u\|}{\sqrt{1 - u^2}}$. 特别地, 在 M' 内部存在一点使得 $f(x) = \lambda_1$. 再次利用强极大值原理, 可得 $f(x) = \lambda_1$ 在 M' 上成立. 总之, 式 (5.3.29) 在整个 M 上成立. 这也表明 $M_u = \{u \neq \pm 1\}$.

对式 (5.3.29) 两边微分得到

$$\begin{aligned}
0 &= \frac{1}{2} \nabla^{\nabla u} f = \nabla^{\nabla u} \left(\frac{\|\nabla u\|^2}{2} \right) + \frac{\lambda_1}{2} \nabla^{\nabla u} u^2 \\
&= \nabla^2 u(\nabla u) + \lambda_1 u \nabla u.
\end{aligned} \tag{5.3.30}$$

从而

$$\sum_a u_a u_{ab} = -\lambda_1 u u_b. \tag{5.3.31}$$

注意到在定理 5.2.6 的证明中, 利用了 Schwartz 不等式

$$\sum_{a,b} v_{ab}^2 \sum_b v_b^2 \geqslant \sum_a \left(\sum_b v_b v_{ba} \right)^2 = \sum_a \frac{\|\nabla v\|^4 v^2 v_a^2}{(1 - v^2)^2},$$

其中 $v = u$. 如果 $f(x_0) = \lambda_1$, 则不等式在 x_0 处变为等式. 因此由式 (5.3.29), 等式

$$\sum_{a,b} u_{ab}^2 \sum_b u_b^2 = \sum_a \left(\sum_b u_b u_{ba} \right)^2$$

在 M_u 上成立. 于是有 $\dfrac{u_{ab}}{u_b} = \xi_a, \forall a, b$. 结合 $u_{ab} = u_{ba}$, 得到

$$u_{ab} = \kappa u_a u_b. \tag{5.3.32}$$

考虑到式 (5.3.31) 和式 (5.3.32), 我们有 $\kappa = -\dfrac{\lambda_1 u}{\|\nabla u\|^2}$. 因此在 M_u 上

$$\nabla^2 u = -\lambda_1 u \frac{\nabla u}{\|\nabla u\|} \otimes \frac{\mathrm{d}u}{\|\nabla u\|}. \tag{5.3.33}$$

另一方面, 利用式 (5.3.29) 和式 (5.3.30) 可得 $D_{\nabla u}^{\nabla u} \left(\dfrac{\nabla u}{\|\nabla u\|} \right) = 0$. 从而 $\dfrac{\nabla u}{\|\nabla u\|}$ 为 M_u 上测地线.

下面证明 $\dim M = 1$. 假定 $\dim M \geqslant 2$, 则定理 5.3.7 中条件之一成立.

情形 1 $u \in C^2(M)$.

我们断言 $\{u = \pm 1\}$ 至多含有四个点. 事实上, 若存在三个点 $\{p_i | i = 1, 2, 3\}$ 满足 $u(p_i) = -1$, 则可以作从 p_i 到 q 的三条正规极小测地线, 其中 $u(q) = 1$. 如前讨论, 我们有 $d(p_i, q) = d$ 且 $\gamma_i' = \frac{\nabla u}{\|\nabla u\|}|_{\gamma_i}$. 由于 $u \in C^2(M)$, 则从式 (5.3.33) 得到

$$\nabla^2 u|_q = -\lambda_1 \gamma_i'|_q \otimes \mathcal{L}_{\gamma_i'}|_q, \quad i = 1, 2, 3,$$

其中 $\mathcal{L} : TM \to T^*M$ 为 Legendre 变换. 于是

$$\gamma_1'|_q \otimes \mathcal{L}_{\gamma_1'}|_q = \gamma_2'|_q \otimes \mathcal{L}_{\gamma_2'}|_q = \gamma_3'|_q \otimes \mathcal{L}_{\gamma_3'}|_q,$$

而 $\gamma_i'|_q (i = 1, 2, 3)$ 是三个不同的向量, 所以上述等式是不可能成立的. 因而 u 在 M 上至多存在两个极小值点. 类似地, u 至多存在两个极大值点. 这就证明了断言.

接下来, 我们进一步断言集合 $\{u = 0\}$ 也至多含有四个点. 设 $\sigma(t)$ 是从 $z_0 \in \{u = 0\}$ 出发的正规极小测地线使得 $\sigma'(t) = \frac{\nabla u}{\|\nabla u\|}|_{\sigma(t)}$. 则从式 (5.3.29) 得到

$$\begin{cases} u'^2 + \lambda_1 u^2 = \lambda_1, \\ u(0) = 0, u'(0) = 1. \end{cases}$$

解方程得到 $u(\sigma(t)) = \sin \sqrt{\lambda_1} t, t \in \left[0, \frac{\pi}{2\sqrt{\lambda_1}}\right]$. 特别地, $u\left(\frac{\pi}{2\sqrt{\lambda_1}}\right) = 1$, 这表明测地线经过 u 的极大值点 q. 现在用反证法证明断言. 若集合 $\{u = 0\}$ 存在五个点 $\{z_i | i = 1, \cdots, 5\}$, 则按照上述的方法可以作出五条正规极小测地线. 由于 u 至多含有两个极大值点, 所以必有三条测地线同时经过 u 的某个极大值点. 利用与上面相同的方法可以得到矛盾.

由于在集合 $\{u = 0\}$ 上, $\|\nabla u\| = \sqrt{\lambda_1}$, 所以 $\{u = 0\}$ 为 M 的超曲面. 这又与 $\{u = 0\}$ 至多含有四个点矛盾. 因此 $\dim M = 1$.

情形 2 在 M 上存在一点 x_0 使得 $\mathrm{Ric}(x_0, y) \neq 0, \forall y$.

选择关于 $g_{\nabla u}$ 的正交标架场 $\{e_a\}_{a=1}^n$ 使得 $e_n = \frac{\nabla u}{\|\nabla u\|}$. 根据式 (5.3.33) 可以得到在 M_u 上下式成立:

$$\mathrm{Ric}^{\nabla u}(\nabla u) = \sum_{a=1}^{n-1} g_{\nabla u}\left(R^{\nabla u}(e_a, \nabla u)\nabla u, e_a\right)$$

$$= \sum_{a=1}^{n-1} g_{\nabla u}\left(D_{e_a}^{\nabla u} D_{\nabla u}^{\nabla u}\nabla u - D_{\nabla u}^{\nabla u} D_{e_a}^{\nabla u}\nabla u - D_{[e_a, \nabla u]}^{\nabla u}\nabla u, e_a\right)$$

$$= \sum_{a=1}^{n-1} g_{\nabla u} \left(D_{e_a}^{\nabla u}(\nabla^2 u(\nabla u)) - D_{\nabla u}^{\nabla u}(\nabla^2 u(e_a)) - \nabla^2 u([e_a, \nabla u]), e_a \right)$$

$$= \sum_{a=1}^{n-1} g_{\nabla u} \left(D_{e_a}^{\nabla u}(-\lambda_1 u \nabla u), e_a \right)$$

$$= - \sum_{a=1}^{n-1} g_{\nabla u} \left(\lambda_1 (D_{e_a}^{\nabla u} u) \nabla u + \lambda_1 u(\nabla^2 u(e_a)), e_a \right) = 0.$$

因为存在一点 $x_0 \in M$ 使得 $\mathrm{Ric} \neq 0$, 不妨假定 $\mathrm{Ric}(x_0, y) > 0, \forall y \in S_{x_0} M$. 因此, 在 SM 上存在一个邻域 $\mathcal{U} \supset S_{x_0} M$ 使得 $\mathrm{Ric} > 0$. 注意到 $M \backslash M_u$ 为 M 上零测度集, 于是可以得到一点 $\tilde{x} \in M_u$ 使得 $\mathrm{Ric}(\tilde{x}, \nabla u(\tilde{x})) > 0$. 这与上面的结果矛盾, 因此 $\dim M = 1$.

若 M 是一维紧致无边的 Finsler 流形, 则 M 必为 Jordan 闭曲线. 此外, 在 M 上, $f(x) = \|\nabla u\|^2 + \lambda_1 u^2 = \lambda_1$ 且 u 仅含有一个极大值点和一个极小值点. 设 t 为 M 在点 p 处的坐标系使得 $t(p) = 0$, 其中 $u(p) = -1$. 于是

$$\begin{cases} u'^2 + \lambda_1 u^2 = \lambda_1, \\ u(0) = -1, u'(0) = 0. \end{cases}$$

直接计算得到

$$u = -\cos \sqrt{\lambda_1} t, \quad t \in \left[0, \frac{2\pi}{\sqrt{\lambda_1}}\right]. \tag{5.3.34}$$

将式 (5.3.34) 代入式 (5.3.29), 有

$$(\sin \sqrt{\lambda_1} t)^2 + (\cos \sqrt{\lambda_1} t)^2 = 1.$$

令 $\theta = \sqrt{\lambda_1} t$, 则 $\theta \in \mathbb{S}^1(1)$. 这说明 $t = \dfrac{\theta}{\sqrt{\lambda_1}} \in \mathbb{S}^1 \left(\dfrac{d}{\pi}\right)$. 因此 $M \subset \mathbb{S}^1 \left(\dfrac{d}{\pi}\right)$. 由于 M 紧致连通, 所以作为点集 $M = \mathbb{S}^1 \left(\dfrac{d}{\pi}\right)$.

下面, 仅需证明映射

$$i : (M, d_M) \longrightarrow \left(\mathbb{S}^1 \left(\frac{d}{\pi}\right), d_{\mathbb{S}^1} \right)$$

是等距浸入, 其中 $d_M, d_{\mathbb{S}^1}$ 分别表示 M 和 $\mathbb{S}^1$ 的度量距离. 若 $|t_1 - t_2| \leqslant d$, 则

$$\begin{aligned} \sqrt{\lambda_1} d_M(t_1, t_2) &= \int_\gamma \frac{\|\nabla u\|}{\sqrt{1-u^2}} \mathrm{d}s = \int_\gamma \frac{|\mathrm{d}u|}{\sqrt{1-u^2}} \\ &= \int_\gamma \frac{|u' \mathrm{d}t|}{\sqrt{1-u^2}} = \left| \int_{t_1}^{t_2} \sqrt{\lambda_1} \mathrm{d}t \right| \\ &= \sqrt{\lambda_1} |t_1 - t_2|, \end{aligned}$$

从而

$$d_M(t_1, t_2) = |t_1 - t_2| = d_{\mathbb{S}^1}(t_1, t_2).$$

另一方面, 当 $|t_1 - t_2| \geqslant d$ 时, 仍然有

$$d_M(t_1, t_2) = \frac{2\pi}{\sqrt{\lambda_1}} - |t_1 - t_2| = d_{\mathbb{S}^1}(t_1, t_2).$$

综上, M 等距于 $\mathbb{S}^1\left(\dfrac{d}{\pi}\right)$.

若 M 为紧致有边界的一维 Finsler 流形, 则 M 必为 Jordan 曲线. 而且在 M 上, $f(x) = \|\nabla u\|^2 + \lambda_1 u^2 = \lambda_1$. u 仅有一个极大值点和一个极小值点, 而且极值点是曲线的两个端点. 设 t 为 M 在点 p 处的坐标系, 使得 $t(p) = 0$, 其中 $u(p) = -1$. 令 $I = \left[0, \dfrac{2\pi}{\sqrt{\lambda_1}}\right]$. 考虑映射

$$j : (M, d_M) \longrightarrow (I, d_I),$$

其中 $d_M, d_I(x_1, x_2) = |x_1 - x_2|$ 分别表示 M 和 I 的度量距离. 通过类似的讨论可得 j 也为等距映射. $\qquad \square$

推论 5.3.2 设 (M, F) 为 n 维紧致无边的 Finsler 流形. 若 (M, F) 具有常 S 曲率且当 $n \geqslant 2$ 时 Ricci 曲率拟正 ($\mathrm{Ric} \geqslant 0$ 且在 M 上至少存在一点使得 $\mathrm{Ric} > 0$), 则 $\lambda_1 = \dfrac{\pi^2}{d^2}$ 当且仅当 M 等距于 $\mathbb{S}^1\left(\dfrac{d}{\pi}\right)$.

在本节的剩下部分, 我们将给出 Dirichlet 第一特征值下界的估计. 为此, 需要介绍另一种凸性的定义.

引理 5.3.2 假定存在两个 C^2 函数 $\phi_i : U \subset M \to \mathbb{R}, i = 1, 2$ 使得

$$\begin{cases} \phi_i(x) = 0, & x \in U \cap \partial\Omega, \\ \phi_i(x) > 0, & x \in U \cap \Omega, \\ \mathrm{d}\phi_i(x) \neq 0, & x \in U \cap \partial\Omega, \end{cases}$$

其中 Ω 为 M 的某一光滑区域, U 为某个点 $x_0 \in \partial\Omega$ 的邻域. 则

$$\frac{\nabla\phi_1}{F(\nabla\phi_1)}\bigg|_{U \cap \partial\Omega} = \frac{\nabla\phi_2}{F(\nabla\phi_2)}\bigg|_{U \cap \partial\Omega}.$$

证明 由于在 $U \cap \partial\Omega$ 上 $\phi_i = 0, i = 1, 2$, 则对于任意的 $Y \in T(U \cap \partial\Omega)$, 有 $0 = Y\phi_i = g_{\nabla\phi_i}(\nabla\phi_i, Y)$. 因此, $\dfrac{\nabla\phi_1}{F(\nabla\phi_1)}\Big|_{U \cap \partial\Omega}$ 及 $\dfrac{\nabla\phi_2}{F(\nabla\phi_2)}\Big|_{U \cap \partial\Omega}$ 均是 $\partial\Omega$ 的单位法向量. 这里已经应用了条件 $\mathrm{d}\phi_i(x) \neq 0, x \in U \cap \partial\Omega$. 进一步, 由于在 $U \cap \Omega$ 上 $\phi_i > 0$, 可知 $\dfrac{\nabla\phi_i}{F(\nabla\phi_i)}\Big|_{U \cap \partial\Omega}$ 均指向 Ω 的内部. 由唯一性, 引理成立. $\qquad \square$

现在假定 F 可反. 则 $\partial\Omega$ 上 Weingarten 公式为

$$D_X^\nu \nu = \nabla_X^{\perp \nu} \nu - A_\nu(X),$$

其中 ν 为 Ω 的外法向量, $X \in T(\partial\Omega)$, $\nabla^\perp$ 为诱导的法联络, A_ν 为 Weingarten 变换. 容易验证 $\nabla_X^{\perp \nu} \nu = 0$. 定义

$$h(X, Y) := g_\nu(A_\nu(X), Y), \quad X, Y \in T(\partial\Omega), \quad H := \sum_{a=1}^{n-1} h(e_a, e_a),$$

其中 $\{e_a\}_{a=1}^n$ 为关于 g_ν 的幺正标架场使得 $e_n = -\nu$. 我们称 h 为第二基本形式, H 为关于 g_ν 的平均曲率. 特别地, 若选取 $\nu = -\dfrac{\nabla\phi}{F(\nabla\phi)}$, 其中 ϕ 如引理 5.3.2 定义, 则有

$$\begin{aligned}
h(X, Y) &= g_{\nabla\phi}\left(A_{\frac{-\nabla\phi}{F(\nabla\phi)}}(X), Y\right) = \frac{1}{F(\nabla\phi)} g_{\nabla\phi}(D_X^{\nabla\phi}\nabla\phi, Y) \\
&= \frac{1}{F(\nabla\phi)} \nabla^2\phi(X, Y) = -\frac{1}{F(\nabla\phi)} g_{\nabla\phi}(\nabla\phi, D_X^{\nabla\phi}Y),
\end{aligned}$$

其中 $X, Y \in T(\partial\Omega)$. 进一步, 有

$$F(\nabla\phi)H = \sum_{a=1}^{n-1} \nabla^2\phi(e_a, e_a) = \sum_{a=1}^{n-1} \phi_{aa}.$$

根据引理 5.3.2, 上面的公式表明 $h(X, Y)$ 及 H 与 ϕ 的选取无关. 于是我们可以给出下面的定义.

定义 5.3.1　若对于边界 $\partial\Omega$ 上任意一点 x, 存在引理 5.3.2 中定义的 C^2 函数 ϕ 使得 $H \leqslant 0$ (或 $(h_{ab})_{a,b=1}^{n-1} \leqslant 0$), 则称边界 $\partial\Omega$ 是**平均凸的** (或**弱凸的**).

定理 5.3.8　设 (M, F) 为 n 维紧致无边可反的 Finsler 流形, 其 S 曲率非负. 设 Ω 为 M 中具有平均凸边界的光滑区域. 若加权 Ricci 曲率满足 $\mathrm{Ric}_\infty \geqslant 0$, 则第一 Dirichlet 特征值满足

$$\mu_1 \geqslant \frac{\pi^2}{4i_F^2},$$

其中 $i_F := \sup\limits_{x\in\Omega} d(x, \partial\Omega)$.

证明　设 u 为第一 Dirichlet 特征函数, 其对应的第一特征值为 μ_1. 即有

$$\begin{cases}
\Delta u = -\mu_1 u, & \Omega, \\
u = 0, & \partial\Omega.
\end{cases}$$

由定理 5.3.2 可设在 Ω 中, $u > 0$. 不失一般性, 进一步假定 $\max u = 1$. 令

$$P := \frac{\|\nabla u\|^2}{\beta^2 - (\alpha + u)^2}, \quad \alpha > 0, \ \beta > \alpha + 1.$$

假定 P 在点 x_0 处达到极大值. 我们断言 $x_0 \in M_u \cap \Omega$. 首先, 若 $x_0 \in M \backslash M_u$, 则由 $P \geqslant 0$ 可得 $P \equiv 0$. 这表明 $\|\nabla u\| \equiv 0$, 从而 u 为常数, 矛盾! 其次, 若 $x_0 \in \partial\Omega$ 且 $\|\nabla u\|(x_0) \neq 0$, 则存在邻域 U 使得在 $U \cap \partial\Omega$ 上 $\|\nabla u\| \neq 0$. 因此 $U \cap \partial\Omega$ 可看作 (M, F) 的超曲面, 而 u 是满足定义 5.3.1 要求的函数. 以 $\nu_{\nabla u}$ 表示关于 $g_{\nabla u}$ 的单位外法向量. 则有 $\nu_{\nabla u} = -\dfrac{\nabla u}{\|\nabla u\|}$. 进一步, 选取关于 $g_{\nabla u}$ 正交标架场 $\{e_a\}_{a=1}^n$ 使得 $e_n = -\nu_{\nabla u} = \dfrac{\nabla u}{\|\nabla u\|}$. 则在 x_0 处

$$
\begin{aligned}
0 \leqslant \frac{\partial P}{\partial \nu_{\nabla u}} &= -\frac{\nabla u}{\|\nabla u\|}\left(\frac{\|\nabla u\|^2}{\beta^2 - (\alpha + u)^2}\right) \\
&= -\frac{\nabla u\, (g_{\nabla u}(\nabla u, \nabla u))}{\|\nabla u\|(\beta^2 - (\alpha + u)^2)} - \|\nabla u\|\nabla u\left(\frac{1}{\beta^2 - (\alpha + u)^2}\right) \\
&= -\frac{2\|\nabla u\|u_{nn}}{\beta^2 - (\alpha + u)^2} - \frac{2\alpha\|\nabla u\|^3}{(\beta^2 - (\alpha + u)^2)^2}.
\end{aligned}
$$

这表明

$$
u_{nn} \leqslant -\frac{\alpha\|\nabla u\|^2}{\beta^2 - (\alpha + u)^2} < 0. \tag{5.3.35}
$$

注意到函数 u 限制到 x_0 的某个邻域时满足引理 5.3.2 的条件, 若 $\partial\Omega$ 平均凸, 则由定义 5.3.1 可得

$$
\|\nabla u\|H = \sum_{a=1}^{n-1} u_{aa} = \sum_{a=1}^{n-1} \nabla^2 u(e_a, e_a) \leqslant 0.
$$

由于 (M, F) 具有非负 S 曲率且 $\Delta u(x_0) = 0$, 于是由定理 5.1.1, 我们有

$$
u_{nn} = -\sum_{a=1}^{n-1} u_{aa} + S(\nabla u) \geqslant 0,
$$

这与式 (5.3.35) 矛盾. 因此, 我们证明了断言 $x_0 \in M_u \cap \Omega$.

由于 x_0 为 P 的极大值点, 则有

$$
\nabla^{\nabla u}P(x_0) = 0, \quad \Delta^{\nabla u}P(x_0) \leqslant 0.
$$

设 $\{e_a\}_{a=1}^n$ 为上面选取的正交标架. 则在点 x_0 处,

$$
\begin{cases}
u_{an} = 0, \quad a \neq n, \\
u_{nn} = -\dfrac{(\alpha + u)\|\nabla u\|^2}{\beta^2 - (\alpha + u)^2}.
\end{cases}
$$

进一步, 直接计算可得

$$\Delta^{\nabla u} P(x_0) = \Delta^{\nabla u}\left(\frac{\|\nabla u\|^2}{\beta^2 - (\alpha + u)^2}\right) = \frac{\Delta^{\nabla u}\left(\|\nabla u\|^2\right)}{\beta^2 - (\alpha + u)^2} + \|\nabla u\|^2 \Delta^{\nabla u}\left(\frac{1}{\beta^2 - (\alpha + u)^2}\right)$$

$$+ 2g_{\nabla u}\left(\nabla^{\nabla u}\left(\|\nabla u\|^2\right), \nabla^{\nabla u}\left(\frac{1}{\beta^2 - (\alpha + u)^2}\right)\right)$$

$$\triangleq A + B + C,$$

其中,

$$A = \frac{\Delta^{\nabla u}\left(\|\nabla u\|^2\right)}{\beta^2 - (\alpha + u)^2},$$

$$B = \|\nabla u\|^2 \Delta^{\nabla u}\left(\frac{1}{\beta^2 - (\alpha + u)^2}\right) = \|\nabla u\|^2 \mathrm{div}\left(\nabla^{\nabla u}\left(\frac{1}{\beta^2 - (\alpha + u)^2}\right)\right)$$

$$= \|\nabla u\|^2\left\{\frac{2(\alpha + u)}{(\beta^2 - (\alpha + u)^2)^2}\mathrm{div}\left(\nabla^{\nabla u}u\right) + 2g_{\nabla u}\left(\nabla^{\nabla u}u, \nabla^{\nabla u}\left(\frac{\alpha + u}{(\beta^2 - (\alpha + u)^2)^2}\right)\right)\right\}$$

$$= \|\nabla u\|^2\left\{\frac{2(\alpha + u)}{(\beta^2 - (\alpha + u)^2)^2}\Delta u + \frac{2\|\nabla u\|^2}{(\beta^2 - (\alpha + u)^2)^2} + \frac{8(\alpha + u)^2\|\nabla u\|^2}{(\beta^2 - (\alpha + u)^2)^3}\right\},$$

$$C = 2g_{\nabla u}\left(\nabla^{\nabla u}\left(\|\nabla u\|^2\right), \nabla^{\nabla u}\left(\frac{1}{\beta^2 - (\alpha + u)^2}\right)\right)$$

$$= \frac{8(\alpha + u)\|\nabla u\|^2}{(\beta^2 - (\alpha + u)^2)^2}u_{nn} = -\frac{8(\alpha + u)^2\|\nabla u\|^4}{(\beta^2 - (\alpha + u)^2)^3}.$$

因此, 在 x_0 处, 有

$$0 \geqslant \Delta^{\nabla u} P(x_0) = \frac{\Delta^{\nabla u}\left(\|\nabla u\|^2\right)}{\beta^2 - (\alpha + u)^2} - \frac{2\mu_1 u(\alpha + u)\|\nabla u\|^2}{(\beta^2 - (\alpha + u)^2)^2} + \frac{2\|\nabla u\|^4}{(\beta^2 - (\alpha + u)^2)^2}.$$

这表明

$$\Delta^{\nabla u}\left(\|\nabla u\|^2\right) + \frac{2\|\nabla u\|^4 - 2\mu_1 u(\alpha + u)\|\nabla u\|^2}{\beta^2 - (\alpha + u)^2} \leqslant 0. \tag{5.3.36}$$

另一方面, 利用引理 5.1.4 并注意到 $\mathrm{Ric}_\infty \geqslant 0$, 我们有

$$\Delta^{\nabla u}(\|\nabla u\|^2) = 2D(\Delta u)(\nabla u) + 2\|\nabla u\|^2 \mathrm{Ric}_\infty(\nabla u) + 2\|\nabla^2 u\|_{HS(\nabla u)}^2$$

$$\geqslant -2\mu_1\|\nabla u\|^2 + 2\sum_{ab}u_{ab}^2 \geqslant -2\mu_1\|\nabla u\|^2 + 2u_{nn}^2$$

$$= -2\mu_1\|\nabla u\|^2 + \frac{2(\alpha + u)^2\|\nabla u\|^4}{(\beta^2 - (\alpha + u)^2)^2}. \tag{5.3.37}$$

结合式 (5.3.36) 及式 (5.3.37), 在点 x_0 处我们得到

$$\frac{\|\nabla u\|}{\sqrt{\beta^2 - (\alpha + u)^2}} \leqslant \sqrt{\mu_1}\frac{\sqrt{\beta^2 - \alpha(\alpha + u)}}{\beta} \leqslant \sqrt{\mu_1}. \tag{5.3.38}$$

因此, 由函数 P 的定义, 式 (5.3.38) 在整个 $\overline{\Omega}$ 上成立. 选取两点 $x_1 \in \Omega, x_2 \in \partial\Omega$ 使得 $d(x_1, x_2) = d(x_1, \partial\Omega)$, 其中 $u(x_1) = 1$. 令 η 为连接 x_1 及 x_2 的正规极小测地线, 则有

$$
\begin{aligned}
\sqrt{\mu_1}\, i_F &\geqslant \int_\eta \frac{\|\nabla u\|}{\sqrt{\beta^2 - (\alpha+u)^2}} \mathrm{d}s \geqslant \int_\eta \frac{|g_{\nabla u}(\nabla u, \dot\eta)|}{\sqrt{\beta^2 - (\alpha+u)^2}} \mathrm{d}s \\
&\geqslant \int_\eta \frac{\left|\dfrac{\mathrm{d}u}{\mathrm{d}s}\right| \mathrm{d}s}{\sqrt{\beta^2 - (\alpha+u)^2}} \geqslant \int_0^1 \frac{\mathrm{d}u}{\sqrt{\beta^2 - (\alpha+u)^2}} \\
&= \arcsin\frac{\alpha+1}{\beta} - \arcsin\frac{\alpha}{\beta}.
\end{aligned} \tag{5.3.39}
$$

令 $\alpha \to 0$ 及 $\beta \to 1$, 则由式 (5.3.39) 得到

$$
\mu_1 \geqslant \frac{\pi^2}{4 i_F^2}.
$$

$\square$

5.3.4 加权 Ricci 曲率具有负下界时的第一特征值估计

在本节中, 我们考虑 Finsler 流形上加权 Ricci 曲率具有负下界时第一特征值的估计.

定理 5.3.9 设 (M, F) 为 n 维紧致无边的 Finsler 流形. 若加权 Ricci 曲率 $\mathrm{Ric}_N \geqslant (n-1)(-k)$, 其中 $k \geqslant 0$, $N \in (n, \infty)$, 则

$$
\lambda_1 \geqslant C(n, N, k, d).
$$

这里 d 表示 M 的直径.

证明 设 u 为非线性 Laplace 算子的第一特征函数. 不失一般性, 假定 $-m = \inf u < \sup u = 1$, $m \leqslant 1$. 设 $\beta > 1$ 为一实数. 定义函数

$$
G(x) := \frac{\|\nabla u\|^2}{(\beta - u)^2}.
$$

假定 x_0 为 $G(x)$ 在 M 上的极大值点, 则 $x_0 \in M_u$ 且

$$
\nabla^{\nabla u} G(x_0) = 0, \quad \Delta^{\nabla u} G(x_0) \leqslant 0. \tag{5.3.40}
$$

由 $G(x)(\beta - u)^2 = \|\nabla u\|^2$ 可得

$$
\Delta^{\nabla u} G \cdot (\beta - u)^2 + 2 g_{\nabla u}\left(\nabla^{\nabla u} G, \nabla^{\nabla u}(\beta - u)^2\right) + G \Delta^{\nabla u}(\beta - u)^2 = \Delta^{\nabla u}\|\nabla u\|^2.
$$

从而在 x_0 处, 有

$$
\Delta^{\nabla u}\|\nabla u\|^2 - G \Delta^{\nabla u}(\beta - u)^2 \leqslant 0.
$$

利用定理 5.1.3, 得到

$$\|\nabla^2 u\|_{HS(\nabla u)}^2 + g_{\nabla u}\left(\nabla^{\nabla u}\Delta u, \nabla u\right) + |\nabla u|^2 \mathrm{Ric}_\infty(\nabla u)$$
$$-\frac{1}{2}G\left[\mathrm{div}(\nabla^{\nabla u}((\beta - u)^2))\right] \leqslant 0, \tag{5.3.41}$$

其中

$$\mathrm{div}(\nabla^{\nabla u}((\beta - u)^2)) = 2\mathrm{div}((u - \beta)\nabla u) = 2(u - \beta)\Delta u + 2\|\nabla u\|^2.$$

由于 u 为非线性 Laplace 算子的第一特征函数, 故由式 (5.3.41) 可得

$$\|\nabla^2 u\|_{HS(\nabla u)}^2 - \lambda_1 \|\nabla u\|^2 + \|\nabla u\|^2 \mathrm{Ric}_\infty(\nabla u) - G[\lambda_1 u(\beta - u) + \|\nabla u\|^2] \leqslant 0. \tag{5.3.42}$$

根据式 (5.3.40) 直接计算, 得到

$$\nabla^2 u(\nabla u) = -\frac{\|\nabla u\|^2}{\beta - u}\nabla u.$$

在 $(M_u, g_{\nabla u})$ 中 x_0 处选取关于 $g_{\nabla u}$ 的正交基 $\{e_i\}$ 使得 $e_1 = \dfrac{\nabla u}{\|\nabla u\|}$. 则有

$$\begin{cases} u_{11} = -\dfrac{|\nabla u|^2}{\beta - u}, \\ u_{1a} = 0 \, (a > 1). \end{cases} \tag{5.3.43}$$

利用 Schwarz 不等式及定理 5.1.1, 对于任意的 $0 < \varepsilon < 1$, 有

$$\sum_{a,b=2}^n u_{ab}^2 \geqslant \sum_{a=2}^n u_{aa}^2 \geqslant \frac{1}{n-1}\left(\sum_{a=2}^n u_{aa}\right)^2$$
$$= \frac{1}{n-1}(\Delta u - u_{11} + S(\nabla u))^2$$
$$= \frac{(\Delta u - u_{11})^2}{N-1} - \frac{S(\nabla u)^2}{N-n} + \frac{(N-n)(N-1)}{n-1}\left(\frac{\Delta u - u_{11}}{N-1} + \frac{S(\nabla u)}{N-n}\right)^2$$
$$\geqslant \frac{(\Delta u - u_{11})^2}{N-1} - \frac{S(\nabla u)^2}{N-n}$$
$$\geqslant \frac{1-\varepsilon}{N-1}u_{11}^2 - \frac{1-\varepsilon}{\varepsilon(N-1)}\lambda_1^2 u^2 - \frac{S(\nabla u)^2}{N-n}. \tag{5.3.44}$$

将式 (5.3.44) 代入式 (5.3.42), 并注意到式 (5.3.43), 可得

$$\frac{1-\varepsilon}{N-1}\frac{\|\nabla u\|^4}{(\beta - u)^2} - \frac{1-\varepsilon}{\varepsilon(N-1)}\lambda_1^2 u^2 - (\lambda_1 + (n-1)k)\|\nabla u\|^2 - \lambda_1 u\frac{\|\nabla u\|^2}{\beta - u} \leqslant 0. \tag{5.3.45}$$

令 $\alpha := \dfrac{u}{\beta - u}$, 则 $-1 \leqslant \alpha \leqslant \dfrac{1}{\beta - 1}$. 于是式 (5.3.45) 变为

$$\frac{1-\varepsilon}{N-1} G^2(x_0) - \frac{1-\varepsilon}{\varepsilon(N-1)} \lambda_1^2 \alpha^2 - (\lambda_1 + (n-1)k + \lambda_1 \alpha) G(x_0) \leqslant 0. \quad (5.3.46)$$

将式 (5.3.46) 看成二次不等式, 并注意到 $|\alpha| \leqslant \max\left\{1, \dfrac{1}{\beta-1}\right\} \leqslant \dfrac{\beta}{\beta-1}$, 我们有

$$G(x_0) \leqslant \frac{N-1}{2(1-\varepsilon)} \left\{ 2(\lambda_1 + (n-1)k + \lambda_1 \alpha) + \frac{2(1-\varepsilon)}{(N-1)\sqrt{\varepsilon}} \lambda_1 |\alpha| \right\}.$$

$$\leqslant \left(\frac{1}{1-\varepsilon} + \frac{1}{\sqrt{\varepsilon}} \right) (N-1) \left((n-1)k + \frac{\lambda_1 \beta}{\beta-1} \right)$$

$$\stackrel{\varepsilon=\frac{1}{3}}{\leqslant} 3.3(N-1) \left((n-1)k + \frac{\lambda_1 \beta}{\beta-1} \right).$$

因此, 对于任意点 $x \in M$, 总有

$$|\nabla u| \leqslant \sqrt{3.3(N-1)\left((n-1)k + \frac{\lambda_1 \beta}{\beta-1} \right)} (\beta - u).$$

设 x_1, x_2 满足 $u(x_1) = 0, u(x_2) = 1$. 考虑连接 x_1 及 x_2 的正规极小测地线 $\gamma(s)$, 则有

$$\ln \frac{\beta}{\beta-1} = \int_0^1 \frac{\mathrm{d}u}{\beta - u} = \int_\gamma \frac{\dot{\gamma}(u)}{\beta - u} \mathrm{d}s$$

$$= \int_\gamma \frac{g_{\nabla u}(\nabla u, \dot{\gamma})}{\beta - u} \mathrm{d}s \leqslant \int_\gamma \frac{\|\nabla u\|}{\beta - u} \mathrm{d}s$$

$$\leqslant \sqrt{3.3(N-1)\left((n-1)k + \frac{\lambda_1 \beta}{\beta-1} \right)} d,$$

其中 d 为 M 的直径. 于是

$$\lambda_1 \geqslant \frac{\beta-1}{\beta} \left[\frac{1}{3.3(N-1)d^2} \left(\ln \frac{\beta}{\beta-1} \right)^2 - (n-1)k \right].$$

设 $f(y) := y[a(\ln y)^2 - b]$. 则当 $y = \exp\left(-1 - \sqrt{1 + \dfrac{b}{a}} \right)$ 时, $f(y)$ 达到其极大值. 将

$$a = \frac{1}{3.3(N-1)d^2}, \quad b = (n-1)k, \quad y = \frac{\beta-1}{\beta} \text{ 代入之, 可得}$$

$$\lambda_1 \geqslant \frac{2 + 2\sqrt{1 + 3.3(n-1)(N-1)d^2 k}}{3.3(N-1)d^2} \exp\left\{ -\left[1 + \sqrt{1 + 3.3(n-1)(N-1)d^2 k} \right] \right\}.$$

$\square$

5.4　Finsler p-Laplace 算子的第一特征值

5.4.1　第一特征函数的存在性

Finsler p-Laplace 算子是非线性 Laplace 算子的推广, 其定义为

$$\Delta_p u := \operatorname{div}\left(\|\nabla u\|^{p-2}\nabla u\right),$$

其中等式在 $W^{1,p}(M)$ 弱意义下成立.

在黎曼情形下, p-Laplace 算子得到了深入研究[53,61,102,106−108], 不过讨论 Ricci 曲率具有正下界的第一特征值问题的文章相对不多. 目前较好的结果属于 A. M. Matei 和王林峰. 当 $p \geqslant 2$ 时, A. M. Matei[61] 得到的下界是 $\lambda_{1,p} \geqslant \left(\dfrac{(n-1)k}{p-1}\right)^{\frac{p}{2}}$. 而王林峰在文献 [107] 中得到的下界为

$$\lambda_{1,p} \geqslant \begin{cases} \left(\dfrac{(n-1)k}{p}\right)^{\frac{p}{2}} (n(p-2))^{1-\frac{p}{2}}2^{p-1}, & 2(p-1) \leqslant n(p-2), \\ (p-1)^{1-p}(nk)^{\frac{p}{2}}, & 2(p-1) > n(p-2). \end{cases}$$

假定 $(M, F, \mathrm{d}\mu)$ 为紧致 Finsler 流形. 我们给出 Neumann 条件下 (若 M 具有边界) Finsler p-Laplace 算子第一特征函数的存在性证明. 对于任意的 $\varphi \in C^\infty(M)$,

$$\operatorname{div}(\varphi\|\nabla u\|^{p-2}\nabla u) = \varphi\Delta_p(u) + \|\nabla u\|^{p-2}\mathrm{d}\varphi(\nabla u).$$

设 u 满足 Neumann 边界条件, 即 $g_\nu(\nu, \nabla u) = 0$, 其中 ν 为 ∂M 的外法向量. 对上式应用散度公式得到

$$\int_M \varphi\Delta_p u\,\mathrm{d}\mu = -\int_M \|\nabla u\|^{p-2}\mathrm{d}\varphi(\nabla u)\mathrm{d}\mu, \quad \forall\varphi \in C^\infty(M). \tag{5.4.1}$$

这给出 $\Delta_p u$ 在 M 上分布意义下的定义.

以 $W^{1,p}$ 表示 $C^\infty(M)$ 关于范数

$$\|u\|_{W^{1,p}}^p = \int_M |u|^p\mathrm{d}\mu + \int_M \|\nabla u\|^p\mathrm{d}\mu$$

的完备化. $W^{1,p}\backslash\{0\}$ 上标准能量泛函 E_p 定义为

$$E_p(u) = \frac{\displaystyle\int_M \|\nabla u\|^p\mathrm{d}\mu}{\displaystyle\int_M |u|^p\mathrm{d}\mu}.$$

利用式 (5.4.1), 得到

$$\mathrm{d}_u E_p(\varphi) = -p \int_M \left(\Delta_p u + \lambda |u|^{p-2} u \right) \varphi \mathrm{d}\mu, \quad \forall \varphi \in C^\infty(M).$$

这里 $\lambda = E_p(u)$ 且 $u \in W^{1,p}$ 使得 $\int_M |u|^p \mathrm{d}\mu = 1$. 这说明函数 $u \in W^{1,p}$ 满足 $\mathrm{d}_u E_p = 0$ 当且仅当

$$\Delta_p u + \lambda |u|^{p-2} u = 0.$$

令 $W_0^{1,p} := \left\{ u \in W^{1,p} \Big| \int_M |u|^{p-2} u \mathrm{d}\mu = 0 \right\}$ 及 $K := \left\{ u \in W_0^{1,p} \int_M |u|^p \mathrm{d}\mu = 1 \right\}$. 则

$$\lambda_{1,p}(M) = \inf \left\{ \int_M \|\nabla u\|^p \mathrm{d}\mu; u \in K \right\}.$$

设 $\{u_n\}$ 为 K 中能量趋向于 $\lambda_{1,p}$ 极小序列. 即 $\int_M |u_n|^p \mathrm{d}\mu = 1$, $\int_M |u_n|^{p-2} u_n \mathrm{d}\mu = 0$ 且 $\lim\limits_{n\to\infty} \int_M \|\nabla u_n\|^p \mathrm{d}\mu = \lambda_{1,p}$. 由于 $\{u_n\}$ 为自反 Banach 空间 $W^{1,p}(M)$ 中有界序列 且浸入 $W^{1,p}(M) \hookrightarrow L^p(M)$ 是紧的 (因为 M 紧致), 故存在 $u_0 \in W^{1,p}(M)$ 使得 u_n 的子列 (仍记为 u_n) $u_n \rightharpoonup u_0$ 在 $W^{1,p}(M)$ 弱收敛且在 $L^p(M)$ 中 $u_n \to u_0$ 强收敛. 这推出 $u_n \overset{a.e.}{\to} u_0$, 从而 $g_n \overset{a.e.}{\to} g_0$, 其中 $g_n = |u_n|^{p-2} u_n, g_0 = |u_0|^{p-2} u_0$. 因为

$$\int_M |u_0|^p \mathrm{d}\mu = \lim_{n\to\infty} \int_M |u_n|^p \mathrm{d}\mu = 1, \tag{5.4.2}$$

我们有 $\int_M |g_0|^q \mathrm{d}\mu = \lim\limits_{n\to\infty} \int_M |g_n|^q \mathrm{d}\mu = 1$. 因此 $g_n \to g_0$ 在 $L^q(M)$ $\left(\dfrac{1}{p} + \dfrac{1}{q} = 1 \right)$ 中强收敛. 这表明

$$\int_M |u_0|^{p-2} u_0 \mathrm{d}\mu = \lim_{n\to\infty} \int_M |u_n|^{p-2} u_n = 0. \tag{5.4.3}$$

由式 (5.4.2) 和式 (5.4.3) 可以看出 $u_0 \in K$. 由于在 K 中 $u_n \rightharpoonup u_0$ 弱收敛, 我们得到

$$\|u_0\|_{W^{1,p}} \leqslant \varliminf_{n\to\infty} \|u_n\|_{W^{1,p}}.$$

结合式 (5.4.2) 得到

$$E_p(u_0) = \frac{\displaystyle\int_M \|\nabla u_0\|^p \mathrm{d}\mu}{\displaystyle\int_M |u_0|^p \mathrm{d}\mu} \leqslant \frac{\varliminf\limits_{n\to\infty} \displaystyle\int_M \|\nabla u_n\|^p \mathrm{d}\mu}{\lim\limits_{n\to\infty} \displaystyle\int_M |u_n|^p \mathrm{d}\mu} = \varliminf_{n\to\infty} \frac{\displaystyle\int_M \|\nabla u_n\|^p \mathrm{d}\mu}{\displaystyle\int_M |u_n|^p \mathrm{d}\mu} = \varliminf_{n\to\infty} E_p(u_n).$$

因此 E 在 K 中是弱下半连续的. 从而有

$$E_p(u_0) \leqslant \varliminf_{n\to\infty} E_p(u_n) = \lambda_{1,p}(M).$$

另一方面, 根据 $\lambda_{1,p}(M)$ 的定义及 $u_0 \in K$ 的事实, 易见 $E_p(u_0) \geqslant \lambda_{1,p}(M)$. 因此 $E_p(u_0) = \lambda_{1,p}(M)$.

对于 Dirichlet 问题, 证明的过程类似. 此时 $W_0^{1,p} := \{u \in W^{1,p}|u_{\partial M} = 0\}$. 综上所述, 我们有下述命题.

命题 5.4.1　设 $(M, F, \mathrm{d}\mu)$ 为紧致 Finsler 流形, 则存在函数 $u \in W_0^{1,p}$ 使得标准能量泛函 $E_p(u)$ 最小化. 因此 $\lambda_{1,p}(M)$ 为 E_p 的临界值且 u 为 E_p 关于 $\lambda_{1,p}(M)$ 的临界点.

5.4.2　加权 Ricci 曲率具有正下界时的第一特征值估计

仿照文献 [106] 定义线性化的 p-Laplace 算子如下:

$$
\begin{aligned}
P_u(\eta) :=& \frac{\mathrm{d}}{\mathrm{d}t}\Big|_{t=0} \Delta_p^{\nabla u}(u + t\eta) \\
=& \operatorname{div}\left((p - 2)\|\nabla u\|^{p-4}g_{\nabla u}(\nabla u, \nabla^{\nabla u}\eta)\nabla u + \|\nabla u\|^{p-2}\nabla^{\nabla u}\eta\right) \\
=& \|\nabla u\|^{p-2}\Delta^{\nabla u}\eta + (p - 2)\|\nabla u\|^{p-4}g_{\nabla u}(D_{\nabla u}^{\nabla u}(\nabla^{\nabla u}\eta), \nabla u) \\
& + (p - 2)\Delta_p(u)\frac{g_{\nabla u}(\nabla u, \nabla^{\nabla u}\eta)}{\|\nabla u\|^2} \\
& + 2(p - 2)\|\nabla u\|^{p-4}\nabla^2 u\left(\nabla u, \nabla^{\nabla u}\eta - \frac{\nabla u}{\|\nabla u\|^2}g_{\nabla u}(\nabla u, \nabla^{\nabla u}\eta)\right).
\end{aligned}
\tag{5.4.4}
$$

引理 5.4.1　设 $\Omega \subset M_u$ 为 M 中某一区域. 则对于任意函数 $u \in C^\infty(\Omega)$, 有

$$
\begin{aligned}
& \frac{1}{2}P_u(\|\nabla u\|^2) \\
=& \|\nabla u\|^{p-2}\left\{\|\nabla^2 u\|_{HS(\nabla u)}^2 + (p - 2)\frac{\|\nabla^2 u(\nabla u)\|_{g_{\nabla u}}^2}{\|\nabla u\|^2} + \|\nabla u\|^2\operatorname{Ric}_\infty(\nabla u)\right\} \\
& + g_{\nabla u}\left(\nabla^{\nabla u}\Delta_p u, \nabla u\right).
\end{aligned}
$$

证明　首先, 由定理 5.1.3 可得

$$
\begin{aligned}
& \|\nabla u\|^{p-2}\Delta^{\nabla u}(\|\nabla u\|^2) \\
=& 2\|\nabla u\|^{p-2}\left\{g_{\nabla u}\left(\nabla^{\nabla u}\Delta u, \nabla u\right) + \|\nabla^2 u\|_{HS(\nabla u)}^2 + \|\nabla u\|^2\operatorname{Ric}_\infty(\nabla u)\right\}.
\end{aligned}
$$

再由命题 5.1.1, 命题 5.1.2 及命题 5.1.3, 有

$$
\begin{aligned}
& (p - 2)\|\nabla u\|^{p-4}g_{\nabla u}(D_{\nabla u}^{\nabla u}(\nabla^{\nabla u}\eta), \nabla u) \\
=& 2(p - 2)\|\nabla u\|^{p-4}\left\{\nabla^3 u(\nabla u, \nabla u, \nabla u) + \|\nabla^2 u(\nabla u)\|_{g_{\nabla u}}^2\right\}, \\
& (p - 2)\Delta_p u\frac{g_{\nabla u}(\nabla u, \nabla^{\nabla u}\|\nabla u\|^2)}{\|\nabla u\|^2}
\end{aligned}
$$

$$= 2(p-2)\Delta_p u \frac{\nabla^2 u(\nabla u, \nabla u)}{\|\nabla u\|^2},$$

$$2(p-2)\|\nabla u\|^{p-4}\nabla^2 u(\nabla u, \nabla^{\nabla u}\|\nabla u\|^2) - \frac{\nabla u}{\|\nabla u\|^2} g_{\nabla u}(\nabla u, \nabla^{\nabla u}\|\nabla u\|^2))$$

$$= 4(p-2)\|\nabla u\|^{p-4}\left\{\|\nabla^2 u(\nabla u)\|^2_{g_{\nabla u}} - \frac{\|\nabla^2 u(\nabla u, \nabla u)\|^2}{\|\nabla u\|^2}\right\}.$$

因为

$$\Delta_p u = \|\nabla u\|^{p-2}\Delta u + (p-2)\|\nabla u\|^{p-4}\nabla^2 u(\nabla u, \nabla u),$$

所以

$$g_{\nabla u}(\nabla^{\nabla u}\Delta_p u, \nabla u)$$

$$= \|\nabla u\|^{p-2}g_{\nabla u}(\nabla^{\nabla u}\Delta u, \nabla u) + (p-2)\frac{\nabla^2 u(\nabla u, \nabla u)}{\|\nabla u\|^2}\Delta_p u$$

$$+ (p-2)\|\nabla u\|^{p-2}\left\{-2\frac{\|\nabla^2 u(\nabla u, \nabla u)\|^2}{\|\nabla u\|^4} + \frac{\nabla^3 u(\nabla u, \nabla u, \nabla u)}{\|\nabla u\|^2} + 2\frac{\|\nabla^2 u(\nabla u)\|^2_{g_{\nabla u}}}{\|\nabla u\|^2}\right\}.$$

利用 P_u 的定义及上述公式, 不难得到引理 5.4.1. $\qquad\square$

在 M_u 上选取关于 $g_{\nabla u}$ 的正交标架场 $e_1 = \dfrac{\nabla u}{\|\nabla u\|}, e_2, \cdots, e_n$. 则

$$\frac{\nabla^2 u(\nabla u, \nabla u)}{\|\nabla u\|^2} = u_{11}, \qquad \frac{\|\nabla^2 u(\nabla u)\|^2_{g_{\nabla u}}}{\|\nabla u\|^2} = \sum_a u_{1a}^2.$$

引理 5.4.2 设 $u \in C^\infty(M)$, 则有

$$\int_M \left\{\frac{(\Delta u)^2}{N} + (p-2)u_{11}^2\right\}\|\nabla u\|^{p-2}\mathrm{d}\mu \geqslant \frac{1-\varepsilon}{N-(1-\varepsilon)}\int_M \mathrm{Ric}_N(\nabla u)\|\nabla u\|^p\mathrm{d}\mu,$$

其中

$$\varepsilon = \frac{p-2}{2N+p-2+2\sqrt{N^2+N(p-2)}}. \tag{5.4.5}$$

证明 利用

$$\|\nabla u\|^{2-p}\Delta_p u = \Delta u + (p-2)\frac{\nabla^2 u(\nabla u, \nabla u)}{\|\nabla u\|^2} = \Delta u + (p-2)u_{11},$$

可得

$$\frac{(\Delta u)^2}{N} + (p-2)u_{11}^2$$

$$= \frac{\varepsilon(\Delta u)^2}{N} + \frac{1-\varepsilon}{N}\Delta u\left[\|\nabla u\|^{2-p}\Delta_p u - (p-2)u_{11}\right] + (p-2)u_{11}^2$$

$$= \frac{1-\varepsilon}{N}\Delta u\|\nabla u\|^{2-p}\Delta_p u + \left[\frac{\varepsilon(\Delta u)^2}{N} - \frac{(1-\varepsilon)(p-2)}{N}u_{11}\Delta u + \frac{(1-\varepsilon)^2(p-2)^2}{4N\varepsilon}u_{11}^2\right]$$

$$+ (p-2)\left[1 - \frac{(1-\varepsilon)^2(p-2)}{4N\varepsilon}\right]u_{11}^2$$

$$\geqslant \frac{1-\varepsilon}{N}\Delta u\|\nabla u\|^{2-p}\Delta_p u + (p-2)\left[1 - \frac{(1-\varepsilon)^2(p-2)}{4N\varepsilon}\right]u_{11}^2. \tag{5.4.6}$$

由定理 5.1.1, 我们有

$$\|\nabla^2 u\|_{HS(\nabla u)}^2 = \sum_{ab}u_{ab}^2 \geqslant \sum_a u_{aa}^2 \geqslant \frac{1}{n}\left(\sum_a u_{aa}\right)^2 = \frac{(\Delta u + S(\nabla u))^2}{n}$$

$$= \frac{(\Delta u)^2}{N} - \frac{S(\nabla u)^2}{N-n} + \frac{N(N-n)}{n}\left(\frac{\Delta u}{N} + \frac{S(\nabla u)}{N-n}\right)^2$$

$$\geqslant \frac{(\Delta u)^2}{N} - \frac{S(\nabla u)^2}{N-n}. \tag{5.4.7}$$

注意到

$$-\int_M \|\nabla u\|^{p-2}\Delta^{\nabla u}\left(\frac{\|\nabla u\|^2}{2}\right)\mathrm{d}\mu = -\int_M \mathrm{div}\left(\nabla^{\nabla u}\left(\frac{\|\nabla u\|^2}{2}\right)\right)\|\nabla u\|^{p-2}\mathrm{d}\mu$$

$$= -\int_M \mathrm{div}\left(\|\nabla u\|^{p-2}\nabla^{\nabla u}\left(\frac{\|\nabla u\|^2}{2}\right)\right)\mathrm{d}\mu$$

$$+ \int_M g_{\nabla u}\left(\nabla^{\nabla u}\left(\frac{\|\nabla u\|^2}{2}\right), \nabla^{\nabla u}\left(\|\nabla u\|^{p-2}\right)\right)\mathrm{d}\mu$$

$$= \frac{(p-2)}{4}\int_M \|\nabla u\|^{p-4}g_{\nabla u}\left(\nabla^{\nabla u}\left(\|\nabla u\|^2\right), \nabla^{\nabla u}\left(\|\nabla u\|^2\right)\right)\mathrm{d}\mu$$

$$\geqslant (p-2)\int_M \|\nabla u\|^{p-2}\frac{\|\nabla^2 u(\nabla u)\|_{g_{\nabla u}}^2}{\|\nabla u\|^2}\mathrm{d}\mu \geqslant (p-2)\int_M \|\nabla u\|^{p-2}u_{11}^2\mathrm{d}\mu, \tag{5.4.8}$$

则由式 (5.4.6) 和式 (5.4.7), 定理 5.1.3 可以得到

$$\int_M \left\{\frac{(\Delta u)^2}{N} + (p-2)u_{11}^2\right\}\|\nabla u\|^{p-2}\mathrm{d}\mu$$

$$\geqslant \frac{1-\varepsilon}{N}\int_M \Delta u\Delta_p u\mathrm{d}\mu + (p-2)\left[1 - \frac{(1-\varepsilon)^2(p-2)}{4N\varepsilon}\right]\int_M \|\nabla u\|^{p-2}u_{11}^2\mathrm{d}\mu$$

$$= \frac{1-\varepsilon}{N}\int_M \left\{\mathrm{div}(\|\nabla u\|^{p-2}\Delta u\nabla u) - \|\nabla u\|^{p-2}g_{\nabla u}\left(\nabla u, \nabla^{\nabla u}(\Delta u)\right)\right\}\mathrm{d}\mu$$

$$+ (p-2)\left[1 - \frac{(1-\varepsilon)^2(p-2)}{4N\varepsilon}\right]\int_M \|\nabla u\|^{p-2}u_{11}^2\mathrm{d}\mu$$

$$= \frac{1-\varepsilon}{N}\int_M \|\nabla u\|^{p-2}\left[\|\nabla^2 u\|_{HS}^2 + \|\nabla u\|^2\mathrm{Ric}_\infty(\nabla u) - \Delta^{\nabla u}\left(\frac{\|\nabla u\|^2}{2}\right)\right]\mathrm{d}\mu$$

$$+(p-2)\left[1-\frac{(1-\varepsilon)^2(p-2)}{4N\varepsilon}\right]\int_M \|\nabla u\|^{p-2}u_{11}^2\mathrm{d}\mu$$

$$\geqslant \frac{1-\varepsilon}{N}\int_M \|\nabla u\|^{p-2}\left[\frac{(\Delta u)^2}{N}+\|\nabla u\|^2\mathrm{Ric}_N(\nabla u)-\Delta^{\nabla u}\left(\frac{\|\nabla u\|^2}{2}\right)\right]\mathrm{d}\mu$$

$$+(p-2)\left[1-\frac{(1-\varepsilon)^2(p-2)}{4N\varepsilon}\right]\int_M \|\nabla u\|^{p-2}u_{11}^2\mathrm{d}\mu$$

$$\geqslant \frac{1-\varepsilon}{N}\int_M \|\nabla u\|^{p-2}\left[\frac{(\Delta u)^2}{N}+\|\nabla u\|^2\mathrm{Ric}_N(\nabla u)+(p-2)u_{11}^2\right]\mathrm{d}\mu$$

$$+(p-2)\left[1-\frac{(1-\varepsilon)^2(p-2)}{4N\varepsilon}\right]\int_M \|\nabla u\|^{p-2}u_{11}^2\mathrm{d}\mu$$

$$=\frac{1-\varepsilon}{N}\int_M \|\nabla u\|^p \mathrm{Ric}_N(\nabla u)\mathrm{d}\mu$$

$$+\frac{1-\varepsilon}{N}\int_M \|\nabla u\|^{p-2}\left[\frac{(\Delta u)^2}{N}+(p-2)u_{11}^2\right]\mathrm{d}\mu, \tag{5.4.9}$$

其中 ε 由式 (5.4.5) 定义. 因此根据式 (5.4.9) 可直接得到引理 5.4.2. $\qquad\square$

定理 5.4.1 设 $(M,F,\mathrm{d}\mu)$ 为 n 维紧致连通无边的 Finsler 流形. 若对于正常数 k 及 $N\in(n,\infty)$, 加权 Ricci 曲率满足 $\mathrm{Ric}_N\geqslant(n-1)k$, 则对于 $p\geqslant 2$,

$$\lambda_{1,p}\geqslant \left(\frac{(n-1)Nk}{(p-1)(N-(1-\varepsilon(N,p)))}\right)^{\frac{p}{2}},$$

其中 $\varepsilon(N,p)$ 由式 (5.4.5) 定义. 进一步, 等号成立时当且仅当 $p=2$, 此时 M 的直径为 $\sqrt{\frac{N-1}{n-1}}\frac{\pi}{\sqrt{k}}$ 且 M 同胚于 $\mathbb{S}^n$.

证明 由引理 5.3.1 及式 (5.4.7), 有

$$\frac{1}{2}P_u(\|\nabla u\|^2)=\|\nabla u\|^{p-2}\left\{\|\nabla^2 u\|_{HS(\nabla u)}^2+(p-2)\frac{\|\nabla^2 u(\nabla u)\|_{g_{\nabla u}}^2}{\|\nabla u\|^2}+\|\nabla u\|^2\mathrm{Ric}_\infty(\nabla u)\right\}$$

$$+g_{\nabla u}\left(\nabla^{\nabla u}\Delta_p u,\nabla u\right)$$

$$\geqslant \|\nabla u\|^{p-2}\left\{\frac{(\Delta u)^2}{N}+(p-2)\sum_a u_{1a}^2+\|\nabla u\|^2\mathrm{Ric}_N(\nabla u)\right\}$$

$$+g_{\nabla u}\left(\nabla^{\nabla u}\Delta_p u,\nabla u\right)$$

$$\geqslant \|\nabla u\|^{p-2}\left\{\frac{(\Delta u)^2}{N}+(p-2)u_{11}^2\right\}+\|\nabla u\|^p\mathrm{Ric}_N(\nabla u)+g_{\nabla u}(\nabla^{\nabla u}\Delta_p u,\nabla u).$$

通过经典的稠密性讨论, 上述不等式对 p-Laplace 算子的第一特征函数 u 仍然成立. 因此, 对于这样的 u, 我们有

$$\frac{1}{2}P_u(\|\nabla u\|^2)\geqslant \|\nabla u\|^{p-2}\left\{\frac{(\Delta u)^2}{N}+(p-2)u_{11}^2\right\}+\|\nabla u\|^p\mathrm{Ric}_N(\nabla u)-(p-1)\lambda_{1,p}\|\nabla u\|^2|u|^{p-2}.$$

在 M 上对上式两边积分, 利用引理 5.4.2 并注意到 $\int_M P_u(\|\nabla u\|^2) = 0$, 可得

$$\lambda_{1,p}(p-1) \int_M \|\nabla u\|^2 |u|^{p-2} \mathrm{d}\mu \geqslant \frac{N(n-1)k}{N-(1-\varepsilon)} \int_M \|\nabla u\|^p \mathrm{d}\mu. \tag{5.4.10}$$

由 Hölder 不等式, 对于 $p \geqslant 2$, 我们有

$$\int_M \|\nabla u\|^2 |u|^{p-2} \mathrm{d}\mu \leqslant \left(\int_M \|\nabla u\|^p \mathrm{d}\mu \right)^{\frac{2}{p}} \left(\int_M |u|^p \mathrm{d}\mu \right)^{\frac{p-2}{p}}. \tag{5.4.11}$$

由于 u 是关于特征值 $\lambda_{1,p}$ 的特征函数, 所以

$$\lambda_{1,p} = \frac{\displaystyle\int_M \|\nabla u\|^p \mathrm{d}\mu}{\displaystyle\int_M |u|^p \mathrm{d}\mu}.$$

将上式代入式 (5.4.11), 则由式 (5.4.10) 可以得到

$$\lambda_{1,p} \geqslant \left(\frac{(n-1)Nk}{(p-1)(N-(1-\varepsilon))} \right)^{\frac{p}{2}},$$

其中 ε 由式 (5.4.5) 定义. 若 $\lambda_{1,p}$ 达到其下界, 则相关的不等式变成等式. 根据式 (5.4.6)~式 (5.4.9) 可得

$$\begin{cases} u_{ab} = 0, (a \neq b), \quad u_{11} = u_{22} = \cdots = u_{nn}, \\ \sqrt{\varepsilon}\Delta u = \dfrac{(1-\varepsilon)(p-2)}{2\sqrt{\varepsilon}} u_{11}, \\ \dfrac{\Delta u}{N} = -\dfrac{S(\nabla u)}{N-n}. \end{cases}$$

假定 $p > 2$, 则利用定理 5.1.1 及上面诸式可以看出 $\Delta u = S(\nabla u) = u_{ab} = 0$. 于是由 Finsler p-Laplace 算子的定义可得 $\Delta_p u = 0$, 矛盾! 当 $p = 2$ 时, 依据定理 5.3.4, M 的直径为 $\sqrt{\dfrac{N-1}{n-1}} \dfrac{\pi}{\sqrt{k}}$ 且 M 同胚于 $\mathbb{S}^n$. □

注释 5.4.1　对于一般的 p, 上述定理得到的 Finsler p-Laplace 算子的第一特征值的下界不是最优的. 这个最优的下界是什么? 当第一特征值达到这个下界时, 流形的性态如何? 这些问题值得进一步探讨. 此外, 当加权 Ricci 曲率具有非负下界及负下界时, Finsler p-Laplace 算子的第一特征值的下界估计如何, 这个问题也有待解决.

5.4.3 加权 Ricci 曲率具有负上界时的第一特征值

设 $(M, F, \mathrm{d}\mu)$ 为 Finsler 流形, $\Omega \subset M$ 为一紧致区域且具有非空边界 $\partial\Omega$. 则第一 Dirichlet 特征值 $\lambda_{1,p}(\Omega)$ 定义为

$$\lambda_{1,p}(\Omega) = \inf_{u \in W_0^{1,p}(\Omega) \backslash \{0\}} \left\{ \frac{\displaystyle\int_\Omega \|\nabla u\|^p \mathrm{d}\mu}{\displaystyle\int_\Omega |u|^p \mathrm{d}\mu} \right\},$$

其中 $W_0^{1,p}(\Omega)$ 为 C_0^∞ 关于以下范数的完备化:

$$\|\varphi\|_\Omega^p = \int_\Omega |\varphi|^p \mathrm{d}\mu + \int_\Omega \|\nabla\varphi\|^p \mathrm{d}\mu.$$

若 $\Omega_1 \subset \Omega_2$ 为有界区域, 则 $\lambda_{1,p}(\Omega_1) \geqslant \lambda_{1,p}(\Omega_2) \geqslant 0$. 由此, 若 $\Omega_1 \subset \Omega_2 \subset \cdots \subset M$ 为一族有界区域使得 $\bigcup \Omega_i = M$, 则极限

$$\lambda_{1,p}(M) = \lim_{i \to \infty} \lambda_{1,p}(\Omega_i) \geqslant 0$$

存在, 且与 $\{\Omega_i\}$ 的选取无关.

引理 5.4.3 设 $(M, F, \mathrm{d}\mu)$ 为具有有限可反常数 λ 的 Finsler 流形. $\Omega \subset M$ 为具有非空边界的紧致区域. 对于 Ω 上任意的向量场 X, 若满足 $\|X\|_\infty = \sup_\Omega F(X) < \infty$ 且 $\inf_\Omega \mathrm{div}(X) > 0$, 则对于任意的 $p > 1$, 有

$$\lambda_{1,p}(\Omega) \geqslant \left[\frac{\inf_\Omega \mathrm{div}(X)}{p\lambda\|X\|_\infty} \right]^p.$$

证明 设 $f \in C_0^\infty$, 则向量场 $|f|^p X$ 在 Ω 上具有紧致支撑集. 直接计算可得

$$\mathrm{div}(|f|^p X) = p|f|^{p-2} f X(f) + |f|^p \mathrm{div}(X)$$
$$\geqslant -p|f|^{p-1} |\nabla f| \max\{F(X), F(-X)\} + \inf_\Omega \mathrm{div}(X) \cdot |f|^p$$
$$\geqslant -p\lambda|f|^{p-1} \sup_\Omega F(X) \cdot |\nabla f| + \inf_\Omega \mathrm{div}(X) \cdot |f|^p. \tag{5.4.12}$$

利用 Young 不等式, 对于任意的 $\varepsilon > 0$, 有

$$|f|^{p-1}|\nabla f| \leqslant \frac{|\nabla f|^p}{p\varepsilon^p} + \frac{\varepsilon^q (|f|^{p-1})^q}{q} = \frac{|\nabla f|^p}{p\varepsilon^p} + \frac{(p-1)\varepsilon^q}{p}|f|^p,$$

其中 $\frac{1}{p} + \frac{1}{q} = 1, p > 1, q > 1$. 于是由式 (5.4.12)

$$\mathrm{div}(|f|^p X) \geqslant \lambda \cdot \sup_\Omega F(X) \cdot \left(-\frac{|\nabla f|^p}{\varepsilon^p} - \varepsilon^q(p-1)|f|^p \right) + \inf_\Omega \mathrm{div}(X) \cdot |f|^p. \tag{5.4.13}$$

将式 (5.4.13) 的两边在 Ω 上积分并利用散度引理可得

$$
\begin{aligned}
0 &= \int_\Omega \operatorname{div}(|f|^p X)\mathrm{d}\mu \\
&\geqslant \lambda \cdot \|X\|_\infty \int_\Omega \left(-\frac{|\nabla f|^p}{\varepsilon^p} - \varepsilon^q(p-1)|f|^p\right)\mathrm{d}\mu + \inf_\Omega \operatorname{div}(X)\int_\Omega |f|^p\mathrm{d}\mu.
\end{aligned}
$$

因此,

$$
\int_\Omega |\nabla f|^p\mathrm{d}\mu \geqslant \frac{\varepsilon^p}{\lambda\|X\|_\infty}\left(\inf_\Omega \operatorname{div}(X) - \lambda\|X\|_\infty(p-1)\varepsilon^q\right)\int_\Omega |f|^p\mathrm{d}\mu. \quad (5.4.14)
$$

令

$$
h(\varepsilon) = \varepsilon^p(a - b\varepsilon^q),
$$

其中, $a = \inf_\Omega \operatorname{div}(X), b = \lambda\|X\|_\infty(p-1)$. 则

$$
h'(\varepsilon) = pa\varepsilon^{p-1} - b(p+q)\varepsilon^{p+q-1},
$$

$$
h''(\varepsilon) = p(p-1)a\varepsilon^{p-2} - b(p+q)(p+q-1)\varepsilon^{p+q-2}.
$$

由 $h'(\varepsilon) = 0$ 得到 $\varepsilon = \left(\dfrac{a}{qb}\right)^{\frac{1}{q}}$ 且 $h''\big|_{\varepsilon=(\frac{a}{qb})^{\frac{1}{q}}} < 0$. 所以 $h(\varepsilon)$ 在 $\varepsilon = \left(\dfrac{a}{qb}\right)^{\frac{1}{q}}$ 处达到其

最大值. 选取 $\varepsilon = \left(\dfrac{a}{qb}\right)^{\frac{1}{q}} = \left(\dfrac{\inf_\Omega \operatorname{div}(X)}{p\lambda\|X\|_\infty}\right)^{\frac{1}{q}}$, 则从式 (5.4.14) 可得

$$
\int_\Omega |\nabla f|^p\mathrm{d}\mu \geqslant \left[\frac{\inf_\Omega \operatorname{div}(X)}{p\lambda\|X\|_\infty}\right]^p \int_\Omega |f|^p\mathrm{d}\mu. \quad (5.4.15)
$$

由于对任意的 $f \in C_0^\infty$, 式 (5.4.15) 成立, 故引理得证. □

　　引理 5.4.4　设 $(M, F, \mathrm{d}\mu)$ 为具有有限可反常数 λ 的 Finsler 流形, 若 M 具有非正 S 曲率, 且旗曲率满足 $K \leqslant c$. 则对于 $p > 1$,

$$
\lambda_{1,p}(B(x, R)) \geqslant \left[\frac{(n-1)\operatorname{ct}_c(R)}{p\lambda}\right]^p.
$$

其中, $B(x, R)$ 表示以 x 为中心, $R(< i_x)$ 为半径的前向测地球, i_x 是点 x 的单一半径.

　　证明　设 $\Omega_\varepsilon = B(x, R)\backslash\overline{B(x,\varepsilon)}$, 其中 $0 < \varepsilon < R$. 则 $\rho = d_F(x, \cdot)$ 在 Ω_ε 上光滑且 $X = \nabla\rho$ 为 Ω_ε 上光滑的向量场. 注意到 $F(\nabla\rho) = 1$, 从引理 5.4.3 及命题 5.2.1 可得

$$
\lambda_{1,p}(\Omega_\varepsilon) \geqslant \left[\frac{(n-1)\operatorname{ct}_c(R)}{p\lambda}\right]^p.
$$

令 $\varepsilon \to 0$, 则引理得证. □

　　利用引理 5.4.4 及命题 5.2.1, 可以得到关于 Finsler p-Laplace 算子的 Mckean 型估计. 当 $p = 2$ 时, 文献 [112] 已获得相应的结果.

定理 5.4.2 设 $(M, F, \mathrm{d}\mu)$ 为具有有限可反常数 λ 的完备非紧单连通的 n 维 Finsler 流形. 若旗曲率满足 $K \leqslant -a^2, (a > 0)$ 且 S 曲率非正, 则对于 $p > 1$,

$$\lambda_{1,p}(M) \geqslant \left[\frac{(n-1)a}{p\lambda} \right]^p.$$

利用定理 5.2.6, 并通过类似的讨论, 可以得到下面结果.

定理 5.4.3 设 $(M, F, \mathrm{d}\mu)$ 为具有有限可反常数 λ 的完备非紧单连通的 n 维 Finsler 流形. 若 M 具有非正旗曲率及非正 S 曲率, 且加权 Ricci 曲率满足 $\mathrm{Ric}_N \leqslant -a^2 (a > 0), N \in [n+1, \infty]$, 则对于 $p > 1$,

$$\lambda_{1,p}(M) \geqslant \left[\frac{a}{p\lambda} \right]^p.$$

在本节的最后, 我们简要介绍一下 Faber-Krahn 不等式在 Finsler 流形上的推广.

定理 5.4.4 [31] 设 $(\mathbb{R}^n, F, \mathrm{d}\mu)$ 为 Minkowski 空间. Ω 为 $(\mathbb{R}^n, F)$ 中紧致区域, $\Omega^* \subset \mathbb{R}^n$ 为欧氏球且 $\mu(\Omega^*) = \mu(\Omega)$. 则

$$\lambda_1(\Omega) \geqslant \lambda_1(\Omega^*).$$

等号成立当且仅当 Ω 为 $(\mathbb{R}^n, F, \mathrm{d}\mu)$ 中度量球 $B(r) := \{v \in \mathbb{R}^n | F(v) \leqslant r\}$.

注释 5.4.2 在黎曼情形下, Faber-Krahn 不等式已经由欧氏空间推广到具有常截面曲率的空间中[19], 并且也由 Laplace 算子情形推广到 p-Laplace 算子情形 [102]. 一个自然的问题是: 在 Finsler 几何中, 能否作相应的推广?

第6章 Finsler 流形的 HT-极小子流形

6.1 Finsler 子流形

6.1.1 Finsler 极小子流形

设 $f:(M,F) \to (\tilde{M},\tilde{F})$ 为等距浸入, (x^i,y^i) 和 $(\tilde{x}^\alpha,\tilde{y}^\alpha)$ 为 SM 和 $S\tilde{M}$ 上对应局部坐标系. 定义

$$B := B_{ij}^\alpha \mathrm{d}x^i \otimes \mathrm{d}x^j \otimes \frac{\partial}{\partial \tilde{x}^\alpha}, \quad B_{ij}^\alpha := \frac{1}{2}\tilde{g}^{\alpha\beta}[h_\beta]_{y^i y^j}, \tag{6.1.1}$$

其中 h_β 是由式 (1.7.12) 定义的法曲率形式. 由式 (6.1.1) 和式 (1.7.14) 直接计算可得

$$[h_\beta]_{y^i y^j} = 2g_{\alpha\beta}\tilde{h}_{ij}^\alpha + 4\tilde{A}_{\alpha\beta\gamma}\tilde{h}_{ik}^\alpha \ell^k f_j^\gamma + 4\tilde{A}_{\alpha\beta\gamma}\tilde{h}_{kj}^\alpha \ell^k f_i^\gamma + 2\tilde{C}_{\alpha\beta\gamma\sigma}h^\alpha f_i^\gamma f_j^\sigma, \tag{6.1.2}$$

其中 $\tilde{h}$ 是由式 (1.7.4) 定义的 Berwald 第二基本形式, $\tilde{C}_{\lambda\beta\gamma\delta} = \dfrac{\partial^2 \tilde{g}_{\lambda\beta}}{\partial \tilde{y}^\gamma \partial \tilde{y}^\delta}$. 因而有

$$\begin{aligned}
B(X,Y) = {}&\tilde{h}(X,Y) + 2\tilde{A}(\tilde{h}(\ell,X),\mathrm{d}fY) \\
&+ 2\tilde{A}(\tilde{h}(\ell,Y),\mathrm{d}fX) + \tilde{C}^\sharp(\mathrm{d}fX,\mathrm{d}fY,h),
\end{aligned} \tag{6.1.3}$$

其中 $\tilde{C}^\sharp = F^2\tilde{C}_{\lambda\beta\gamma\delta}\tilde{g}^{\lambda\alpha}\dfrac{\partial}{\partial \tilde{x}^\alpha} \otimes \mathrm{d}\tilde{x}^\beta \otimes \mathrm{d}\tilde{x}^\gamma \otimes \mathrm{d}\tilde{x}^\delta$. 由齐次函数性质和式 (1.7.25), 显然有

$$\begin{aligned}
f_k^\alpha[h_\alpha]_{y^i y^j} &= [f_k^\alpha h_\alpha]_{y^i y^j} = 0, \\
B_{ij}^\alpha y^j &= (\tilde{h}_{ij}^\alpha + 2\tilde{A}_{\beta\gamma}^\alpha \tilde{h}_{ik}^\beta \ell^k f_j^\gamma + 2\tilde{A}_{\beta\gamma}^\alpha \tilde{h}_{kj}^\beta \ell^k f_i^\gamma + \tilde{C}_{\beta\ \gamma}^{\ \alpha}h^\beta f_i^\gamma f_j^\sigma)y^j \\
&= \tilde{h}_{ij}^\alpha y^j + \tilde{C}_{\beta\gamma}^\alpha h^\beta f_i^\gamma, \\
B_{ij}^\alpha y^i y^j &= \tilde{h}_{ij}^\alpha y^i y^j = h^\alpha.
\end{aligned}$$

引理 6.1.1 对任意的 $X,Y \in \Gamma(TM)$, 有

$$\begin{aligned}
B(X,Y) &= B(Y,X) \in \Gamma((\pi^*TM)^\perp), \\
B(X,\ell) &= \tilde{h}(X,\ell) + \tilde{A}(h,\mathrm{d}fX), \quad B(\ell,\ell) = h.
\end{aligned} \tag{6.1.4}$$

由式 (6.1.1) 和式 (6.1.4), 可得下述命题.

命题 6.1.1 f 为全测地浸入当且仅当 B 恒为零.

定义 6.1.1 称式 (6.1.1) 定义的张量场 B 为 f 的**第二基本形式法向量**, 它的迹

$$H = H^\alpha \frac{\partial}{\partial \tilde{x}^\alpha} = \frac{1}{n}\mathrm{tr}_g B = \frac{1}{2n}g^{ij}(\tilde{g}^{\alpha\beta}[h_\beta]_{y^i y^j})\frac{\partial}{\partial \tilde{x}^\alpha}. \tag{6.1.5}$$

称为 f 的**平均曲率向量场**.

由于 f 的法曲率 $h(f)$ 正是其非线性第二基本形式, 从式 (2.1.8) 和式 (6.1.1) 可知对于 Finsler 流形之间的等距浸入 f, 其平均曲率向量场与其张力场同样满足 $nH = \tau(f)$. 设 f 的张力形式为 μ_f, 则由式 (2.1.10) 可得

$$\mu_f(\tilde{X}) = \frac{n}{G}\int_{S_x M} \tilde{g}(h, \tilde{X})\Omega\mathrm{d}\tau = \frac{1}{G}\int_{S_x M} \tilde{g}(H, \tilde{X})\Omega\mathrm{d}\tau, \tag{6.1.6}$$

$\forall \tilde{X} \in \Gamma(f^{-1}T\tilde{M})$, 其中 $G = \displaystyle\int_{S_x M} \Omega\mathrm{d}\tau$.

在黎曼几何中, 极小浸入是体积泛函的临界点, 同时也是调和的等距浸入. 这里, 我们可以类似地用 (强) 调和映射来定义 (强) 极小浸入. 在随后两节, 我们将证明它们正是 HT-体积泛函在不同范围变分的临界点.

定义 6.1.2 如果等距浸入 $f : (M, F) \to (\tilde{M}, \tilde{F})$ 是 (强) 调和映射, 或等价地, $\mu_f = 0(H = 0)$, 则称 f 为 **(强) 极小浸入**, (M, F) 为 $(\tilde{M}, \tilde{F})$ 的 **(强) 极小子流形**, 并且 μ_f 称为 f 的**平均曲率形式**.

定理 6.1.1 (M, F) 是 $(\tilde{M}, \tilde{F})$ 的极小子流形, 当且仅当

$$\int_{S_x M} h_\alpha \frac{\Omega}{F^2}\mathrm{d}\tau = 0, \quad \forall\alpha. \tag{6.1.7}$$

显然, 全测地子流形一定是强极小子流形, 而强极小子流形一定是极小子流形. 反之, 极小子流形不一定是强极小的 (见例 6.4.1).

6.1.2 Gauss 方程

首先, 由式 (2.3.1) 可得下述引理.

引理 6.1.2 设 $f : (M, F) \to (\tilde{M}, \tilde{F})$ 为等距浸入, 则有

$$(\widetilde{\nabla}_{\ell^H}\tilde{h})(X, \ell) = \mathrm{d}f\mathfrak{R}(X) - \tilde{\mathfrak{R}}(\mathrm{d}fX) + {}^b\widetilde{\nabla}_{X^H}h, \tag{6.1.8}$$

$\forall X \in \Gamma(\pi^*TM)$, 其中 $\mathfrak{R}$ 和 $\tilde{\mathfrak{R}}$ 分别是 M 和 $\tilde{M}$ 的旗曲率张量.

定义算子 $A_h : \Gamma(\pi^*TM) \longrightarrow \Gamma(\pi^*(f^{-1}T\tilde{M}))$ 为

$$A_h(X) = \tilde{A}(h, \mathrm{d}fX), \quad \forall X \in \Gamma(\pi^*TM), \tag{6.1.9}$$

称为**Cartan-法曲率算子**. 由式 (1.7.4), 式 (6.1.3), 式 (1.2.15), 式 (1.4.9) 和式 (1.4.10), 我们有

$$
\begin{aligned}
(\widetilde{\nabla}_{\ell^H}\widetilde{\nabla}_{\ell}\mathrm{d}f)(X) &= \widetilde{\nabla}_{\ell^H}[(\widetilde{\nabla}_{\ell}\mathrm{d}f)(X)] - (\widetilde{\nabla}_{\ell}\mathrm{d}f)(\widetilde{\nabla}_{\ell^H}X) \\
&= \widetilde{\nabla}_{\ell^H}[\tilde{h}(X,\ell)] - (\widetilde{\nabla}_{\ell}\mathrm{d}f)(\widetilde{\nabla}_{\ell^H}X) \\
&= (\widetilde{\nabla}_{\ell^H}\tilde{h})(X,\ell) \\
&= (\widetilde{\nabla}_{\ell^H}B)(X,\ell) - (\widetilde{\nabla}_{\ell^H}A_h)(X),
\end{aligned}
$$

$$
\begin{aligned}
\tilde{F}_{y^\alpha}(\tilde{h}_{ij}^\alpha)_{y^k} &= -\frac{\tilde{F}_{y^\alpha}}{F}({}^b\tilde{P}_{\beta}{}^{\alpha}{}_{\gamma\delta}f_k^\delta f_i^\beta f_j^\gamma - {}^b P_{i}{}^{l}{}_{jk}f_l^\alpha) \\
&= \frac{1}{F}(-2\dot{\tilde{A}}_{\beta\gamma\delta}f_k^\delta f_i^\beta f_j^\gamma + g_{ls}\ell^{sb}P_{i}{}^{l}{}_{jk}) \\
&= \frac{1}{F}(-2\dot{\tilde{A}}_{\beta\gamma\delta}f_k^\delta f_i^\beta f_j^\gamma + 2\dot{A}_{ijk}).
\end{aligned}
$$

由上述引理和公式可得下面的定理.

定理 6.1.2(Gauss 方程)　设 $f:(M,F)\to(\tilde{M},\tilde{F})$ 为等距浸入, 则

$$
\begin{aligned}
K(X) &= \tilde{K}(\mathrm{d}fX) + \tilde{g}((\widetilde{\nabla}_{\ell^H}\tilde{h})(X,\ell) - {}^b\widetilde{\nabla}_{X^H}h, \mathrm{d}fX) \\
&= \tilde{K}(\mathrm{d}fX) + \tilde{g}((\widetilde{\nabla}_{\ell^H}B)(X,\ell) - (\widetilde{\nabla}_{\ell^H}A_h)(X) - {}^b\widetilde{\nabla}_{X^H}h, \mathrm{d}fX),
\end{aligned}
\tag{6.1.10}
$$

其中 $X\in\Gamma(\pi^*TM)$ 满足 $X\perp\ell$, $\|X\|=1$.

$$
L(X,Y,Z) = \tilde{L}(\mathrm{d}fX,\mathrm{d}fY,\mathrm{d}fZ) + \frac{1}{2}\tilde{g}((\widetilde{\nabla}_{Y^V}\tilde{h})(X,Z),\mathrm{d}f\ell),
\tag{6.1.11}
$$

其中 $X,Y,Z\in\Gamma(\pi^*TM), Y^V = F\mathrm{d}x^i(Y)\dfrac{\partial}{\partial y^i}$.

由于 ${}^b\widetilde{\nabla}_{X^H}h = ({}^b\widetilde{\nabla}_{X^H}\tilde{h})(\ell,\ell)$, 根据定理 6.1.2 可得下述命题.

命题 6.1.2　设 $f:(M,F)\to(\tilde{M},\tilde{F})$ 是等距浸入.

(1) 若 $(\tilde{M},\tilde{F})$ 具有常旗曲率 c, 并且 Berwald 第二基本形式 $\tilde{h}$ 沿水平方向平行, 则 (M,F) 同样具有常旗曲率 c.

(2) 如果 $(\tilde{M},\tilde{F})$ 是 Landsberg 流形, 并且 Berwald 第二基本形式 $\tilde{h}$ 沿垂直方向平行, 则 (M,F) 同样是 Landsberg 流形.

6.1.3　全脐子流形

在 Finsler 几何中, 由于第二基本形式定义的多样性, 全脐子流形也有各种不同的定义. 这里介绍两种分别用第二基本形式法向量和 Berwald 第二基本形式定义的全脐子流形 [34, 41], 它们有着很好的几何意义, 分别可以用法曲率形式 h^* 和法曲率 h 这两个 Finsler 子流形几何中非常重要的几何量来刻画.

定义 6.1.3   设 $f : (M, F) \to (\tilde{M}, \tilde{F})$ 是等距浸入. 如果存在向量场 $v \in \Gamma[\pi^*(f^{-1}T\tilde{M})]$ 使得

$$B(X, Y) = g(X, Y)v, \quad \forall X, Y \in \Gamma(\pi^*TM), \tag{6.1.12}$$

则 (M, F) 称为**全脐子流形**.

命题 6.1.3 (M, F) 是全脐子流形当且仅当法曲率形式 h^* 沿垂直方向平行, 即 h^* 与方向 y 无关. 此时有 $v = h = H$.

证明   必要性: 显然

$$H = \frac{1}{n}\text{tr}_{\tilde{g}}B = v, \quad h = B(\ell, \ell) = v.$$

因此, 式 (6.1.12) 意味着 $B_{ij}^{\alpha} = \frac{1}{F^2}h^{\alpha}g_{ij}$. 因而有

$$[h_{\alpha}]_{y^i} = 2\tilde{g}_{\alpha\beta}B_{ij}^{\beta}y^j = \frac{2}{F^2}\tilde{g}_{\alpha\beta}h^{\beta}g_{ij}y^j = 2\frac{1}{F}h_{\alpha}F_{y^i}.$$

故

$$\left[\frac{h_{\alpha}}{F^2}\right]_{y^i} = F^{-3}(F[h_{\alpha}]_{y^i} - 2F_{y^i}h_{\alpha}) = 0.$$

反之, 若 $\left[\dfrac{h_{\alpha}}{F^2}\right]_{y^i} = 0$, 则 $(h_{\alpha})_{y^i} = 2\dfrac{1}{F}h_{\alpha}F_{y^i}$. 直接计算可知

$$(h_{\alpha})_{y^iy^j} = \frac{2}{F}(h_{\alpha}F_{y^iy^j} + F_{y^i}(h_{\alpha})_{y^j}) - \frac{2}{F^2}h_{\alpha}F_{y^i}F_{y^j} = \frac{2}{F^2}g_{ij}h_{\alpha},$$

即 $B_{ij}^{\alpha} = \dfrac{1}{F^2}h^{\alpha}g_{ij}$.   □

类似于黎曼情形, 我们有下述命题.

命题 6.1.4 $f : (M, F) \to (\tilde{M}, \tilde{F})$ 是全脐极小浸入, 当且仅当 f 是全测地的.

证明   若 f 是全脐极小浸入, 则对于任意的 α, $\dfrac{h_{\alpha}}{F^2}$ 与 y 无关且满足

$$0 = \mu_{\alpha} = \frac{1}{c_{n-1}\sigma}\left(\int_{S_xM}\frac{1}{F^2}h_{\alpha}\Omega d\tau\right) = \frac{h_{\alpha}}{F^2}.$$

因此 $h = 0$, 即 f 是全测地的. 反之显然成立.   □

定义 6.1.4   设 $f : (M, F) \to (\tilde{M}, \tilde{F})$ 是一个等距浸入. 若对任意的 $X, Y \in \Gamma(\pi^*TM)$, 存在一个向量场 $v \in \Gamma[\pi^*(f^{-1}T\tilde{M})]$, 使得 Berwald 第二基本形式满足

$$\tilde{h}(X, Y) = g(X, Y)v, \tag{6.1.13}$$

则称 f 是 **Berwald 全脐**的.

命题 6.1.5　如果 $A_h = 0$, 则 f 是全脐的当且仅当它是 Berwald 全脐的.

证明　根据式 (6.1.9) 可知 $\tilde{C}_{\sigma\alpha\beta} f_i^\alpha h^\beta = 0$. 两边对 y^j 求导并利用式 (1.7.14) 可得

$$\tilde{C}_{\sigma\alpha\beta\gamma} f_i^\alpha h^\beta f_j^\gamma + 2\tilde{C}_{\sigma\alpha\beta\gamma} f_i^\alpha \tilde{h}_j^\beta = 0.$$

因而有

$$\tilde{C}^\sharp(\mathrm{d}fX, \mathrm{d}fY, h) = -2\tilde{A}(\tilde{h}(\ell, Y), \mathrm{d}fX), \quad \forall X, Y \in \Gamma(\pi^* TM),$$

其中 $\tilde{C}^\sharp$ 由式 (2.1.14) 定义. 又由式 (6.1.4) 可知 $B(X, \ell) = \tilde{h}(X, \ell)$. 于是由式 (6.1.3) 可得

$$B(X, Y) = \tilde{h}(X, Y),$$

从而两种全脐是等价的. □

命题 6.1.6　如果 $f : (M, F) \to (\tilde{M}, \tilde{F})$ 是一个等距浸入, 则 M 是 Berwald 全脐子流形的充要条件是 $v = h$, 且 h 与方向 y 无关.

证明　必要性: 显然有

$$h = \tilde{h}(\ell, \ell) = v,$$

$$\left[\frac{h^\alpha}{F^2}\right]_{y^i} = F^{-3}(F[h^\alpha]_{y^i} - 2F_{y^i} h^\alpha) = 0.$$

反之, 如果 $\left[\dfrac{h^\alpha}{F^2}\right]_{y^i} = 0$, 则

$$(h^\alpha)_{y^i y^j} = \frac{2}{F}(h^\alpha F_{y^i y^j} + F_{y^i}(h^\alpha)_{y^j}) - \frac{2}{F} h^\alpha F_{y^i} F_{y^j} = \frac{2}{F^2} g_{ij} h^\alpha,$$

即 $\tilde{h}_{ij}^\alpha = \dfrac{1}{F^2} h^\alpha g_{ij}$. □

命题 6.1.7　$f : (M, F) \to (\tilde{M}, \tilde{F})$ 是一个 Berwald 全脐极小浸入当且仅当 f 是全测地的.

证明　若 $f : (M, F) \to (\tilde{M}, \tilde{F})$ 是一个 Berwald 全脐极小浸入, 则由命题 6.1.6, h 与方向 y 无关, 因此对于任意的 α, 有

$$0 = \mu_\alpha = \frac{1}{c_{n-1}\sigma} \frac{h^\beta}{F^2} \left(\int_{S_x M} \tilde{g}_{\alpha\beta} \Omega \mathrm{d}\tau \right).$$

显然, 矩阵 $\left(\displaystyle\int_{S_x M} \tilde{g}_{\alpha\beta} \Omega \mathrm{d}\tau \right)$ 是正定的. 由此可得 $h = 0$, 即 f 是全测地的. □

设 $(\tilde{M}, \tilde{F})$ 是 Landsberg 流形, (M, F) 为 $(\tilde{M}, \tilde{F})$ 的任意 Berwald 全脐子流形, 则由式 (6.1.11) 和式 (6.1.13) 容易得

$$L_{ijk} = F\tilde{F}_{y^\alpha}(h_{ij}^\alpha)_{y^k} = \frac{1}{F} \tilde{F}_{y^\alpha} h^\alpha C_{ijk} = 0.$$

因而有下面的定理.

定理 6.1.3 Landsberg 流形的任意的 Berwald 全脐子流形也是 Landsberg 流形.

定理 6.1.4 局部 Minkowski 空间中任意维数不小于 3 的非全测地 Berwald 全脐子流形必为具有正常截面曲率的黎曼流形.

证明 首先, 由 Gauss 方程 (6.1.10), (M, F) 的旗曲率为

$$K(y, X) = 2\tilde{L}(\mathrm{d}fX, \mathrm{d}fX, h) + \tilde{g}(h, \tilde{g}(X, X)h) - \tilde{g}(\tilde{h}(\ell, \nabla_{\ell^H} X), \mathrm{d}fX)$$
$$- ||(\widetilde{\nabla}_\ell \mathrm{d}f)X||^2 + \ell^H \tilde{g}((\widetilde{\nabla}_\ell \mathrm{d}f)X, \mathrm{d}fX) = ||h||^2,$$

其中 $X \in TM \setminus \{0\}$ 满足 $X \perp y$, 且 $||X|| = 1$, 即 (M, F) 具有数量旗曲率 $||h||^2$. 由定理 6.1.3, (M, F) 为 Landsberg 流形. 根据 Numata 定理 (定理 1.5.2), (M, F) 必为黎曼流形. $\qquad\square$

6.2 HT-体积的第一变分

设 $f : (M, F) \to (\tilde{M}, \tilde{F})$ 是浸入, M 是紧致带边流形 (∂M 可能是空集). 设 $f_t : M \to \tilde{M}$ 是 f 的光滑变分, 使得 $f_0 = f$ 并且 $f_t|_{\partial M} = f|_{\partial M}$, 则 f 诱导了一个向量场

$$\boldsymbol{v}(x, t) := \left.\frac{\partial f_t}{\partial t}\right|_{t=0} = v^\alpha \frac{\partial}{\partial \tilde{x}^\alpha}, \quad \boldsymbol{v}|_{\partial M} = 0, \tag{6.2.1}$$

称为 $\{f_t\}$ 的**变分向量场**. f_t 诱导了一族 Finsler 度量 $F_t = (f_t)^* \tilde{F}$, 即

$$F_t(x, y) = \tilde{F}(f_t(x), \mathrm{d}f_t(y)).$$

(M, F_t) 的**HT-体积泛函**定义为

$$V(t) := \mathrm{vol}(M, F_t) = \int_M \mathrm{d}V_t = \frac{1}{c_{n-1}} \int_{SM} \Omega_t \mathrm{d}\tau \wedge \mathrm{d}x. \tag{6.2.2}$$

其中 $\Omega_0 = \Omega$. 则

$$V'(0) = \frac{1}{c_{n-1}} \int_{SM} \left(\frac{\partial}{\partial t}\Omega_t\right)\bigg|_{t=0} \mathrm{d}\tau \wedge \mathrm{d}x. \tag{6.2.3}$$

由式 (1.1.16) 可知

$$\left(\frac{\partial}{\partial t}\Omega_t\right)\bigg|_{t=0} = \Omega_0\left(g_{t|}^{ij}\frac{\partial g_{t|ij}}{\partial t} - \frac{n}{F_t}\frac{\partial F_t}{\partial t}\right)_{t=0}$$

$$= 2\Omega\left\{g^{ij}f_i^\alpha[v^\beta]_{x^j}\tilde{g}_{\alpha\beta} + \frac{1}{2}g^{ij}f_i^\alpha f_j^\beta v^\gamma[\tilde{g}_{\alpha\beta}]_{\tilde{x}^\gamma}\right.$$

$$\left.+g^{ij}f_i^\alpha f_j^\beta \tilde{C}_{\alpha\beta\gamma}[v^\gamma]_{x^k}y^k - \frac{n}{2F}([\tilde{F}]_{\tilde{x}^\alpha}v^\alpha + [\tilde{F}]_{\tilde{y}^\alpha}[v^\alpha]_{x^k}y^k)\right\}$$

$$:= 2\Omega\{(\mathrm{I}) + (\mathrm{II}) + (\mathrm{III}) + (\mathrm{IV})\},\tag{6.2.4}$$

其中 $\tilde{C}_{\alpha\beta\gamma}$ 是 $(\tilde{M}, \tilde{F})$ 的 Cartan 张量.

考虑 1-形式

$$\phi := \phi_k\mathrm{d}x^k = \left(\tilde{g}_{\alpha\beta}v^\beta f_k^\alpha + g^{ij}f_i^\alpha f_j^\beta \tilde{C}_{\alpha\beta\gamma}v^\gamma\left[\frac{1}{2}F^2\right]_{y^k}\right)\mathrm{d}x^k \in \Gamma(\pi^*T^*M).$$

根据式 (1.6.8), 直接计算可得

$$(\mathrm{I})+(\mathrm{II})+(\mathrm{III}) = \mathrm{div}_{\tilde{g}}\phi - \tilde{g}_{\alpha\beta}v^\alpha g^{ij}(h_{ij}^\beta + 4f_i^\gamma \tilde{C}_{\gamma\sigma}^\beta h_{jk}^\sigma y^k + f_i^\gamma f_j^\sigma \tilde{C}_{\gamma\sigma\mu}^\beta h_{kl}^\mu y^k y^l).\tag{6.2.5}$$

再考虑 1-形式 $\theta := \theta_i\mathrm{d}x^i = [\tilde{F}]_{\tilde{y}^\alpha}v^\alpha[F]_{y^i}\mathrm{d}x^i$. 由于 $\frac{\delta\tilde{F}}{\delta\tilde{x}^\alpha} = 0$, 根据式 (1.6.8) 可得

$$\mathrm{div}_{\tilde{g}}\theta = g^{ij}[\tilde{F}]_{\tilde{y}^\alpha}[F]_{y^j}[v^\alpha]_{x^i}$$

$$+\frac{1}{F^2}\{(\tilde{g}_{\alpha\sigma}\Gamma_{\beta\gamma}^\sigma + \tilde{g}_{\beta\sigma}\Gamma_{\alpha\gamma}^\sigma)\tilde{y}^\beta\tilde{y}^\gamma + \tilde{g}_{\alpha\beta}(f_{ij}^\beta - f_k^\beta\Gamma_{ij}^k)y^iy^j\}v^\alpha,$$

因此有

$$(IV) = -\frac{n}{2}\left(\frac{1}{F}\tilde{N}_\alpha^\beta[\tilde{F}]_{\tilde{y}^\beta}v^\alpha + g^{ij}[\tilde{F}]_{\tilde{y}^\beta}[F]_{y^j}[v^\alpha]_{x^i}\right)$$

$$= -\frac{n}{2}\mathrm{div}_{\tilde{g}}\theta - \frac{1}{F^2}\tilde{g}_{\alpha\beta}v^\alpha h_{ij}^\beta y^iy^j.\tag{6.2.6}$$

将式 (6.2.5) 和式 (6.2.6) 代入式 (6.2.4), 即得

$$\left(\frac{\mathrm{d}}{\mathrm{d}t}\Omega_t\right)\bigg|_{t=0} = \Omega\mathrm{div}_{\tilde{g}}(\phi + \theta) - 2\Omega\tilde{g}_{\alpha\beta}v^\alpha\left\{g^{ij}(h_{ij}^\beta + 4f_i^\gamma\tilde{C}_{\gamma\sigma}^\beta h_{jk}^\sigma y^k\right.$$

$$\left.+f_i^\gamma f_j^\sigma\tilde{C}_{\gamma\sigma\mu}^\beta h_{kl}^\mu y^ky^l) - \frac{n}{2F^2}h_{ij}^\beta y^iy^j\right\}$$

$$= \Omega\left\{\mathrm{div}_{\tilde{g}}(\phi + \theta) - \left(g^{ij}[h_\alpha]_{y^iy^j} - \frac{n}{F^2}h_\alpha\right)v^\alpha\right\}.\tag{6.2.7}$$

再将式 (6.2.7) 代入式 (6.2.3) 并利用散度引理可得

$$V'(0) = -\frac{n}{c_{n-1}}\int_{SM}\tilde{g}(\tilde{H}, \boldsymbol{v})\mathrm{d}V_{SM},\tag{6.2.8}$$

其中

$$\tilde{H}=\tilde{H}^\alpha\frac{\partial}{\partial\tilde{x}^\alpha}:=\left\{\frac{1}{n}\tilde{g}^{\alpha\beta}[h_\beta]_{y^iy^j}g^{ij}-\frac{h^\alpha}{F^2}\right\}\frac{\partial}{\partial\tilde{x}^\alpha}=2H-h\in\Gamma(\pi^*(f^{-1}T\tilde{M})).\quad(6.2.9)$$

显然, $\tilde{H}\in\Gamma((\pi^*TM)^\perp)$.

对于任意 $\tilde{N}\in\Gamma((\pi^*TM)^\perp)$, 定义

$$\mu_{\tilde{N}}(\tilde{X}):=\frac{\displaystyle\int_{S_xM}\tilde{g}(\tilde{N},\tilde{X})\Omega\mathrm{d}\tau}{G},\quad\forall\tilde{X},\quad(6.2.10)$$

其中 $G=\displaystyle\int_{S_xM}\Omega\mathrm{d}\tau$. 则 $\mu_{\tilde{N}}$ 是 $f^{-1}T^*\tilde{M}$ 的一个整体定义的光滑截面, 并且有 $\mu_{\tilde{N}}\in\mathcal{V}_f$. 根据射影球面上的积分公式 (1.6.19), 显然 $\mu_{\tilde{H}}=\mu_H=\mu_h$. 因此有下面的定理.

定理 6.2.1 设 $f:(M,F)\to(\tilde{M},\tilde{F})$ 是一个等距浸入, f_t 是 $f_0=f$ 固定边界的光滑变分, 其变分向量场为 $\boldsymbol{v}$. 则 (M,F) 的体积第一变分公式为

$$V'(0)=-\int_M\mu_f(\boldsymbol{v})\mathrm{d}V_M=-\frac{n}{c_{n-1}}\int_{SM}\tilde{g}(H,\boldsymbol{v})\mathrm{d}V_{SM}$$
$$=-\frac{n}{c_{n-1}}\int_{SM}\tilde{g}(h,\boldsymbol{v})\mathrm{d}V_{SM}.\quad(6.2.11)$$

定理 6.2.2 $f:(M,F)\to(\tilde{M},\tilde{F})$ 是极小浸入, 当且仅当对于任意变分向量场 $\boldsymbol{v}\in\Gamma(f^{-1}T\tilde{M})$, 体积泛函在 f 达到临界值.

6.3 强极小子流形及其变分背景

设 (M,F) 为紧致 Finsler 流形, $\phi:(M,F)\to(\tilde{M},\tilde{F})$ 为等距浸入. 与 2.2 节类似, 记 $\psi=\pi^*f:SM\to\tilde{M},(x,y)\mapsto f(x)$, 考虑 ψ 的变分 ψ_t, 使得

$$\psi_0(x,y)=f(x),\quad\psi_t(x,y)|_{x\in\partial M}=f|_{\partial M},\quad(6.3.1)$$

其中 $\psi_t(x,y)$ 关于 y 是零阶正齐次的. 则 $\psi_t(x,y)$ 诱导了如下**广义变分向量场**

$$\boldsymbol{v}(x,y):=\frac{\partial\psi_t}{\partial t}\bigg|_{t=0}=v^\alpha\tilde{\partial}_\alpha,\quad\boldsymbol{v}(x,y)|_{x\in\partial M}=0.\quad(6.3.2)$$

定义 $\tilde{f}_t:M\to S\tilde{M}$ 为

$$\tilde{f}_t(x,y)=\left(\psi_t(x,y),\mathrm{d}\psi_t(y^H)\right).\quad(6.3.3)$$

记 $F_t=\tilde{f}_t^*\tilde{F}$, 则 $F_0=F$, 且有

$$F_t(x,y)=\tilde{F}(\psi_t(x,y),\mathrm{d}\psi_t(y^H))=||\mathrm{d}\psi_t(y^H)||_{\tilde{g}}.\quad(6.3.4)$$

设 $g_{t|ij} = \left[\frac{1}{2}F_t^2\right]_{y^i y^j}$. 注意到 $g_0 = g$ 是正定的, 一定存在 $\varepsilon > 0$, 使得对所有的 $t \in (-\varepsilon, \varepsilon)$, g_t 是正定的, 即 $\{F_t\}$ 均为 Finsler 度量. 那么, (M, F_t) 的 HT- 体积泛函为

$$V(t) = \text{vol}(M, F_t) = \frac{1}{c_{n-1}} \int_{SM} \Omega_t \mathrm{d}\tau \wedge \mathrm{d}x, \tag{6.3.5}$$

其中 $\Omega_t = \det\left(\frac{1}{F_t} g_{t|ij}\right)$, $\Omega_0 = \Omega$. 因此,

$$V'(0) = \frac{1}{c_{n-1}} \int_{SM} \left(\frac{\partial}{\partial t}\Omega_t\right)\bigg|_{t=0} \mathrm{d}\tau \wedge \mathrm{d}x. \tag{6.3.6}$$

利用式 (6.3.4) 并结合式 (1.1.16) 及式 (1.6.24), 可以得到

$$\begin{aligned}
\left(\frac{\partial}{\partial t}\Omega_t\right)\bigg|_{t=0} &= \Omega_0 \left(g_t^{ij}\frac{\partial g_{t|ij}}{\partial t} - \frac{n}{F_t}\frac{\partial F_t}{\partial t}\right)\bigg|_{t=0} \\
&= \Omega \left\{g^{ij}\left[\frac{1}{2}\frac{\partial}{\partial t}(F_t^2)\right]_{y^i y^j} - \frac{n}{F_t}\frac{\partial F_t}{\partial t}\right\}\bigg|_{t=0} \\
&= n\Omega \left\{2\mu^V\left(\frac{1}{F}\frac{\partial F_t}{\partial t}\bigg|_{t=0}\right) - \frac{1}{F}\frac{\partial F_t}{\partial t}\bigg|_{t=0}\right\}. \tag{6.3.7}
\end{aligned}$$

$$\begin{aligned}
\frac{1}{F}\frac{\partial F_t}{\partial t}\bigg|_{t=0} &= \frac{1}{F}[\tilde{F}_{\tilde{x}^\alpha}v^\alpha + \tilde{F}_{\tilde{y}^\alpha}y^H(v^\alpha)] = \frac{1}{F}[\tilde{N}_\beta^\alpha \tilde{F}_{\tilde{y}^\alpha}v^\beta + \tilde{F}_{\tilde{y}^\alpha}y^H(v^\alpha)] \\
&= \tilde{g}(\mathrm{d}f\ell, \tilde{\nabla}_{\ell^H}\boldsymbol{v}) = \ell^H(\tilde{g}(\mathrm{d}f\ell, \boldsymbol{v})) - \tilde{g}(h, \boldsymbol{v}). \tag{6.3.8}
\end{aligned}$$

利用式 (6.3.7) 及式 (6.3.8), 由式 (6.3.6) 可得

$$\begin{aligned}
V'(0) &= 2\frac{n}{c_{n-1}} \int_{SM} \mu^V\left(\frac{1}{F}\frac{\partial F_t}{\partial t}\bigg|_{t=0}\right)\mathrm{d}V_{SM} + \frac{n}{c_{n-1}} \int_{SM} \frac{1}{F}\frac{\partial F_t}{\partial t}\bigg|_{t=0} \mathrm{d}V_{SM} \\
&= \frac{n}{c_{n-1}} \int_{SM} \left\{\ell^H(\tilde{g}(\mathrm{d}f\ell, \boldsymbol{v})) - \tilde{g}(h, \boldsymbol{v})\right\}\mathrm{d}V_{SM}.
\end{aligned}$$

因此, 利用式 (1.6.10), 我们有下面的定理.

定理 6.3.1　设 $f: (M, F) \to (\tilde{M}, \tilde{F})$ 为等距浸入, $\tilde{f}_t$ 为满足式 (6.3.3) 的光滑变分. 则体积泛函的第一变分公式为

$$V'(0) = -\frac{n}{c_{n-1}} \int_{SM} \tilde{g}(h, \boldsymbol{v})\mathrm{d}V_{SM}. \tag{6.3.9}$$

注释 6.3.1　显然式 (6.3.9) 的证明比式 (6.2.11) 简捷得多. 可见巧妙运用射影球面上积分公式 (1.6.19) 和公式 (1.6.23) 不仅可以使表达式更简洁, 也可以大大简化计算过程.

从式 (6.3.9) 可知, 如果对于任意的变分向量场 $\boldsymbol{v}(x,y) \in \Gamma(\pi^*(f^{-1}T\tilde{M}))$ 都有 $V'(0) = 0$, 则法曲率 $h = 0$, 即 (M, F) 是全测地的; 假定沿任意垂直平均值截面 $\boldsymbol{v}(x,y) = \mu^V W \in \mathcal{M}(f^{-1}T\tilde{M})$ 都有 $V'(0) = 0$, 其中 $\mathcal{M}(f^{-1}T\tilde{M})$ 由式 (2.2.3) 定义. 由于等距浸入 f 的平均曲率向量场与其张力场满足 $nH = \tau(f)$, 因此由式 (6.3.9) 和式 (2.2.5), 可得

$$0 = V'(0) = -\frac{n}{c_{n-1}} \int_{SM} h^*(\mu^V W) \mathrm{d}V_{SM}$$

$$= -\frac{n}{c_{n-1}} \int_{SM} \mu^V h^*(W) \mathrm{d}V_{SM} = -\frac{n}{c_{n-1}} \int_{SM} H^*(W) \mathrm{d}V_{SM}.$$

取 $W = \varphi H$, 其中 $\varphi \in C^\infty(M)$ 满足 $\varphi|_{\partial M} = 0$, $\varphi|_{M \setminus \partial M} > 0$. 于是可得 $H = 0$, 这表明 f 是强极小的. 进一步, 若对于任意的变分向量场 $\boldsymbol{v}(x,y) = \boldsymbol{v}(x) \in \Gamma(f^{-1}T\tilde{M})$, $V'(0) = 0$, 则由式 (6.3.9) 和式 (6.1.6) 可得 $\mu_f = 0$, 因此 f 是极小的. 综上所述, 我们有下述定理.

定理 6.3.2[43] 设 $f : (M, F) \to (\tilde{M}, \tilde{F})$ 为等距浸入, $\tilde{f}_t$ 为满足式 (6.3.1) 及式 (6.3.2) 的光滑变分. 则

(i) f 是强极小的当且仅当它是关于任意变分向量场 $\boldsymbol{v}(x,y) \in \mathcal{M}(f^{-1}T\tilde{M})$ 体积变分的临界点;

(ii) f 是极小的当且仅当它是关于任意变分向量场 $\boldsymbol{v}(x) \in \Gamma(f^{-1}T\tilde{M})$ 体积变分的临界点;

(iii) f 为全测地的当且仅当它是关于任意变分向量场 $\boldsymbol{v}(x,y) \in \Gamma(\pi^*(f^{-1}T\tilde{M}))$ 体积变分的临界点.

6.4 特殊 Finsler 流形的极小子流形

6.4.1 Minkowski 空间的极小子流形

假定 $(\tilde{M}, \tilde{F}) = (\tilde{V}^m, \tilde{F})$ 是 $m = n + p$ 维 Minkowski 空间. 设 $\{\tilde{e}_\alpha\}$ 是 $\tilde{V}^{n+p}$ 中关于欧氏度量 $\tilde{F}_0$ 的幺正基, $\{\tilde{x}^\alpha\}$ 是 $\tilde{V}^{n+p}$ 中的点关于基底 $\{\tilde{e}_\alpha\}$ 的坐标. 设 (M, F) 是 $\tilde{V}^{n+p}$ 中闭子流形, $f = f^\alpha \tilde{e}_\alpha : (M, F) \to (\tilde{V}^{n+p}, \tilde{F})$ 是等距浸入. 取变分向量场 $\boldsymbol{v} = f$, 根据式 (6.2.4) 可得

$$\left(\frac{\partial}{\partial t} \Omega_t \right) \bigg|_{t=0} = 2\Omega g^{ij} f_i^\alpha f_j^\beta (\tilde{g}_{\alpha\beta} + \tilde{C}_{\alpha\beta\gamma} f_k^\gamma y^k) - \frac{n}{2F} [\tilde{F}]_{\tilde{y}^\alpha} f_i^\alpha y^i = n\Omega.$$

这表明

$$V'(0) = n\mathrm{vol}(M) \neq 0. \tag{6.4.1}$$

因此, 我们有下面的定理.

定理 6.4.1 Minkowski 空间中不存在可定向的极小闭子流形.

下面, 我们考虑 Minkowski 空间中极小子流形的方程. 注意到对于 $(\tilde{V}^{n+1}, \tilde{F})$, $\tilde{G}^\alpha = 0$, 根据式 (1.7.25) 可知

$$h^\beta = f_{ij}^\beta y^i y^j - f_k^\beta G^k = p_\alpha^{\perp\beta} f_{ij}^\alpha y^i y^j. \tag{6.4.2}$$

由此可得

$$h_\alpha = T_{\alpha\beta} y^i y^j f_{ij}^\beta, \quad T_{\alpha\beta} := \tilde{g}_{\alpha\gamma} p_\beta^{\perp\gamma}. \tag{6.4.3}$$

因此, 由定理 6.1.1, f 是极小的当且仅当

$$\left(\int_{S_x M} \frac{1}{F^2} T_{\alpha\beta} y^i y^j \Omega \mathrm{d}\tau \right) f_{ij}^\beta = 0, \quad \forall \alpha. \tag{6.4.4}$$

考虑张量场

$$T(\tilde{X}, \tilde{Y}) := T_{\alpha\beta} \tilde{X}^\alpha \tilde{Y}^\beta, \quad \forall \tilde{X} = \tilde{X}^\alpha \tilde{e}_\alpha, \forall \tilde{Y} = \tilde{Y}^\alpha \tilde{e}_\alpha \in \Gamma(\pi^*(f^{-1} T\tilde{V}^m)).$$

显然有 $T(\tilde{X}, \tilde{Y}) = \tilde{g}(\tilde{X}^\perp, \tilde{Y})$, 其中 $\tilde{X}^\perp$ 表示 $\tilde{X}$ 关于 $\tilde{g}$ 的法向量场部分.

设 $f = f^\alpha \tilde{e}_\alpha : (M, F) \to (\tilde{V}^{n+1}, \tilde{F})$ 为等距浸入超曲面. 由式 (6.4.4) 可知, f 极小当且仅当对于任意 $\boldsymbol{v} \in \Gamma(f^{-1}\tilde{V}^{n+1})$,

$$f_{ij}^\alpha \int_{S_x M} \frac{1}{F^2} \tilde{g}(\boldsymbol{v}^\perp, \tilde{e}_\alpha) y^i y^j \Omega \mathrm{d}\tau = 0. \tag{6.4.5}$$

设 $\boldsymbol{n} = n^\alpha \tilde{e}_\alpha$ 是 $f(M)$ 在 $\tilde{V}^{n+1}$ 中关于欧氏内积 $\langle \ , \ \rangle_{\tilde{F}_0}$ 的单位法向量场, $\tilde{\boldsymbol{n}} = \tilde{n}^\alpha \tilde{e}_\alpha$ 是关于 Finsler 度量 $\tilde{g}_{\tilde{y}}$ 的单位法向量场, 其中 $\tilde{y} = \mathrm{d}f(y)$. 从而有

$$\sum_\alpha n^\alpha f_i^\alpha = 0, \quad \tilde{g}_{\alpha\beta} \tilde{n}^\alpha f_i^\beta = 0, \tag{6.4.6}$$

$$|\boldsymbol{n}|^2 = \langle \boldsymbol{n}, \boldsymbol{n} \rangle = \sum_\alpha (n^\alpha)^2 = 1, \quad \tilde{g}(\tilde{\boldsymbol{n}}, \tilde{\boldsymbol{n}}) = \tilde{g}_{\alpha\beta} \tilde{n}^\alpha \tilde{n}^\beta = 1. \tag{6.4.7}$$

显然存在 SM 上光滑函数 $\lambda(x, y)$, 使得 $\lambda n^\alpha = \tilde{g}_{\alpha\beta} \tilde{n}^\beta$. 从而

$$\lambda = \tilde{g}(\boldsymbol{n}, \tilde{\boldsymbol{n}}) = \langle \boldsymbol{n}, \tilde{\boldsymbol{n}} \rangle^{-1}. \tag{6.4.8}$$

$\lambda(x, y)$ 称为 M 的**法向偏移系数**. 由于 $\boldsymbol{n} \in \Gamma(f^{-1}(\tilde{V}^{n+1}))$ 与 $\left\{ \dfrac{\partial}{\partial x^i} \right\}$ 线性无关, 且 $\forall X \in \Gamma(TM)$, $\mu_f(X) = 0$. 因此, $\mu = 0$ 当且仅当 $\mu(\boldsymbol{n}) = 0$. 根据式 (6.4.5), f 极小当且仅当

$$f_{ij}^\alpha \int_{S_x M} \frac{1}{F^2} \tilde{g}(\boldsymbol{n}^\perp, \tilde{e}_\alpha) y^i y^j \Omega \mathrm{d}\tau = 0. \tag{6.4.9}$$

由式 (6.4.6) 及式 (6.4.7) 可得

$$\tilde{g}(\boldsymbol{n}^{\perp}, \tilde{e}_{\alpha}) = \tilde{g}(\boldsymbol{n}, \tilde{\boldsymbol{n}})\tilde{g}(\tilde{\boldsymbol{n}}, \tilde{e}_{\alpha}) = \lambda\tilde{g}_{\alpha\beta}\tilde{n}^{\beta} = \lambda^2 n^{\alpha}. \tag{6.4.10}$$

令

$$F_0 = f^*\tilde{F}_0, \quad a_{ij} = a_{ij}(x) = \left(\frac{1}{2}F_0^2\right)_{y^i y^j} = \sum_{\alpha} f_i^{\alpha} f_j^{\alpha},$$

$$a = \det(a_{ij}), \quad \partial_i = \frac{\partial}{\partial x^i} = f_i^{\alpha}\tilde{e}_{\alpha}. \tag{6.4.11}$$

由于

$$\begin{pmatrix} \tilde{\boldsymbol{n}} \\ \partial_i \end{pmatrix} (\tilde{g}_{\alpha\beta}) \begin{pmatrix} \tilde{\boldsymbol{n}} \\ \partial^j \end{pmatrix}^{\mathrm{T}} = \begin{pmatrix} 1 & 0 \\ 0 & g_{ij} \end{pmatrix},$$

$$\begin{pmatrix} \boldsymbol{n} \\ \partial_i \end{pmatrix} (\tilde{g}_{\alpha\beta}) \begin{pmatrix} \tilde{\boldsymbol{n}} \\ \partial_j \end{pmatrix}^{\mathrm{T}} = \begin{pmatrix} \lambda & * \\ 0 & g_{ij} \end{pmatrix}, \quad \begin{pmatrix} \boldsymbol{n} \\ \partial_i \end{pmatrix} \begin{pmatrix} \boldsymbol{n} \\ \partial_j \end{pmatrix}^{\mathrm{T}} = \begin{pmatrix} 1 & 0 \\ 0 & a_{ij} \end{pmatrix},$$

我们有

$$\det(g_{ij}) = \frac{a}{\lambda^2}\det(\tilde{g}_{\alpha\beta}). \tag{6.4.12}$$

于是由式 (6.4.9) 及式 (6.4.10) 可得下面的定理.

定理 6.4.2 Minkowski 空间 $(\tilde{V}^{n+1}, \tilde{F})$ 中的超曲面 (M, F) 是极小的当且仅当

$$h_{ij} \int_{S_x} \xi y^i y^j \mathrm{d}V_{S_x} = 0, \tag{6.4.13}$$

其中,

$$\xi = \xi(\tilde{y}) = \frac{\det(\tilde{g}_{\alpha\beta})}{\tilde{F}^{n+2}}, \quad h_{ij} = \sum_{\alpha} f_{ij}^{\alpha} n^{\alpha}, \quad S_x = \{y \in T_x M | a_{ij} y^i y^j = 1\}. \tag{6.4.14}$$

显然, h_{ij} 是 (M, F_0) 作为欧氏空间 $(\tilde{V}^{n+p}, \tilde{F}_0)$ 中超曲面的第二基本形式.

定义

$$\bar{\bar{g}}^{ij} := \frac{1}{G} \int_{S_x M} \lambda^2 \ell^i \ell^j \Omega \mathrm{d}\tau = \frac{\sqrt{a}}{G} \int_{S_x} \xi y^i y^j \mathrm{d}V_{S_x}, \tag{6.4.15}$$

其中 $G = \int_{S_x M} \Omega \mathrm{d}\tau$. 由于 $\xi, a > 0$, 则 $\forall \zeta \in T_x^* M$,

$$\bar{\bar{g}}^{ij} \zeta_i \zeta_j = \frac{1}{G} \int_{S_x M} \xi y^i y^j \zeta_i \zeta_j a \mathrm{d}\tau = \int_{S_x M} (y^i \zeta_i)^2 \xi a \mathrm{d}\tau \geqslant 0, \tag{6.4.16}$$

其中等号成立当且仅当 $\zeta = 0$. 这表明 $\bar{\bar{g}}$ 是 M 上的一个黎曼度量, 称为 λ-**平均黎曼度量**.

注释 6.4.1　　注意: 这里的 λ- 平均度量 $\bar{\bar{g}}$ 与 3.5 节和 4.1 节定义的平均度量 $\bar{g}$ 有所不同. 显然当法向偏移系数 $\lambda \equiv 1$ 时, $\bar{\bar{g}} = n\bar{g}$. 但对于 Finsler 度量, $\lambda \equiv 1$ 在一般情况下都不成立.

由式 (6.4.13) 可知, (M, F) 极小当且仅当

$$h_{ij}\bar{\bar{g}}^{ij} = 0. \tag{6.4.17}$$

由式 (6.4.10) 可得

$$\mu(\boldsymbol{n}) = \frac{n}{G}f_{ij}^{\alpha}\int_{S_xM}\frac{1}{F^2}\tilde{g}(\boldsymbol{n}^{\perp}, \tilde{e}_{\alpha})y^iy^j\Omega\mathrm{d}\tau$$

$$= \frac{n}{G}h_{ij}\int_{S_xM}\xi y^iy^j a\mathrm{d}\tau = nh_{ij}\bar{\bar{g}}^{ij}.$$

定义 6.4.1　　$(\tilde{V}^{n+1}, \tilde{F})$ 中超曲面 M 的**平均曲率** H 定义为

$$H(x) := \frac{1}{n}\mu(\boldsymbol{n}) = h_{ij}\bar{\bar{g}}^{ij}. \tag{6.4.18}$$

当 $\tilde{F} = \tilde{F}_0$ 为欧氏度量时, $\xi = 1, G = c_{n-1}\sqrt{a}$. 记 $(a^{ij}) = (a_{ij})^{-1}$, 则有

$$\bar{\bar{g}}^{ij} = \frac{1}{c_{n-1}}\int_{S_x}y^iy^j\mathrm{d}V_{S_x} = \frac{1}{c_{n-1}}\int_{S_xM}\frac{y^iy^j}{F_0^2}\mathrm{d}V_{S_xM}^{F_0}$$

$$= \frac{1}{nc_{n-1}}\int_{S_xM}a^{ij}\mathrm{d}V_{S_xM}^{F_0} = \frac{1}{n}a^{ij}.$$

此时, $H = \frac{1}{n}h_{ij}a^{ij}$. 这正是欧氏超曲面 M 的平均曲率.

现在设 M 是 $(\tilde{V}^{n+1}, \tilde{F})$ 中的图, 其方程为

$$\tilde{x}^{n+1} = u(\tilde{x}^1, \cdots, \tilde{x}^n) = u(x^1, \cdots, x^n), \tag{6.4.19}$$

则 $f_j^i = \delta_j^i$ 并且 $f_j^{n+1} = u_j = \dfrac{\partial u}{\partial x^j}$. 因此由式 (6.4.9), 图 (6.4.19) 是极小的当且仅当对于 $\forall\boldsymbol{v} \in \Gamma(f^{-1}T\tilde{V}^{n+1})$,

$$\sum_{ij}\left(\int_{S_xM}\frac{1}{F^2}\tilde{g}(\boldsymbol{v}^{\perp}, \tilde{e}_{n+1})y^iy^j\Omega\mathrm{d}\tau\right)u_{ij} = 0, \tag{6.4.20}$$

其中 $u_{ij} = \dfrac{\partial^2 u}{\partial x^i\partial x^j}$. 显然在 $\pi^*(f^{-1}T\tilde{V}^{n+1})$ 中

$$\tilde{a}_i := \mathrm{d}f\left(\frac{\partial}{\partial x^i}\right) = \tilde{e}_i + u\tilde{e}_{n+1}. \tag{6.4.21}$$

因为 $\{\tilde{a}_i, u\tilde{e}_{n+1}\}$ 构成 $\pi^*(f^{-1}T\tilde{V}^{n+1})$ 的一个基, 故 $\tilde{e}_{n+1}^\perp \neq 0$. 因此, $\forall \boldsymbol{v} \in \Gamma(f^{-1}T\tilde{V}^{n+1})$ 可表示为 $\boldsymbol{v} = v^i\tilde{a}_i + v^{n+1}\tilde{e}_{n+1}$, 由此可得 $\boldsymbol{v}^\perp = v^{n+1}\tilde{e}_{n+1}^\perp$. 于是, 式 (6.4.20) 等价于

$$A^{ij}u_{ij} = 0, \quad A^{ij}(x) := \int_{S_x M} \frac{\|(\tilde{e}_{n+1}^\perp)\|^2}{F^2} y^i y^j \Omega d\tau. \tag{6.4.22}$$

因为矩阵 (A^{ij}) 是正定的. 所以有下面的定理.

定理 6.4.3 在 Minkowski 空间 $(\tilde{V}^{n+1}, \tilde{F})$ 中, 由式 (6.4.19) 定义的图 M 是极小的当且仅当函数 u 满足椭圆方程 (6.4.22).

6.4.2 Randers 空间的极小子流形

设 $f : (M, F) \to (\tilde{M}, \tilde{F})$ 为等距浸入, 其中

$$\tilde{F} = \tilde{\alpha} + \tilde{\beta} = \sqrt{\tilde{a}_{\alpha\beta}(\tilde{x})\tilde{y}^\alpha\tilde{y}^\beta} + \tilde{b}_\alpha(\tilde{x})\tilde{y}^\alpha, \quad \|\tilde{\beta}\| = \sqrt{\tilde{a}^{\alpha\beta}\tilde{b}_\alpha\tilde{b}_\beta} = \tilde{b} \ (0 \leqslant \tilde{b} < 1).$$

显然, 我们有

$$F = f^*\tilde{F} = \alpha + \beta = \sqrt{a_{ij}y^iy^j} + b_iy^i, \tag{6.4.23}$$

其中

$$a_{ij} = \tilde{a}_{\alpha\beta}f_i^\alpha f_j^\beta, \quad b_i = \tilde{b}_\alpha f_i^\alpha. \tag{6.4.24}$$

这表明 (M, F) 也是 Randers 空间. 根据命题 1.5.5, (M, F) 与 (M, α) 有相同的体积, 因而有 $\mu^F = \mu^\alpha$.

定理 6.4.4 Randers 空间 $(\tilde{M}, \tilde{\alpha} + \tilde{\beta})$ 中极小子流形正是黎曼流形 $(\tilde{M}, \tilde{\alpha})$ 的极小子流形; 反之亦然.

下面考虑 Randers 空间的强极小子流形. 首先考虑关于 $\tilde{F}$ 和 $\tilde{\alpha}$ 的法曲率之间的关系.

引理 6.4.1 设 $f : (M, F) \to (\tilde{M}, \tilde{\alpha} + \tilde{\beta})$ 是到 $n + p$ 维 Randers 空间的等距浸入, $\{\boldsymbol{n}_a\}$ 是 f 关于黎曼度量 $\tilde{\alpha}$ 的法丛 $TM^\perp$ 的局部标准正交标架场. 设

$$\tilde{\boldsymbol{n}}_a = \sqrt{\frac{\alpha}{F}}[\boldsymbol{n}_a - \tilde{\beta}(\boldsymbol{n}_a)\tilde{\ell}], \tag{6.4.25}$$

则 $\{\tilde{\boldsymbol{n}}_a\}$ 是 f 关于度量 $\tilde{g}_{df(y)}$ 的法丛 $(\pi^*TM)^\perp$ 的局部标准正交标架场.

证明 设 $\boldsymbol{n}_a = n_a^\alpha \dfrac{\partial}{\partial\tilde{x}^\alpha}$, $\tilde{\boldsymbol{n}}_a = \tilde{n}_a^\alpha \dfrac{\partial}{\partial\tilde{x}^\alpha}$. 则由式 $(1.5.5)_{1,2}$ 可得

$$\tilde{n}_a^\alpha = \sqrt{\frac{\alpha}{F}}[n_a^\alpha - \tilde{\beta}(\boldsymbol{n}_a)\tilde{\ell}^\alpha] = \sqrt{\frac{F}{\alpha}}\tilde{g}^{\alpha\beta}\tilde{a}_{\sigma\beta}n_a^\sigma, \tag{6.4.26}$$

$$\tilde{g}_{\alpha\beta}\tilde{n}_a^\alpha f_i^\beta = \sqrt{\frac{F}{\alpha}}\,\tilde{a}_{\alpha\beta}n_a^\alpha f_i^\beta = 0,$$

$$\tilde{g}(\boldsymbol{\tilde{n}}_a, \boldsymbol{\tilde{n}}_b) = \tilde{g}_{\alpha\beta}\tilde{n}_a^\alpha \tilde{n}_b^\beta = \frac{F}{\alpha}\tilde{g}^{\alpha\tau}\tilde{a}_{\tau\sigma}n_a^\sigma \tilde{a}_{\alpha\mu}n_b^\mu$$

$$= [n_a^\alpha - \tilde{\beta}(\boldsymbol{n}_a)\tilde{\ell}^\alpha]\tilde{a}_{\alpha\beta}n_b^\beta = \tilde{a}_{\alpha\beta}n_a^\alpha n_b^\beta$$

$$= \langle \boldsymbol{n}_a, \boldsymbol{n}_b\rangle_{\tilde{\alpha}} = \delta_{ab}.$$

$\square$

设 $\bar{G}^i$ 和 $\overline{\tilde{G}}^\alpha$ 分别为 (M,α) 和 $(\tilde{M},\tilde{\alpha})$ 的测地系数, $\bar{h}$ 是 f 关于 $\tilde{\alpha}$ 的法曲率, 即

$$\bar{h}^\alpha = f_{ij}^\alpha y^i y^j - f_k^\alpha \bar{G}^k + \overline{\tilde{G}}^\alpha.$$

由式 $(1.5.5)_4$ 和式 $(1.7.25)$, 可知

$$\tilde{G}^\alpha = \overline{\tilde{G}}^\alpha + \tilde{b}_{\beta|\gamma}\tilde{y}^\beta \tilde{y}^\gamma \tilde{\ell}^\alpha + (\tilde{a}^{\alpha\beta} - \tilde{\ell}^\alpha \tilde{b}^\beta)(\tilde{b}_{\beta|\gamma} - \tilde{b}_{\gamma|\beta})\tilde{\alpha}\tilde{y}^\gamma,$$

$$h^\alpha = \sum_a (f_{ij}^\beta y^i y^j + \tilde{G}^\beta)\tilde{g}_{\beta\sigma}\tilde{n}_a^\sigma \tilde{n}_a^\alpha,$$

$$\bar{h}^\alpha = \sum_a (f_{ij}^\beta y^i y^j + \overline{\tilde{G}}^\beta)\tilde{a}_{\beta\sigma}n_a^\sigma n_a^\alpha.$$

则根据式 $(6.4.26)$ 可得

$$h^\alpha = \sum_a (f_{ij}^\beta y^i y^j + \tilde{G}^\beta)\tilde{a}_{\beta\sigma}n_a^\sigma [n_a^\alpha - \tilde{\beta}(\boldsymbol{n}_a)\tilde{\ell}^\alpha]$$

$$= \bar{h}^\alpha - \alpha^2 \tilde{\beta}(\bar{h})\tilde{\ell}^\alpha - \sum_a \alpha(\tilde{b}_{\beta|\gamma} - \tilde{b}_{\gamma|\beta})\tilde{y}^\beta n_a^\gamma [n_a^\alpha - \tilde{\beta}(\boldsymbol{n}_a)\tilde{\ell}^\alpha],$$

$$h_\alpha = \frac{F}{\alpha}\bar{h}_\alpha + \sum_a \alpha n_a^\delta (\tilde{b}_{\delta|\tau} - \tilde{b}_{\tau|\delta})\tilde{y}^\tau n_a^\beta a_{\alpha\beta}. \tag{6.4.27}$$

因此有下述命题.

命题 6.4.1　设 $f : (M,F) \to (\tilde{M}, \tilde{\alpha} + \tilde{\beta})$ 是到 $n+p$ 维 Randers 空间的等距浸入. 若 $\tilde{\beta}$ 是闭形式, 则

$$h = \frac{\alpha^2}{F^2}[\bar{h} - \tilde{\beta}(\bar{h})\tilde{l}], \quad h^* = \frac{\alpha}{F}\bar{h}^*, \tag{6.4.28}$$

其中 $\bar{h}^* = \dfrac{\bar{h}_\alpha}{\alpha^2}d\tilde{x}^\alpha$. 因此, $(M, \alpha+\beta)$ 是 $(\tilde{M}, \tilde{\alpha}+\tilde{\beta})$ 的全测地子流形当且仅当 (M,α) 是 $(\tilde{M},\tilde{\alpha})$ 的全测地子流形.

下面考虑关于 $\tilde{F}$ 和 $\tilde{\alpha}$ 的第二基本形式和平均曲率之间的关系. 由命题 6.4.1, 如果 $\tilde{\beta}$ 是闭的 1-形式, 则

$$h_\alpha = \frac{F}{\alpha}\bar{h}_\alpha. \tag{6.4.29}$$

由于 $(h^\alpha)_{y^i} = 2h^\alpha_{ik}y^k$, $\tilde{\alpha}$ 的第二基本形式满足 $\bar{B}^\alpha_{ij} = \bar{h}^\alpha_{ij}$, 所以根据式 (6.1.1) 及 1.5.2 小节中有关 Randers 度量的公式, 对式 (6.4.29) 两边求导可得

$$2B^\beta_{ij} = \left(\frac{3\beta}{\alpha^2 F} \alpha_{y^i} \alpha_{y^j} - \frac{\beta a_{ij}}{\alpha^2 F} - \frac{1}{\alpha F}(b_i \alpha_{y^j} + b_j \alpha_{y^i}) \right) \left(\bar{h}^\beta - \alpha^2 \tilde{\beta}(\bar{h})\tilde{\ell}^\beta \right)$$
$$+ \frac{2\beta}{\alpha F} \tilde{b}_\gamma \left(\bar{B}^\gamma_{kj} y^k \alpha_{y^i} + \bar{B}^\gamma_{ki} y^k \alpha_{y^j} \right) \tilde{\ell}^\beta - \frac{2\beta}{\alpha F} \left(\bar{B}^\beta_{kj} y^k \alpha_{y^i} + \bar{B}^\beta_{ki} y^k \alpha_{y^j} \right)$$
$$+ \frac{2}{F} \left(b_i \bar{B}^\beta_{kj} y^k + b_j \bar{B}^\beta_{ki} y^k \right) - \frac{2}{F} \tilde{b}_\gamma \left(b_i \bar{B}^\gamma_{kj} y^k + b_j \bar{B}^\gamma_{ki} y^k \right) \tilde{\ell}^\beta$$
$$- 2\tilde{b}_\alpha \bar{B}^\alpha_{ij} \tilde{\ell}^\beta + 2\bar{B}^\beta_{ij}.$$

对上式求迹得

$$H = \frac{\alpha}{F} \left(\bar{H} - \tilde{\beta}(\bar{H})\tilde{\ell} \right) - \frac{(n+1)\alpha\beta}{2nF^2} \left(\bar{h} - \tilde{\beta}(\bar{h})\tilde{\ell} \right).$$

于是有以下定理.

定理 6.4.5 设 $f : (M, \alpha+\beta) \to (\tilde{M}, \tilde{\alpha}+\tilde{\beta})$ 是到 $n+p$ 维 Randers 空间的等距浸入, $\tilde{\beta}$ 是闭的 1-形式. 则关于 $\tilde{F}$ 和 $\tilde{\alpha}$ 的第二基本形式 B 和 $\bar{B}$ 以及平均曲率 H 和 $\bar{H}$ 的关系为

$$B = \left(\bar{B} + \tilde{\beta}(\bar{B})\tilde{\ell} \right) - \frac{1}{2F} [3\beta\bar{\omega} \otimes \bar{\omega} - \beta a - \alpha(\beta \otimes \bar{\omega} + \bar{\omega} \otimes \beta)] \left(\bar{h} - \tilde{\beta}(\bar{h})\tilde{\ell} \right)$$
$$+ \left[\beta - \frac{\beta}{\alpha}\bar{\omega} \right] \otimes \left[\bar{B}(\ell) - \tilde{\beta}(\bar{B}(\ell))\tilde{\ell} \right] + \left[\bar{B}(\ell) - \tilde{\beta}(\bar{B}(\ell))\tilde{\ell} \right] \otimes \left[\beta - \frac{\beta}{\alpha}\bar{\omega} \right], \quad (6.4.30)$$

$$H = \frac{\alpha}{F} \left(\bar{H} - \tilde{\beta}(\bar{H})\tilde{\ell} \right) - \frac{(n+1)\alpha\beta}{2nF^2} \left(\bar{h} - \tilde{\beta}(\bar{h})\tilde{\ell} \right), \quad (6.4.31)$$

其中 $a = a_{ij}\mathrm{d}x^i \otimes \mathrm{d}x^j$.

定理 6.4.6 设 $f : (M, \alpha+\beta) \to (\tilde{M}, \tilde{\alpha}+\tilde{\beta})$ 是到 $n+p$ 维 Randers 空间的等距浸入, $\tilde{\beta}$ 是闭的 1-形式. 如果 f 是强极小浸入, 则或者 $(M, F) = (M, \alpha)$ 是 $(\tilde{M}, \tilde{\alpha})$ 的黎曼极小子流形, 或者 (M, F) 是 $(\tilde{M}, \tilde{F})$ 的全测地子流形.

证明 若 f 强极小, 则有 $H = 0$, 从而 $\mu_f = 0$. 另一方面, 由式 (6.1.6) 可得 (M, α) 的平均曲率形式为

$$\bar{\mu}(\boldsymbol{v}) = \frac{1}{c_{n-1}\det(a_{ij})} \int_{S_x M} \tilde{a}(\bar{H}, \boldsymbol{v})\bar{\Omega}\mathrm{d}\tau = \tilde{a}(\bar{H}, \boldsymbol{v}). \quad (6.4.32)$$

其中 $\bar{\Omega} := \det\left(\frac{a_{ij}}{\alpha}\right)$. 从而 $\bar{\mu}$ 与 $\bar{H}$ 对偶. 又由于 $\mu = \bar{\mu}$, 所以 $\bar{H} = 0$. 代入式 (6.4.31) 即得 $\beta = 0$, 或者 $h = 0$. 当 $\beta = 0$ 时, $(M, F) = (M, \alpha)$ 是 $(\tilde{M}, \tilde{\alpha})$ 的黎曼极小子流形. 当 $h = 0$ 时, (M, F) 是 $(\tilde{M}, \tilde{F})$ 的全测地子流形. □

例 6.4.1　设 $(V^3, \tilde{F})$ 为 Randers 空间, $\tilde{F} = \tilde{\alpha} + \tilde{\beta}$, 其中,

$$\tilde{\alpha} = \sqrt{\sum_\alpha (\tilde{y}^\alpha)^2}, \quad \tilde{\beta} = \frac{\tilde{x}^2 \mathrm{d}\tilde{x}^1 - \tilde{x}^1 \mathrm{d}\tilde{x}^2}{(\tilde{x}^1)^2 + (\tilde{x}^2)^2} + \mathrm{d}\tilde{x}^3. \tag{6.4.33}$$

则 $\mathrm{d}\tilde{\beta} = 0$.

设 M 是欧氏空间 $(V^3, \tilde{\alpha})$ 中正螺面, 定义为

$$f(u, v) = \{u\cos v, u\sin v, av\}, \tag{6.4.34}$$

其中 $a \neq 0$ 是常数. 熟知 M 在 $(V^3, \tilde{\alpha})$ 中极小, 则

$$\bar{H} = 0, \quad \bar{h} = \frac{-2ay^1 y^2}{\alpha^2(u^2 + a^2)}(a\sin v, -a\cos v, u).$$

令 $F = f^* \tilde{F} = \alpha + \beta$, 它是 M 上的 Randers 度量. 由式 (6.4.31), 可得

$$H = \frac{(n+1)\alpha(1-a)y^2}{2nF^2}(\bar{h} - \tilde{\beta}(\bar{h})\tilde{\ell}).$$

显然, $H \equiv 0$ 当且仅当 $a = 1$. 即, M 为 $(V^3, \tilde{F})$ 的强极小曲面当且仅当 $a = 1$. 然而由定理 6.4.4 可知对于任意 a, M 在 $(V^3, \tilde{F})$ 中都是极小的.

6.4.3　广义 (α, β) 空间的极小子流形

对于 (α, β) 度量 $F = \alpha\phi\left(\dfrac{\beta}{\alpha}\right)$, 式 (1.5.24) 给出了 F 的 HT 体积形式与 α 的体积形式的关系. 由于整个计算过程仅对 y 求导, 并没有涉及到对 x 的导数, 因此对于广义 (α, β) 度量 $F = \alpha\phi\left(x, \dfrac{\beta}{\alpha}\right)$ 作类似的计算可得

$$\mathrm{d}V_F = \frac{\Gamma\left(\dfrac{n}{2}\right)}{\sqrt{\pi}\Gamma\left(\dfrac{n-1}{2}\right)}\left\{\int_0^\pi H(x, b\cos t)\sin^{n-2}(t)\mathrm{d}t\right\}\mathrm{d}V_\alpha, \tag{6.4.35}$$

其中 $\mathrm{d}V_F$, $\mathrm{d}V_\alpha$ 分别表示 F 的 HT 体积形式与 α 的黎曼体积形式,

$$H(x, s) = \phi(\phi - s\phi_2)^{n-2}[(\phi - s\phi_2) + (b^2 - s^2)\phi_{22}], \quad \Gamma(t) = \int_0^\infty x^{t-1}\mathrm{e}^{-x}\mathrm{d}x.$$

命题 6.4.2　设 (M, F) 为广义 (α, β)-空间, 其中 $F = \alpha\phi\left(x, \dfrac{\beta}{\alpha}\right)$. 如果 $H(x, s) - 1$ 是 s 的奇函数, 则 $\mathrm{d}V_{\mathrm{HT}}^F = \mathrm{d}V^\alpha$.

设 $f : (M, F) \longrightarrow (\tilde{M}, \tilde{F})$ 为等距浸入. $\tilde{F} = \tilde{\alpha}\phi(\tilde{x}, s)$, 其中,

$$s = \frac{\tilde{\beta}}{\tilde{\alpha}}, \quad \tilde{\alpha} = \sqrt{\tilde{a}_{\alpha\beta}\tilde{y}^\alpha\tilde{y}^\beta}, \quad \tilde{\beta} = \tilde{b}_\alpha\tilde{y}^\alpha.$$

由于 f 等距, 我们得到

$$F = f^*\tilde{F} = \alpha\phi\left(f(x), \frac{\beta}{\alpha}\right),$$

其中

$$\alpha = \sqrt{a_{ij}y^iy^j}, \quad a_{ij} = \tilde{a}_{\alpha\beta}f_i^\alpha f_j^\beta,$$

$$\beta = b_i y^i, \quad b_i = \tilde{b}_\alpha f_i^\alpha.$$

可见广义 (α, β) 空间的任意子流形是广义 (α, β) 空间.

注释 6.4.2 需要注意的是, 由于一般情况下 $b(x) = ||\beta||$ 并不等于 $\tilde{b}(f(x)) = ||\tilde{\beta}||$, 因此, $\tilde{H}(f(x), s)$ 与 $H(x, s)$ 在形式上略有不同. 设

$$\varphi(\tilde{x}, s) = \phi(\phi - s\phi_2)^{n-2}(\phi - s\phi_2 - s^2\phi_{22}), \quad \psi(\tilde{x}, s) = \phi(\phi - s\phi_2)^{n-2}\phi_{22}, \quad (6.4.36)$$

则

$$H(x, s) = \varphi(f(x), s) + b^2\psi(f(x), s), \quad \tilde{H}(\tilde{x}, s) = \varphi(\tilde{x}, s) + \tilde{b}^2\psi(\tilde{x}, s).$$

对于 (α, β) 度量 $\tilde{F} = \tilde{\alpha}\phi\left(\frac{\tilde{\beta}}{\tilde{\alpha}}\right)$, 有 $\tilde{H}(\tilde{b}, s) = \varphi(s) + \tilde{b}^2\psi(s)$. 因此, "对于任意的 $\tilde{x}$, $\tilde{H}(\tilde{b}, s) - 1$ 都是 s 的奇函数" 等价于 "$\varphi(s) - 1$ 和 $\psi(s)$ 均为奇函数". 但对于广义 (α, β) 度量却未必如此.

综上所述, 定理 6.4.4 可以推广为下面的定理.

定理 6.4.7 设 (M, F) 为广义 (α, β)-空间, 其中 $F = \alpha\phi\left(x, \frac{\beta}{\alpha}\right)$. 如果对于任意的 $x \in M$, $\varphi(x, s) - 1$ 和 $\psi(x, s)$ 均为 s 的奇函数, 则 (M, F) 的极小子流形也是 (M, α) 的极小子流形. 反之亦然.

下面, 我们考虑广义 (α, β) 空间的极小子流形满足的方程.

命题 6.4.3[119] 设 $f : (M^n, F) \longrightarrow (\tilde{M}^{n+p}, \tilde{F})$ 为等距浸入, 其中 $\tilde{F} = \tilde{\alpha}\phi$ $\left(\tilde{x}, \frac{\tilde{\beta}}{\tilde{\alpha}}\right)$. 设 $\{n_a\}_{a=n+1}^{n+p}$ 表示关于黎曼度量 $\tilde{\alpha}$ 的单位法标架场, 其中 n_{n+p} 平行于 $\tilde{\beta}^\perp$. 令

$$\tilde{n}_a = \sqrt{\frac{1}{\tilde{\rho}(1 + \tilde{\eta}\tilde{\beta}(n_a)^2)}}\left[n_a + \tilde{\eta}\tilde{\beta}(n_a)\tilde{\beta}^\sharp + F\tilde{\eta}_0\tilde{\alpha}^{-1}\tilde{\beta}(n_a)\tilde{\ell}\right]. \quad (6.4.37)$$

则 $\{\tilde{n}_a\}_{a=n+1}^{n+p}$ 是法丛 $(\pi^*TM)^\perp$ 上关于度量 $\tilde{F}$ 的单位法标架场. 这里 $\tilde{\beta}^\perp$ 表示 $\tilde{\beta}^\sharp$

在 $TM^\perp$ 中的投影, $\tilde{\beta}^\sharp = \tilde{b}^\alpha \dfrac{\partial}{\partial \tilde{x}^\alpha}$, $\tilde{\rho}, \tilde{\eta}, \tilde{\eta}_0$ 由式 (1.5.31) 定义 (注意这里的记号是相对于度量 $\tilde{F}$ 的).

证明　设 $\boldsymbol{n}_a = n_a^\alpha \dfrac{\partial}{\partial \tilde{x}^\alpha}$. 则

$$\tilde{a}(\boldsymbol{n}_a, \boldsymbol{n}_b) = \tilde{a}_{\alpha\beta} n_a^\alpha n_b^\beta = \delta_{ab}, \quad \tilde{a}\left(\boldsymbol{n}_a, \frac{\partial}{\partial x^i}\right) = \tilde{a}_{\alpha\beta} n_a^\alpha f_i^\beta = 0. \tag{6.4.38}$$

令 $\tilde{\boldsymbol{n}}_a = \tilde{n}_a^\alpha \dfrac{\partial}{\partial \tilde{x}^\alpha} (a = n+1, \cdots, n+p)$, 则它必满足

$$\tilde{g}_{\alpha\beta} \tilde{n}_a^\alpha = \lambda_a \tilde{a}_{\alpha\beta} n_a^\alpha, \tag{6.4.39}$$

其中

$$\lambda_a = \sqrt{\frac{\tilde{\rho}}{1 + \tilde{\eta}\tilde{\beta}(\boldsymbol{n}_a)^2}}. \tag{6.4.40}$$

于是由式 (6.4.38)~ 式 (6.4.40) 及式 (1.5.30) 可得

$$\tilde{g}\left(\tilde{\boldsymbol{n}}_a, \frac{\partial}{\partial x^i}\right) = \tilde{g}_{\alpha\beta} \tilde{n}_a^\alpha f_i^\beta = \lambda_a \tilde{a}_{\alpha\beta} n_a^\alpha f_i^\beta = 0,$$

$$\begin{aligned}
\tilde{g}(\tilde{\boldsymbol{n}}_a, \tilde{\boldsymbol{n}}_b) &= \tilde{g}_{\alpha\beta} \tilde{n}_a^\alpha \tilde{n}_b^\beta = \lambda_a \tilde{a}_{\alpha\beta} n_a^\alpha \lambda_b \tilde{g}^{\beta\gamma} \tilde{a}_{\gamma\delta} n_a^\delta \\
&= \lambda_a \tilde{a}_{\alpha\beta} n_a^\alpha \frac{\lambda_b}{\tilde{\rho}} \left\{ n_b^\beta + \tilde{\eta}\tilde{\beta}(\boldsymbol{n}_b)\tilde{b}^\beta + \tilde{\eta}_0 \tilde{\alpha}^{-1} \tilde{\beta}(\boldsymbol{n}_b)\tilde{y}^\beta \right\} \\
&= \sqrt{\frac{1}{1 + \tilde{\eta}\tilde{\beta}(\boldsymbol{n}_a)^2}} \sqrt{\frac{1}{1 + \tilde{\eta}\tilde{\beta}(\boldsymbol{n}_b)^2}} \left\{ \delta_{ab} + \tilde{\eta}\tilde{\beta}(\boldsymbol{n}_a)\tilde{\beta}(\boldsymbol{n}_b) \right\} \\
&= \delta_{ab}.
\end{aligned}$$

最后等号成立是因为 $\tilde{\beta}^\perp$ 平行于 $\boldsymbol{n}_{n+p}$. 再次利用式 (6.4.38)~ 式 (6.4.40) 及式 (1.5.30), 我们得到

$$\tilde{\boldsymbol{n}}_a = \sqrt{\frac{1}{\tilde{\rho}(1 + \tilde{\eta}\tilde{\beta}(\boldsymbol{n}_a)^2)}} \left[\boldsymbol{n}_a + \tilde{\eta}\tilde{\beta}(\boldsymbol{n}_a)\tilde{\beta}^\sharp + F\tilde{\eta}_0 \tilde{\alpha}^{-1} \tilde{\beta}(\boldsymbol{n}_a)\tilde{\ell} \right].$$

$\square$

由定义 6.1.2, 我们知道 $f : (M^n, F) \longrightarrow (\tilde{M}^{n+p}, \tilde{F})$ 极小当且仅当

$$n_b^\alpha \int_{S_x M} \frac{h_\alpha}{F^2} \Omega \mathrm{d}\tau = 0, \quad \forall b. \tag{6.4.41}$$

利用式 (1.7.13) 及式 (6.4.38)~ 式 (6.4.40), 我们有

$$h_\alpha = \tilde{g}_{\alpha\gamma} h^\gamma = \sum_a \tilde{g}_{\alpha\gamma} \tilde{g} \left(h^\beta \frac{\partial}{\partial \tilde{x}^\beta}, \tilde{n}_a \right) \tilde{n}_a^\gamma$$

$$= \sum_a \tilde{g}_{\alpha\gamma} [(f_{ij}^\beta y^i y^j - f_k^\beta G^k + \tilde{G}^\beta) \tilde{g}_{\beta\delta} \tilde{n}_a^\delta] \tilde{n}_a^\gamma$$

$$= \sum_a \lambda_a^2 [(f_{ij}^\beta y^i y^j + \tilde{G}^\beta) \tilde{a}_{\beta\delta} n_a^\delta] \tilde{a}_{\alpha\gamma} n_a^\gamma$$

$$= \sum_a \frac{\tilde{\rho} [(f_{ij}^\beta y^i y^j + \tilde{G}^\beta) \tilde{a}_{\beta\delta} n_a^\delta] \tilde{a}_{\alpha\gamma} n_a^\gamma}{1 + \tilde{\eta} \tilde{\beta} (\boldsymbol{n}_a)^2}. \tag{6.4.42}$$

将式 (1.5.29), 式 (1.1.16) 及式 (6.4.42) 代入式 (6.4.41) 可得

$$n_b^\alpha \int_{S_x M} \frac{h_\alpha}{F^2} \Omega \mathrm{d}\tau = \int_{S_x M} \frac{\tilde{\rho} [(f_{ij}^\beta y^i y^j + \tilde{G}^\beta) \tilde{a}_{\beta\delta} n_b^\delta] \det(g_{ij})}{(1 + \tilde{\eta} \tilde{\beta} (\boldsymbol{n}_b)^2) F^{n+2}} \mathrm{d}\tau$$

$$= \det(a_{ij}) \tilde{a}_{\beta\delta} n_b^\delta \int_{S_x M} \frac{(f_{ij}^\beta y^i y^j + \tilde{G}^\beta)(\phi - s\phi_2) H(x, s)}{\alpha^{n+2} (1 + \tilde{\eta} \tilde{\beta} (\boldsymbol{n}_b)^2) \phi} \mathrm{d}\tau,$$

其中

$$\tilde{\eta} = -\frac{\phi_{22}}{\phi - s\phi_2 + (\tilde{b}^2 - s^2)\phi_{22}}.$$

定理 6.4.8[119] 设 (M^n, F) 是 $(\tilde{M}^{n+p}, \tilde{F})$ 中子流形, 其中 $\tilde{F} = \tilde{\alpha}\phi \left(\tilde{x}, \frac{\tilde{\beta}}{\tilde{\alpha}} \right)$. 则 $f : (M^n, F) \longrightarrow (\tilde{M}^{n+p}, \tilde{F})$ 极小当且仅当

$$\tilde{a}_{\beta\delta} n_a^\delta \int_{\alpha=1} \frac{(f_{ij}^\beta y^i y^j + \tilde{G}^\beta)(\phi - s\phi_2) H}{(1 + \tilde{\eta} \tilde{\beta} (\boldsymbol{n}_a)^2) \phi} \mathrm{d}\tau = 0, \quad \forall a. \tag{6.4.43}$$

特别地, 如果 M 是超曲面, 则由式 (6.4.39), 存在 SM 上的函数 $\lambda(x, y)$, 使得

$$\tilde{g}_{\alpha\beta} \tilde{n}^\beta = \lambda \tilde{a}_{\alpha\beta} n^\beta,$$

其中 $\lambda = \tilde{g}(\tilde{\boldsymbol{n}}, \boldsymbol{n}) = (\tilde{a}(\tilde{\boldsymbol{n}}, \boldsymbol{n}))^{-1}$. $\lambda(x, y)$ 同样称为 M 的**法向偏移系数**. 于是

$$\tilde{n}^\alpha = \lambda \tilde{g}^{\alpha\beta} \tilde{a}_{\beta\gamma} n^\gamma.$$

记

$$A = \det(a_{ij}), \quad \tilde{A} = \det(\tilde{a}_{ij}), \quad g = \det(g_{ij}), \quad \tilde{g} = \det(\tilde{g}_{ij}).$$

由于

$$\begin{pmatrix} \tilde{\boldsymbol{n}} \\ \partial_i \end{pmatrix} (\tilde{g}_{\alpha\beta}) \begin{pmatrix} \tilde{\boldsymbol{n}} \\ \partial_j \end{pmatrix}^{\mathrm{T}} = \begin{pmatrix} 1 & 0 \\ 0 & g_{ij} \end{pmatrix},$$

$$\begin{pmatrix} \boldsymbol{n} \\ \partial_i \end{pmatrix} (\tilde{g}_{\alpha\beta}) \begin{pmatrix} \tilde{\boldsymbol{n}} \\ \partial_j \end{pmatrix}^{\mathrm{T}} = \begin{pmatrix} \lambda & * \\ 0 & g_{ij} \end{pmatrix}, \quad \begin{pmatrix} \boldsymbol{n} \\ \partial_i \end{pmatrix} (\tilde{a}_{\alpha\beta}) \begin{pmatrix} \boldsymbol{n} \\ \partial_j \end{pmatrix}^{\mathrm{T}} = \begin{pmatrix} 1 & 0 \\ 0 & a_{ij} \end{pmatrix},$$

直接计算可知

$$\phi^n HA = g = \frac{A}{\lambda^2 \tilde{A}} \tilde{g} = \frac{A}{\lambda^2 \tilde{A}} \phi^{n+1} \tilde{H} \tilde{A} = \frac{\phi^{n+1} \tilde{H} A}{\lambda^2}, \tag{6.4.44}$$

即

$$H = \frac{\phi \tilde{H}}{\lambda^2}. \tag{6.4.45}$$

由式 (6.4.41) 和式 (6.4.42) 可得广义 (α, β) 空间 $(\tilde{M}^{n+1}, \tilde{F})$ 中极小超曲面的方程为

$$\tilde{a}_{\beta\delta} n^\delta \int_{\alpha=1} \frac{(f_{ij}^\beta y^i y^j + \tilde{G}^\beta) \tilde{H}}{\phi} A \mathrm{d}\tau = 0. \tag{6.4.46}$$

如果 $\tilde{F} = \tilde{\alpha}\phi\left(\dfrac{\tilde{\beta}}{\tilde{\alpha}}\right)$ 是 (α, β)- Minkowski 度量, 则 $\tilde{G}^\beta = 0$, 于是, 由式 (6.4.46) 可得下面的定理.

定理 6.4.9[119]　设 (M, F) 是 $(\tilde{M}, \tilde{F})$ 的超曲面, 并且 $\tilde{F} = \tilde{\alpha}\phi\left(\dfrac{\tilde{\beta}}{\tilde{\alpha}}\right)$ 是 (α, β)-Minkowski 度量. 则 $f: (M, F) \to (\tilde{M}, \tilde{F})$ 是极小浸入当且仅当

$$\sum_\beta f_{ij}^\beta n^\beta \int_{\alpha=1} y^i y^j (\phi(\tilde{\beta}) - \tilde{\beta}\phi'(\tilde{\beta}))^{n-1} [\phi(\tilde{\beta}) - \tilde{\beta}\phi'(\tilde{\beta}) + (\tilde{b}^2 - \tilde{\beta}^2)\phi''(\tilde{\beta})] \mathrm{d}\tau = 0. \tag{6.4.47}$$

对于非 Minkowski 的情形, 首先考虑一种特殊的广义 (α, β) 空间 $(\tilde{M}^{n+1}, \tilde{F})$ 中的超曲面, 其中 $\tilde{F} = \dfrac{\sqrt{\tilde{\lambda}\tilde{\alpha}^2 + \tilde{\beta}^2}}{\tilde{\lambda}} - \dfrac{\tilde{\beta}}{\tilde{\lambda}}$. 直接计算可以得到

$$H(x, s) = (\tilde{\lambda} + b^2) \frac{F}{\alpha} \left(\frac{\alpha}{\gamma}\right)^{n+1}, \tag{6.4.48}$$

$$\tilde{\eta} = -1, \quad \frac{\phi - s\phi_2}{\phi} = \frac{\alpha^2}{F\gamma}, \tag{6.4.49}$$

其中 $F = \dfrac{\sqrt{\tilde{\lambda}\alpha^2 + \beta^2}}{\tilde{\lambda}} - \dfrac{\beta}{\tilde{\lambda}}, \gamma = \sqrt{\tilde{\lambda}\alpha^2 + \beta^2}$. 从而由式 (6.4.48) 和式 (6.4.49) 得到

$$\tilde{a}_{\beta\delta} n^\delta \int_{S_x M} \frac{(f_{ij}^\beta y^i y^j + \tilde{G}^\beta)(\phi - s\phi_2)H}{\alpha^{n+2}(1 + \tilde{\eta}\tilde{\beta}(\boldsymbol{n})^2)\phi} \mathrm{d}\tau$$

$$= \frac{\tilde{a}_{\beta\delta} n^\delta (\tilde{\lambda} + b^2)}{1 - \tilde{\beta}(\boldsymbol{n})^2} \int_{S_x M} \frac{f_{ij}^\beta y^i y^j + \tilde{G}^\beta}{\left(\sqrt{\tilde{\lambda}\alpha^2 + \beta^2}\right)^{n+2}} \mathrm{d}\tau = 0. \tag{6.4.50}$$

如所知, $\tilde{\alpha}$ 具有常截面曲率时, $\tilde{\alpha}$ 射影平坦, 此时若 $\tilde{\beta}^{\sharp} = b^{\alpha}\dfrac{\partial}{\partial \tilde{x}^{\alpha}}$ 是 Killing 向量场, 则可以得到

$$\tilde{G}^{\beta} = \overline{\tilde{G}}^{\beta} - \tilde{F}^2 \tilde{s}^{\beta} - 2\tilde{F}\tilde{s}_0^{\beta}$$
$$= P\tilde{y}^{\beta} - \tilde{F}^2 \tilde{s}^{\beta} - 2\tilde{F}\tilde{s}_0^{\beta},$$

其中 $\overline{\tilde{G}}^{\beta}$ 表示 $\tilde{\alpha}$ 的测地系数, $P = \dfrac{\tilde{\alpha}_{\tilde{x}^{\delta}}\tilde{y}^{\delta}}{\tilde{\alpha}}$. 注意到 $\tilde{a}_{\alpha\beta}n^{\alpha}\tilde{y}^{\beta} = 0$, 且当 $\sqrt{\tilde{\lambda}\alpha^2 + \beta^2} = 1$ 时, $F = \dfrac{1-\beta}{\tilde{\lambda}}$. 因而, 由式 (6.4.50) 我们可得下面的定理.

定理 6.4.10[119] 设 (M^n, F) 是 $(\tilde{M}^{n+1}, \tilde{F})$ 中超曲面, 其中 $\tilde{F} = \dfrac{\sqrt{\tilde{\lambda}\tilde{\alpha}^2 + \tilde{\beta}^2}}{\tilde{\lambda}} - \dfrac{\tilde{\beta}}{\tilde{\lambda}}$. 若 $\tilde{\alpha}$ 是具有常截面曲率的黎曼度量, 且 $\tilde{\beta}^{\sharp}$ 是 Killing 向量场, 则 $f : (M^n, F) \longrightarrow (\tilde{M}^{n+1}, \tilde{F})$ 极小当且仅当

$$\tilde{a}_{\beta\delta}n^{\delta}\int_{\sqrt{\tilde{\lambda}\alpha^2 + \beta^2}=1}\left[f_{ij}^{\beta}y^i y^j - \frac{\tilde{s}^{\beta}(1-\beta)^2}{\tilde{\lambda}^2} - \frac{2(1-\beta)}{\tilde{\lambda}}\tilde{s}_0^{\beta}\right]\mathrm{d}\tau = 0. \qquad (6.4.51)$$

其次考虑射影平坦广义 (α, β) 空间 $(\tilde{M}^{n+1}, \tilde{F})$ 中的超曲面. 设 $\tilde{F} = \tilde{\alpha}\phi\left(\tilde{b}^2, \dfrac{\tilde{\beta}}{\tilde{\alpha}}\right)$ 为局部射影平坦度量. 则由命题 1.3.3, 有 $\tilde{G}^{\beta} = P\tilde{y}^{\beta}$. 于是由式 (6.4.46) 可得下面的定理.

定理 6.4.11[119] 设 (M^n, F) 为 $(\tilde{M}^{n+1}, \tilde{F})$ 中超曲面, 其中 $\tilde{F} = \tilde{\alpha}\phi\left(\tilde{b}^2, \dfrac{\tilde{\beta}}{\tilde{\alpha}}\right)$ 是局部射影平坦的, 则 $f : (M^n, F) \to (\tilde{M}^{n+1}, \tilde{F})$ 极小当且仅当

$$f_{ij}^{\beta}\tilde{a}_{\beta\delta}n^{\delta}\int_{\alpha=1}y^i y^j(\phi - \tilde{\beta}\phi_2)^{n-1}[\phi - \tilde{\beta}\phi_2 + (\tilde{b}^2 - \tilde{\beta}^2)\phi_{22}]\mathrm{d}\tau = 0. \qquad (6.4.52)$$

6.5 极小子流形的一些分类定理

6.5.1 (α, β)-Minkowski 空间中极小曲面的分类

首先考虑二次 (α, β)-Minkowski 空间中的旋转极小曲面. 设 (M, F) 为 $(\tilde{M}, \tilde{F})$ 的超曲面, 其中 $\tilde{F} = \tilde{\alpha} + k\dfrac{\tilde{\beta}^2}{\tilde{\alpha}}$ 为 (α, β)-Minkowski 度量, 则 $f : (M, F) \to (\tilde{M}, \tilde{F})$ 为极小浸入当且仅当

$$\sum_{\beta} f_{ij}^{\beta}n^{\beta}\int_{S_x M}y^i y^j(1 - k\beta^2)^{n-1}(1 + 2k\tilde{b}^2 - 3k\beta^2)\mathrm{d}\tau = 0. \qquad (6.5.1)$$

考虑 3 维空间 $\left(\tilde{V}^3, \tilde{\alpha} + k\dfrac{\tilde{\beta}^2}{\tilde{\alpha}}\right)$ 中旋转曲面

$$f = (u\cos v, u\sin v, h(u)),$$

其中

$$\tilde{\alpha} = \sqrt{(\tilde{y}^1)^2 + (\tilde{y}^2)^2 + (\tilde{y}^3)^2}, \quad \tilde{\beta} = \tilde{b}\tilde{y}^3,$$

$\tilde{b}$ 是常数, $h(u)$ 为待定函数. 于是我们有

$$(f_i^\alpha)_{2\times 3} = \begin{pmatrix} \cos v & \sin v & h^{'} \\ -u\sin v & u\cos v & 0 \end{pmatrix},$$

$$\begin{pmatrix} \tilde{y}^1 & \tilde{y}^2 & \tilde{y}^3 \end{pmatrix} = \begin{pmatrix} y^1 & y^2 \end{pmatrix} \begin{pmatrix} \cos v & \sin v & h^{'} \\ -u\sin v & u\cos v & 0 \end{pmatrix}$$

$$= \begin{pmatrix} y^1\cos v - uy^2\sin v & y^1\sin v + uy^2\cos v & y^1 h^{'} \end{pmatrix}.$$

令 $y^1 = \sqrt{\dfrac{1}{1+(h')^2}}\cos\theta, y^2 = \dfrac{1}{u}\sin\theta, \theta \in [0, 2\pi]$, 则

$$\tilde{\alpha} = \sqrt{(\tilde{y}^1)^2 + (\tilde{y}^2)^2 + (\tilde{y}^3)^2} = \sqrt{(1+(h')^2)(y^1)^2 + u^2(y^2)^2} = 1.$$

在方程 (6.5.1) 中, 令

$$W^{ij} = \int_{S_x} y^i y^j (1 - k\beta^2)(1 + 2k\tilde{b}^2 - 3k\beta^2)\mathrm{d}\tau,$$

$$r = \frac{k\tilde{b}^2(h^{'})^2}{1+(h^{'})^2},$$

则

$$W^{11} = \int_{S_x M} (y^1)^2 (1 - k\tilde{b}^2(h^{'})^2(y^1)^2)(1 + 2k\tilde{b}^2 - 3k\tilde{b}^2(h^{'})^2(y^1)^2)\mathrm{d}\tau$$

$$= \int_0^{2\pi} (1 - r(\cos\theta)^2)(1 + 2k\tilde{b}^2 - 3r(\cos\theta)^2)\frac{(\cos\theta)^2}{1+(h^{'})^2}\frac{1}{u}\sqrt{\frac{1}{1+(h^{'})^2}}\mathrm{d}\theta$$

$$= \frac{1}{u}\left(\frac{1}{1+(h^{'})^2}\right)^{\frac{3}{2}}\left[1 + 2k\tilde{b}^2 - \frac{3}{2}(2+k\tilde{b}^2)r + \frac{15}{8}r^2\right]\pi,$$

$$W^{12} = W^{21} = 0,$$

$$W^{22} = \int_0^{2\pi} (1 - r(\cos\theta)^2)(1 + 2k\tilde{b}^2 - 3r(\cos\theta)^2)\frac{(\sin\theta)^2}{u^2}\frac{1}{u}\sqrt{\frac{1}{1+(h^{'})^2}}\mathrm{d}\theta$$

$$= \left(\frac{1}{u}\right)^{\frac{3}{2}}\sqrt{\frac{1}{1+(h^{'})^2}}\left[1 + 2k\tilde{b}^2 - \frac{1}{2}(2+k\tilde{b}^2)r + \frac{3}{8}r^2\right]\pi.$$

从而方程 (6.5.1) 等价于

$$\sum_{\alpha=1}^{3}(f_{11}^{\alpha}n^{\alpha}W^{11}+f_{22}^{\alpha}n^{\alpha}W^{22})=0.$$

曲面的法向量为

$$\boldsymbol{n}=\left(\frac{-uh'\cos v}{\sqrt{((h')^2+1)u^2}},\frac{-uh'\sin v}{\sqrt{((h')^2+1)u^2}},\frac{u}{\sqrt{((h')^2+1)u^2}}\right),$$

且 $(f_{11}^{\alpha})_{1\times3}=\begin{pmatrix}0 & 0 & h''\end{pmatrix}$, $(f_{22}^{\alpha})_{1\times3}=\begin{pmatrix}-u\cos v & -u\sin v & 0\end{pmatrix}$. 从而有

$$h''W^{11}+uh'W^{22}=0.$$

于是得到

$$\frac{h''}{1+(h')^2}\left[1+2k\tilde{b}^2-\frac{3}{2}(2+k\tilde{b}^2)r+\frac{15}{8}r^2\right]+\frac{h'}{u}\left[1+2k\tilde{b}^2-\frac{1}{2}(2+k\tilde{b}^2)r+\frac{3}{8}r^2\right]=0.$$

定理 6.5.1[40]　　设 $(V^3,\tilde{F})$ 为 (α,β)- Minkowski 空间, 其中 $\tilde{F}=\tilde{\alpha}+k\dfrac{\tilde{\beta}^2}{\tilde{\alpha}}$. 旋转曲面 $f=(u\cos v,u\sin v,h(u))$ 为极小曲面当且仅当 h 满足下面常微分方程

$$uh''\left[\left(\frac{3}{8}k^2\tilde{b}^4-k\tilde{b}^2+1\right)(h')^4+\left(-\frac{3}{2}k^2\tilde{b}^4+k\tilde{b}^2+2\right)(h')^2+1+2k\tilde{b}^2\right]+h'(1+(h')^2)$$
$$\times\left[\left(-\frac{1}{8}k^2\tilde{b}^4+k\tilde{b}^2+1\right)(h')^4+\left(-\frac{1}{2}k^2\tilde{b}^4+3k\tilde{b}^2+2\right)(h')^2+1+2k\tilde{b}^2\right]=0.\quad(6.5.2)$$

令 $w=(h')^2$, 则式 (6.5.2) 等价于

$$\int\frac{aw^2+bw+c}{w(1+w)(mw^2+nw+c)}\mathrm{d}w=-\ln u^2,\qquad(6.5.3)$$

其中,

$$a=\frac{3}{8}k^2\tilde{b}^4-k\tilde{b}^2+1,\quad b=-\frac{3}{2}k^2\tilde{b}^4+k\tilde{b}^2+2,\quad c=1+2k\tilde{b}^2,$$

$$m=-\frac{1}{8}k^2\tilde{b}^4+k\tilde{b}^2+1,\quad n=-\frac{1}{2}k^2\tilde{b}^4+3k\tilde{b}^2+2.$$

将 $-\dfrac{1}{2}<k\tilde{b}^2<1$ 代入计算, 可以得到 $\dfrac{15}{32}<m<\dfrac{15}{8},\dfrac{3}{8}<n<\dfrac{9}{2},0<c<3$. 由于

$$\frac{aw^2+bw+c}{w(1+w)(mw^2+nw+c)}=\frac{1}{w}-\frac{5}{1+w}+\frac{4mw+2n}{mw^2+nw+c},$$

方程 (6.5.3) 等价于

$$\frac{w(mw^2+nw+c)^2}{(1+w)^5}=\frac{C^2}{u^2}.$$

令

$$\phi(w) = \frac{(1+w)^5}{(mw^2 + nw + c)^2},\qquad (6.5.4)$$

则 $u = C\sqrt{\dfrac{\phi(w)}{w}}, \dfrac{\mathrm{d}h}{\mathrm{d}u} = \sqrt{w}$, 且

$$h = \int \mathrm{d}h = \int \sqrt{w}\,\mathrm{d}u = C \int \frac{w^2 \phi(w)' - w\phi(w)}{w^2\sqrt{\phi(w)}}\,\mathrm{d}w$$

$$= 2C\sqrt{\phi(w)} - C \int \frac{(1+w)^{\frac{5}{2}}}{w(mw^2 + nw + c)}\,\mathrm{d}w. \qquad (6.5.5)$$

从而得到式 (6.5.2) 的解是式 (6.5.5). 于是有下面的定理.

定理 6.5.2[40]　设 $(V^3, \tilde{F})$ 为 (α, β)-Minkowski 空间, 其中 $\tilde{F} = \tilde{\alpha} + k\dfrac{\tilde{\beta}^2}{\tilde{\alpha}}$, $\|\tilde{\beta}\| = \tilde{b}$, 满足 $k\tilde{b}^2 \in \left(-\dfrac{1}{2}, 1\right)$. 则 $(V^3, \tilde{F})$ 中旋转极小曲面一定具有如下形式:

$$f = \left(C\sqrt{\frac{\phi(w)}{w}}\cos v, C\sqrt{\frac{\phi(w)}{w}}\sin v, h(w) \right),$$

其中 $\phi(w)$ 和 $h(w)$ 由式 (6.5.4) 及式 (6.5.5) 定义.

例 6.5.1　当 $k\tilde{b}^2 = \dfrac{1}{2}$ 时, 令 $t = \sqrt{1+w}$, 则 $t^2 - 1 = w, 2t\mathrm{d}t = \mathrm{d}w$, 且

$$\int \frac{(1+w)^{\frac{5}{2}}}{w(mw^2 + nw + c)}\mathrm{d}w = \frac{1}{m} \int \frac{t^6}{(t^2 - 1)\left(t^4 + \dfrac{n - 2m}{m}t^2 + \dfrac{m - n + c}{m}\right)}\mathrm{d}t$$

$$= \frac{32}{47}t + 1/4\ln\left(\frac{t-1}{t+1}\right) - \frac{17\sqrt{141} + 97}{188\sqrt{94(\sqrt{141}+7)}}q(t)$$

$$+ \frac{(859\sqrt{47} + 517\sqrt{3})\sqrt{2(\sqrt{141}-7)}}{1625824}p(t) + C_1,$$

其中 C_1 是常数.

$$p(t) = \ln\left(\frac{\sqrt{3} - \sqrt{2(\sqrt{141}-7)}\,t + \sqrt{47}\,t^2}{\sqrt{3} + \sqrt{2(\sqrt{141}-7)}\,t + \sqrt{47}\,t^2}\right),$$

$$q(t) = \arctan\left(\frac{\sqrt{2(\sqrt{141}+7)}\,t}{\sqrt{3} - \sqrt{47}}\right),$$

则平面曲线

$$
\left\{
\begin{aligned}
x &= \frac{Ct^5}{\sqrt{t^2-1}\left[\dfrac{47}{32}(t^2-1)^2+\dfrac{27}{8}(t^2-1)+2\right]}, \\[4mm]
z &= C\left\{\frac{2t^5}{\dfrac{47}{32}(t^2-1)^2-\dfrac{27}{8}(t^2-1)+2}-\frac{32}{47}\,t+1/4\ln\left(\frac{t-1}{t+1}\right)\right. \\[4mm]
&\quad -\frac{(859\sqrt{47}+517\sqrt{3})\sqrt{2(\sqrt{141}-7)}}{1625824}p(t) \\[4mm]
&\quad \left.+\frac{17\sqrt{141}+97}{188\sqrt{94(\sqrt{141}+7)}}q(t)\right\}+C'
\end{aligned}
\right.
$$

绕轴 z 旋转而成的曲面是 3 维 (α,β)-Minkowski 空间 $(V^3,\tilde F)$ 中极小曲面, 其中 $t>1$ 是参数, C,C' 是常数.

下面, 我们考虑一般的 3 维 (α,β)-Minkowski 空间 $(V^3,\tilde F)$ 中的劈锥极小曲面, 其中 $\tilde F=\tilde\alpha\phi\left(\dfrac{\tilde\beta}{\tilde\alpha}\right)$,

$$
\tilde\alpha=\sqrt{(\tilde y^1)^2+(\tilde y^2)^2+(\tilde y^3)^2},\quad \tilde\beta=\tilde b\tilde y^3,
$$

$\tilde b$ 是常数. 设**劈锥曲面**的参数方程为 $f=(u\cos v,u\sin v,h(v))$, 其中 $h(v)$ 是仅关于 v 的一个待定函数. 于是有

$$
(f_i^\alpha)_{2\times 3}=\begin{pmatrix}\cos v & \sin v & 0 \\ -u\sin v & u\cos v & h'\end{pmatrix},
$$

$$
\begin{aligned}
\begin{pmatrix}\tilde y^1 & \tilde y^2 & \tilde y^3\end{pmatrix}&=\begin{pmatrix}y^1 & y^2\end{pmatrix}\begin{pmatrix}\cos v & \sin v & 0 \\ -u\sin v & u\cos v & h'\end{pmatrix} \\
&=\begin{pmatrix}y^1\cos v-uy^2\sin v & y^1\sin v+uy^2\cos v & y^2h'\end{pmatrix}.
\end{aligned}
$$

作坐标变换: $y^1=\cos\theta, y^2=\sqrt{\dfrac{1}{u^2+(h')^2}}\sin\theta, \theta\in[0,2\pi]$, 代入 $\tilde\alpha$ 定义式中得

$$
\tilde\alpha=\sqrt{(\tilde y^1)^2+(\tilde y^2)^2+(\tilde y^3)^2}=\sqrt{(y^1)^2+(u^2+(h')^2)(y^2)^2}=1.
$$

注意到曲面的法向量为

$$
\boldsymbol{n}=\left(\frac{-h'\sin v}{\sqrt{(h')^2+u^2}},\frac{h'\cos v}{\sqrt{(h')^2+u^2}},-\frac{u}{\sqrt{(h')^2+u^2}}\right),
$$

并且

$$(f_{11}^\alpha)_{1\times 3} = \begin{pmatrix} 0 & 0 & 0 \end{pmatrix}, \quad (f_{12}^\alpha)_{1\times 3} = (f_{21}^\alpha)_{1\times 3} = \begin{pmatrix} -\sin v & \cos v & 0 \end{pmatrix},$$

$$(f_{22}^\alpha)_{1\times 3} = \begin{pmatrix} -u\cos v & -u\sin v & h'' \end{pmatrix}.$$

记

$$W^{ij} = \int_{S_x} y^i y^j (\phi(\tilde{\beta}) - \tilde{\beta}\phi'(\tilde{\beta}))[\phi(\tilde{\beta}) - \tilde{\beta}\phi'(\tilde{\beta}) + (\tilde{b}^2 - \tilde{\beta}^2)\phi''(\tilde{\beta})]\mathrm{d}\tau, \qquad (6.5.6)$$

则式 (6.4.47) 等价于

$$\sum_{\alpha=1}^{3} (2f_{12}^\alpha n^\alpha W^{12} + f_{22}^\alpha n^\alpha W^{22}) = 0. \qquad (6.5.7)$$

因为 S_x 关于 y^1 是对称的, $\tilde{\beta}$ 只是 y^2 的函数, 所以

$$W^{12} = \int_{S_x} y^1 y^2 (\phi(\tilde{\beta}) - \tilde{\beta}\phi'(\tilde{\beta}))[\phi(\tilde{\beta}) - \tilde{\beta}\phi'(\tilde{\beta}) + (\tilde{b}^2 - \tilde{\beta}^2)\phi''(\tilde{\beta})]\mathrm{d}\tau = 0,$$

因此, 式 (6.5.7) 化简成

$$uh''W^{22} = 0, \quad \forall\, u.$$

注意到

$$W^{22} = \int_{S_x} (y^2)^2 \frac{\lambda^2 g}{\phi^{n+2}(s)}\mathrm{d}\tau, \quad \phi(s) > 0,$$

且 y^2 不恒为 0. 从而 $W^{22} > 0$. 这样, 只能有 $h'' = 0$, 即

$$h = cv + d,$$

其中 c, d 为任意常数.

定理 6.5.3　设 $(V^3, \tilde{F})$ 是 (α, β)-Minkowski 空间且 $\tilde{F} = \tilde{\alpha}\phi\left(\dfrac{\tilde{\beta}}{\tilde{\alpha}}\right)$, $\tilde{\beta} = \tilde{b}\tilde{y}^3$. 则劈锥曲面 $f = (u\cos v, u\sin v, h(v))$ 是 $(V^3, \tilde{F})$ 中的极小超曲面当且仅当 f 是正螺面或平面.

注释 6.5.1　由上面定理, 我们得到了一个很有意思的结果. 正螺面不仅在欧氏空间中极小, 而且在任意满足 β 与正螺面的轴平行的 (α, β)-Minkowski 空间中也是极小的. 我们自然要问当 β 与正螺面的轴不再平行时, 上面的结论是否还成立.

设

$$\tilde{\beta} = \tilde{b_1}\tilde{y}^1 + \tilde{b_2}\tilde{y}^2 + \tilde{b_3}\tilde{y}^3 = (\tilde{b_1}\cos v + \tilde{b_2}\sin v)y^1 + (\tilde{b_2}\cos v - \tilde{b_1}\sin v)y^2,$$

这里 $\tilde{b_1}, \tilde{b_2}, \tilde{b_3}$ 为不全为零的常数. 为了简化计算, 我们这里考虑二次形式的 (α, β)-

度量: $F = \alpha + k\dfrac{\beta^2}{\alpha}$. 令 $B_1 = \tilde{b_1}\cos v + \tilde{b_2}\sin v$, $B_2 = \tilde{b_2}\cos v - \tilde{b_1}\sin v$. 于是式 (6.4.47) 可以化简成关于 u 的一个方程

$$C_5(v)u^5 + C_4(v)u^4 + C_3(v)u^3 + C_2(v)u^2 + C_1(v)u + C_0(v) = 0, \qquad (6.5.8)$$

其中,

$$C_5 = \frac{15}{8}B_2{}^4 h'',$$

$$C_4 = \frac{15}{2}B_1\tilde{b_3}(\tilde{b_3}{}^2(h')^2 + B_2{}^2)h'h'',$$

$$C_3 = -(3k^2B_1{}^3B_2 + 3k^2B_1B_2{}^3 - 4kB_1B_2 - 2k^2\tilde{b}^2B_1B_2)h' + \left(\frac{15}{2}B_2\tilde{b_3}{}^3h'\right.$$
$$\left. + \frac{45}{4}\tilde{b_3}{}^2B_2{}^2 + \frac{3}{8}k^2B_1{}^4h'' + \frac{9}{4}k^2\pi B_1{}^2B_2{}^2 - k\pi B_1{}^2 - \frac{\pi}{2}k^2\tilde{b}^2B_1{}^2 + 2k\tilde{b}^2 + 1\right)h'',$$

$$C_2 = \frac{15}{2}B_2\tilde{b_3}{}^3(h')^5h'' - 9k^2B_1\tilde{b_3}B_2{}^2h' + \frac{9}{2}k^2B_2\tilde{b_3}h'h'',$$

$$C_1 = \frac{15}{8}\tilde{b_3}{}^4(h')^4h'' + B_2(3k^2B_1{}^3 - 4kB_1 - 2k^2\tilde{b}^2B_1{}^2 - 2k\tilde{b_3}{}^2)(h')^3$$
$$+ \left(\frac{3}{8}k^2B_1{}^4 - k\pi B_1{}^2 - k^2\pi\tilde{b}^2B_1{}^2 + \frac{9}{4}k^2\tilde{b_3}B_1{}^2 + 2k\tilde{b}^2 + 1\right)(h')^2h'',$$

$$C_0 = -3k^2\tilde{b_3}B_1(1 + B_1{}^2)(h')^4.$$

考虑到等式 (6.5.8) 对于某个区间中的任意 u 都恒成立, 比较系数得

$$C_i(\mathcal{V}) = 0(i = 0, \cdots, 5).$$

若 $\tilde{b_1} \neq 0$ 或者 $\tilde{b_2} \neq 0$, 则 $B_1 \neq 0$ 或 $B_2 \neq 0$, 从而 $h'(v) = 0$. 因此, 当 $\tilde{b_1}, \tilde{b_2}$ 不全为零时, $h(v) =$ 常数, f 是一个平面.

定理 6.5.4 设 $(V^3, \tilde{F})$ 是 (α, β)-Minkowski 空间, 这里 $\tilde{F} = \tilde{\alpha} + k\dfrac{\tilde{\beta}^2}{\tilde{\alpha}}$, $\|\tilde{\beta}\| = \tilde{b}$, 并且 $\tilde{\beta} = \tilde{b_1}\tilde{y}^1 + \tilde{b_2}\tilde{y}^2 + \tilde{b_3}\tilde{y}^3$ ($\tilde{b_1}, \tilde{b_2}$ 是不全为零的常数). 则 $(V^3, \tilde{F})$ 中形为 $f = (u\cos v, u\sin v, h(v))$ 的劈锥极小曲面一定是平面.

6.5.2 非 Minkowski 广义 (α, β) 空间中极小曲面的分类

现在我们在一类特殊的广义 (α, β) 空间 $(\tilde{M}^3, \tilde{F})$ 中寻找极小曲面, 其中, $\tilde{F} = \dfrac{\sqrt{\tilde{\lambda}\tilde{\alpha}^2 + \tilde{\beta}^2}}{\tilde{\lambda}} - \dfrac{\tilde{\beta}}{\tilde{\lambda}}$, $\tilde{\alpha}$ 为欧氏度量. 令

$$\tilde{\alpha} = \sqrt{(\tilde{y}^1)^2 + (\tilde{y}^2)^2 + (\tilde{y}^3)^2}, \quad \tilde{\beta} = k(\tilde{x}_2\tilde{y}^1 - \tilde{x}_1\tilde{y}^2), \quad k = 常数. \qquad (6.5.9)$$

则 $\tilde{F}$ 是定义在 $\tilde{M}^3 := \left\{ (\tilde{x}_1, \tilde{x}_2, \tilde{x}_3) \in \mathbb{R}^3 | \tilde{x}_1^2 + \tilde{x}_2^2 < \dfrac{1}{k^2} \right\}$ 上的 Finsler 度量, 且 $\tilde{\beta}^{\sharp}$ 是 Killing 向量场. 事实上, $\tilde{F}$ 是一个 Randers 度量的航海表示. 它具有零旗曲率 [8], 但不是 Minkowski 度量. 设 f 为旋转曲面, 定义为

$$f(u, v) = (u \cos v, u \sin v, h(u)),$$

其中 $h(u)$ 为待定函数. 于是

$$(f_i^{\alpha})_{2 \times 3} = \begin{pmatrix} \cos v & \sin v & h' \\ -u \sin v & u \cos v & 0 \end{pmatrix},$$

$$
\begin{aligned}
(\tilde{y}^1 \quad \tilde{y}^2 \quad \tilde{y}^3) &= (y^1 \quad y^2)(f_i^{\alpha})_{2 \times 3} \\
&= (y^1 \cos v - u y^2 \sin v \quad y^1 \sin v + u y^2 \cos v \quad y^1 h'),
\end{aligned}
$$

$$\tilde{\lambda} \circ f = 1 - \tilde{b}^2 = 1 - (k \tilde{x}_1)^2 - (k \tilde{x}_2)^2 = 1 - k^2 u^2,$$

$$\alpha = f^* \tilde{\alpha} = \sqrt{(1 + (h')^2)(y^1)^2 + u^2 (y^2)^2}, \quad \beta = f^* \tilde{\beta} = -k u^2 y^2. \tag{6.5.10}$$

令

$$y^1 = \frac{\cos \theta}{\sqrt{(1 - k^2 u^2)(1 + (h')^2)}}, \quad y^2 = \frac{\sin \theta}{u}, \quad \theta \in [0, 2\pi],$$

则

$$\sqrt{\tilde{\lambda} \alpha^2 + \beta^2} = \sqrt{(1 - k^2 u^2)(1 + (h')^2)(y^1)^2 + u^2 (y^2)^2} = 1.$$

此时, 式 (6.4.51) 等价于

$$n^{\beta} \int_{\sqrt{\tilde{\lambda} \alpha^2 + \beta^2} = 1} \left[f_{ii}^{\beta}(y^i)^2 - \frac{\tilde{s}^{\beta}(1 + \beta^2)}{\tilde{\lambda}^2} + \frac{2\beta}{\tilde{\lambda}} \tilde{s}_0^{\beta} \right] \mathrm{d}\tau = 0. \tag{6.5.11}$$

进一步, 直接计算可得

$$\tilde{s}^1 = \tilde{a}^{1\alpha} \tilde{s}_{\beta\alpha} \tilde{b}^{\beta} = k^2 u \cos v, \quad \tilde{s}^2 = k^2 u \sin v, \quad \tilde{s}^3 = 0,$$

$$\tilde{s}_0^1 = \tilde{a}^{1\alpha} \tilde{s}_{\alpha\beta} \tilde{y}^{\beta} = k y^1 \sin v + k u y^2 \cos v,$$

$$\tilde{s}_0^2 = -k y^1 \cos v + k u y^2 \sin v, \quad \tilde{s}_0^3 = 0, \tag{6.5.12}$$

$$\mathrm{d}\tau = y^1 \mathrm{d}y^2 - y^2 \mathrm{d}y^1 = \frac{\mathrm{d}\theta}{u \sqrt{(1 - k^2 u^2)(1 + (h')^2)}},$$

$$\int_{\sqrt{\tilde{\lambda} \alpha^2 + \beta^2} = 1} \mathrm{d}\tau = \frac{2\pi}{u \sqrt{(1 - k^2 u^2)(1 + (h')^2)}},$$

$$\int_{\sqrt{\tilde{\lambda} \alpha^2 + \beta^2} = 1} (y^1)^2 \mathrm{d}\tau = \frac{\pi}{u[(1 - k^2 u^2)(1 + (h')^2)]^{\frac{3}{2}}},$$

$$\int_{\sqrt{\tilde{\lambda} \alpha^2 + \beta^2} = 1} (y^2)^2 \mathrm{d}\tau = \frac{\pi}{u^3 \sqrt{(1 - k^2 u^2)(1 + (h')^2)}}. \tag{6.5.13}$$

在式 (6.5.11) 中, 令

$$W^\beta = \int_{\sqrt{\tilde\lambda\alpha^2+\beta^2}=1} \left[f_{ii}^\beta(y^i)^2 - \frac{\tilde s^\beta(1+(\beta)^2)}{\tilde\lambda^2} + \frac{2\beta}{\tilde\lambda}\tilde s_0^\beta \right] \mathrm{d}\tau, \quad \beta=1,2,3.$$

由于

$$(f_{ii}^\alpha)_{2\times 3} = \begin{pmatrix} 0 & 0 & h'' \\ -u\cos v & -u\sin v & 0 \end{pmatrix}, \tag{6.5.14}$$

我们由式 (6.5.10)~ 式 (6.5.14) 得到

$$W^1 = -\frac{\pi\cos v}{\sqrt{(1-k^2u^2)(1+(h')^2)}} \left(\frac{1}{u^2} + \frac{2k^2+k^4u^2}{(1-k^2u^2)^2} + \frac{2k^2}{1-k^2u^2} \right),$$

$$W^2 = -\frac{\pi\sin v}{\sqrt{(1-k^2u^2)(1+(h')^2)}} \left(\frac{1}{u^2} + \frac{2k^2+k^4u^2}{(1-k^2u^2)^2} + \frac{2k^2}{1-k^2u^2} \right),$$

$$W^3 = \frac{\pi h''}{u[(1-k^2u^2)(1+(h')^2)]^{\frac{3}{2}}}.$$

另一方面, 式 (6.5.11) 等价于

$$\sum_{\beta=1}^{3} W^\beta n^\beta = 0. \tag{6.5.15}$$

曲面的法向量为

$$\boldsymbol{n} = \left(\frac{-h'\cos v}{\sqrt{1+(h')^2}}, \frac{-h'\sin v}{\sqrt{1+(h')^2}}, \frac{1}{\sqrt{1+(h')^2}} \right).$$

将上述公式代入式 (6.5.15), 可以得到

$$(2k^2u^2+1)h'(1+(h')^2) = u(k^2u^2-1)h''. \tag{6.5.16}$$

定理 6.5.5[119]　设 $(\tilde M^3, \tilde F)$ 为广义 (α,β)-空间, 其中 $\tilde F = \dfrac{\sqrt{\tilde\lambda\tilde\alpha^2+\tilde\beta^2}}{\tilde\lambda} - \dfrac{\tilde\beta}{\tilde\lambda}, \tilde\alpha$ 及 $\tilde\beta$ 由式 (6.5.9) 定义. 则 $(\tilde M^3, \tilde F)$ 中旋转曲面 $f = (u\cos v, u\sin v, h(u))$ 极小当且仅当 h 满足式 (6.5.16).

令 $w = (h')^2$. 则式 (6.5.16) 变为

$$\frac{2k^2u^2+1}{u(k^2u^2-1)} = \frac{w'}{2w(1+w)}.$$

直接计算得到

$$w = \frac{C[1-k^2u^2]^3}{u^2 - C[1-k^2u^2]^3},$$

其中 C 是一非负常数. 因此,

$$h = \pm \int \sqrt{w}\mathrm{d}u = \pm \int \frac{\sqrt{C}[1-k^2u^2]^{\frac{3}{2}}}{\sqrt{u^2 - C[1-k^2u^2]^3}}\mathrm{d}u. \tag{6.5.17}$$

定理 6.5.6[119]　设 $(\tilde{M}^3, \tilde{F})$ 为广义 (α, β) 空间, 其中 $\tilde{F} = \dfrac{\sqrt{\tilde{\lambda}\tilde{\alpha}^2 + \tilde{\beta}^2}}{\tilde{\lambda}} - \dfrac{\tilde{\beta}}{\tilde{\lambda}}, \tilde{\alpha}$ 及 $\tilde{\beta}$ 由 (6.5.9) 定义. 则在 $(\tilde{M}^3, \tilde{F})$ 中旋转极小曲面一定具有如下形式:

$$f = \left(u\cos v, u\sin v, \pm \int \frac{\sqrt{C}[1-k^2u^2]^{\frac{3}{2}}}{\sqrt{u^2 - C[1-k^2u^2]^3}}\mathrm{d}u \right).$$

类似地, 我们可以得到下面的定理.

定理 6.5.7[119]　设 $(\tilde{M}^3, \tilde{F})$ 为广义 (α, β) 空间, 其中 $\tilde{F} = \dfrac{\sqrt{\tilde{\lambda}\tilde{\alpha}^2 + \tilde{\beta}^2}}{\tilde{\lambda}} - \dfrac{\tilde{\beta}}{\tilde{\lambda}}, \tilde{\alpha}$ 及 $\tilde{\beta}$ 由式 (6.5.9) 定义. 则 $(\tilde{M}^3, \tilde{F})$ 中形式为 $f = (u\cos v, u\sin v, h(v))$ 的劈锥极小曲面一定是正螺面或平面.

6.5.3　射影平坦广义 (α, β) 空间中劈锥极小曲面的分类

引理 6.5.1[121]　设 $F = \alpha\phi\left(b^2, \dfrac{\beta}{\alpha}\right)$ 是 $n(\geqslant 2)$ 维流形 M 上广义 (α, β) 度量. 若下面条件成立, 则 F 是射影平坦的.

(1) 函数 $\phi(b^2, s)$ 满足 $\phi_{22} = 2(\phi_1 - s\phi_{12})$;

(2) α 是局部射影平坦的, β 是闭的且关于 α 共形.

我们考虑某一类射影平坦广义 (α, β) 空间 $(\tilde{M}^3, \tilde{F})$ 中的极小曲面. 设 $\tilde{F} = \tilde{\alpha}\phi\left(\tilde{b}^2, \dfrac{\tilde{\beta}}{\tilde{\alpha}}\right)$, 且

$$\tilde{\alpha} = \sqrt{(\tilde{y}^1)^2 + (\tilde{y}^2)^2 + (\tilde{y}^3)^2}, \quad \tilde{\beta} = \tilde{x}^\alpha \mathrm{d}\tilde{x}^\alpha,$$

$$\phi(\tilde{b}^2, \tilde{s}) = 1 + \tilde{b}^2 + \tilde{s}^2 + g(\tilde{b}^2)\tilde{s}, \tag{6.5.18}$$

其中 g 为光滑函数. 据引理 6.5.1, 容易验证 $\tilde{F}$ 是局部射影平坦的.

设劈锥曲面为 $f = (u\cos v, u\sin v, h(v))$, 则有

$$\boldsymbol{n} = \left(\frac{h'\sin v}{\sqrt{u^2 + (h')^2}}　\frac{-h'\cos v}{\sqrt{u^2 + (h')^2}}　\frac{u}{\sqrt{u^2 + (h')^2}} \right),$$

$$(f_{ij}^1) = \begin{pmatrix} 0 & -\sin v \\ -\sin v & -u\cos v \end{pmatrix}, \quad (f_{ij}^2) = \begin{pmatrix} 0 & \cos v \\ \cos v & -u\sin v \end{pmatrix}, \quad (f_{ij}^3) = \begin{pmatrix} 0 & 0 \\ 0 & h'' \end{pmatrix}. \tag{6.5.19}$$

令

$$W^{ij} = \int_{\alpha=1} y^i y^j (\phi - \tilde{\beta}\phi_2)[\phi - \tilde{\beta}\phi_2 + (\tilde{b}^2 - \tilde{\beta}^2)\phi_{22}]\mathrm{d}\tau. \tag{6.5.20}$$

直接计算可知

$$\phi_2 = 2\tilde{s} + g(\tilde{b}^2), \quad \phi_{22} = 2, \quad \tilde{\beta} = uy^1 + hh' y^2.$$

将上式代入式 (6.5.20), 可得

$$W^{ij} = \int_{\alpha=1} y^i y^j [\varPi_0 + \varPi_1 y^1 y^2 + \varPi_2 (y^1)^2 + \varPi_3 (y^2)^2 + \varPi_4 (y^1)^3 y^2$$
$$+ \varPi_5 (y^2)^3 y^1 + \varPi_6 (y^1)^2 (y^2)^2 + \varPi_7 (y^1)^4 + \varPi_8 (y^2)^4]\mathrm{d}\tau, \tag{6.5.21}$$

其中,

$$\varPi_0 = 3\tilde{b}^4 + 4\tilde{b}^2 + 1, \quad \varPi_1 = -uhh'(6\tilde{b}^2 + 4), \quad \varPi_2 = -u^2(6\tilde{b}^2 + 4),$$
$$\varPi_3 = -(hh')^2(6\tilde{b}^2 + 4), \quad \varPi_4 = 12u^3 hh', \quad \varPi_5 = 12u(hh')^3,$$
$$\varPi_6 = 81u^2(hh')^2, \quad \varPi_7 = 3u^4, \quad \varPi_8 = 3(hh')^4.$$

直接计算得到

$$W^{12} = W^{21} = \int_{\alpha=1} \left[\varPi_1 (y^1 y^2)^2 + \varPi_4 (y^1)^4 (y^2)^2 + \varPi_5 (y^2)^4 (y^1)^2 \right] \mathrm{d}\tau$$
$$= \int_0^{2\pi} \left[\varPi_1 \frac{(\sin\theta \cos\theta)^2}{u^2 + h'^2} + \varPi_4 \frac{(\sin\theta)^2 (\cos\theta)^4}{u^2 + h'^2} \right.$$
$$\left. + \varPi_5 \frac{(\sin\theta)^4 (\cos\theta)^2}{u^2 + h'^2} \right] \frac{1}{\sqrt{u^2 + h'^2}} \mathrm{d}\theta$$
$$= \frac{\pi}{\sqrt{u^2 + h'^2}} \left[\frac{\varPi_1}{4(u^2 + h'^2)} + \frac{\varPi_4}{8(u^2 + h'^2)} + \frac{\varPi_5}{8(u^2 + h'^2)^2} \right],$$

$$W^{22} = \int_{\alpha=1} [\varPi_0 (y^2)^2 + \varPi_2 (y^1)^2 (y^2)^2$$
$$+ \varPi_3 (y^2)^4 + \varPi_6 (y^1)^2 (y^2)^4 + \varPi_7 (y^1)^4 (y^2)^2 + \varPi_8 (y^2)^6]\mathrm{d}\tau$$
$$= \int_0^{2\pi} \left[\varPi_0 \frac{(\cos\theta)^2}{u^2 + h'^2} + \varPi_2 \frac{(\sin\theta \cos\theta)^2}{u^2 + h'^2} + \varPi_3 \frac{(\cos\theta)^4}{(u^2 + h'^2)^2} \right.$$
$$\left. + \varPi_6 \frac{(\sin\theta)^2 (\cos\theta)^4}{(u^2 + h'^2)^2} + \varPi_7 \frac{(\sin\theta)^4 (\cos\theta)^2}{u^2 + h'^2} + \varPi_8 \frac{(\cos\theta)^6}{(u^2 + h'^2)^2} \right] \frac{\mathrm{d}\theta}{\sqrt{u^2 + h'^2}}$$
$$= \frac{\pi}{\sqrt{u^2 + h'^2}} \left[\frac{\varPi_0}{u^2 + h'^2} + \frac{\varPi_2}{4(u^2 + h'^2)} + \frac{3\varPi_3}{8(u^2 + h'^2)^2} \right.$$
$$\left. + \frac{\varPi_6}{(u^2 + h'^2)^2} + \frac{\varPi_7}{8(u^2 + h'^2)} + \frac{5\varPi_8}{16(u^2 + h'^2)^3} \right].$$

将以上式子代入式 (6.4.52), 可得

$$D_1 u + D_2 u^2 + D_3 u^3 + D_4 u^4 + D_5 u^5 + D_6 u^6 + D_7 u^7 + D_8 u^8 = 0, \quad \forall u, \quad (6.5.22)$$

其中,

$$\begin{aligned}
D_1 &= 48h^3 h^{'8} - 16hh'(3\tilde{b}^2 + 2) - 15h^4 h^{'4} h'' \\
&\quad - (3\tilde{b}^4 + 4\tilde{b}^2 + 1)h^{'4} h'' + 12(3\tilde{b}^2 + 2)h^2 h^{'4} h'', \\
D_2 &= 16hh^{'5}(3\tilde{b}^2 + 2) - 48h^3 h^{'5}, \\
D_3 &= 48hh^{'6} - 36h^2 h^{'4} h'' + 48h^3 h^{'4} + 8(3\tilde{b}^2 + 2)h^{'4} h'' - 32(3\tilde{b}^2 + 2)hh^{'4} \\
&\quad + 12h^2 h^{'2} h''(3\tilde{b}^2 + 2) - 2(3\tilde{b}^4 + 4\tilde{(b)}^2 + 1)h^{'2} h'', \\
D_4 &= -48h^3 h^{'5} - 48hh^{'5} - 36h^2 h^{'4} h'' + 32(3\tilde{b}^2 + 2)hh^{'3}, \\
D_5 &= -96hh^{'3} - 36h^2 h^{'2} h'' + 16(3\tilde{b}^2 + 2)hh^{'3}, \\
D_6 &= -96hh^{'3} + 16(3\tilde{b}^2 + 2)hh', \\
D_7 &= 8(3\tilde{b}^2 + 2)h'' - 6h'' + 48hh^{'2}, \\
D_8 &= -48h^3 h^{'3}.
\end{aligned}$$

显然, 每个 D_i 是 v 的函数. 于是式 (6.5.22) 成立当且仅当 $D_i = 0, \forall i$, 这表明 h 为常数.

定理 6.5.8[119]   设 $(\tilde{M}^3, \tilde{F})$ 为广义 (α, β) 空间, 其中 $\tilde{F}$ 由式 (6.5.18) 定义. 则 $(\tilde{M}^3, \tilde{F})$ 中极小劈锥曲面 $f = (u\cos v, u\sin v, h(v))$ 必为平面.

第7章 HT-极小子流形的性质

7.1 HT-体积的第二变分

设 M 为一 Finsler 流形, $\mathcal{D} \subset M$ 为 M 上紧致区域. 若 $f_t : M \to \tilde{M}, t \in (-\varepsilon, \varepsilon)$ 为 f 的光滑变分, 满足 $f_0 = f$ 且 $f_t|_{M \backslash \mathcal{D}} = f|_{M \backslash \mathcal{D}}$. 则 $\{f_t\}$ 沿 f 的变分向量场为

$$\boldsymbol{v}(x, t) = \frac{\partial f_t}{\partial t}\bigg|_{t=0} = v^\alpha \frac{\partial}{\partial \tilde{x}^\alpha}, \quad \boldsymbol{v}|_{M \backslash \mathcal{D}} = 0. \tag{7.1.1}$$

$\mathcal{D} \subset M$ 的 HT-体积第一变分公式可以表示为

$$\begin{aligned} \frac{\mathrm{d}}{\mathrm{d}t} V_t(\mathcal{D})\bigg|_{t=0} &= -\frac{n}{c_{n-1}} \int_{SM} h^*(\boldsymbol{v}) \mathrm{d}V_{SM} \\ &= -\frac{n}{c_{n-1}} \int_{SM} H^*(\boldsymbol{v}) \mathrm{d}V_{SM}. \end{aligned} \tag{7.1.2}$$

利用式 (1.1.15), 式 (1.1.16), 式 (7.1.1) 及式 (7.1.2), 有

$$\frac{\mathrm{d}^2}{\mathrm{d}t^2} V_t(\mathcal{D})\bigg|_{t=0} = -\frac{n}{c_{n-1}} \int_{SM} \frac{\partial}{\partial t} \left(\Omega_t h_t^*(\boldsymbol{v}_t) \right) \big|_{t=0} \mathrm{d}\tau \wedge \mathrm{d}x.$$

令

$$\begin{aligned} &\frac{\partial}{\partial t} \left(\Omega_t h_t^*(\boldsymbol{v}_t) \right)\bigg|_{t=0} \\ &= \frac{\partial}{\partial t} \left(\frac{\Omega_t}{F^2} \right)\bigg|_{t=0} h_\alpha v^\alpha + \frac{\Omega}{F^2} \frac{\partial (h_t)_\alpha}{\partial t}\bigg|_{t=0} v^\alpha + \Omega h^* \left(\frac{\partial \boldsymbol{v}_t}{\partial t}\bigg|_{t=0} \right) \\ &:= (\mathrm{I}) + (\mathrm{II}) + (\mathrm{III}). \end{aligned} \tag{7.1.3}$$

由式 (1.1.16) 和式 (1.6.24), 直接计算可得

$$\begin{aligned} (\mathrm{I}) &= \Omega h^*(\boldsymbol{v}) \left(\mu^V(\tilde{\omega}(W)) - (n+2)\tilde{\omega}(W) \right) \\ &= \Omega h^*(\boldsymbol{v}) \left(2\mathrm{tr}\tilde{g}(\tilde{\nabla}\boldsymbol{v}, \mathrm{d}f) + 2\mathrm{tr}\tilde{A}(\mathrm{d}f, \mathrm{d}f, W) - (n+2)\tilde{\omega}(W) \right), \end{aligned} \tag{7.1.4}$$

其中 $W = \tilde{\nabla}_\ell \boldsymbol{v} = v_i^\alpha \ell^i + \frac{1}{F} v^\sigma \tilde{N}_\sigma^\alpha$. 结合式 (1.7.12), 式 (1.7.25) 及式 (1.7.26), 有

$$\frac{\partial (h_t^*)_\alpha}{\partial t}\bigg|_{t=0} v^\alpha$$

$$=v^\alpha \frac{\partial}{\partial t}\left(\tilde{g}_{\alpha\beta}p_\sigma^{\perp\beta}[(f_t^\sigma)_{ij}y^iy^j+\tilde{G}^\sigma]\right)\bigg|_{t=0}$$

$$=v^\alpha v^\sigma h_\gamma \tilde{\Gamma}_{\alpha\sigma}^\gamma + v^\alpha v^\sigma \tilde{g}_{\gamma\alpha}\tilde{\Gamma}_{\mu\sigma}^\gamma h^\mu + 2F^2\tilde{A}(W,h,\boldsymbol{v})$$

$$+v^\alpha\left\{-\tilde{g}_{\alpha\beta}v_i^\beta + \phi_\alpha^j(2\tilde{A}_{\beta\sigma\tau}f_i^\beta f_j^\sigma W^\tau + \tilde{g}_{\beta\sigma}v_i^\beta f_j^\sigma + \tilde{g}_{\beta\sigma}v_j^\beta f_i^\sigma)\right\}G^i$$

$$-v^\alpha\left\{\tilde{g}_{\sigma\beta}v_i^\beta \phi_\alpha^i + p_\alpha^\beta(\tilde{\Gamma}_{\mu\sigma}^\gamma\tilde{g}_{\beta\gamma}v^\mu + \tilde{\Gamma}_{\mu\beta}^\gamma\tilde{g}_{\gamma\sigma}v^\mu + 2\tilde{A}_{\beta\sigma\tau}W^\tau)\right\}(h^\sigma+G^kf_k^\sigma)$$

$$+\tilde{g}_{\alpha\tau}p_\beta^{\perp\tau}v^\alpha\left\{v_{kj}^\beta y^k y^j + v^\sigma[\tilde{N}_\gamma^\beta]_{\tilde{x}^\sigma}\tilde{y}^\gamma + 2F\tilde{N}_\sigma^\beta W^\sigma - 2\tilde{N}_\lambda^\beta\tilde{N}_\sigma^\lambda v^\sigma\right\}$$

$$=v^\alpha v^\sigma\left\{\tilde{g}_{\gamma\tau}p_\alpha^{\perp\tau}\tilde{\Gamma}_{\mu\sigma}^\gamma h^\mu + h_\gamma \tilde{\Gamma}_{\alpha\sigma}^\gamma\right\} + F^2\left\{2\tilde{A}(W,h,\boldsymbol{v}^\perp)-h^*(\tilde{\nabla}_{\boldsymbol{v}^T}\boldsymbol{v})\right\}$$

$$+\tilde{g}_{\alpha\tau}p_\beta^{\perp\tau}v^\alpha\left\{v_{kj}^\beta y^k y^j - v_k^\beta G^k + v^\sigma[\tilde{N}_\gamma^\beta]_{\tilde{x}^\sigma}\tilde{y}^\gamma + 2F\tilde{N}_\sigma^\beta W^\sigma - 2\tilde{N}_\lambda^\beta\tilde{N}_\sigma^\lambda v^\sigma\right\}.$$

另一方面, 由于 $[\tilde{N}_\beta^\alpha]_{\tilde{y}^\sigma}=\tilde{B}_{\beta\sigma}^\alpha$,

$$\tilde{\nabla}_{y^H}\tilde{\nabla}_y\boldsymbol{v}=\tilde{\nabla}_{y^H}(FW)=\left\{\frac{\delta}{\delta x^k}\left[v_j^\beta y^j + v^\sigma\tilde{N}_\sigma^\beta\right]y^k + F\tilde{N}_\sigma^\beta W^\sigma\right\}\frac{\partial}{\partial\tilde{x}^\beta}$$

$$=\left\{v_{kj}^\beta y^k y^j - v_k^\beta G^k + v^\sigma[\tilde{N}_\sigma^\beta]_{\tilde{x}^\gamma}\tilde{y}^\gamma + 2F\tilde{N}_\sigma^\beta W^\sigma\right.$$

$$\left.-\tilde{N}_\lambda^\beta\tilde{N}_\sigma^\lambda v^\sigma + \tilde{B}_{\alpha\gamma}^\beta v^\alpha(h^\gamma-\tilde{G}^\gamma)\right\}\frac{\partial}{\partial\tilde{x}^\beta}.$$

旗曲率张量及 Landsberg 曲率张量可表示为

$$\tilde{F}^2\tilde{R}_\beta^\alpha=[\tilde{N}_\gamma^\alpha]_{\tilde{x}^\beta}\tilde{y}^\gamma - [\tilde{N}_\beta^\alpha]_{\tilde{x}^\gamma}\tilde{y}^\gamma - \tilde{N}_\lambda^\alpha\tilde{N}_\beta^\lambda + \tilde{B}_{\beta\gamma}^\alpha\tilde{G}^\gamma, \quad \tilde{L}_{\beta\gamma}^\alpha=\dot{\tilde{A}}_{\beta\gamma}^\alpha.$$

因此

$$(\,\mathrm{II}\,)=\Omega\{\tilde{g}(\tilde{\nabla}_{\ell^H}W + \tilde{\mathfrak{R}}(\boldsymbol{v}) - \tilde{L}(\boldsymbol{v},h) + 2\tilde{A}(h,W),\boldsymbol{v}^\perp)$$

$$+h^*(\tilde{\nabla}_{\boldsymbol{v}}\boldsymbol{v}) - (\mathrm{III}) - h^*(\tilde{\nabla}_{\boldsymbol{v}^T}\boldsymbol{v})\}. \tag{7.1.5}$$

令 $U=\left[\tilde{\nabla}_{\frac{\partial}{\partial t}}\boldsymbol{v}_t\right]\bigg|_{t=0} - \tilde{\nabla}_{\boldsymbol{v}^T}\boldsymbol{v}$, 则式 (7.1.3) 变为

$$\frac{\partial}{\partial t}\left[\Omega_t h_t^*(\boldsymbol{v}_t)\right]\bigg|_{t=0}=\Omega\{h^*(U) + \tilde{g}(\tilde{\nabla}_{\ell^H}W + \tilde{\mathfrak{R}}(\boldsymbol{v}) - \tilde{L}(\boldsymbol{v},h) + 2\tilde{A}(h,W),\boldsymbol{v}^\perp)$$

$$+h^*(\boldsymbol{v})\left(\mu^V[\tilde{\omega}(W)] - (n+2)\tilde{\omega}(W)\right)\}$$

$$=\Omega\{h^*(U) + \tilde{g}(\tilde{\nabla}_{\ell^H}W + \tilde{\mathfrak{R}}(\boldsymbol{v}) - \tilde{L}(\boldsymbol{v},h) + 2\tilde{A}(h,W),\boldsymbol{v}^\perp)$$

$$+h^*(\boldsymbol{v})[2\mathrm{tr}\tilde{g}(\tilde{\nabla}\boldsymbol{v},\mathrm{d}f) + 2\mathrm{tr}\tilde{A}(\mathrm{d}f,\mathrm{d}f,W) - (n+2)\tilde{\omega}(W)]\}. \tag{7.1.6}$$

由式 (1.7.3), 式 (1.7.17) 及式 (1.7.28), 有

$$\tilde{g}(\tilde{\nabla}_{\ell^H}W, \boldsymbol{v}^\perp) = \ell^H[\tilde{g}(W, \boldsymbol{v}^\perp)] - \tilde{g}(W, \tilde{\nabla}_{\ell^H}(p^\perp \boldsymbol{v})) - 2\tilde{A}(\boldsymbol{v}^\perp, W, h).$$
$$= \ell^H[\tilde{g}(W, \boldsymbol{v}^\perp)] - \|W^\perp\|^2 - 2\tilde{A}(\boldsymbol{v}^\perp, W, h) + 2\tilde{A}(\boldsymbol{v}, \mathrm{d}fW^T, h)$$
$$+ \tilde{g}(\tilde{h}(\ell, \boldsymbol{v}^T), W) + \tilde{g}(\tilde{h}(\ell, W^T), \boldsymbol{v}). \tag{7.1.7}$$

设 $\zeta = \nu h^*(\boldsymbol{v})\tilde{F}_{\tilde{y}^\alpha\tilde{y}^\beta}f_i^\alpha W^\beta \mathrm{d}y^i$, 它是射影球 S_xM 上 1-形式. 于是由式 (1.6.16) 可得

$$\mathrm{div}_{\hat{r}_x}\zeta = \nu\{2\tilde{g}(\tilde{h}(\ell, W^T), \boldsymbol{v}) + 2\tilde{A}(\boldsymbol{v}, \mathrm{d}fW^T, h)$$
$$+ h^*(\boldsymbol{v})[\mathrm{tr}\tilde{g}(^b\tilde{\nabla}\boldsymbol{v}, \mathrm{d}f) - (n+2)\tilde{\omega}(W) + 2\mathrm{tr}\tilde{A}(\mathrm{d}f, \mathrm{d}f, W)]\}. \tag{7.1.8}$$

因此, 式 (7.1.6) 可以写为

$$\frac{\partial}{\partial t}[\Omega_t h_t(\boldsymbol{v}_t)]\Big|_{t=0} = \Omega\{h^*(U) + \ell^H[\tilde{g}(W, \boldsymbol{v}^\perp)] - \|W^\perp\|^2$$
$$+ \tilde{g}(\tilde{\mathfrak{R}}(\boldsymbol{v}) - \tilde{L}(\boldsymbol{v}, h), \boldsymbol{v}^\perp) + \tilde{g}(\tilde{h}(\ell, \boldsymbol{v}^T), W) - \tilde{g}(\tilde{h}(\ell, W^T), \boldsymbol{v})$$
$$+ h^*(\boldsymbol{v})[\mathrm{tr}\tilde{g}(\tilde{\nabla}\boldsymbol{v}, \mathrm{d}f) - \mathrm{tr}\tilde{L}(\mathrm{d}f, \mathrm{d}f, \boldsymbol{v})]\} + \frac{\nu}{F^n}\mathrm{div}_{\hat{r}_x}\zeta. \tag{7.1.9}$$

由式 (7.1.6) 第一个等式和式 (7.1.9), 并利用引理 1.6.4, 我们有下面的定理.

定理 7.1.1 设 f 为等距浸入, f_t 为光滑变分. 若对于紧致区域 $\mathcal{D} \subset M$, $f_0 = f$ 且 $f_t|_{M\backslash\mathcal{D}} = f|_{M\backslash\mathcal{D}}$, 则 $\mathcal{D}$ 的**HT-体积第二变分公式**为

$$\frac{\mathrm{d}^2}{\mathrm{d}t^2}V_t(\mathcal{D})\Big|_{t=0} = -\frac{n}{c_{n-1}}\int_{SM}\{h^*(U) + \tilde{g}(\tilde{\nabla}_{\ell^H}W + \tilde{\mathfrak{R}}(\boldsymbol{v}) - \tilde{L}(\boldsymbol{v}, h) + 2\tilde{A}(h, W), \boldsymbol{v}^\perp)$$
$$+ [2nH^*(\boldsymbol{v}) - (n+2)h^*(\boldsymbol{v})]\tilde{\omega}(W)\}\mathrm{d}V_{SM}$$
$$= -\frac{n}{c_{n-1}}\int_{SM}\{h^*(U) + \tilde{g}(\tilde{\mathfrak{R}}(\boldsymbol{v}) - \tilde{L}(\boldsymbol{v}, h), \boldsymbol{v}^\perp)$$
$$- \|W^\perp\|^2 + h^*(\boldsymbol{v})[\mathrm{tr}\tilde{g}(\tilde{\nabla}\boldsymbol{v}, \mathrm{d}f) - \mathrm{tr}\tilde{L}(\mathrm{d}f, \mathrm{d}f, \boldsymbol{v})]$$
$$+ \tilde{g}(\tilde{h}(\ell, \boldsymbol{v}^T), W) - \tilde{g}(\tilde{h}(\ell, W^T), \boldsymbol{v})\}\mathrm{d}V_{SM}, \tag{7.1.10}$$

其中 $U = \left[\tilde{\nabla}_{\frac{\partial}{\partial t}}\boldsymbol{v}_t\right]\Big|_{t=0} - \tilde{\nabla}_{\boldsymbol{v}^T}\boldsymbol{v}$, $W = \tilde{\nabla}_\ell\boldsymbol{v}$.

定义 7.1.1 设 $f : (M, F) \longrightarrow (\tilde{M}, \tilde{F})$ 为极小浸入, 如果 M 中任意紧致区域的体积第二变分非负, 则称 f 是**稳定极小浸入**.

如果 f 是全测地的, 即 $\tilde{h} = 0$. 由式 (6.1.8) 可以看出 $\tilde{\mathfrak{R}}(\mathrm{d}fX) = \mathrm{d}f\mathfrak{R}(X)$, 则式 (7.1.10) 变为

$$\frac{\mathrm{d}^2}{\mathrm{d}t^2}V_t(\mathcal{D})\Big|_{t=0} = \frac{n}{c_{n-1}}\int_{SM}\{\|W^\perp\|^2 - \tilde{g}(\tilde{\mathfrak{R}}(\boldsymbol{v}^\perp), \boldsymbol{v}^\perp)\}\mathrm{d}V_{SM}.$$

命题 7.1.1 Finsler 流形中具有非正旗曲率的全测地子流形一定是稳定的.

7.2 极小子流形的稳定性

7.2.1 Minkowski 空间中极小超曲面的稳定性

下面, 我们假定 $(\tilde{V}^{n+1}, \tilde{F})$ 为 $n+1$ 维 Minkowski 空间, $\{\tilde{e}_\alpha\}$ 是 $\tilde{V}^{n+1}$ 中关于欧氏度量 $\tilde{F}_0$ 的一组幺正基. 设 $f = f^\alpha \tilde{e}_\alpha : (M, F) \to (\tilde{V}^{n+1}, \tilde{F})$ 是极小超曲面. 则式 (7.1.10) 变为

$$
\begin{aligned}
\left.\frac{\mathrm{d}^2}{\mathrm{d}t^2}V_t(\mathcal{D})\right|_{t=0} = \frac{n}{c_{n-1}} \int_{SM} \{ & \|W^\perp\|^2 + h^*(\tilde{\nabla}_{\boldsymbol{v}^T}\boldsymbol{v}) - h^*(\boldsymbol{v})\mathrm{tr}\tilde{g}(\tilde{\nabla}\boldsymbol{v}, \mathrm{d}f) \\
& - \tilde{g}(\tilde{h}(\ell, \boldsymbol{v}^T), W) + \tilde{g}(\tilde{h}(\ell, W^T), \boldsymbol{v})\}\mathrm{d}V_{SM}.
\end{aligned}
\tag{7.2.1}
$$

类似于 6.4.1 小节, 设 $\boldsymbol{n} = n^\alpha \tilde{e}_\alpha$ 和 $\tilde{\boldsymbol{n}} = \tilde{n}^\alpha \tilde{e}_\alpha$ 分别为 $f(M)$ 在 $\tilde{V}^{n+1}$ 中关于 $\langle\,,\,\rangle_{\tilde{F}_0}$ 和 $\tilde{g}_{\tilde{y}}$ 的单位法向量场. 由于 $\boldsymbol{n} \in \Gamma(f^{-1}(\tilde{V}^{n+1}))$ 与 $\left\{\dfrac{\partial}{\partial x^i}\right\}$ 是线性无关的, 且对于任意 $X \in \Gamma(TM)$ 有 $\mu_f(X) = 0$, 我们仅需考虑 $\boldsymbol{v} = \psi\boldsymbol{n}$, 其中 ψ 是 M 上具有紧致支撑集的光滑函数. 由式 (6.4.8) 可得

$$
\boldsymbol{n}^\perp = \lambda\tilde{\boldsymbol{n}}, \quad W^\perp = \lambda\psi_i\ell^i\tilde{\boldsymbol{n}}, \quad h^*(\boldsymbol{v}) = \psi\lambda^2 \sum_\alpha f_{ij}^\alpha \ell^i \ell^j n^\alpha,
$$

其中 λ 为 M 的法向偏移系数. 因为 $\tilde{\nabla}_{\partial_i}\boldsymbol{n} \in \Gamma(\mathrm{d}f(TM))$, 所以 $h^*(\tilde{\nabla}_{\boldsymbol{n}^T}\boldsymbol{n}) = 0$. 令 $\tilde{\nabla}_{\partial_i}\boldsymbol{n} = \mathrm{d}fe_i$, $e_i = X_i^j\dfrac{\partial}{\partial x^j}$, 并记 $|\,| = \|\,\|_{\tilde{F}_0}$, 直接计算可得

$$
h^*(\tilde{\nabla}_{\boldsymbol{v}^T}\boldsymbol{v}) - h^*(\boldsymbol{v})\mathrm{tr}\tilde{g}(\tilde{\nabla}\boldsymbol{v}, \mathrm{d}f) = -\psi h^*(\boldsymbol{v})\mathrm{tr}\tilde{g}(\tilde{\nabla}\boldsymbol{n}, \mathrm{d}f) = -\psi h^*(\boldsymbol{v})X_i^i,
$$

$$
\begin{aligned}
\tilde{g}(\tilde{h}(\ell, W^T), \boldsymbol{v}) - \tilde{g}(\tilde{h}(\ell, \boldsymbol{v}^T), W) = & \psi^2[\tilde{g}(\tilde{h}(\ell, (\tilde{\nabla}_\ell\boldsymbol{n})^T), \boldsymbol{n}) - \tilde{g}(\tilde{h}(\ell, \boldsymbol{n}^T), \tilde{\nabla}_\ell\boldsymbol{n})] \\
= & \psi^2[\lambda\tilde{A}(h, \tilde{\boldsymbol{n}}, \tilde{\nabla}_\ell\boldsymbol{n}) - \tilde{A}(h, \boldsymbol{n}, \tilde{\nabla}_\ell\boldsymbol{n}) \\
& + \lambda^2 \sum_\alpha f_{ij}^\alpha \ell^i X_k^j \ell^k n^\alpha + \tilde{A}(h, \boldsymbol{n}^T, \tilde{\nabla}_\ell\boldsymbol{n})] \\
= & \psi^2\lambda^2 \sum_\alpha f_{ij}^\alpha \ell^i X_k^j \ell^k n^\alpha \\
= & -\lambda^2\psi^2|\tilde{\nabla}_\ell\boldsymbol{n}|^2.
\end{aligned}
$$

由于 M 是极小的且 $\psi X_i^i\boldsymbol{v}$ 与 y 无关, 式 (7.2.1) 可写为

$$
\left.\frac{\mathrm{d}^2}{\mathrm{d}t^2}V_t(\mathcal{D})\right|_{t=0} = \frac{n}{c_{n-1}} \int_{SM} \lambda^2\{l(\psi)^2 - \psi^2|\tilde{\nabla}_\ell\boldsymbol{n}|^2\}\mathrm{d}V_{SM}.
\tag{7.2.2}
$$

用 $C_0^\infty(M)$ 表示 M 上具有紧致支撑集的分片光滑函数的集合. 则根据式 (7.2.2) 和式 (6.4.12), 可得下述命题.

命题 7.2.1 设 (M, F) 为 Minkowski 空间 $(\tilde{V}^{n+1}, \tilde{F})$ 中极小超曲面. 则 M 是稳定的当且仅当对于任意的 $\psi \in C_0^\infty(M)$,

$$\int_{SM} \psi^2 |\tilde{\nabla}_y \boldsymbol{n}|^2 \xi \mathrm{d}V_{SM}^{F_0} \leqslant \int_{SM} y(\psi)^2 \xi \mathrm{d}V_{SM}^{F_0}, \tag{7.2.3}$$

其中, $F_0 = f^* \tilde{F}_0$, $a_{ij} = \left(\dfrac{1}{2} F_0^2\right)_{y^i y^j} = \sum_\alpha f_i^\alpha f_j^\alpha$, $\xi = \xi(\tilde{y}) = \dfrac{\det(\tilde{g}_{\alpha\beta})}{\tilde{F}^{n+2}}$.

由式 (7.2.3) 和式 (6.4.15), 我们有下述命题.

命题 7.2.2 设 (M, F) 为 Minkowski 空间 $(\tilde{V}^{n+1}, \tilde{F})$ 中极小超曲面. 则 M 是稳定的当且仅当对于任意的 $\psi \in C_0^\infty(M)$,

$$\int_M \psi^2 |\tilde{\nabla} \boldsymbol{n}|_{\bar{g}}^2 \, \mathrm{d}V_M \leqslant \int_M |\mathrm{d}\psi|_{\bar{g}}^2 \, \mathrm{d}V_M, \tag{7.2.4}$$

其中, $\bar{g}$ 是由式 (6.4.15) 定义的 λ-平均度量.

7.2.2 极小图的稳定性

一般情况下, 由式 (6.4.15) 定义的 $\bar{g}$ 不是由欧氏度量 $\tilde{F}_0$ 在 M 上诱导的黎曼度量, HT-体积形式 $\sigma(x)\mathrm{d}x$ 也不是由 $\bar{g}$ 决定的黎曼体积形式. 所以, 尽管式 (6.4.17) 及式 (7.2.4) 在形式上与黎曼几何中极小超曲面方程及其稳定性不等式十分类似, 我们还需要重新推导散度公式.

记 λ-平均度量 $\bar{g}^{ij} = \dfrac{1}{\sigma} G^{ij}$, 其中,

$$G^{ij} := \frac{1}{c_{n-1}} \int_{S_x M} \xi y^i y^j a \mathrm{d}\tau, \quad \sigma = \frac{1}{c_{n-1}} \int_{S_x M} \Omega \mathrm{d}\tau, \quad a = \det(a_{ij}), \tag{7.2.5}$$

则关于 $\bar{g}$ 及 HT-体积 $\mathrm{d}V_M = \sigma(x)\mathrm{d}x$, M 上 1-形式 $\phi = \phi_i \mathrm{d}x^i$ 的散度和函数 f 的 Laplacian 可分别定义为

$$\mathrm{div}_{\bar{g},\sigma} \phi = \frac{1}{\sigma} \partial_i(\bar{g}^{ij} \sigma \phi_j) = \frac{1}{\sigma} \partial_i G^{ij} \phi_j + \bar{g}^{ij} \partial_i \phi_j,$$

$$\Delta_{\bar{g},\sigma} f = \frac{1}{\sigma} \partial_i G^{ij} f_j + \bar{g}^{ij} f_{ij}. \tag{7.2.6}$$

容易验证

$$\partial_k G^{ij} = \frac{1}{c_{n-1}} \int_{\mathbb{S}^{n-1}} y^i y^j \partial_k \xi a \mathrm{d}\tau + \frac{1}{a} G^{ij} \partial_k a$$

$$= \frac{1}{c_{n-1}} \int_{\mathbb{S}^{n-1}} y^i y^j \theta_\alpha f_{kl}^\alpha \ell^l \xi a \mathrm{d}\tau + 2G^{ij} \, {}^a \Gamma_{kl}^l, \tag{7.2.7}$$

其中 $\theta = 2\tilde{\eta} - (n+2)\tilde{\omega}$. 对式 (7.2.6) 使用 Stokes 定理, 我们有下述引理.

引理 7.2.1   设 $\phi = \phi_i \mathrm{d}x^i$ 是具有紧致支撑集的 1-形式, $f \in C_0^\infty(M)$. 则

$$\int_M \mathrm{div}_{\bar{\bar{g}},\sigma}\phi \mathrm{d}V_M = \int_M \Delta_{\bar{\bar{g}},\sigma}f \mathrm{d}V_M = 0. \tag{7.2.8}$$

现在假定 M 是 $\tilde{V}^{n+1}$ 中的图, 定义为

$$f(x_1,\cdots,x_n) = (x_1,\cdots,x_n,u(x_1,\cdots,x_n)), \quad (x_1,\cdots,x_n) \in \mathcal{D} \subseteq \mathbb{R}^n.$$

令 $u_i = \dfrac{\partial u}{\partial x^i}$, $u_{ij} = \dfrac{\partial^2 u}{\partial x^i \partial x^j}$, 则

$$a_{ij} = \delta_{ij} + u_i u_j, \quad \boldsymbol{n} = \frac{1}{\sqrt{a}}(u_1,\cdots u_n, -1),$$

$$a = 1 + \sum_{i=1}^n u_i^2, \quad h_{ij} = -\frac{1}{\sqrt{a}}u_{ij}. \tag{7.2.9}$$

定理 7.2.1   Minkowski 空间 $(\tilde{V}^{n+1}, \tilde{F})$ 中任意极小图是稳定的.

证明   由式 (7.2.2) 可得

$$|\tilde{\nabla}\boldsymbol{n}|_{\bar{\bar{g}}}^2 = \sum_\alpha \partial_i n^\alpha \partial_j n^\alpha \bar{\bar{g}}^{ij} = \frac{1}{a}\sum_k u_{ki}u_{kj}\bar{\bar{g}}^{ij} - a\left|\mathrm{d}\left(\frac{1}{\sqrt{a}}\right)\right|_{\bar{\bar{g}}}^2.$$

令 $\varphi = \sqrt{a}\psi$, 则

$$|\mathrm{d}\psi|_{\bar{\bar{g}}}^2 = \varphi^2\left|\mathrm{d}\left(\frac{1}{\sqrt{a}}\right)\right|_{\bar{\bar{g}}}^2 + 2\psi\left\langle\mathrm{d}\left(\frac{1}{\sqrt{a}}\right),\mathrm{d}\varphi\right\rangle_{\bar{\bar{g}}} + \frac{1}{a}|\mathrm{d}\varphi|_{\bar{\bar{g}}}^2.$$

另一方面, 利用式 (7.2.6) 及 $u_{ij}G^{ij} = 0$, 我们有

$$\mathrm{div}_{\bar{\bar{g}},\sigma}\left(\varphi\psi\mathrm{d}\left(\frac{1}{\sqrt{a}}\right)\right) = 2\psi\left\langle\mathrm{d}\varphi,\mathrm{d}\left(\frac{1}{\sqrt{a}}\right)\right\rangle_{\bar{\bar{g}}} + \varphi^2\left|\mathrm{d}\left(\frac{1}{\sqrt{a}}\right)\right|_{\bar{\bar{g}}}^2 + \varphi\psi\Delta_{\bar{\bar{g}},\sigma}\left(\frac{1}{\sqrt{a}}\right).$$

$$\Delta_{\bar{\bar{g}},\sigma}\left(\frac{1}{\sqrt{a}}\right) = -\frac{1}{\sigma a\sqrt{a}}\partial_i G^{ij}\sum_k u_k u_{kj} + \bar{\bar{g}}^{ij}\partial_i\left(\frac{1}{a\sqrt{a}}\sum_k u_k u_{kj}\right)$$

$$= \frac{1}{a\sqrt{a}}\left\{2a^2\left|\mathrm{d}\left(\frac{1}{\sqrt{a}}\right)\right|_{\bar{\bar{g}}}^2 - a|\tilde{\nabla}\boldsymbol{n}|_{\bar{\bar{g}}}^2 - \frac{1}{\sigma}\sum_k\left(\partial_i G^{ij}u_k u_{kj} - \partial_k G^{ij}u_k u_{ij}\right)\right\}.$$

由式 (7.2.7) 可得

$$\sum_k\left(\partial_i G^{ij}u_k u_{kj} - \partial_k G^{ij}u_k u_{ij}\right)$$

$$= \sum_k u_k u_{kj}\left(\frac{1}{c_{n-1}}\int_{\mathbb{S}^{n-1}}y^i y^j\theta_{n+1}u_{il}\ell^l\xi a\mathrm{d}\tau + \frac{2}{a}G^{ij}\sum_l u_l u_{li}\right)$$

$$-\sum_k u_k u_{ij} \frac{1}{c_{n-1}} \int_{\mathbb{S}^{n-1}} y^i y^j \theta_{n+1} u_{kl} \ell^l \xi a \mathrm{d}\tau$$

$$= 2\sigma a^2 \left| \mathrm{d}\left(\frac{1}{\sqrt{a}}\right) \right|_{\bar{\bar{g}}}^2.$$

因此

$$\int_M (|\mathrm{d}\psi|_{\bar{g}}^2 - \psi^2 |\tilde{\nabla}\boldsymbol{n}|_{\bar{g}}^2)\mathrm{d}V_M = \int_M \frac{1}{a}|\mathrm{d}\varphi|_{\bar{g}}^2 \mathrm{d}V_M \geqslant 0.$$

$\square$

7.3　Bernstein 型定理

7.3.1　广义 (α,β) 空间中的 Bernstein 型定理

如果 $\tilde{M}$ 是实向量空间 $\tilde{V}^{n+p}$，$\tilde{F} = \tilde{\alpha} + \tilde{\beta}$，$\tilde{\alpha}$ 是欧氏度量，$\tilde{\beta}$ 是 $\tilde{V}^{n+p}$ 中任意 1-形式，则称 Randers 空间 $(\tilde{M}, \tilde{F})$ 为**特殊 Randers 空间**. 根据定理 6.4.4 以及欧氏空间中极小图的 Bernstein 定理 [92]，立即可得下面的定理.

定理 7.3.1　$n+1$ 维 $(n \leqslant 7)$ 特殊 Randers 空间 $(\tilde{V}^{n+1}, \tilde{F})$ 中的完备极小图是 n 维超平面.

对于 $\tilde{V}^{n+1}$ 中的广义 (α,β) 度量，由定理 6.4.7，可将定理 7.3.1 推广为下面的定理.

定理 7.3.2　设 $(\tilde{V}^{n+1}, \tilde{F})$ 是 $n+1$ 维 $(n \leqslant 7)$ 广义 (α,β) 空间，其中 $\tilde{F} = \tilde{\alpha}\phi\left(\tilde{x}, \dfrac{\tilde{\beta}}{\tilde{\alpha}}\right)$，$\tilde{\alpha}$ 是欧氏度量，$\tilde{\beta}$ 是 $\tilde{V}^{n+1}$ 中任意 1- 形式. 如果式 (6.4.36) 定义的函数 $\varphi(x,s) - 1$ 和 $\psi(x,s)$ 均为 s 的奇函数，则 $(\tilde{V}^{n+1}, \tilde{F})$ 中的完备极小图一定是 n 维超平面.

定理 7.3.3　设 $(\tilde{V}^3, \tilde{F})$ 是 3 维广义 (α,β) 空间，其中 $\tilde{F} = \tilde{\alpha}\phi(\tilde{x}, \dfrac{\tilde{\beta}}{\tilde{\alpha}})$，$\tilde{\alpha}$ 是欧氏度量，$\tilde{\beta}$ 是 $\tilde{V}^3$ 中任意 1- 形式. 如果式 (6.4.36) 定义的函数 $\varphi(x,s) - 1$ 和 $\psi(x,s)$ 均为 s 的奇函数，则 $(\tilde{V}^{n+1}, \tilde{F})$ 中任意完备稳定的极小曲面必是平面.

7.3.2　Minkowski 空间中极小图的 Bernstein 型定理

设 M 是 $(\tilde{V}^{n+1}, \tilde{F})$ 中的图，定义为

$$f(x_1, \cdots, x_n) = (x_1, \cdots, x_n, u(x_1, \cdots, x_n)) \tag{7.3.1}$$

其中 $x = (x_1, \cdots, x_n) \in U \subseteq \mathbb{R}^n$. 因此，我们有

$$a = 1 + |\nabla u|^2, \quad a^{ij} = \delta^{ij} - \frac{u^i u^j}{a}, \quad \boldsymbol{n} = a^{-1/2}(-u_1, \cdots, -u_n, 1),$$

其中 $\nabla u = (u_1, \cdots, u_n)$, $u_i = \partial u / \partial x^i$. 记

$$B^{ij} := \int_{S_x M} \xi y^i y^j \sqrt{a} \mathrm{d}\tau = \int_{S_x} \xi y^i y^j \mathrm{d}V_{S_x}. \tag{7.3.2}$$

由式 (6.4.18), M 平均曲率 H 为

$$H(x) = h_{ij} \bar{\bar{g}}^{ij} = -\frac{1}{c_{n-1}\sigma} u_{ij} B^{ij}. \tag{7.3.3}$$

由于 $B^{ij} = B^{ij}(x, u, \nabla u)$, $\sigma = \sigma(x, u, \nabla u)$ 及 $a^{ij} = a^{ij}(x, \nabla u)$, 由式 (6.4.12) 及式 (6.4.15), 可以得到下面的命题.

命题 7.3.1　在 Minkowski 空间 $(\tilde{V}^{n+1}, \tilde{F})$ 中, 由式 (7.3.1) 定义的图具有常平均曲率 H_0 当且仅当

$$B^{ij}(x, u, \nabla u) u_{ij} = b(x, u, \nabla u), \tag{7.3.4}$$

其中 $u_{ij} = \partial^2 u / \partial x^i \partial x^j$, $b(x, u, \nabla u) = c_{n-1} H_0 \sigma$.

定义 7.3.1[93]　如果存在常数 C_1 和 C_2 使得

$$|\zeta|^2 - \frac{\langle \zeta, w \rangle^2}{1 + |w|^2} \leqslant B^{ij}(x, u, w) \zeta_i \zeta_j \leqslant (1 + C_1) \left(|\zeta|^2 - \frac{\langle \zeta, w \rangle^2}{1 + |w|^2} \right),$$
$$|b(x, u, w)| \leqslant C_2 \sqrt{1 + |w|^2}, \tag{7.3.5}$$

其中 $(x, u, w) \in U \times \mathbb{R} \times \mathbb{R}^n$ 且 $\zeta = (\zeta_1, \cdots, \zeta_n) \in \mathbb{R}^n$, 则方程

$$B^{ij}(x, u, w) u_{ij} = b(x, u, w)$$

称为平均曲率型方程.

定理 7.3.4　设 $f : U \subseteq \mathbb{R}^n \to (\tilde{V}^{n+1}, \tilde{F})$ 是由式 (7.3.1) 定义的图. 则 $B^{ij} u_{ij} = 0$ 为平均曲率型方程. 特别当 M 的法向偏移系数满足 $\inf_{y \in SM} \lambda(y) > 0$ 时, 方程 (7.3.4) 也是平均曲率型方程.

证明　显然 $\forall y \in S_x$, 有 $\tilde{y} = \mathrm{d}f(y) \in \mathbb{S}^n \subset \tilde{V}^{n+1}$. 因此, 有

$$\min\{\xi(x, y) : y \in S_x\} \geqslant \min\left\{ \frac{\det(\tilde{g}_{\alpha\beta})}{\tilde{F}^{n+2}} : \tilde{y} \in \mathbb{S}^n \right\} = \kappa_1 (> 0),$$

$$\max\{\xi(x, y) : y \in S_x\} \leqslant \max\left\{ \frac{\det(\tilde{g}_{\alpha\beta})}{\tilde{F}^{n+2}} : \tilde{y} \in \mathbb{S}^n \right\} = \kappa_2 (> 0),$$

其中 κ_1 及 κ_2 是常数. 因此, 由式 (7.3.2) 和式 (1.6.19) 可以得到

$$\frac{1}{n} \kappa_1 a^{ij} \zeta_i \zeta_j \leqslant B^{ij} \zeta_i \zeta_j \leqslant \frac{1}{n} \kappa_2 a^{ij} \zeta_i \zeta_j,$$

即 $B^{ij}u_{ij} = 0$ 为平均曲率型方程. 此外, 由于

$$b(x, u, \nabla u) = c_{n-1}H_0\sigma = H_0\sqrt{a}\int_{S_x}\frac{F^2}{\lambda^2}\xi \mathrm{d}V_{S_x}, \tag{7.3.6}$$

当 $\inf_{y \in SM}\lambda(y) > 0$ 时, 存在常数 C, 使得

$$|b| \leqslant C\sqrt{a}.$$

这表明式 (7.3.4) 是平均曲率型方程. □

由定理 7.3.4 及文献 [93] 中定理 4, 立即可得下面的定理.

定理 7.3.5 3 维 Minkowski 空间 $(\tilde{V}^3, \tilde{F})$ 中任意完备极小图必是平面.

7.3.3 欧氏空间中极小超曲面的 Bernstein 型定理

为了给出 Minkowski 空间中稳定极小超曲面的 Bernstein 型定理, 我们首先推广和改进欧氏空间一些 Bernstein 型定理.

设 M 为欧氏空间 $\mathbb{R}^{n+1}$ 中的完备极小超曲面. 对任意的 $x \in M$, 选取 $\mathbb{R}^{n+1}$ 中点 x 附近的局部标架场 $\{e_1, \cdots, e_{n+1}\}$ 使得 $\{e_1, \cdots, e_n\}$ 为 M 的切向量场且对偶标架场为 $\{\omega^1, \cdots, \omega^n\}$. 设 B 为 M 第二基本形式, 则

$$B := h_{ij}\omega^i \otimes \omega^j, \quad |B|^2 = \sum_{i,j}h_{ij}^2 = |\nabla \boldsymbol{n}|^2.$$

令 $u := |B|$, 则有 [28]

$$u\Delta u + u^4 \geqslant \frac{2}{n}|\nabla u|^2. \tag{7.3.7}$$

注释 7.3.1 注意文献 [42] 中对于 $\mathbb{R}^{n+1}$ 中常平均曲率超曲面证明不等式 (7.3.7) 时有误. 事实上, 我们只需要不等式 (7.3.7) 对于极小超曲面成立即可.

引理 7.3.1 设 M 为 $\mathbb{R}^{n+1}$ 中的完备极小超曲面, c 为常数且 $\dfrac{n}{n+2} < c \leqslant 1$. 若对于任意的 $f \in C_0^\infty(M)$,

$$c\int_M u^2 f^2 \mathrm{d}V_M \leqslant \int_M |\nabla f|^2 \mathrm{d}V_M, \tag{7.3.8}$$

则存在仅依赖于 n, q, c 的常数 C_1 使得

$$\int_M u^{4+2q}f^2 \mathrm{d}V_M \leqslant C_1\int_M u^{2+2q}|\nabla f|^2 \mathrm{d}V_M, \tag{7.3.9}$$

其中 q 为满足 $0 \leqslant q < \sqrt{c\left(c - 1 + \dfrac{2}{n}\right)} + c - 1$ 的常数.

证明   在式 (7.3.8) 中以 $u^{1+q}f$ 代替 f, 其中 q 为非负常数, 有

$$
\begin{aligned}
c\int_M u^{4+2q}f^2\mathrm{d}V_M \leqslant & 2(1+q)\int_M u^{1+2q}f\langle\nabla f,\nabla u\rangle\mathrm{d}V_M \\
& + (1+q)^2\int_M u^{2q}f^2|\nabla u|^2\mathrm{d}V_M + \int_M u^{2+2q}|\nabla f|^2\mathrm{d}V_M.
\end{aligned}
\tag{7.3.10}
$$

在式 (7.3.8) 中利用 Schwartz 不等式可得

$$
\begin{aligned}
c\int_M u^{4+2q}f^2\mathrm{d}V_M \leqslant & (1+q)(1+q+\varepsilon)\int_M u^{2q}f^2|\nabla u|^2\mathrm{d}V_M \\
& + \left(1+\frac{1+q}{\varepsilon}\right)\int_M u^{2+2q}|\nabla f|^2\mathrm{d}V_M,
\end{aligned}
\tag{7.3.11}
$$

其中 $\varepsilon > 0$ 为常数.

另一方面, 用 $u^{2q}f^2$ 乘以式 (7.3.7) 的两边并在 M 上积分可得

$$
\begin{aligned}
\left(\frac{2}{n}+2q+1\right)\int_M u^{2q}f^2|\nabla u|^2\mathrm{d}V_M \leqslant & \int_M u^{4+2q}f^2\mathrm{d}V_M \\
& - 2\int_M u^{1+2q}f\langle\nabla f,\nabla u\rangle\mathrm{d}V_M.
\end{aligned}
\tag{7.3.12}
$$

由式 (7.3.10) 及式 (7.3.12), 我们有

$$
\begin{aligned}
(1+q)\left(\frac{2}{n}+q\right)\int_M u^{2q}f^2|\nabla u|^2\mathrm{d}V_M \leqslant & (1+q-c)\int_M u^{4+2q}f^2\mathrm{d}V_M \\
& + \int_M u^{2+2q}|\nabla f|^2\mathrm{d}V_M.
\end{aligned}
\tag{7.3.13}
$$

结合式 (7.3.11) 及式 (7.3.13) 可得

$$
\begin{aligned}
\left(c - \frac{(1+q+\varepsilon)(1+q-c)}{\frac{2}{n}+q}\right)\int_M u^{4+2q}f^2\mathrm{d}V_M & \\
\leqslant \left(\frac{1+q+\varepsilon}{\frac{2}{n}+q}+1+\frac{1+q}{\varepsilon}\right)\int_M u^{2+2q}|\nabla f|^2\mathrm{d}V_M. &
\end{aligned}
\tag{7.3.14}
$$

注意到 $c \geqslant \dfrac{n}{n+2}$ 及 $q < \sqrt{c\left(c-1+\dfrac{2}{n}\right)}+c-1$, 可选取充分小的 ε 使得 $c - \dfrac{(1+q+\varepsilon)(1+q-c)}{\dfrac{2}{n}+q} > 0$. 从而式 (7.3.9) 成立.   □

设 $B_r(x_0) = \{x\in M|\rho(x_0,x)\leqslant r\}$, 其中 ρ 表示从固定点 $x_0\in M$ 出发的距离函数.

定理 7.3.6 设 M 是 $\mathbb{R}^{n+1}$ 中的完备极小超曲面. 若式 (7.3.8) 成立且

$$\lim_{r \to \infty} \frac{\displaystyle\int_{B_r(x_0)} |B|^k \mathrm{d}V_M}{r^{2q+4-k}} = 0, \tag{7.3.15}$$

则 M 为超平面, 其中 q, k 为满足下面条件的常数:

$$0 \leqslant q < \sqrt{c\left(c - 1 + \frac{2}{n}\right)} + c - 1, \qquad 0 < k \leqslant 2;$$

$$\frac{k}{2} - 1 < q < \sqrt{c\left(c - 1 + \frac{2}{n}\right)} + c - 1, \quad 2 < k < 2\left(\sqrt{c\left(c - 1 + \frac{2}{n}\right)} + c\right).$$

证明 首先, 应用 Young 不等式:

$$ab \leqslant \varepsilon^s \frac{a^s}{s} + \varepsilon^{-t} \frac{b^t}{t}, \quad \frac{1}{s} + \frac{1}{t} = 1, \tag{7.3.16}$$

其中 $\varepsilon > 0$ 为任意常数且 $1 < s, t < \infty$. 设 p 为待定系数, 满足 $0 < p < 2q + 2$. 由式 (7.3.16) 得到

$$\begin{aligned}
u^{2q+2}|\nabla f|^2 &= f^2 \left(u^{2q+2-p} u^p \frac{|\nabla f|^2}{f^2} \right) \\
&\leqslant f^2 \left(\frac{\varepsilon^s}{s} u^{s(2q+2-p)} + \frac{\varepsilon^{-t}}{t} \left(u^p \frac{|\nabla f|^2}{f^2} \right)^t \right).
\end{aligned} \tag{7.3.17}$$

选取 p 使其满足下面方程:

$$u^{s(2q+2-p)} = 2q + 4, \quad pt = k, \quad \frac{1}{s} + \frac{1}{t} = 1,$$

其中 $k > 0$ 为常数. 直接计算可得

$$p = \frac{2k}{2q+4-k}, \quad s = \frac{2q+4-k}{2q+2-k}, \quad t = \frac{2q+4-k}{2},$$

其中 $\frac{k}{2} - 1 < q < \sqrt{c\left(c - 1 + \frac{2}{n}\right)} + c - 1, q > 0$. 利用这些值并注意到 ε 充分小, 从式 (7.3.9) 及式 (7.3.17) 得到

$$\int_M u^{2q+4} f^2 \mathrm{d}V_M \leqslant C_2 \int_M u^k \frac{|\nabla f|^{2q+4-k}}{f^{2q+2-k}} \mathrm{d}V_M, \tag{7.3.18}$$

其中 C_2 为依赖于 q 的常数. 利用 f 的任意性并在式 (7.3.18) 中用 $f^{\frac{2q+4-k}{2}}$ 代替 f, 可得

$$\int_M u^{2q+4} f^2 \mathrm{d}V_M \leqslant C_3 \int_M u^k |\nabla f|^{2q+4-k} \mathrm{d}V_M, \tag{7.3.19}$$

其中 C_3 为依赖于 q 的常数.

在 M 上选取一族子集 $\{B_r(x_0)\}$. 由 M 的完备性, $B_r(x_0)$ 紧致且

$$\bigcup_{r \in (0, \infty)} B_r(x_0) = M.$$

已知在 M 上 $|\nabla \rho| \leqslant 1$ 几乎处处成立. 固定 r 及 $\theta, (0 < \theta < 1)$, 在式 (7.3.19) 中选取函数 f 使得

$$f(x) = \begin{cases} 1, & \rho(x) \leqslant \theta r, \\ \dfrac{r - \rho(x)}{(1 - \theta)r}, & \theta r \leqslant \rho(x) \leqslant r, \\ 0, & \rho(x) \geqslant r. \end{cases}$$

于是由式 (7.3.19) 可得

$$\int_{B_{\theta r}(x_0)} u^{2q+4} \mathrm{d}V_M \leqslant C_3 \frac{\displaystyle\int_{B_r} u^k \mathrm{d}V_M}{((1 - \theta)r)^{2q+4-k}}.$$

令 $r \to \infty$, 则上述不等式的右边趋向于 0. 因此

$$\int_M u^{2q+4} \mathrm{d}V_M = 0, \quad \frac{k}{2} - 1 < q < \sqrt{c\left(c - 1 + \frac{2}{n}\right)} + c - 1, \quad q > 0,$$

这表明 $u = |B| = 0$. 即 M 为超平面. 注意到当 $q = 0$, 即 $k = 2$ 时, 式 (7.3.9) 成立, 从而式 (7.3.19) 成立. 因此 $q = 0$ 时结论也成立. $\square$

注释 7.3.2   当 $c = 1$ 时, M 为 $\mathbb{R}^{n+1}$ 中完备稳定极小超曲面. 当 $k = 2$ 时, 定理 7.3.6 包含了文献 [28] 中主要结果. 当 $k = 3, n \leqslant 7$ 时, 定理 7.3.6 是文献 [58] 中结果的推广. 因此, 定理 7.3.6 可以看作欧氏空间中 Bernstein 型定理的推广与改进.

7.3.4   Minkowski 空间中稳定极小超曲面的 Bernstein 型定理

设 (M, F) 为 Minkowski 空间 $(\tilde{V}^{n+1}, \tilde{F})$ 中前向完备稳定极小超曲面. 令

$$\kappa_1 = \inf_{x \in M} \inf_{y \in S_x} \xi(\mathrm{d}fy), \quad \kappa_2 = \sup_{x \in M} \sup_{y \in S_x} \xi(\mathrm{d}fy), \tag{7.3.20}$$

其中 ξ 由式 (6.4.14) 定义. 则

$$0 < \min \xi(\tilde{y})|_{\mathbb{S}^n} \leqslant \kappa_1 \leqslant \kappa_2 \leqslant \max \xi(\tilde{y})|_{\mathbb{S}^n} < +\infty.$$

由式 (1.6.27) 及式 (7.2.3) 得到

$$\int_M \psi^2 |\nabla \boldsymbol{n}|^2 \mathrm{d}V_M = 2n \int_{SM} \psi^2 |\nabla_y \boldsymbol{n}|^2 \mathrm{d}V_{SM}^{F_0}$$

$$\leqslant \frac{2n}{\kappa_1} \int_{SM} \psi^2 |\nabla_y \boldsymbol{n}|^2 \xi \mathrm{d}V_{SM}^{F_0}$$

$$\leqslant \frac{2n}{\kappa_1} \int_{SM} |l(\psi)|^2 \xi \mathrm{d}V_{SM}^{F_0}$$

$$\leqslant \frac{\kappa_2}{\kappa_1} \int_{SM} |\nabla \psi|^2 \mathrm{d}V_{SM}^{F_0}. \tag{7.3.21}$$

另一方面, 设

$$c_1 = \min \tilde{F}(\tilde{y})|_{\mathbb{S}^n}, \quad c_2 = \max \tilde{F}(\tilde{y})|_{\mathbb{S}^n}.$$

由于 $F(y) = \tilde{F}(\mathrm{d}\phi y)$, 且当 $y \in S_x$ 时 $\mathrm{d}\phi y \in \mathbb{S}^n$, 所以有

$$0 < c_1 \leqslant F(y)|_{S_x} \leqslant c_2 < +\infty.$$

于是, 对于任意的 $p, q \in M$,

$$c_1 d_{F_0}(p, q) \leqslant d_F(p, q) \leqslant c_2 d_{F_0}(p, q),$$

其中 $F_0 = f^* \tilde{F}_0$ 如命题 7.2.1 定义. 因此, (M, F) 前向完备当且仅当 (M, F_0) 完备. 由定理 7.3.6, 可以立即得到 Minkowski 空间中的 Bernstein 型定理.

定理 7.3.7 设 M 为 Minkowski 空间 $(\tilde{V}^{n+1}, \tilde{F})$ 中前向完备稳定极小超曲面. $\frac{\kappa_1}{\kappa_2} > \frac{n}{n+2}$, 其中 κ_1, κ_2 由式 (7.3.20) 定义. 若 M 关于 $\tilde{V}^{n+1}$ 中欧氏度量 $\tilde{F}_0$ 也是极小的且满足式 (7.3.15), 则 M 为超平面.

例 7.3.1 设 M 为正螺面

$$f(u, v) = \{u \cos v, u \sin v, cv\}, \quad (u, v) \in \mathbb{R}^2, \tag{7.3.22}$$

其中 $c \neq 0$ 为常数. 熟知正螺面是欧氏空间 $\mathbb{R}^3 = (\tilde{V}^3, \tilde{\alpha})$ 中的极小曲面, 并且是不稳定的. 由定理 6.5.3 可知, 当 $\tilde{\beta} = \tilde{b} \tilde{y}^3$ 时, 正螺面在 (α, β)-Minkowski 空间 $\left(\tilde{V}^3, \tilde{\alpha} \phi \left(\frac{\tilde{\beta}}{\tilde{\alpha}} \right) \right)$ 也是极小的. 并且根据定理 7.3.7, 正螺面在某些 (α, β)-Minkowski 空间中也是不稳定的.

容易验证: 对于 $k = 2$ 及 $q > 0$, 由式 (7.3.22) 定义的正螺面满足式 (7.3.15). 于是由定理 7.3.7 可知, 当 $\frac{\kappa_1}{\kappa_2} > \frac{1}{2}$ 时, M 在任意 (α, β)-Minkowski 空间 $\left(\tilde{V}^3, \tilde{\alpha} \phi \left(\frac{\tilde{\beta}}{\tilde{\alpha}} \right) \right)$ 中是不稳定的.

特别地, 当 $3 - \sqrt{10} < \tilde{k}\tilde{b}^2 < \dfrac{1}{2}(3 - \sqrt{7})$ 时, M 在二次 (α, β)-Minkowski 空间 $\left(\tilde{V}^3, \tilde{\alpha} + \tilde{k}\dfrac{\tilde{\beta}^2}{\tilde{\alpha}}\right)$ 中是不稳定的. 事实上, 我们有

$$\xi|_{S_x} = (1 - \tilde{k}\beta^2)(1 + 2\tilde{k}\tilde{b}^2 - 3\tilde{k}\beta^2) > 0, \quad (1 - \tilde{k}\beta^2) > 0.$$

从而当 $\tilde{k} > 0$ 时, $\dfrac{\kappa_1}{\kappa_2} = \dfrac{(1 - \tilde{k}\tilde{b}^2)^2}{1 + 2\tilde{k}\tilde{b}^2}$; 当 $\tilde{k} < 0$ 时, $\dfrac{\kappa_1}{\kappa_2} = \dfrac{1 + 2\tilde{k}\tilde{b}^2}{(1 - \tilde{k}\tilde{b}^2)^2}$.

第8章　关于一般体积测度的极小子流形

在第 6 章中, 我们利用 HT 体积形式讨论了 Finsler 极小子流形的相关问题. 事实上, 早在 1998 年, 文献 [91] 就利用 BH-体积形式研究 Finsler 子流形几何, 引入了平均曲率, 法曲率及极小子流形的概念. 在此基础上, 文献 [25], [26], [98] 和 [100] 等在 BH-体积形式下讨论了 Randers 空间和 (α, β) 空间中极小 (超) 曲面及其性质. 之后, 文献 [113] 将两者统一起来, 讨论了一般体积形式下的 Finsler 极小子流形. 本章简要介绍关于一般体积测度, 特别是 BH- 极小子流形的相关结果.

8.1　关于一般体积测度的平均曲率

设 M 为 n 维流形, $(\tilde{M}, \tilde{F})$ 为 m 维 Finsler 流形, 其体积测度为 $\mathrm{d}\mu_{\tilde{F}}$. 考虑浸入 $f : M \to (\tilde{M}, \tilde{F})$, 则诱导度量 $F = f^* \tilde{F}$ 是 M 上的 Finsler 度量. 设 $x = (x^i)$ 及 $\tilde{x} = (\tilde{x}^\alpha)$ 分别是 M 及 $\tilde{M}$ 的局部坐标. 记 $\mathrm{d}\mu_F = \sigma(x)\mathrm{d}x$ 为 M 上的诱导体积形式, 则 $\sigma(x)$ 是 x^i 和 f_i^α 的函数, 即

$$\sigma(x) = \sigma(f(x), z(x)),$$

其中 $z = (z_i^\alpha) = (f_i^\alpha)$. 定义线性映射 $P : T_{f(x)}\tilde{M} \to T_x M$ 为

$$P(\tilde{X}) = \frac{1}{\sigma(x)} \frac{\partial \sigma(x)}{\partial z_i^\alpha} \tilde{X}^\alpha \frac{\partial}{\partial x^i}. \tag{8.1.1}$$

可以证明, P 与 $T_{f(x)}\tilde{M}$ 及 $T_x M$ 基的选取无关, 且

$$P(X) = X, \quad \forall X \in T_x M.$$

令

$$B(\tilde{X}) = \frac{1}{\sigma(x)} \left\{ \frac{\partial \sigma(x)}{\partial x^\alpha} \tilde{X}^\alpha + \frac{\partial \sigma(x)}{\partial z_i^\alpha} \frac{\partial \tilde{X}^\alpha}{\partial x^i} \right\}, \quad \forall \tilde{X} \in \Gamma(f^{-1}T\tilde{M}), \tag{8.1.2}$$

则 $B(\tilde{X})$ 与 $T_{f(x)}\tilde{M}$ 及 $T_x M$ 基的选取无关. 定义 f 的平均曲率为

$$\begin{aligned}
H_f(\tilde{X}) &= B(\tilde{X}) - \mathrm{div}(P(\tilde{X})) \\
&= \frac{1}{\sigma(x)} \left\{ \frac{\partial \sigma(x)}{\partial \tilde{x}^\alpha} - \frac{\partial^2 \sigma(x)}{\partial z_i^\alpha \partial z_j^\beta} \frac{\partial^2 f^\beta}{\partial x^i \partial x^j} - \frac{\partial^2 \sigma(x)}{\partial \tilde{x}^\beta \partial z_i^\alpha} \frac{\partial f^\beta}{\partial x^i} \right\} \tilde{X}^\alpha. \tag{8.1.3}
\end{aligned}$$

我们称 H_f 为 f 关于 Finsler 体积元的σ-**平均曲率**. 若 $H_f = 0$, 则称 (M, F) 是σ-**极小的**. 当 $\sigma = \sigma_{\mathrm{BH}}$ 或 $\sigma = \sigma_{\mathrm{HT}}$ 时, 分别称为**BH-平均曲率**(**BH-极小**) 或**HT- 平均曲率** (**HT-极小**). 事实上, 这里的 HT- 平均曲率 H_f 正是式 (6.1.6) 定义的平均曲率形式 μ_f.

　　命题 8.1.1[114]　设 $f_t : M \to (\tilde{M}, \tilde{F})$ 为一族等距浸入, 在紧致区域 Ω 外满足 $f_t \equiv f_0 := f$. 设 $V(t)$ 为 Ω 的体积泛函, H_f 为 f 关于 σ 的平均曲率. 则

$$V'(0) = \int_\Omega H_f(\tilde{X}) \mathrm{d}\mu_F, \quad H_f(f_*(X)) = 0, \quad \forall X \in \Gamma(TM),$$

这里 $\tilde{X} := \left. \dfrac{\partial f_t}{\partial t} \right|_{t=0}$.

　　证明　由题意, f_t 诱导了 M 上的一族 Finsler 度量 $F_t := (f_t)^* \tilde{F}$ 及线性嵌入 $f_{t*} : T_x M \to T_{f(x)} \tilde{M}$. 设 $x \in \Omega$, $e = \{e_i\}$ 为 $T_x M$ 的一组基, $\{\theta^i\}$ 为 $T_x^* M$ 上的对偶基. 于是 M 上诱导的体积形式为

$$\mathrm{d}\mu_F = \sigma(f_t(x), z(x, t)) \theta^1 \wedge \cdots \wedge \theta^n := \sigma_t(x) \theta^1 \wedge \cdots \wedge \theta^n,$$

其中 $z(x, t) = ((f_t^\alpha)_i(x))$ 由 $(f_t)_*(e_i) = (f_t^\alpha)_i \tilde{e}_\alpha$ 确定. 这里 $\tilde{e} = \{\tilde{e}_\alpha\}$ 为 $T\tilde{M}$ 在开集上的局部标架场. 从而

$$V(t) = \int_\Omega \sigma_t(x) \theta^1 \wedge \cdots \wedge \theta^n.$$

由式 (8.1.2), 式 (8.1.3) 及散度引理可得

$$\begin{aligned} V'(0) &= \int_\Omega \left. \frac{\partial \sigma_t}{\partial t} \right|_{t=0} \theta^1 \wedge \cdots \wedge \theta^n \\ &= \int_\Omega B(\tilde{X}) \mathrm{d}\mu_F = \int_\Omega H_f(\tilde{X}) \mathrm{d}\mu_F. \end{aligned}$$

设 X 为 M 的任意切向量场, φ 为 M 上具有紧致支集 $\mathrm{supp}(\varphi) \subset \Omega$ 的光滑函数. 设 Φ_t 为向量场 φX 确定的无穷小变换群, 则 $\Phi_t(x) = x, \forall x \in M \backslash \Omega$. 考虑一族浸入 $f_t := f \circ \Phi_t : M \to (\tilde{M}, \tilde{F})$. f_t 的变分向量场为

$$\varphi f_*(X) = \left. \frac{\partial f_t}{\partial t} \right|_{t=0}.$$

设 $V(t) = \mathrm{vol}_{f_t^* \tilde{F}}(\Omega)$. 对于充分小的 t, $\Phi_t : \Omega \to \Omega$ 为微分同胚, 因此 $V(t) = \mathrm{vol}_{(\Phi_t)^* \tilde{F}}(\Omega)$ 为常数. 故

$$0 = V'(0) = \int_M H_f(f_*(X)) \varphi \mathrm{d}\mu_F.$$

由 φ 的任意性, 命题得证.　　　　　　　　　　　　　　　　　　　□

在黎曼流形中, 任何极小闭子流形不能等距浸入到高维欧氏空间中. 利用 HT 体积形式, 我们在第 6 章中已经指出 Minkowski 空间中不存在闭定向极小子流形. 事实上, 对于一般体积形式, 这个结论仍然成立, 即下面的定理.

定理 8.1.1[113] 对于任意 Finsler 体积形式, Minkowski 空间中不存在闭定向极小子流形.

证明 设 $(\widetilde{V}, \widetilde{F})$ 为 m 维 Minkowski 空间, $\{\tilde{e}_\alpha\}_{\alpha=1}^m$ 为 $\widetilde{V}$ 的任一基. 设 $f = f^\alpha \tilde{e}_\alpha : (M, F) \to (\widetilde{V}, \widetilde{F})$ 为 n 维子流形. 则 M 在局部坐标下诱导的体积形式为

$$\mathrm{d}\mu_F = \sigma(z(x))\mathrm{d}x^1 \wedge \cdots \wedge \mathrm{d}x^n.$$

其中 $z = (z_i^\alpha) = (f_i^\alpha)$. 由于在正交变换下, $\sigma(z(x))$ 不变, 故有

$$\frac{1}{\sigma(z(x))} \frac{\partial \sigma(z(x))}{\partial z_i^\alpha}(z) z_i^\alpha = n.$$

直接计算可得

$$B(f) = n.$$

于是

$$H_f(f) = n - \mathrm{div}(P(f)).$$

利用散度引理, 我们有

$$\int_M H_f(f) \mathrm{d}\mu_F = n\mathrm{vol}_F^\sigma(M).$$

定理得证. □

8.2 BH-极小子流形

8.2.1 $(\mathbb{R}^3, F)$ 中的极小曲面

设 (x^1, x^2, x^3) 为空间 $\mathbb{R}^3$ 的局部坐标. 在

$$\bar{M}^3 := \left\{ \bar{x} \in \mathbb{R}^3 \,\middle|\, \sum_{i=1}^2 (\bar{x}^i)^2 < 1 \right\}$$

上定义 Finsler 度量 $\bar{F} = \bar{\alpha} + \bar{\beta}$, 其中

$$\bar{\alpha}(\bar{x}, \bar{y}) = \frac{1}{1 - \sum_{i=1}^2 (\bar{x}^i)^2} \sqrt{(-\bar{x}^2 \bar{y}^1 + \bar{x}^1 \bar{y}^2)^2 + \left[\sum_{\mu=1}^3 (\bar{y}^\mu)^2\right]\left[1 - \sum_{i=1}^2 (\bar{x}^i)^2\right]}, \quad (8.2.1)$$

$$\bar{\beta}(\bar{x}, \bar{y}) = \frac{-\bar{x}^2 \bar{y}^1 + \bar{x}^1 \bar{y}^2}{1 - \sum_{i=1}^2 (\bar{x}^i)^2}, \quad (8.2.2)$$

则映射 $\varphi : M^2 \to (\bar{M}^3, \bar{F})$ 在 M^2 上诱导的 Finsler 度量 $F = \alpha + \beta$ 也是 Randers 度量, 且

$$\alpha(x,y) = \frac{1}{\lambda} \sqrt{(-\bar{x}^2 z_i^1 y^i + \bar{x}^1 z_i^2 y^2)^i + \left[\sum_{\mu=1}^{3} (z_i^\mu z_j^\mu y^i y^j)^2 \right] \lambda}, \tag{8.2.3}$$

$$\beta(x,y) = \frac{-\bar{x}^2 z_i^1 y^i + \bar{x}^1 z_i^2 y^2}{\lambda}, \tag{8.2.4}$$

其中,

$$\bar{x}^\mu := \varphi^\mu, \quad z_i^\mu := \frac{\partial \varphi^\mu}{\partial x^i}, \quad \lambda := 1 - \sum_{i=1}^{2} (\bar{x}^i)^2.$$

定义

$$D^{\tau\nu} := \det \begin{pmatrix} z_1^\tau & z_2^\tau \\ z_1^\nu & z_2^\nu \end{pmatrix}, \quad \tau, \nu = 1, 2, 3, \quad \tau \neq \nu. \tag{8.2.5}$$

$$B := \sum_{\tau<\nu} (D^{\tau\nu})^2, \quad C := \sum_{k=1}^{2} \bar{x}^k D^{k3}. \tag{8.2.6}$$

定理 8.2.1[100]　　设 $\varphi : M^2 \to (\bar{M}^3, \bar{F})$ 为等距映射, 其中 $\bar{F} = \bar{\alpha} + \bar{\beta}$ 由式 (8.2.1) 和式 (8.2.2) 给出. 以 $x = (x^1, x^2)$ 表示 M^2 上局部坐标. 设 $\bar{x}^\eta = \varphi^\eta(x)$ 为 φ 的坐标函数, 则 φ 是 BH-极小的当且仅当

$$\left\{ 2(B + 3C^2) \left[2B \left(\frac{\partial C}{\partial \bar{x}^\varepsilon} \frac{\partial \varphi^\varepsilon}{\partial x^i} + \frac{\partial C}{\partial z_j^\varepsilon} \frac{\partial^2 \varphi^\varepsilon}{\partial x^i \partial x^j} \right) - C \frac{\partial B}{\partial z_j^\varepsilon} \frac{\partial^2 \varphi^\varepsilon}{\partial x^i \partial x^j} \right] \frac{\partial C}{\partial z_i^\eta} \right.$$

$$\left. + (B^2 - 4BC^2 + 3C^4) \frac{\partial^2 B}{\partial z_i^\eta \partial z_j^\varepsilon} \frac{\partial^2 \varphi^\varepsilon}{\partial x^i \partial x^j} \right\} N^\eta = 0, \tag{8.2.7}$$

其中 $N = z_1 \times z_2$, $z_i = (z_i^\eta)$. B, C 由式 (8.2.6) 确定.

定理 8.2.2[100]　　设 $\varphi : M^2 \to (\bar{M}^3, \bar{F})$ 为等距映射, 其中 $\bar{F} = \bar{\alpha} + \bar{\beta}$ 由式 (8.2.1) 和式 (8.2.2) 给出. 则浸入 $\varphi(t,\theta) = (f(t)\cos\theta, f(t)\sin\theta, t)$ 是 BH-极小当且仅当 $f(t)$ 为 $\bar{M}^3$ 中悬链线的一部分, 其中 $0 < f(t) < 1$.

8.2.2　高维 (α, β) 空间中极小超曲面

我们首先在 BH-体积形式下考虑特殊 Randers 流形中的极小图问题. 设 Randers 度量 $\tilde{F} = \tilde{\alpha} + \tilde{\beta}$, $\tilde{\alpha}$ 为 $\mathbb{R}^m$ 上的欧氏度量, $\tilde{\beta} = b d\tilde{x}^m$, 其中常数 b 满足 $0 \leqslant b < 1$. 设 $f : (\Omega, F) \to (\mathbb{R}^{n+1}, \tilde{F})$ 是定义在坐标平面 $\tilde{x}^{n+1} = 0$ 的某一连通区域 Ω 上的图. 其中 $F = f^* \tilde{F}$, 且

$$f^i(x^1, \cdots, x^n) = x^i, \quad f^{n+1}(x^1, \cdots, x^n) = u(x^1, \cdots, x^n).$$

将 $\mathbb{R}^{n+1}$ 的坐标 $(\tilde{x}^1, \cdots, \tilde{x}^{n+1})$ 改写为 $(x^1, \cdots, x^{n+1})$, 易知

$$a_{ij} = z_i^{n+1} z_j^{n+1} = \delta_{ij} + u_i u_j, \quad a^{ij} = \delta_{ij} - \frac{u_i u_j}{W^2}, \tag{8.2.8}$$

$$1 - \|\beta\|^2 = 1 - b^2 a^{ij} z_i^{n+1} z_j^{n+1} = \frac{T_b}{W^2}, \tag{8.2.9}$$

其中,

$$W^2 = 1 + \sum_i u_i^2, \quad u_i = \frac{\partial u}{\partial x^i}, \quad T_b = b^2 + (1-b^2)W^2. \tag{8.2.10}$$

此外, 在 BH- 体积形式下,

$$dV = \sigma(x)dx^1 \wedge \cdots \wedge dx^n,$$

其中,

$$\sigma(x) = (1 - \|\beta\|^2)^{(n+1)/2} \sqrt{\det(a_{ij})}.$$

直接代入式 (8.1.3) 计算, 则上述图的 BH- 平均曲率 $H_f = H_\alpha dx^\alpha$ 为

$$H_{n+1} = -\frac{1}{W^2 T_b} \sum_{ij} \left\{ T_b(T_b - (n+1)b^2) \left(\delta_{ij} - \frac{u_i u_j}{W^2} \right) \right.$$
$$\left. + (n+1)b^2(T_b + (n-1)b^2) \frac{u_i u_j}{W^2} \right\} u_{ij}, \tag{8.2.11}$$

$$H_i = -u_i H_{n+1}. \tag{8.2.12}$$

于是我们有下述命题.

命题 8.2.1[114]　设 $(\mathbb{R}^{n+1}, \tilde{F})$ 为特殊 Randers 流形, $f: (\Omega, F) \to (\mathbb{R}^{n+1}, \tilde{F})$ 是坐标平面 $\tilde{x}^{n+1} = 0$ 的某一连通区域 Ω 上的图, 其定义为

$$f(x^1, \cdots, x^n) = (x^1, \cdots, x^n, u(x^1, \cdots, x^n)),$$

则 f 是 BH-极小当且仅当

$$\sum_{ij} \left\{ T_b(T_b - (n+1)b^2) \left(\delta_{ij} - \frac{u_i u_j}{W^2} \right) + (n+1)b^2(T_b + (n-1)b^2) \frac{u_i u_j}{W^2} \right\} u_{ij} = 0.$$

例 8.2.1[114]　设 $1/\sqrt{n+1} < b < 1$, 则 $(\mathbb{R}^{n+1}, F)$ 中的锥

$$\left(x^1, \cdots, x^n, \frac{((n+1)b^2 - 1)((x^1)^2, \cdots, (x^n)^2)}{1 - b^2} \right),$$

是 $(\mathbb{R}^{n+1}, F)$ 中的 BH-极小超曲面, 其中 $(x^1)^2 + \cdots + (x^n)^2 \neq 0$.

　　下面我们将 BH-体积形式与 HT-体积形式统一起来, 考虑 Minkowski-(α, β) 空间中的极小超曲面.

　　设 (M, F) 为一 Finsler 流形, 则当 F 为 (α, β) 度量时 [25], $\mathrm{d}V_F^{\mathrm{BH}} = \sigma_{\mathrm{BH}}(\|\beta\|_\alpha^2)$ $\mathrm{d}V_\alpha$, $\mathrm{d}V_F^{\mathrm{HT}} = \sigma_{\mathrm{HT}}(\|\beta\|_\alpha^2)\mathrm{d}V_\alpha$, 其中

$$\sigma_{\mathrm{BH}}(t) = \frac{\sqrt{\pi}\Gamma\left(\dfrac{n-1}{2}\right)}{\Gamma\left(\dfrac{n}{2}\right)}\left[\int_0^\pi \frac{\sin^{n-2}\theta}{\phi^n(\sqrt{t}\cos\theta)}\right]^{-1}\mathrm{d}\theta, \tag{8.2.13}$$

$$\sigma_{\mathrm{HT}}(t) = \frac{\Gamma\left(\dfrac{n}{2}\right)}{\sqrt{\pi}\Gamma\left(\dfrac{n-1}{2}\right)}\int_0^\pi H(\sqrt{t}\cos\theta)\sin^{n-2}\theta\mathrm{d}\theta. \tag{8.2.14}$$

这里的 H 如式 (1.5.23) 定义.

　　设 $\{e_1, \cdots, e_{n+1}\}$ 为关于 $\tilde{\alpha}$ 的幺正基, $\tilde{\beta}^\sharp$ 为 $\tilde{\beta}$ 关于 $\tilde{\alpha}$ 的对偶向量. 由于 $b := \|\tilde{\beta}\|_\alpha$ 为常数, 故可以选取 $\tilde{\beta}^\sharp$ 使之与 e_{n+1} 方向相同. 定义

$$\Phi_b(t) := 2\sigma'(t)(b^2 - t) + \sigma(t), \quad \forall t \in [0, b^2], \tag{8.2.15}$$

其中 $\sigma(t)$ 表示 $\sigma_{\mathrm{HT}}(t)$ 或 $\sigma_{\mathrm{BH}}(t)$.

　　命题 8.2.2[25]　设 $(\mathbb{R}^{n+1}, \tilde{F})$ 为 Minkowski-(α, β) 空间, $f : (\Omega, F) \to (\mathbb{R}^{n+1}, \tilde{F})$ 是坐标平面 $\tilde{x}^{n+1} = 0$ 的某一连通区域 Ω 上的图, 其定义为

$$f(x^1, \cdots, x^n) = (x^1, \cdots, x^n, u(x^1, \cdots, x^n)),$$

则 f 的 BH-平均曲率形式 (或 HT-平均曲率形式) 为

$$H_f = H_{n+1}(-\sum_k u_k\mathrm{d}x^k + \mathrm{d}x^{n+1}),$$

其中

$$H_{n+1} = \frac{1}{\sigma(\|\beta\|_\alpha^2)W^2}\sum_{ij}\left\{\Phi_b(\|\beta\|_\alpha^2)\left(\delta_{ij} - \frac{u_iu_j}{W^2}\right) + 2b^2\Phi_b'(\|\beta\|_\alpha^2)\frac{u_iu_j}{W^4}\right\}u_{ij},$$

这里,

$$u_i = \frac{\partial u}{\partial x^i}, \quad u_{ij} = \frac{\partial^2 u}{\partial x^i\partial x^j}, \quad W^2 = 1 + \sum_i u_i^2, \quad \|\beta\|_\alpha^2 = b^2\left(1 - \frac{1}{W^2}\right).$$

　　定理 8.2.3[25]　设 S 是 $(\mathbb{R}^{n+1}, \tilde{F})$ 中由平面曲线 $(t, 0, \cdots, 0, f(t))$ 绕 x^{n+1} 轴 $\tilde{\beta}^\sharp$ 方向旋转而成的超曲面. 则 f 是 BH-极小 (或 HT-极小) 当且仅当

$$\Phi_b(\|\beta\|_\alpha^2)\left[\frac{f''}{1 + f'^2} + \frac{n-1}{t}f'\right] + 2b^2\Phi_b'(\|\beta\|_\alpha^2)\frac{f'^2f''}{(1 + f'^2)^2} = 0, \tag{8.2.16}$$

其中 $\|\beta\|_\alpha^2 = \dfrac{b^2f'^2}{1 + f'^2}$, $\Phi_b(t)$ 由式 (8.2.15) 定义.

直接解方程 (8.2.16), 可以得到下面的定理.

定理 8.2.4[25] 设 S 是 $(\mathbb{R}^{n+1}, \tilde{F})$ 中由平面曲线 $(t, 0, \cdots, 0, f(t))$ 绕 x^{n+1} 轴 $\tilde{\beta}^{\sharp}$ 方向旋转而成的超曲面. 若 S 不是超平面的一部分, 则 f 是 BH-极小 (或 HT-极小) 当且仅当在 $f' \neq 0$ 的邻域, $f(t)$ 由下面确定.

(1) 直线

$$f(t) = \pm \sqrt{\frac{t_0}{b^2 - t_0}} t + C'$$

其中 $t_0 \in (0, b^2)$ 为 Φ_b 任一零点, C' 为任意常数.

(2) 曲线

$$t(w) = C [\Phi_b(b^2 w) w]^{-\frac{1}{2(n-1)}},$$
$$f(w) = \pm C \sqrt{\frac{w}{1-w}} [\Phi_b(b^2 w) w]^{-\frac{1}{2(n-1)}}$$
$$+ \frac{\pm C}{2} \int w^{-\frac{1}{2}} (1-w)^{-\frac{3}{2}} [\Phi_b(b^2 w) w]^{-\frac{1}{2(n-1)}} \, \mathrm{d}w,$$

其中 $w \in T \subset (0, 1)$ 为参数, I 为使得 $t(w)$ 一一对应的开区间, C 为任意常数.

8.3 BH- 极小子流形的 Bernstein 型定理

对于 (α, β) 度量 $F = \alpha\phi(\beta/\alpha)$, 考虑方程

$$\begin{cases} \phi(\phi - s\phi')^{n-1} = 1 + p(s) + s^2 q(s), \\ \phi(\phi - s\phi')^{n-2}\phi'' = q(s), \end{cases} \tag{8.3.1}$$

其中 $p(s)$ 和 $q(s)$ 为任意奇函数.

命题 8.3.1[26] 设 $F = \alpha\phi(s), s = \beta/\alpha$ 为一 (α, β) 度量. 若 $\phi = (1 + h(s))^{-\frac{1}{n}}$, $h(s)$ 为任一奇函数, 则 $\mathrm{d}V_{\mathrm{BH}}^F = \mathrm{d}V_\alpha$; 若 ϕ 满足方程 (8.3.1), 则 $\mathrm{d}V_{\mathrm{HT}}^F = \mathrm{d}V_\alpha$.

定理 8.3.1[26] 设 $F = \alpha\phi(s), s = \beta/\alpha$ 为一 (α, β) 度量. 若 $\phi = (1 + h(s))^{-\frac{1}{n}}$, $h(s)$ 为任一奇函数 (或 ϕ 满足方程 (8.3.1)), 则 $(n+1)$ 维空间 (V^{n+1}, F) 中任意 $n(\leqslant 7)$ 维 BH-极小图 (或 HT-极小图) 必是仿射超平面.

定理 8.3.2[26] 设 $F = \alpha\phi(s), s = \beta/\alpha$ 为一 Minkowski-(α, β) 度量, 其中 α 为欧氏度量, β 为 1-形式且 $b := \|\beta\|_\alpha \in [0, b_0)$. 定义

$$\varepsilon := \sup \left\{ \varepsilon' \in [0, b_0) \,\Big|\, \Phi_b(t) \neq 0, \frac{\Phi_b'(t)}{\Phi_b(t)} \geqslant 0, \forall t \in [0, b^2], \forall b \in [0, \varepsilon') \right\},$$

则 (V^3, F) 中任意满足 $b \in [0, \varepsilon)$ 的 BH-极小图必是平面.

证明　由 ε 定义, 当 $b \in [0, \varepsilon)$ 时, 对于任意的 $t \in [0, b^2]$, 极小方程可以写为

$$\sum_{ij} E_{ij}(x, u, \nabla u) u_{ij} = 0,$$

其中

$$E_{ij}(x, u, \nabla u) = \left(\delta_{ij} - \frac{u_i u_j}{W^2} \right) + \frac{2b^2 \Phi_b'}{\Phi_b}(\|\beta\|_\alpha^2) \left(\lambda_i + \omega \frac{u_i}{W^2} \right) \left(\lambda_j + \omega \frac{u_j}{W^2} \right).$$

为证明上述方程为平均曲率型的, 我们需要说明对某一常数 $C > 0$,

$$\left(\delta_{ij} - \frac{p_i p_j}{W^2} \right) \xi^i \xi^j \leqslant E_{ij}(x, z, p) \leqslant (1 + C) \left(\delta_{ij} - \frac{p_i p_j}{W^2} \right) \xi^i \xi^j, \tag{8.3.2}$$

其中 $(x, z, p) \in U \times \mathbb{R} \times \mathbb{R}^n, W^2 = 1 + |p|^2, \xi = (\xi^1, \cdots, \xi^n) \in \mathbb{R}^n$. 由 ε 定义, 式 (8.3.2) 左边成立. 为证明右边成立, 只需证明

$$\frac{\Phi_b'}{\Phi_b}(\|\beta\|_\alpha^2) \left(\langle \lambda, \xi \rangle + \omega \frac{\langle p, \xi \rangle}{W^2} \right)^2 \leqslant C \left(|\xi|^2 - \frac{\langle p, \xi \rangle^2}{W^2} \right),$$

容易证明 $\dfrac{\Phi_b'}{\Phi_b}(\|\beta\|_\alpha^2)$ 是有界的, 因此只需证明

$$\left(\langle \lambda, \xi \rangle + \omega \frac{\langle p, \xi \rangle}{W^2} \right)^2 \leqslant C \left(|\xi|^2 - \frac{\langle p, \xi \rangle^2}{W^2} \right).$$

若 $\xi = 0$, 则上式显然成立. 若 $\xi \neq 0$, 令 $\angle_{\tilde\alpha}(\alpha, \xi) = \gamma, \angle_{\tilde\alpha}(p, \xi) = \vartheta$, 则有

$$\frac{\left(\langle \lambda, \xi \rangle + \omega \dfrac{\langle p, \xi \rangle}{W^2} \right)^2}{\left(|\xi|^2 - \dfrac{\langle p, \xi \rangle^2}{W^2} \right)^2} = \frac{(W^2 |\lambda| \cos\gamma + \omega |p| \cos\vartheta)^2}{W^2(1 + |p|^2 \sin^2\vartheta)}.$$

分 $\sin\vartheta = 0$ 和 $\sin\vartheta \neq 0$ 两种情况进行适当的讨论, 可以证明式 (8.3.2) 的右边成立. 进一步, 由式 (8.3.2) 的左边可以看出极小方程是椭圆型的. 利用文献 [92] 中结果, 我们完成了定理的证明. □

参 考 文 献

[1] Antonelli P L, Ingarden R S, Motsumoto M. The Theory of Sprays and Finsler Spaces with Applications in Physics and Biology FTPH 58. Amsterdam: Klumer Academic Publishers, 1993.

[2] Ara M. Geometry of F-harmonic maps. Kodai Math. J., 1997, 22: 243-263.

[3] Antonelli P. Lacky B. The Theory of Finslerian Laplacians and applications. Math. and its appl. 459. Amsterdam: Kluwer academic publishers, 1998.

[4] Bao D W, Chern S S. A note on the Gauss-Bonnet theorem for Finsler spaces. Ann. of Math., 143(1996): 1-20.

[5] Bao D W, Chern S S, Shen M. An Introduction to Riemann- Finsler Geometry. GTM 200. New York: Springer-Verlag, 2000.

[6] Belloni M, Ferone V, Kawohl B. Isoperimetric inequalities, Wulff shape and related questions for strongly nonlinear elliptic operators. J. Appl. Math. Phys. (ZAMP), 2003, 54: 771-783.

[7] Belloni M, Kawohl B, Juutinen P. The p-Laplace eigenvalue problem as $p \to \infty$ in a Finsler metric. J. Europ. Math. Soc., 2006, 8: 123-138.

[8] Bao D W, Robles C. On Randers spaces of constant flag curvature. Rep. Math. Phys, 2003, 51: 9-42.

[9] Bao D W, Robles C, Shen Z M. Zermelo navigation on Riemann manifolds. J. Diff. Geom., 2004, 66: 391-449.

[10] Bao D W, Lacky B. A Hodge decomposition theorem for Finsler spaces, C. R. Acad. Sci. Paris, 223(1996): 51-56.

[11] Bao D W, Shen Z M. On the volume of unit tangent spaces in a Finsler manifold. Results in Math., 1994, 26: 1-17.

[12] 白正国, 沈一兵. 黎曼几何初步. 北京: 高等教育出版社, 2004.

[13] Centore P. Finsler Laplacians and minimal-energy map. Inter. J. Math., 2000, 11: 1-13.

[14] Centore P. A Mean-Value Laplacian for Finsler Spaces. Amsterdam: Kluwer Academic Press, 1998.

[15] Chavel I. Eigenvalues in Riemannian Geometry. London: Academic Press, 1984.

[16] Chen B. Harmonic maps into Randers spaces. Preprint.

[17] Chen B, Shen Y B. On complex Randers metrics. Inter. J. Math., 2010, 21 971-986.

[18] Chen B, Shen Y B. On a class of critical Riemann-Finsler metrics. Publ. Math Debrecen, 2008, 72(3-4), 451-468.

[19] Cheng S Y, Eigenvalue comparison theorem and its geometric applications. Math. Z., 1975, 143: 289-297.

[20] Cheng X Y, Shen Z M. A class of Finsler metrics with isotropic S-curvature. Israel J. Math., 2009, 169: 317-340.

[21]　Cheng X Y, Shen Z M. Randers metrics with special curvature properties. Osaka J. Math., 2003, 40: 87-101.

[22]　Chern S S. Riemannian geometry as a special case of Finsler geometry. Cont. Math., 196 Amer. Math. Soc., 1996: 51-58.

[23]　陈省身, 陈维桓. 微分几何讲义. 北京: 北京大学出版社, 2003.

[24]　Chern S S, Shen Z M. Riemann-Finsler Geometry. Singapore: World Scientific Publishing Company, 2005.

[25]　Cui N W, Shen Y B. Minimal rotational hypersurface in Minkowski (α, β)-space, Geometriae Dedicata, 2010, 151: 27-39.

[26]　Cui N W, Shen Y B. Bernstein type theorems for minimal surfaces in (α, β)-space, Publ. Math. Debrecen, 2009, 74(3-4): 383-400.

[27]　Dajczer M. Submanifolds and Isometric Immersions. Math. Lect. Ser., No.13, Publish or Perish, Inc., Houston, Texas, 1990.

[28]　do Carmo M, Peng C K. Stable complete minimal hypersurfaces, Proc. 1980 Bejing Symp. Diff. Geom. and Diff. Equa., 1980, 3: 1349-1358.

[29]　Eells J, Lemaire L R. Selected Topics in Harmonic Maps, Conference Board of the Mathematical Sciences, 1983.

[30]　Elles J, Sampson J H. Harmonic maps of Riemannian manifolds. Amer. J. Math., 1964, 86: 106-160.

[31]　Ge Y, Shen Z M. Eigenvalues and eigenfunctions of metric measure manifolds. Proc. London Math. Soc., 2001, 82: 725-746.

[32]　Hang F B, Wang X D. A remark on Zhong-Yang's eigenvalue estimate. Int. Math. Res. Not. 18(2007), Art. ID rnm064, 9pp.

[33]　Han J W, Shen Y B. Harmonic maps from complex Finsler manifolds. Pacific J. Math., 236, 2008: 341-356.

[34]　贺群, 苗玲. Finsler 流形中的强极小子流形. 同济大学学报, 2010, 38: 762-765.

[35]　He Q, Shen Y B. Some results on harmonic maps for Finsler manifolds. Int. J. Math., 2005, 16: 1017-1031.

[36]　He Q, Shen Y B. Some properties of harmonic maps for Finsler manifolds. Houston J. Math., 2007, 33: 683-699.

[37]　He Q, Shen Y B. On Bernstein type theorems in Finsler spaces with the volume form induced from the projective sphere bundle. Proceedings Amer. Math. Soc. 2006, 134(3): 871-880.

[38]　He Q, Shen Y B. On the mean curvature of Finsler submanifolds. Chin. J. Contemp. Math., 2006, 27C: 431-442.

[39]　贺群, 吴方方. Finsler 流形上取值于向量丛的调和形式. 同济大学学报 (自然科学版), 2012, 40(5): 762-765.

[40]　He Q, Yang W. Volume forms and minimal surfaces of rotation in Finsler spaces with

(α, β) metrics. Int. J. Math., 2010, 21: 1401-1411.

[41] He Q, Yang W, Zhao W. On totally umbilical submanifolds of Finsler spaces. Ann. Polon. Math. 2011, 100: 147-157.

[42] He Q, Zhao W. On the stability of minimal immersions into Finsler manifolds. Diff. Geom. and its Applications, 2012, 30: 438-449.

[43] He Q, Zhao W. Variation problems and E-valued horizontal harmonic forms on Finsler manifolds. Publ. Math. Debrecen, 2013, 82(2): 325-339.

[44] Hersch J. Quatre propriétés isopérimétriques de membrances sphériques homogènes C.R. Acad. Sci. Paris Sér., 1970, A-B270, A1645-A1648.

[45] Howard R, Wei S W. Non-existence of stable harmonic maps to and from certain homogeneous spaces and submanifolds of Euclidean space. Trans. AMS, 1986, 1: 319-331.

[46] Ishihara T. A mapping of Riemannian manifolds which preserves harmonic functions. J. Math. Kyoto Univ., 1979, 19: 215-229.

[47] Ji M, Shen Z M. On strongly convex graphs in Minkowski geometry. Can. Math. Bull., 2002, 45: 232-246.

[48] Jost J, Yau S T. A nonlinear elliptic system and rigidity theorems. Acta Math., 1993, 170: 221-254.

[49] Kobayashi S. Complex Finsler vector bundles. Cont. Math. AMS, 1996, 196: 145-153.

[50] Kroger P. On the spectral gap for compact manifolds. J. Differential Geom., 1992, 36(2): 315-330.

[51] Kawohl B, Novaga M. The p-Laplace eigenvalue problem as $p \to 1$ and Cheeger sets in a Finsler metric, J. Convex. Anal., 2008, 15(3): 623-634.

[52] Kim C W, Yim J W. Finsler manifolds with positive constant flag curvature, Geom. Dedicata, 2003, 98: 47-56.

[53] Lê A. Eigenvalue problems for the p-Laplacian. Nonlinear Anal., 2006, 64(5): 1057-1099.

[54] Lichnerowicz A. Geometrie des groupes de transforamtions. Travaux et Recherches Mathemtiques, III. Dunod, Paris, 1958.

[55] Li J T. Stable P-harmonic maps between Finsler mainifolds. Pacific J. math., 2008, 237: 121-135.

[56] Li J T. Stable F-harmonic maps between Finsler manifolds. Acta Math. Sinica (English Series), 2010, 26: 885-900.

[57] Li J T. Stable harmonic maps between Finsler manifolds and SSU manifolds. Communications in Contemporary Mathematics, 2012, 14(3), DOI: 10.1142/S0219199712500150.

[58] Li H Z, Wei G X. Stable complete minimal hypersurfaces in R^4. Mat. Contemp., 2005, 28: 183-188.

[59] Lott J, Villani C. Ricci curvature for metric-measure spaces via optimal transport.

Ann. of Math., 2009, 169: 903-991.

[60]   Li P, Yau S Y. Estimates of eigenvalues of a compact Riemannian manifold. Geometry of the Laplace operator (Proc. Sympos. Pure Math., Univ. Hawaii, Honolulu, Hawaii, 1979), Proc. Sympos. Pure Math., XXXVI, Amer. Math. Soc., Providence, R. I. 1980: 205-239.

[61]   Matei A M. First eigenvalue for the p-Laplace operator. Nonlinear Anal., 2000, 39: 1051-1068.

[62]   Matsumoto M. Foundations of Finsler geometry and special Finsler spaces. Japan: Kaiseisha Press, 1986.

[63]   Matsumoto M, Theory of Finsler spaces with (α, β)-metric. Reports on Mathematical Physics, 1992, 31:4 3-85.

[64]   Matsumoto M. Theory of Finsler spaces with m-th root metric. II., Publ. Math. Debrecen, 1996, 49: 135-155.

[65]   Mckean H P. An upper bound for spectrum of Δ on a manifold of negative curvature. J. Differ. Geom., 1970, 4: 359-366.

[66]   Mo X H. Harmonic maps from Finsler manifolds, Illinois J. Math., 2001, 45: 1331-1345.

[67]   Mo X H. Characterization and structure of Finsler spaces with constant flag curvature. Sci. China, 1998, 41A: 900-917.

[68]   莫小欢. 芬斯勒几何基础. 北京: 北京大学出版社, 2005.

[69]   Mo X H, Shen Z M. On negatively curved Finsler mnifolds of scalar curvature. Can. Math. Bull., 2005, 48: 112-120.

[70]   Mo X H, Shen Z M, Yang C H. Some constructions of projectively flat metrics. Sci. China, 2006, 49A: 703-714.

[71]   Mo X H, Yang Y Y. The existence of harmonic maps from Finsler manifolds to Riemannian manifolds. Sci. China, 2005, 8A: 1115-1130.

[72]   Mo X H, Zhao L. Regularity of weakly harmonic maps from a Finsler surface into an n-sphere. Pacific J. Math., 2011, 253(1): 145-155.

[73]   Moser J. A Harnark inequality for parabolic differential equations. Comm. Pure Appl. Math., 1964, 17: 102-134.

[74]   Nishikawa S. Harmonic Maps in Complex Finsler Geometry. Progress in Nonlinear Diff. Equat. and its Appl., 2004, 59: 113-132.

[75]   Numata S. On Landsberg spaces of scalar curvature, J. Korean Math. Soc. 1975, 12: 97-100.

[76]   Obata M. Certain conditions for a Riemannian manifold to be isometric with a sphere. J. Math. Soc. Japan, 1962, 14: 333-340.

[77]   Ohta S, Sturm K-T. Bochner-Weitzenbock formula and Li-Yau estimates on Finsler manifolds, Advances in Mathematics. 2014, 252: 429-448.

[78]   Ohta, Sturm K-T. Heat Flow on Finsler Manifolds. Comm. Pure Appl. Math., 2009,

62: 1386-1433.

[79] Ohta S. Finsler interpolation inequalities. Calc. Var. Partial Differential Equations, 2009, 36: 211-249.

[80] Ohnita Y. Stability of harmonic maps and standard minimal immersion. Tohoku Math. J., 1896, 38: 259-267.

[81] 彭家贵. 极小子流形与调和映射的一些关系. 数学年刊, 1984, 5A: 85-90.

[82] 丘成桐, 孙查理. 调和映射讲义. 北京: 高等教育出版社, 2008.

[83] Rund H. The differential geometry of Finsler spaces. New York: Springer-Verlag, 1959.

[84] Robles C. Geodesics in Randers spaces of constant curvature. Trans. Amer. Math. Soc., 2007, 359: 1633-1651.

[85] Sealey H C J. Harmonic maps of small energy. Bull. London Math. Soc. V, 1981, 13(5): 405-408.

[86] Shen Z M. Diffential geometry of spray and Finsler spaces. Amsterdam: Kluwer Academic Publishers, 2001.

[87] Shen Z M. Landsberg curvature, S-curvature and Riemann curvature //A Sampler of Finsler Geometry MSRI Series. Cambridge: Cambridge University Press, 2004.

[88] Shen Z M. On projectively flat (α, β)-metrics. Canad. Math. Bull, 2009, 52: 132-144.

[89] Shen Z M. Lectures on Finsler Geometry. World Scientific Publishing Co., Singapore, 2001.

[90] Shen Z M. The non-linear Laplacian for Finsler manifolds // Anotonelli P. The Theory of Finslerian Laplacians and Applications. Proc. Conf. On Finsler Laplacians, Amsterdam: Kluwer Acad. Press, 1998.

[91] Shen Z M. On Finsler geometry of submanifolds. Math. Ann., 1998, 311: 549-576

[92] Simons J. Minimal varieties in Riemannian manifolds. Ann. of Math., 1968, 88: 62-105.

[93] Simon L. Equations of mean curvature type in 2 independent variables. Pac. J. Math., 1977, 69: 245-268.

[94] 沈一兵, 潘养廉. 椭球面的调和映照. 数学物理学报, 1986, 6: 71-75.

[95] Shen Y B, Wei S W. The stability of Harmonic maps on Finsler manifolds. Sci. China, 2004, 47A: 39-51.

[96] 沈一兵, 沈忠民. 现代芬斯勒几何. 北京: 高等教育出版社, 2012.

[97] Shen Y B, Zhang Y. The second variation of harmonic maps on Finsler manifolds. Sci. China, 2003, 33A: 610-620.

[98] Souza M, Spruck J, Tenenblat K. A Bernstein type theorem on a Randers space. Math. Ann., 2004, 329: 291-305.

[99] Sturm K T. On the geometry of metric measure spaces. Acta Math., 2006, 196: 65-131.

[100] Souza M, Tenenblat K. Minimal surface of rotation in a Finsler space with a Randers metric. Math. Ann., 2003, 325: 625-642.

[101] Szabó Z. Positive definite Berwald spaces (structure theorems on Berwald spaces).

Tensor, N. S., 1981, 35: 25-39.

[102]　Takeuchi H. On the first eigenvalue of the p-Laplacian in a Riemannian manifold. Tokyo J. Math., 1998, 21(1): 135-140.

[103]　Thompson A C. Minkowski Geometry. Encyclopedia of Math. and Its Applications, Vol. 63, Cambridge: Cambridge Univ. Press, 1996.

[104]　Thomas B. A natural Finsler-Laplace operator. Israel J. Math., 2013, 196(1): 375-412.

[105]　Torromé R G. Averaged structures associated with a Finsler structure. arXiv:math/0501058

[106]　Valtorta D. Sharp estimate on the first eigenvalue of the p-Laplacian. Nonlinear Analysis, 2012, 75: 4974-4994.

[107]　Wang L F. Eigenvalue estimate of the p-Laplace operator. Lobachevskii J. Math., 2009, 30: 235-242.

[108]　Walter W. Sturm-Liouville theory for the radial Δ_p-operator. Math. Z., 1998, 227(1): 175-185.

[109]　Wei S W. An extrinsic average variational methond. Contemp. Math., 1989, 101: 55-78.

[110]　Wei S W. Representing homotopy groups and spaces of maps by p-harmonic maps. Indiana Univ. Math. J., 1998, 47: 625-670.

[111]　Wang G F, Xia C. A sharp lower bound for the first eigenvalue on Finsler manifolds. Non Linear Analysis, 2013, 30(6): 983-996.

[112]　Wu B Y, Xin Y L. Comparison theorems in Finsler geometry and their applications. Math. Ann., 2007, 337: 177-196.

[113]　吴炳烨. Finsler 几何体积形式与子流形. 数学年刊, 2006, 27A: 53-62.

[114]　吴炳烨. 整体 Finsler 几何. 上海: 同济大学出版社, 2008.

[115]　Xin Y L. Some results on stable harmonic maps. Duke Math. J., 1980, 47: 609-613.

[116]　Xin Y L. Minimal Submanifolds and Related Topics. Singapore: World Scientific Publishing Company, 2004.

[117]　忻元龙. 调和映照. 上海: 上海科学技术出版社, 1995.

[118]　Yin S T. He Q, Shen Y B. On lower bounds of the first eigenvalue of Finsler-Laplacian. Publ. Math. Debrecen, 2013, 83(3): 385-405.

[119]　Yin S T, He Q, Xie D H. Minimal submanifolds in general (α, β)-spaces. Annales Polonici Math., 2013, 108(1): 43-59.

[120]　Yang P C, Yau S T. Eigenvalues of the Laplacian of compact Riemann surfaces and minimal submanifolds. Ann. Scuola Norm. Sup. Pisa Cl. Sci. 1980, 7(4): 55-63.

[121]　Yu C T, Zhu H M. On a new class of Finsler metrics. Diff. Geom. and its Appl., 2011, 29: 244-254.

[122]　Zhou L F. A local classification of a class of (α, β)-metrics with constant flag curvature. Differential Geometry and its Applications, 2011, 28: 170-193.

[123]   Zhong J Q. Yang H C. On the estimates of the first eigenvalue of a compact Rieman-
        nian manifold. Sci. China, 1984, 27A: 1265-1273.

[124]   Zhong C P. Zhong T D. Horizontal Laplace operator in real Finsler vector bundles.
        Acta Mathematica Scientia, 2008, 28B(1): 128-140.

[125]   Zhu W. Some results on P-harmonic maps and exponentially harmonic maps between
        Finsler manifolds. Appl. Math. J. Chinese Univ., 2010, 25B: 236-242.

[126]   朱微. 关于 Finsler 流形的调和映射. 浙江大学博士学位论文, 2011.

索　引